Ihre Arbeitshilfen zum Download:

Die folgenden Arbeitshilfen stehen für Sie zum Download bereit:

- Selbsttests
- Checklisten
- Übersichten

Den Link sowie Ihren Zugangscode finden Sie am Buchanfang.

In Führung gehen

Hans-Jürgen Resetka
Jörg Felfe

In Führung gehen

Der erfolgreiche Wechsel vom Kollegen zum Vorgesetzten

Dr. Hans-Jürgen Resetka
Professor Dr. Jörg Felfe

1. Auflage

Haufe Gruppe
Freiburg · München

Bibliografische Information der Deutschen Nationalbibliothek
Die Deutsche Nationalbibliothek verzeichnet diese Publikation in der Deutschen Nationalbibliografie; detaillierte bibliografische Daten sind im Internet über http://dnb.dnb.de abrufbar.

Print ISBN: 978-3-648-04591-6   Bestell-Nr. 01273-0001
EPUB ISBN: 978-3-648-04592-3   Bestell-Nr. 01273-0100
EPDF ISBN: 978-3-648-04593-0   Bestell-Nr. 01273-0150

Hans-Jürgen Resetka | Jörg Felfe
In Führung gehen
1. Auflage 2014

© 2014 Haufe-Lexware GmbH & Co. KG, Freiburg
www.haufe.de
info@haufe.de
Produktmanagement: Anne Lennartz

Lektorat: Ulrich Leinz, 10829 Berlin
Satz: kühn & weyh Software GmbH, Satz und Medien, 79110 Freiburg
Umschlag: RED GmbH, 82152 Krailling
Druck: Schätzl Druck, Donauwörth

Inhaltsverzeichnis

Vorwort

„Wer seiner Führungsrolle gerecht werden will, muss genug Vernunft besitzen, um die Aufgaben den richtigen Leuten zu übertragen, und genug Selbstdisziplin, um ihnen nicht ins Handwerk zu pfuschen."

Theodore Roosevelt

Wohin Sie dieses Buch „führt"?

Sie haben sich dieses Buch gekauft, weil Sie Führungskraft werden wollen oder weil Sie vor kurzem in eine Führungsposition gelangt sind. Wir beglückwünschen Sie dazu; zunächst zum Kauf des Buches. Der erste Schritt ist getan. Sie haben offensichtlich die Absicht, alles richtig zu machen. Sie haben sich gefragt, was muss ich wissen, was muss ich können, um als Manager erfolgreich zu sein. Folgerichtig wollen Sie sich umfassend informieren und alles aufnehmen, was Ihnen auf dem Weg hin zur *„wirksamen Führungskraft"* (Malik 2006) nützlich sein kann. Vielleicht haben Sie auch bereits ein Führungsseminar besucht, um zu lernen, wie man sich in kritischen Führungssituationen erfolgreich verhält. Manche Unternehmen stellen ihren Führungskräften in spe sogar einen Mentor oder Coach an die Seite, der Ihnen hilft, die ersten Schritte als Führungskraft nicht ganz schutzlos in Angriff nehmen zu müssen. Wie dem auch sei, die letztlich entscheidende Herausforderung auf diesem Weg sind Sie selbst, Ihre Persönlichkeit, Ihre Ziele und Ihre Motive.

Alles akademische oder theoretische Wissen, selbst in Seminaren angeeignete Verhaltensweisen, auch die durchaus erfolgreiche Nachahmung von Vorbildern oder die Befolgung von Führungsleitlinien Ihres Unternehmens sind letztlich nicht die Erfolgsgaranten in Ihrer neuen Position. Diese Utensilien haben sich durchaus in der Einführung, anfänglichen Begleitung und Weiterbildung von Führungskräften bewährt. Nur sind Sie eben lediglich Werkzeuge, Beihilfen, Unterstützungskonstruktionen, die vor allem deshalb zahlreich angeboten und genutzt werden, weil sich die Unternehmen der Bedeutung von erfolgreich besetzten Führungspositionen bewusst sind. Und dies nicht nur vor dem Hintergrund der immensen Kosten, die den Unternehmen entstehen, wenn eine Führungsposition fehlbesetzt wird. Auch die weniger konkret zu beziffernden immateriellen Schäden, die im Team, bei den Mitarbeitern, Kollegen und der Geschäftsführung, und nicht zuletzt bei betroffenen Kunden und Geschäftspartnern angerichtet werden, spielen hierbei eine wesentliche Rolle.

Vorwort

Der entscheidende Erfolgsfaktor bleibt Ihre eigene Person. Damit meinen wir nicht, ob Sie als Persönlichkeit dem typischen Erscheinungsbild der heutigen Manager entsprechen müssen und dass Sie all jene Persönlichkeitswesenszüge aufweisen, die man damit gemeinhin assoziiert. Der Katalog von wünschenswerten Persönlichkeitseigenschaften mutet dabei nicht selten wie die Beschreibung eines „Übermenschen" an. Aber die Charaktere und Persönlichkeitsspezifika erfolgreicher Führungskräfte sind so vielfältig wie der von Ihnen geführten Mitarbeiter. Natürlich gibt es tatsächlich die extravertierten, kommunikationsstarken und charismatischen Allrounder, aber eben auch die ruhigen, reflektierten eher unauffälligen Spezialisten, die dennoch Mitarbeiter, Geschäftsführung und Kunden für sich gewinnen und erfolgreich als Führungskräfte agieren. Wir sind sogar der Auffassung, dass fast jeder Mensch „führen" kann, oder korrekter ausgedrückt, dass jeder in der Lage ist, es zu erlernen.

Erfolgreiche Führung ist kein Mysterium, es ist keine Gabe, die man hat oder eben nicht. Erfolgreiche Führung bedeutet zunächst einmal viel Arbeit und, was viel entscheidender ist, es bedeutet, den klaren Willen zum Erfolg zu haben. Führung muss man wollen! Man kann nicht dazu genötigt oder überredet werden. Vielleicht muss man einen inneren Widerstand überwinden, aber man muss es letztlich selbst wollen.

Wir haben in unserer 25-jährigen Tätigkeit als Führungskräftetrainer und Coaches in zahllosen Seminaren nicht selten Anwärter auf Führungspositionen erlebt, denen genau dies fehlte: die Entschlossenheit und Motivation zur Führung. Ohne diese Entschlossenheit und Motivation haben es diese Nachwuchskräfte außerordentlich schwer, über Ihre erste Führungsposition hinauszukommen oder sich gar in Ihrer ersten Position zu behaupten.

Es haben aber auch all jene nicht geschafft, die im ersten Überschwang vor Enthusiasmus überschäumten. Der Wille zur Führung ist eine notwendige, aber keine hinreichende Bedingung für nachhaltigen Erfolg in der Führungskarriere. Hinzukommt eine gewaltige Menge an Wissen in seinem eigenen Fachgebiet (Fachkompetenz), Wissen über zwischenmenschliche Phänomene, die Umsetzung dessen in angemessenes, effizientes Sozialverhalten (Sozialkompetenz) und die Fähigkeit, die eigenen Emotionen beherrschen zu können (Selbstkompetenz). Intelligenz ist äußerst wichtig um komplexe Probleme zu analysieren und die richtigen Entscheidungen zu treffen. Für den beruflichen Erfolg allerdings spielen das Selbstmanagement und der kluge Umgang mit den eigenen Emotionen eine nicht zu unterschätzende Rolle. All dies kann man lernen, auch wenn man nicht auf allen Saiten des Instrumentes gleichermaßen virtuos sein wird. Jede Führungskraft hat Stärken und Schwächen. Es gibt niemanden, der in allen Bereichen perfekt ist. Wir empfehlen: Konzentrieren Sie sich auf Ihre Stärken und verlieren Sie Ihr Ziel nicht aus den Augen.

Doch was gilt es, auf dem Weg dahin zu bedenken? Was sollten werdende Führungskräfte wissen, was sollten Sie beherrschen, worauf sollten Sie vorbereitet sein? Um Ihnen in dieser Hinsicht einen brauchbaren Leitfaden an die Hand zu geben, haben wir uns entschlossen, pragmatisch vorzugehen und genau das zu behandeln, was Ihnen auf Ihrem Weg zur Führungskraft mit großer Wahrscheinlichkeit tatsächlich begegnen dürfte. Wir werden im Buch von Meilensteinen statt von Kapiteln sprechen, weil der Aufbau des Textes chronologisch konzipiert wurde. D.h., Sie können durchaus alle Kapitel in der vorgegebenen Reihenfolge durcharbeiten. Wenn Sie sich aber z. B. aus aktuellem Anlass oder weil Sie einfach zu ungeduldig sind, einen Meilenstein herausgreifen wollen, wird Ihnen die folgende Übersicht behilflich sein.

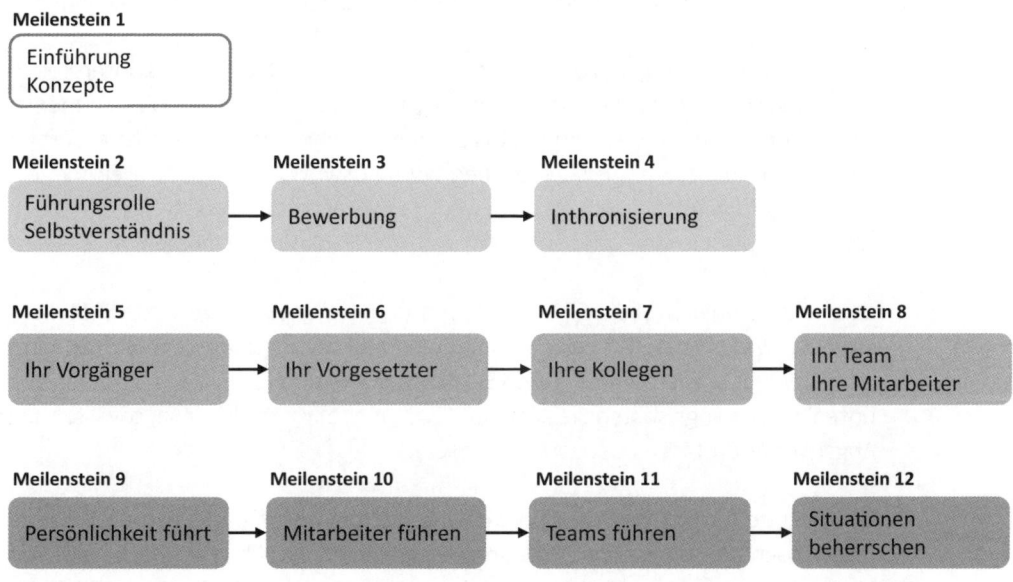

Abb. 1: Überblick über die Meilensteine (Kapitel) des Buches

In **Meilenstein 1** werden wir uns grundlegenden Fragen des Phänomens Führung zuwenden und uns dabei auf wenige zentrale Bestimmungsstücke konzentrieren. So werden wir zu klären haben, was Führungserfolg ausmacht, wovon erfolgreiche Führung abhängt und schließlich, wie sie generell anzugehen ist.

Im **Meilenstein 2** werden wir uns mit dem Selbstverständnis und den Rollen-erwartungen von Führungskräften beschäftigen und dabei nochmals das Thema der Motivation zur Führung ansprechen. Inhaltich eng benachbart konzentriert sich der **Meilenstein 9** auf die Themen Führungspersönlichkeit und ethische Aspekte des Führungshandelns, effizienter Führungsstil und Selbstkompetenz. Dabei bezieht sich Selbstkompetenz auf das Thema der Selbstführung, getreu dem Motto: „nur wer sich selbst gut führt, kann andere führen".

Mit den **Meilensteinen 3 und 4** begleiten wir Sie in der Zeit vor und nach Ihrem „Amtsantritt". Hier wird behandelt, wovon Ihr Einstieg in die neue Position ab-hängt, was Sie selbst in der Vorbereitung tun können, wie die gängigen Auswahl-verfahren gut zu bestehen sind, und welchen Aufgaben Sie sich in den ersten Wochen und Monaten nach „Amtsübernahme" widmen sollten.

Meilensteine 5, 6, 7 und 8 behandeln alle Themen, die Ihr Überleben in der neuen Rolle zentral beeinflussen und deren Handling Sie unbedingt beherrschen müssen.

Dazu zählt Ihr Vorgänger in der Position (**Meilenstein 5**). Dabei gibt es unterschied-liche Möglichkeiten der Beeinflussung oder Relevanz, je nachdem ob der ehema-lige Chef noch an Bord ist, ob er aufgestiegen ist, Ihr unmittelbarer Vorgesetzter bleibt oder aufs Abstellgleis geschoben wurde usw. Wichtig ist vor allen Dingen, ob Ihr Vorgänger erfolgreich war und wenn ja, wie er dies bewerkstelligt hat. Daran werden Sie auf die eine oder andre Art und Weise anknüpfen müssen.

Zum anderen haben Sie nun einen neuen unmittelbaren Vorgesetzten (**Meilen-stein 6**). Was erwartet er oder sie von Ihnen als Führungskraft und welche Mög-lichkeiten der Einflussnahme haben Sie in dieser Position (Stichwort: „Führung von unten")? Allerdings sollten Sie auch auf Phänomene wie Konkurrenz, Loyalität und Angst vor Autoritätsverlust vorbereitet sein.

Eine weitere Gruppe von Personen, die Ihren Erfolg beeinflussen kann, ist die der hierarchisch gleichgestellten Kollegen. „Willkommen im Führungskreis" heißt das Motto. Wie Sie sich hier behaupten können, wollen wir im **Meilenstein 7** behan-deln. Hier wäre als Stichwort Networking zu nennen.

Bleiben noch, wenn Sie aus den eigenen Reihen aufgestiegen sind, Ihre ehemaligen Kollegen, die nun zu Ihren unterstellten Mitarbeiter gehören. Es ist leicht vorstell-bar, welche Gefahren dabei auf Sie lauern. Allerdings werden die damit zusammen-hängenden Probleme oft übertrieben. Es ist meist einfacher, als Sie derzeit denken mögen. Letztlich wollen wir uns hier Ihrem neuen Team widmen und versuchen zu beantworten, was ein gutes Team ausmacht. **Meilenstein 8** geht damit intensiv auf die Phänomene der Gruppenbildung und des Gruppenzusammenhalts ein.

Meilensteine 10, 11 und 12 beschäftigen sich explizit mit Ihrem konkreten Führungsverhalten. Hier behandeln wir alle Finessen Ihres Führungsalltags. Beginnend mit dem Thema der individuellen Mitarbeiterführung, über Team- oder Gruppenführung bis hin zur Gestaltung einer arbeitsförderlichen Umwelt für Ihr Team. Schließlich wollen wir die häufigsten kritischen Führungssituationen behandeln, die zwar nicht regelmäßig auftreten, aber dennoch enorme Stolpersteine darstellen können.

Sie werden zu jedem Meilenstein, Arbeitshilfen bzw. Vorschläge und Anregungen zur Umsetzung in der Praxis finden. Fragebögen und Selbstchecks sollen an gegebener Stelle Ihre Bearbeitung der Themen vertiefen.

Abschließend noch ein Hinweis zum Stichwort „gendergerechte Sprache". Auch wenn wir nicht ausdrücklich bei jeder einzelnen Erwähnung z. B. von Mitarbeitern und Mitarbeiterinnen oder von Kollegen und Kolleginnen usw. sprechen, möchten wir die Leser beiderlei Geschlechts bitten, sich in gleichem Maße angesprochen und respektiert zu fühlen.

1 Meilenstein 1: Führung richtig verstehen

Kapitelübersicht

- Definition von Führungserfolg

- Determinanten und Abhängigkeiten von Führung

- Aufgaben- versus Mitarbeiterorientierung

- Wesentliche Eingriffsmöglichkeiten, um erfolgreich zu führen

- Funktionen von Führung (Zielerreichung, Zusammenhalt)

- Anforderungen an Führungskräfte

- Verantwortung und Aufgaben von Führungskräften

1.1 Was ist „erfolgreiche Führung"?

Was ist das Geheimnis, das erfolgreiche Führungskräfte umwittert? Was sind erfolgreiche Führungspersönlichkeiten, was zeichnet sie aus, wie denken und handeln sie? Welche Instrumente und Methoden wenden sie in der Praxis an. Und schließlich, wie können Unternehmen, Vorgesetzte und letztlich Sie selbst als zukünftige Führungskraft dafür Sorge tragen, dass Sie eine erfolgreiche Führungskraft werden. Damit ist dann auch die Frage verbunden, wie man erfolgversprechende zukünftige Führungskräfte findet und wie man sie für ihren Job fit macht. Hier in diesem ersten Meilenstein wollen wir Ihnen einen kurzen Überblick über die wesentlichsten Begrifflichkeiten und Zusammenhänge vermitteln, die dann in den folgenden Meilensteinen vertieft werden.

1.1.1   Aufgaben der psychologischen Führungsforschung

Genau diese oben erwähnten Fragen stellt sich auch die psychologische Führungsforschung seit Jahrzehnten (Felfe 2009). Und um dies gleich vorweg zu nehmen,
einig ist man sich in vielen Punkten keineswegs und es sind tatsächlich viele Fragen offen. Dies liegt schlicht und ergreifend an der Komplexität der Materie. Der
Mensch als psychologisches Forschungsobjekt, eingebettet in einer komplexen
Umwelt, ausgestattet mit vielfältigen Motiven, individuellen Gewohnheiten und Erfahrungen, ausgerichtet auf die Bewältigung von wechselnden Lebensaufgaben,
verfügt über ein überwältigendes Spektrum ans Handlungs- und Verhaltensoptio-
nen, die ihrerseits in der jeweiligen Situation auf zahllose Hindernisse treffen können. Ob und wie sich eine Führungskraft in einer konkreten Bewährungssituation
verhalten wird, hängt von einer unüberschaubaren Anzahl von beeinflussenden
Faktoren ab, die letztlich über Erfolg oder Misserfolg entscheiden.

!   **WICHTIG**

Aufgabe der psychologischen Führungsforschung ist demnach, individuelles
Führungsdenken, -erleben und -handeln zu beschreiben, in seinem Zustandekommen zu erklären, es für un/bestimmte Situationen vorherzusagen und
in Richtung Situationsangemessenheit, d.h. in Richtung Erfolg zu verändern.

Führungsphänomene

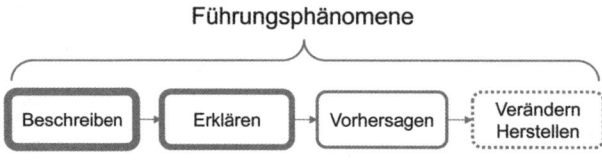

Abb. 2: Aufgaben der Führungsforschung

Die in der Abbildung dargestellte Reihung der Forschungsaufgaben vom „Beschreiben" bis hin zum „Verändern" oder „Herstellen" dokumentiert zugleich den jeweiligen Forschungsstand einer wissenschaftlichen Disziplin. Das Beschreiben eines
Phänomens ist noch relativ einfach. Erklärungsansätze, häufig auch einander wi-
dersprechende, gibt es in der Regel zahlreiche. Wenn man ein Phänomen jedoch
korrekt vorhersagen kann, z. B. das Verhalten einer Führungskraft in einer ganz
bestimmten Aufgabensituation mit ganz bestimmten Mitarbeitern, hat man offensichtlich schon sehr viel von der untersuchten Materie verstanden. Gelingt es
gar, ein Phänomen zu verändern oder herzustellen, z. B. eine Führungskraft so zu
trainieren, dass sie in der bezeichneten Situation tatsächlich erfolgreich handelt,
kann man mit Fug und Recht behaupten, das Phänomen umfassend verstanden
zu haben. Alle Heilungserfolge in der Medizin, die Konstruktion und der Bau einer

energieeffizienten technischen Anlage in den Ingenieurswissenschaften oder auch die Erfolge bei der Verbesserung der ökologischen Umweltbedingungen durch interdisziplinäre Forschungsanstrengungen gehören in die Kategorie der Veränderung oder der Herstellung von Phänomenen. In der praktischen Umsetzung der Erkenntnisse der Führungsforschung bedeutet dies z. B. die Schulung und das Verhaltenstraining von Führungskräften und die persönlichkeitsförderliche Gestaltung der Arbeitsbedingungen.

In der Führungsforschung haben wir es allerdings mit einer fast unüberschaubaren Anzahl von sich gegenseitig bedingenden Einflussfaktoren zu tun, die teilweise noch nicht einmal bekannt sind. Insofern besteht der Königsweg in der Reduktion der Komplexität auf die wesentlichen, entscheidenden Faktoren. Wir werden uns auf die fundamentalen Forschungsergebnisse, die hauptsächlichen Einflussfaktoren und die wirksamsten Erfolgsrezepte konzentrieren. Wir werden die bedeutsamsten Phänomene von Führung und ausgewählte erfolgskritische Führungssituationen im Detail beschreiben, die dahinterliegenden psychologischen Mechanismen erklären und letztlich Empfehlungen zur erfolgreichen Gestaltung Ihres Führungshandelns ableiten. Aber behalten Sie dennoch im Auge, dass jede Situation einzigartig ist und wir Ihnen die Mühe nicht abnehmen können, unsere Empfehlungen auf Ihre Situation zu übertragen.

1.1.2   Was ist Führungserfolg?

Wir hatten eingangs festgestellt, dass die entscheidenden Fragen, die nach dem Wie des Führungserfolges sind. Davor steht allerdings eine andere, u. U. viel wichtigere Frage, nämlich die Frage, was Führungserfolg überhaupt ist. Warum wird eine Führungskraft als erfolgreich angesehen und die andere nicht? Welchen Kriterien liegen diese Einschätzungen zugrunde? Um bei unserem Thema der Komplexität zu bleiben, sei angemerkt, dass in der psychologischen Forschung und Praxis eine Vielzahl unterschiedlicher Kriterien existieren, die bezüglich der Definition von Führungserfolg Verwendung finden (vgl. Schuler 1995; Schuler & Moser 2014).

So kann man Führungserfolg sehr pragmatisch definieren. Beispielsweise dadurch, indem man misst, wie oft eine Führungskraft im Laufe von z. B. zehn Jahren befördert wird. Oder auch, indem man verfolgt, wie sich ihr Jahresgehalt in der beobachteten Zeitspanne verändert. Diese Kriterien werden tatsächlich angewandt, wenn es z. B. darum geht nachzuweisen, ob eine bestimmte Personalentwicklungsmaßnahme, z. B. ein Führungskräftetraining oder die Absolvierung einer zusätzlichen Managementausbildung tatsächlich den erwünschten Erfolg hatte. Oder etwa bei der Evaluation (Nützlichkeitsbewertung) von Auswahl- bzw. Einstellungsverfahren wie dem Assessment-Center, wobei hier die Vorhersagegenauigkeit der Auswahl-entscheidung geprüft wird (vgl. Schuler 2007). Hinter diesen Vorgehensweisen steht eine Definition von Führungserfolg, die in erster Linie auf den individuellen Karriereerfolg einer Führungskraft fokussiert. Allerdings erklärt dieses Kriterium relativ wenig bezüglich des Zustandekommens dieses Führungserfolges.

Ein Versuch, die Kriterien des Führungserfolges systematischer zu ordnen, bezieht sich auf die jeweils betroffenen Nutzergruppen der Führungskraft. Insgesamt betrachtet gibt es mindestens drei Nutzergruppen, die den Erfolg einer Führungsposition bestimmen.

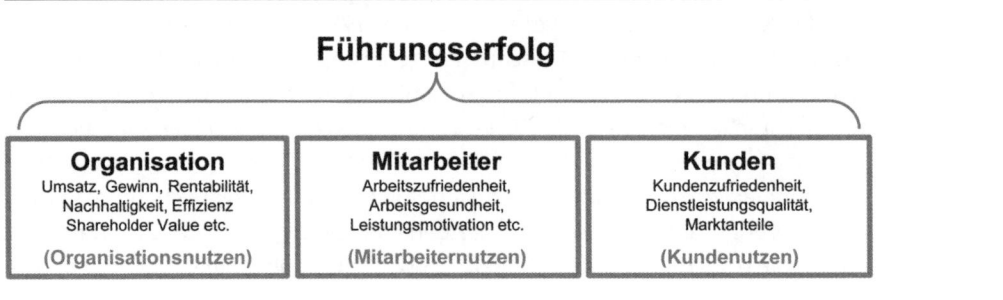

Abb. 3: Führungserfolg als Erwartungen unterschiedlicher Anspruchsgruppen

Kriterium: Organisationserfolg (-zufriedenheit)

Das ist einmal das Unternehmen, die Organisation mit den entsprechenden betriebswirtschaftlichen Erfolgskriterien (Organisationsnutzen). D.h., der Erfolg einer Führungskraft wird festgemacht an möglichst konkret abrechenbaren Leistungskennziffern der durch sie geleiteten Organisationseinheit. Ist ihre Abteilung oder Gruppe langfristig betriebswirtschaftlich erfolgreich, so ist es auch die betreffende Führungskraft. Allerdings spielen nicht nur diese objektiv bestimmbaren Parameter eine Rolle. Auch die daraus abgeleiteten Einschätzungen der Geschäftsführung, des Vorstandes oder der übergeordneten Führungskräfte entscheiden über den Erfolg in der Führungsposition. Wesentlich aber sind immer möglichst konkret bestimmbare Effizienzkriterien.

Kriterium: Mitarbeiterzufriedenheit

Zum zweiten sind es die jeweils unterstellten Mitarbeiter mit den Kriterien der Arbeitszufriedenheit (Mitarbeiternutzen). Man kann nämlich auch die unterstellten Mitarbeiter fragen, ob sie mit ihrer Führungskraft zufrieden sind, um daraus ein

Kriterium für erfolgreiches Führungsverhalten abzuleiten. Da es nachgewiesener Weise einen Zusammenhang zwischen Zufriedenheit mit der eigenen Führungskraft und allgemeiner Arbeitszufriedenheit gibt, und zufriedene, engagierte Mitarbeiter erfolgreicher arbeiten, läge diese Schlussfolgerung in der Tat nahe. Zahlreiche Befragungsstudien, wie z. B. der jährlich erhobene „Engagement Index" des Gallup Forschungsinstituts, belegen diese Vorgehensweise. Im Folgenden finden Sie eine Auswahl von häufig verwendeten Zufriedenheitskriterien als Fragen an die Mitarbeiter (Felfe 2009), die so oder ähnlich auch in Instrumenten der Personalbeurteilung von Führungskräften Verwendung finden:

- Ich habe in den letzten sieben Tagen Anerkennung oder Lob für gute Arbeit bekommen.
- Meine Führungskraft oder eine andere Person im Unternehmen interessiert sich für mich als Mensch.
- Meine Führungskraft sorgt sie für klare Absprachen und organisiert funktionierende Abläufe.
- Bei der Arbeit gibt es jemanden, der mich in meiner Entwicklung unterstützt und fördert.
- Meine Führungskraft vertritt den eigenen Bereich erfolgreich nach außen.
- Meine Meinungen und Vorstellungen werden bei der Arbeit ernst genommen.
- In den letzten sechs Monaten hat jemand mit mir über meine Fortschritte gesprochen.
- Meiner Führungskraft gelingt es, mich und meine Kollegen zu motivieren und zu begeistern.

Darüber hinaus gäbe es allerdings noch andere Anspruchsgruppen, die befragt werden könnten. So dürften auch die Einschätzungen der hierarchisch gleichgestellten Kollegen relevant für die Bewertung des Führungserfolges sein.

Kriterium: Kundenzufriedenheit

Schließlich spielen die teils vermittelten Beziehungen zu den internen und externen Kundengruppen eine Rolle (Kundennutzen). Hier wird in der Regel ein Mix aus Leistungs- und Kontaktdimension als Erfolgskriterien der Führungsposition beobachtet. Schätzt doch der Kunden nicht nur die Verfügbarkeit, Nutzbarkeit, Relevanz und letztlich den Gesamtbeitrag der erhaltenen Leistung zur eigenen Gewinnmaximierung ein, sondern darüber hinaus in nicht unwesentlichem Maße die Kontaktqualität, also die Freundlichkeit und Dienstleistungsorientierung. Der Zusammenhang zwischen Kundenorientierung und Führungsqualität eines Unternehmens liegt dabei klar auf der Hand. Die Qualität eines alltäglichen Kontakts, den

Sie als Kunde zu einem Dienstleister erleben, macht Ihnen sehr augenfällig klar, wie diese Dienstleistungsmitarbeiter geführt werden. Eine hohe Kundenorientierung ist immer Zeichen einer hohen Qualität in der Mitarbeiterführung.

1.2 Definition – Was ist Führung?

Ein weiterer entscheidender Eckpunkt ist die Definition des Begriffs Mitarbeiterführung, so wie er in der psychologischen Führungsforschung Verwendung findet.

> **! WICHTIG**
>
> Unter Mitarbeiterführung wird die zielgerichtete und konsensfähige soziale Einflussnahme auf das Denken, Fühlen, Wollen und Handeln von Personen und Personengruppen in einer vorgegebenen Organisationsform zur Erreichung von Organisationszielen verstanden (nach Staehle 1999).

Der zentrale Begriff ist die soziale Einflussnahme. Im Wesentlichen geht es damit um die zielgerichtete soziale Beeinflussung von Menschen, mithin um die konkrete Ausgestaltung des Führungshandelns. Allerdings ist diese Einflussnahme bestimmten Bedingungen unterworfen, auf die wir später noch zu sprechen kommen werden.

Aus der Führungsforschung sind seit den 1940er-Jahren zwei zentrale Ausrichtungen des Führungshandelns bekannt. Danach lassen sich alle Führungsaktivitäten entweder in aufgaben- bzw. sachorientierte oder personen- bzw. mitarbeiterorientierte Verhaltensweisen einordnen.

- **Aufgabenorientierung:**
  Dabei werden unter Aufgabenorientierung (Sachebene) Verhaltensweisen der Führungskraft verstanden, die die direktive, anweisende Strukturierung von Arbeitsaufgaben, Zielvorgaben, Rollen, Informations- und Kommunikationsbeziehungen betreffen. Dieses Führungshandeln konzentriert sich auf die Sache, die Ziele und Aufgaben.
- **Mitarbeiterorientierung:**
  Mitarbeiter- oder Beziehungsorientierung (Beziehungsebene) meint dagegen unterstützende Verhaltensweisen, die das vertrauensvolle, motivierende und wertschätzende Verhalten gegenüber den Mitarbeitern betreffen. Dieses Führungshandeln konzentriert sich auf die Mitarbeiter und die Beziehung zu ihnen.

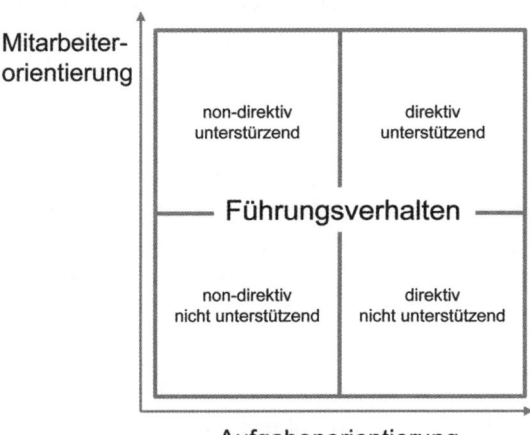

Aufgabenorientierung

Abb. 4: Zentrale Ausrichtungen des Führungsverhaltens

Wie wir aus empirischen Erhebungen wissen, führt eine ausgeprägte Mitarbeiterorientierung der Führungskraft, die sich durch Wertschätzung und Anerkennung äußert, zu einer erhöhten Arbeitszufriedenheit der Geführten, aber auch zu gesteigerten Arbeitsleistungen. In Bezug auf die Aufgabenorientierung zeigen empirische Studien vor allem einen positiven Zusammenhang zur Leistung der Mitarbeiter, aber auch, obwohl geringer, zu deren Zufriedenheit (vgl. Thom & Ritz 2008; Judge, Piccolo u.a. 2004).

Konsequenzen für Ihr Führungshandeln

Die Frage, wie Sie Führungserfolg für sich definieren, ist wesentlich für alle nachfolgenden Behandlungen unseres Themas. Je nachdem, wie Sie diese Frage für sich beantworten, wo Sie den Schwerpunkt und Ihre Ziele setzen, werden Sie Ihr Führungshandeln und ihre soziale Einflussnahme unterschiedlich anlegen.

- Entscheiden Sie sich für den **Organisationsnutzen** als oberstes Ziel werden Sie vor allem aufgaben- und zielorientiert führen. Sie werden sich konsequent auf die Ergebnisse Ihres Handelns konzentrieren.
- Wählen Sie die **Mitarbeiterzufriedenheit** als Erfolgskriterium, werden Sie vor allem die Befindlichkeit Ihrer Mitarbeiter im Auge haben und mitarbeiterorientiert oder personenzentriert führen. Die Arbeitszufriedenheit Ihrer Mitarbeiter und deren Wertschätzung für Sie, werden Ihr Führungshandeln dominieren.
- Ordnen Sie sich dem **Kundennutzen** unter, was, wenn Ihr Unternehmen gut aufgestellt ist, ohnehin oberstes Ziel Ihrer Organisation und damit dem Organisationsnutzen gleichzusetzen ist, werden Sie letztlich auch Ergebnisse und Erfolge priorisieren müssen.

Sie werden nun zu Recht einwenden, dass Sie doch das eine anstreben können, ohne das andere aus dem Auge zu verlieren. Letztlich hängen doch die unterschiedlichen Sichtweisen sehr eng zusammen und bedingen sich geradezu gegenseitig.

Selbstverständlich stimmt dies, aber verwechseln Sie bitte nicht das Ziel mit dem Weg dahin! Verwechseln Sie nicht Führungsziel mit Führungshandeln. In unserem Fall ist nicht „Der Weg das Ziel". Unabhängig vom Weg sind Sie am Ende dafür verantwortlich, dass die Ziele des Unternehmens bzw. Ihrer Organisationseinheit erreicht werden.

> **! WICHTIG**
>
> **Das bedeutet für Sie, konzentrieren Sie sich von Anbeginn auf die Erreichung der wesentlichen unternehmerischen Ziele, auf die vorzuweisenden Ergebnisse Ihrer Organisationseinheit.**

Lassen Sie sich nicht dazu verleiten, Ihren subjektiven Führungserfolg allein vom Wohlwollen und Zuspruch Ihrer Mitarbeiter abhängig zu machen. Das Vertrauen und die Wertschätzung Ihrer Mitarbeiter erlangen Sie als Führungskraft durch den Erfolg Ihrer Einheit, den Sie selbstverständlich gemeinsam mit Ihren Mitarbeitern herbeizuführen haben. Niemand möchte gerne einer Gruppe oder einem Team angehören, das immer auf dem letzten Platz steht. Die Mitarbeiter erwarten von Ihnen, dass Sie dafür sorgen, dass Ihr Team erfolgreich ist. Das ist der Mehrwert, den Sie als Führungskraft schaffen.

Das heißt aber nicht, dass Sie die Mitarbeiterdimension in Ihrem Führungshandeln, also den Weg zum Ziel, vernachlässigen. Nur das finale Ziel, das Zentrum Ihrer Aufmerksamkeit muss immer auf die mess- und bewertbaren Resultate Ihres Verantwortungsbereiches gerichtet sein.

Genau dies sichert Ihnen letztendlich die Akzeptanz Ihrer Mitarbeiter. Eine so ausgerichtete Zielorientierung wird Ihr Führungshandeln in hohem Maße gewinnbringend beeinflussen. Dadurch bekommt Ihr Handeln als Führungskraft Struktur, Form und Inhalt.

Sie können selber für Ihren „Ruf" sorgen. Was ist Ihnen lieber, eine Führungskraft von der man sagt, „Sie ist nett und harmlos, bekommt aber nichts auf die Reihe". Oder würden Sie lieber von sich hören, „Sie ist anspruchsvoll, nicht gerade bequem und leicht zufrieden zu stellen, aber bei der kannst du was erreichen"!

„Management ist die Transformation von Wissen in Ergebnisse" (Malik 2006, S. 26). Das ist die fundamentale Aussage eines der profiliertesten Vertreter der Managementlehre, die wir Ihnen hier ans Herz legen wollen. Allerdings heiligt der Zweck nicht alle Mittel.

Es gibt Grenzen, und nicht nur gesetzliche und arbeitsrechtliche, sondern auch ethisch-moralische Grenzen, oder besser gesagt ethisch-moralische Richtlinien oder Maßstäbe, an die man sich als Führungskraft halten muss. Die physische und psychische Gesundheit der Mitarbeiter sowie Respekt und Würde im Umgang miteinander sind zum Beispiel solche Maßstäbe und Richtlinien.

1.3 Erfolgreich Führen – Wovon es abhängt

Führung vollzieht sich nicht im luftleeren Raum, sondern immer in einer mehr oder weniger stark vorgegebenen Situation mit zahlreichen beeinflussenden Parametern. Diese auch als Determinanten des Führungshandelns bezeichneten Situationsvariablen bestimmen in erheblichem Maß Ihr Führungshandeln.

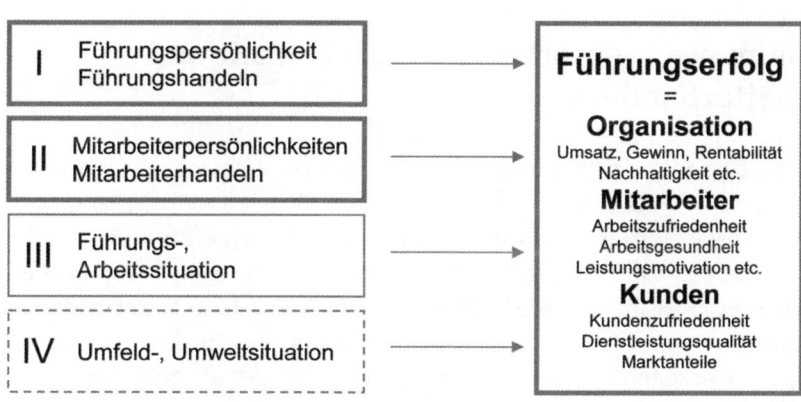

Abb. 5: Determinanten des Führungserfolges

1.3.1 Determinante 1: Führungspersönlichkeit und Führungshandeln

Wichtigste Determinante sind unzweifelhaft Sie selbst, Ihre Persönlichkeit, Ihre Einstellungen Ihre Kompetenzen und letztlich Ihr Führungshandeln. Dies haben Sie in aller Regel auch in der Hand und können es bewusst und absichtsvoll „frei" gestalten. Wie frei Sie wirklich dabei sind, darauf werden wir noch zu sprechen kommen.

Dies bedeutet u.a. auch, dass die soziale Einflussnahme und damit die Machtausübung der Führungskraft von den Mitarbeitern akzeptiert werden. Mit anderen Worten, Führung gegen die eigenen Mitarbeiter ist langfristig nicht vorstellbar. Das bedeutet, dass Sie Ihre Mitarbeiter hinter sich, hinter Ihre Ideen und Entscheidungen bringen müssen. Ihre Machtbefugnisse, sind u. U. ein stumpfes Schwert. „Kein Mensch ist gut genug, einen anderen Menschen ohne dessen Zustimmung zu regieren" (Abraham Lincoln 16.10.1854, Rede bzgl. des Kansas-Nebraska Acts). Wirkliche Macht als Führungskraft, unabhängig von Weisungs- und Sanktionsrechten, erlangen Sie nicht durch Ausübung von oder gar durch das Bestehen auf Macht, sondern nur durch überzeugende Argumente und einen klugen Konsens.

1.3.2 Determinante 2: Mitarbeiterpersönlichkeit und Mitarbeiterhandeln

Das zweite Element sind Ihre Mitarbeiter, wobei jeder einzelne von ihnen mit höchst unterschiedlichen Fähigkeiten, Motivationen, Qualifikationen, Erfahrungen und Handlungsmöglichkeiten ausgestattet ist. Dies ist Ihre größte Herausforderung. In diesem Zusammenhang spricht man auch gerne von Reifegraden. Paul Hersey und Kenneth H. Blanchard, beide ehemalige Professoren für Leadership Studies und auch bekannt durch zahlreiche Veröffentlichungen wie z. B. den „One-Minute Manager", entwickelten im Rahmen ihres Ansatzes des „Situativen Führens" das Konzept der „Reifegrade von Mitarbeitern" (engl. maturity).

„Reife" Mitarbeiter weisen demnach ein höheres Ausmaß an Kompetenz (engl. ability) und Motiviertheit (engl. willingness) auf und sind dementsprechend anders zu führen, am besten möglichst wenig. Diese Mitarbeiter sollten man weitgehend „laufen" lassen und nicht durch enge Führung behindern.

Ist der Reifegrade des unterstellten Mitarbeiters gering, sollte vorwiegend aufgabenorientiert und wenig mitarbeiterorientiert geführt werden. Hier empfiehlt man also direktives, anweisendes Vorgehen.

Da wir an anderer Stelle dies noch weiter ausführen werden (s. Meilenstein 12), hier nur so viel: Auch wenn man einiges dieser Ansichten kritisch sehen mag, richtig ist, das gute Führung immer individuell auf den einzelnen Mitarbeiter auszurichten ist, an seine Kompetenzen anzusetzen hat. Hoch kompetente, leistungsbereite und selbstbewusste Mitarbeiter, die es gelernt haben, vielleicht auch mit Ihrer Hilfe, sich selbst zu führen, benötigen Sie als Führungskraft im Grunde genommen nicht mehr. Und dies mag durchaus auch eine Auszeichnung für Sie sein. Alle Mitarbeiter dahin zu bringen, sie also erfolgreich zu machen, das ist im eigentlichen Sinne der Wert von Führung. Insofern haben Sie sich vor allem um die Mitarbeiter zu kümmern, die noch nicht soweit sind.

1.3.3 Determinante 3: Arbeits- und Führungssituation

Die dritte Determinante betrifft die beeinflussenden Rahmenbedingungen der Arbeitsaufgabe, der Organisationsstruktur des Unternehmens und der Hierarchieebene, auf der die Führungsposition angesiedelt ist.

Merkmale der Arbeitsaufgabe: Diese Bedingung begründet sich einmal durch die Art und Weise der auszuführenden Tätigkeiten. So ist es nachvollziehbar, dass Führung in einer Forschungsabteilung grundsätzlich anders gestaltet ist als in einem Arbeitsteam der Fließbandfertigung desselben Unternehmens. Die differenzierenden Merkmale von Tätigkeitsarten und damit wesentliche Determinanten für das Führungshandeln betreffen in diesem Zusammenhang jeweils:

- den Komplexitätsgrad der Tätigkeit,
- den Schwierigkeitsgrad der Tätigkeit,
- den Gegenstand (gegenständlich, abstrakt, menschenbezogen),
- den Grad der Entscheidungsnotwendigkeiten,
- den Abstraktionsgrad (körperliche oder geistige Tätigkeiten),
- den Grad der Autonomie (Handlungsspielraum) und
- die Möglichkeit oder Notwendigkeit zur sozialen Interaktion.

Je nachdem, wie diese Merkmale in der jeweiligen Arbeitsaufgabe ausgestaltet sind, ergeben sich für das Führungshandeln unterschiedliche Möglichkeiten und z. T. erst die Notwendigkeit der sozialen Einflussnahme. Nicht jedes Arbeitsteam benötigt tatsächlich auch Führung. Je geringer z. B. die Schwierigkeit, die Komplexität und der Handlungsspielraum einer Arbeitsaufgabe, um so geringer die Einflussmöglichkeiten und -notwendigkeiten einer Führungskraft.

Führung muss einen Mehrwert erzeugen, der ohne Führung nicht herzustellen wäre. Wird Führung „verordnet" in einem Arbeits- und Tätigkeitszusammenhang, der Führung gar nicht notwendig macht, wird die Führungskraft Probleme lösen müssen, die ohne Führung gar nicht entstanden wären (Neuberger 2002; Felfe 2009).

Merkmale der Organisationsstruktur: Andererseits bestimmt die Art und Weise der Aufbauorganisation (Einlinienorganisation, Mehrlinienorganisation, Stab-Linien-Organisation, Matrixorganisation) und damit die Flachheit der Hierarchie die Möglichkeiten und Grenzen von Führung. So fördern flachere Hierarchieformen in der Regel mehr Eigeninitiative und mehr Eigenverantwortung der Führungskräfte und Mitarbeiter an der Basis und unterbinden in gleichem Maße Eingriffe von „oben". In Stellenbeschreibungen, Eingruppierungsrichtlinien und Organisationshandbüchern findet man zahlreiche Hinweise und Regelungen (Zuständigkeiten, Kompetenzen, Vollmachten, Berechtigungen, Beauftragungen, Zeichnungsbefugnisse u. ä.), die zwar systemimmanent einen Sinn machen, aber auch außerordentliche Begrenzungen für das eigenverantwortliche Handeln von Führungskräften und Mitarbeitern darstellen, die mitunter sogar der Bequemlichkeit und Verantwortungslosigkeit Vorschub leisten können. Mehr dazu erfahren Sie im Meilenstein 12 „Situationen beherrschen".

Merkmale der Hierarchieebene: Darüber hinaus macht die Hierarchiestufe einen großen Unterschied. Je höher Sie in der Hierarchie aufsteigen, umso weniger werden Sie mit tatsächlicher personaler Mitarbeiterführung zu tun haben. Sie führen Führungskräfte und keine Mitarbeiter. Planung, Strategiebildung, konzeptionelle Tätigkeiten, Analyse, Reporting und Sitzungen in Gremien werden Ihren Tagesablauf bestimmen (Felfe 2009).

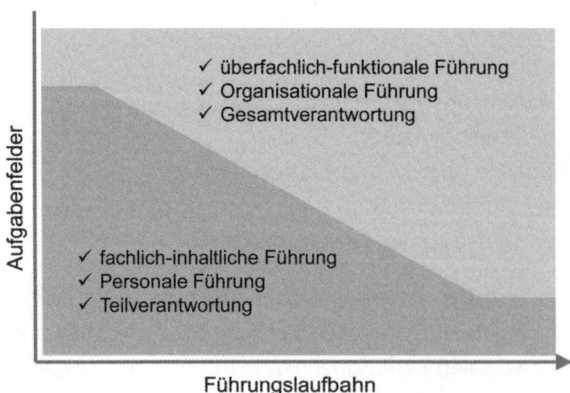

Abb. 6: Aufgabenfelder in der Führungslaufbahn

Ihr erster Führungsauftrag wird sich aber vermutlich auf den unteren Hierarchie-ebenen abspielen. Ein erster Schritt dahin kann eine sogenannte „Vorarbeiterposi-tion" sein; der Erste unter Gleichen. Hier sind Sie in erster Linie für die Arbeitsorga-nisation, die Aufgabenplanung oder die Arbeitssicherheit verantwortlich. Direkte Verantwortung für die Menschen (Personalverantwortung) haben Sie noch nicht. Zum Beispiel wird in der Regel über Einstellungen, Kündigungen, Gehaltszulagen und Beförderungen oder auch Abmahnungen an anderer Stelle entschieden.

Der Gruppen- oder Teamleiter wird dann Ihre erste Führungsposition sein, in der Sie, zumindest teilweise, auch die Personalverantwortung haben. Und dort domi-niert der Anteil an personaler Mitarbeiterführung. Eigentlich befinden Sie sich in dieser Position auf der einzigen Führungsebene, die sich noch mit den tatsächlich ausführenden Mitarbeitern zu beschäftigen hat. Hier findet wirkliche Menschen-führung statt. Und dies vor allem deshalb, weil Sie hier der Beziehung zu jedem einzelnen Mitarbeiter nicht aus dem Wege gehen können. Dies hat Vorteile, birgt aber auch zahllose Risiken.

1.3.4   Determinante 4: Umfeld- bzw. Umweltsituation

Letztlich ist noch auf die Umfeld- bzw. Umweltsituation einzugehen.

Merkmale der Umfeldbedingungen: Umfeld meint in diesem Zusammenhang, un-abhängig von der Organisationsform eines Unternehmens, die Qualität der Perso-nalprozesse, die die Führungsarbeit unterstützen. Gemeint sind damit z. B. Pro-zesse wie Entlohnungs- und Anreizsysteme, Führungs- und Unternehmenskultur, gelebte Unternehmensleitlinien, Qualifizierungs- und Entwicklungsmöglichkeiten. Diese Prozesse können Sie bei Ihrer Führungsarbeit unterstützen, Ihnen also Ar-beit abnehmen oder Sie auch mit all Ihren guten Absichten allein lassen. Je größer ein Unternehmen ist und umso elaborierter die Personalprozesse ausgebildet sind, umso leichter wird Ihnen der Einstieg in Ihre Führungsfunktion fallen.

Merkmale der Umweltbedingungen: Mit Umweltbedingungen sind die wirtschaft-liche Lage ihres Unternehmens und die Marktsituation in der Region oder der Bran-che gemeint. Diese beeinflussen Ihr Führungshandeln ebenfalls deutlich.

- Befindet sich Ihr Unternehmen gerade in einer Konsolidierungsphase, und Sie müssen Einsparungen vornehmen und „gesundschrumpfen", wird dies zwangs-läufig Ihre Eingriffsspielräume beschränken. Sind Sie von Outsourcing und Zentralisierung betroffen, was in der Regel durch Entzug von Kompetenzen und Verantwortung auf den unteren Etagen begleitet ist, wird Ihre Mitarbeiter- und Beziehungsorientierung auf eine harte Probe gestellt.

- Befindet sich dagegen Ihr Unternehmen in einer Wachstumsphase, werden Sie Dezentralisierung und die Delegation von Kompetenzen und Verantwortung erleben. Jetzt können und müssen Sie handlungsfähig sein. Sie müssen Entscheidungen treffen und Verantwortung teilen.

Wie Sie sehen, hängt erfolgreiche Führung von vielen Faktoren ab, die Sie nicht immer selbst gestalten und nach Ihrem Belieben anpassen können. Ihre Möglichkeiten und Grenzen werden beeinflusst von der Organisationsstruktur Ihres Unternehmens, von den wirtschaftlichen Bedingungen des Marktumfeldes, der vorherrschenden Tätigkeitsart in Ihrem Bereich, der jeweiligen Hierarchieebene, auf der Führung stattfindet, und dem Gebot zur Konsensbildung. Neben Ihrem unmittelbaren Arbeitsumfeld, das Sie gestaltend beeinflussen können, bleiben darüber hinaus nur Sie selbst und Ihre Mitarbeiter als die entscheidenden Variablen Ihrer Führungsfunktion.

Aber Sie werden lernen auch mit diesen, weniger direkt zu beeinflussenden Faktoren umzugehen. Wenn alles nach unseren Wünschen liefe, kann jeder ein Held sein, kann jeder erfolgreich führen. Ob Sie als Führungskraft wirklich etwas erreichen, hängt in entscheidendem Maße davon ab, wie Sie es verstehen, gerade in stürmischer See Ihre Organisationseinheit und Ihre Mitarbeiter um die gefährlichen Klippen zu schiffen. Auch hier gilt unsere eingangs formulierte Feststellung, dass Sie Ihr Ziel als Führungskraft, den Erfolg Ihrer Organisationseinheit nicht aus dem Auge verlieren dürfen, so schwer dies auch manchmal fallen mag. Dann haben Sie gute Chancen Ihren Hafen sicher zu erreichen. Allerdings „für einen, der nicht weiß, welchen Hafen er ansteuern will, gibt es keinen günstigen Wind" (Lucius Annaeus Seneca).

1.4 Erfolgreich Führen – Wie geht das?

An dieser Stelle wollen wir Ihnen im Überblick die grundsätzlichsten Wirkmechanismen erfolgreicher Führung näher bringen. Wir gehen insbesondere in den Meilensteinen 9 bis 12 ausführlicher auf die beschriebenen Determinanten und auf den Führungsprozess selbst ein.

1.4.1   Führungsfunktionen

Wie wir bereits festgestellt haben, existieren zwei grundlegende Ausrichtungen des Führungshandelns, die durchaus miteinander in Zusammenhang stehen. Wir haben sie als **Aufgaben- bzw. Mitarbeiterorientierung** bezeichnet.

Um Sie bereits an dieser Stelle für die weiteren Themen in diesem Buch zu sensibilisieren, sei angemerkt, dass diese beiden Elemente auch als **Sach- und Beziehungsebene** oder als rationaler bzw. emotionaler Aspekt in allen sozialen Beziehungskonstellationen und eben auch im Führungsprozess eine entscheidende Rolle spielen. So gibt es in jedem sozialen Kontakt sachliche und emotionale Ziele, in jedem Gespräch eine Sach- bzw. Beziehungsebene und in jeder einzelnen kommunikativen Aussage rationale und affektive Inhalte. Beide Ebenen sind untrennbar miteinander verbunden und begleiten die Führungsforschung seit ihren Anfängen.

Carters Untersuchungen zur spontanen Etablierung von Führungspositionen (1953)

Der US-amerikanische Forscher L. F. Carter und seine Kollegen beobachteten in den frühen 1950er Jahren kleine Gruppen von Personen unter dem Gesichtspunkt der spontanen Etablierung von Führung (Carter 1953; zit. nach Hofstätter 1971). Er ging der Frage nach, welche der Gruppenteilnehmer von den anderen Teilnehmern der Gruppe spontan als Führungspersönlichkeiten anerkannt würden? Dazu registrierten die Beobachter eine Vielzahl unterschiedlicher Merkmale der Gruppenteilnehmer: Aggressivität, Hilfsbereitschaft, Kontaktfähigkeit, Durchsetzungsfähigkeit, Unterwürfigkeit, Gesprächigkeit, Sachlichkeit usw. In Carter's Untersuchungen wurden drei differenzierende Faktoren gefunden. Dabei handelte es sich einmal um

1. den Beitrag, den eine Person zur Gruppenarbeit leistet (Sachaspekt),
2. darum, wie sehr sich diese Person der Gruppe und ihren Regeln anzupassen versteht (Beziehungsaspekt) und
3. um eine Persönlichkeitseigenschaft, die Carter als „individuelle Prominenz" bezeichnete und sich auf das besondere Selbstvertrauen der bevorzugten Person bezieht.

Die ersten beiden Punkte treffen ziemlich anschaulich unsere beiden Ebenen der Aufgaben- und Mitarbeiterorientierung. Der dritte von Carter gefundene Faktor entspricht etwa dem, was in der aktuellen Führungsforschung mit dem Begriff Charisma umschrieben wird. (Wir werden im Meilenstein 9 noch ausführlicher auf dieses Thema eingehen). So viel sei hier angemerkt, Carter's „individuelle Prominenz" beschreibt eine Fähigkeit oder Eigenschaft von Führungspersönlichkeiten, die die anderen Gruppenmitglieder offenbar veranlassen, dieser Person **Vertrauen** und **Zutrauen** entgegenzubringen. Das heißt aber nichts anderes, als dass dieser dritte Faktor eine Kombination der ersten beiden darstellt.

Man „vertraut" auf der einen Seite der anerkannten Führungsperson in ihrer sozialen Kompetenz, ihrer Beziehungsfähigkeit, ihrer Bereitschaft, die Gruppenmitglieder zu unterstützen, und auf der anderen Seite „traut" man dieser Person mit ihrem „eigenwilligen" Selbstvertrauen in besonderem Maße die Kompetenzen zu, die es der Gruppe gestatten, ihre Aufgaben mit Bravour zu meistern.

> **! WICHTIG**
>
> Kurz: In den Augen der Gruppe ist die anerkannte Führungsperson „einer von uns", der „etwas kann"!

Demnach unterscheiden wir zwei grundlegende **Funktionen von Führung**, die mit den Begriffen der Aufgaben- bzw. Mitarbeiterorientierung korrespondieren.

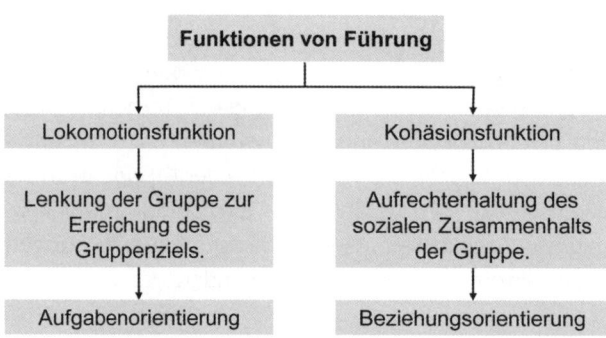

Abb. 7: Grundlegende Funktionen der Führung

Als Führungskraft erfüllen Sie sowohl Lokomotions- als auch Kohäsionsfunktionen. Sie sind beauftragt, die Ihnen anvertraute Gruppe zum Erfolg zu führen, Sie gleichsam auf ein Ziel hin auszurichten, zu lenken, zu dirigieren, und u. U. sogar an die Hand zu nehmen. Dies kann Ihnen nur gelingen, wenn Sie für den Gruppenzusammenhalt, die Kohäsion im Team sorgen (siehe Gruppenzusammenhalt in Meilenstein 8). Damit sind alle kommunikativen und organisatorischen Prozesse gemeint, die dazu führen, dass Ihr Team in optimaler Weise als sozialer Verbund zusammenarbeiten kann. Sie gestalten damit Kommunikations- und Beziehungsstrukturen, ohne die ein Team nicht existieren, nicht erfolgreich arbeiten kann.

- Zur Erfüllung der Kohäsionsfunktion benötigen Sie in erster Linie **Sozial- und Selbstkompetenz**.
- Zur Erfüllung der Lokomotionsfunktion braucht es **Fach- und Methodenkompetenz**.

Zwei Seiten einer Medaille

Wenn wir im vorigen Abschnitt formuliert haben, dass Sie sich auf die Erfolge und Ergebnisse Ihres Führungshandelns konzentrieren müssen, heißt das nicht, lediglich aufgabenorientiert zu handeln, also nur die Lokomotionsfunktion wahrzunehmen. Die Ihnen anvertrauten Mitarbeiter sind Ihr wichtigstes Gut und der Schlüssel zu Ihrem angestrebten Erfolg. Mitarbeiterorientierung respektive die Kohäsionsfunktion in Ihrem Führungshandeln zu berücksichtigen, hat aber nichts mit „Nettigkeit" zu tun, es ist eine Frage der Effizienz. *Sie haben die Aufgabe, Ihre Mitarbeiter erfolgreich zu machen.*

Nur dadurch werden Sie Ihr eigenes Ziel, Ihre Organisationeinheit erfolgreich zu machen, näher kommen. Das heißt nichts weiter, als dass ein gutes Arbeitsklima, mithin eine hohe Arbeitszufriedenheit in einem ergebnisorientiert arbeitenden Team und der jeweils erarbeitete Erfolg untrennbar miteinander verbunden sind. Tritt der angestrebte Erfolg nicht ein, mag ich als Führungskraft noch so sozial orientiert und mitarbeiterorientiert führen, wird das Arbeitsklima und die Arbeitszufriedenheit der Teammitglieder darunter leiden.

So werden auch erfolglose Fußballtrainer, mitunter während der laufenden Spielsaison, ausgetauscht. Und dies nicht nur, weil das Präsidium das Vertrauen in den zukünftigen Erfolg des Trainers verloren hat, sondern weil ein nachhaltiger Misserfolg oder anders ausgedrückt, das überdauernde Ausbleiben von Erfolg, das Mannschaftsklima und das Vertrauen des Teams in die Leistungsfähigkeit erschüttern.

In unseren eigenen Untersuchungen fanden wir immer wieder bestätigt, dass die besten Führungskräftefeedbacks regelmäßig in den Teams abgeben wurden, die zu den erfolgreichsten des Unternehmens gehörten. Und darunter fanden sich sehr unterschiedliche Arten von Führungskräften und Führungsstilen.

Aufgaben- und Mitarbeiterorientierung sind deshalb nicht in ihrer Bedeutung gegeneinander abzuwägen, sondern wie die zwei Seiten einer Medaille als gleichermaßen notwendig zu betrachten. Sie müssen beides können und beides praktizieren. Dabei wird es, wie bereits angemerkt, große Unterschiede in der Gewichtung der einen oder anderen Ausrichtung geben, je nachdem in welcher Situation Sie sich befinden. Und Sie werden feststellen, dass Sie jeweils über sehr unterschiedliche Kompetenzen verfügen müssen, um beide Funktionen erfolgreich ausüben zu können.

1.4.2 Führungskompetenzen

Wie wir bereits festgestellt haben, ist die Führungskraft selbst eine wesentliche Determinante im Führungsprozess. Dazu gehören dann zweifellos auch deren Fähigkeiten, Fertigkeiten und Arbeitseinstellungen. Neben den anderen dargestellten Determinanten bleibt die Persönlichkeit der Führungskraft die entscheidende Bestimmungsgröße im Führungsprozess.

In der nachfolgenden Übersicht finden Sie die für eine Führungskraft erfolgversprechenden Kompetenzarten und deren Inhalte. Hier stoßen wir wieder auf die bereits im Vorwort karikierte Beschreibung der „idealen" Führungskraft mit all ihren Eigenschaften und Fähigkeiten, gewissermaßen den „Übermenschen". Natürlich wäre es ratsam, all dies tatsächlich zu beherrschen, aber seien Sie beruhigt, niemand ist dazu in der Lage. Dieses Anforderungsprofil soll nur deutlich machen, womit Sie in Ihrer Führungsfunktion „punkten" können. Sie werden dabei Stärken und Schwächen ausfindig machen. Und, Sie werden in der Lage sein, Ihre Schwächen durch Ihre Stärken zu kompensieren. Schwächen sind menschlich und gehören zum Handwerk. Aber, es ist außerordentlich wichtig für Sie zu wissen, wessen Sie fähig sind und in welchen Bereichen Sie womöglich Nachholbedarf haben.

ARBEITSHILFE
ONLINE

Selbsttest: Führungsverhalten einzuschätzen

Ein Selbsttest in den Arbeitshilfen online gibt Ihnen die Möglichkeit, Ihr eigenes Führungsverhalten einzuschätzen und mit den Ergebnissen von über dreitausend Benchmarkprofilen zu vergleichen.

Tab. 1: Anforderungen an Führungskräfte (nach Felfe 2009)

Kompetenzarten	Inhalte
Fachkompetenz	Fachwissen, Expertenwissen, Markt- u. Produktkenntnisse, Branchenkenntnisse, betriebswirtschaftliches Wissen und Wissen über gesetzliche Regeln und Standards
Methodenkompetenz	Prozesse, Verfahren, Abläufe, Organisationtechniken, Delegationstechniken, Controlling-Techniken, Techniken der Arbeitsgestaltung und Arbeitsorganisation
Sozialkompetenz	Kenntnisse über soziale Zusammenhänge, Empathie, Rollenübernahme, Reflexionsvermögen, Techniken der Kommunikation und Gesprächsführung, Moderationstechniken, Besprechungsleitung, Konfliktmanagement, Networking, Feedbacktechniken
Selbstkompetenz	Selbstbild (eigene Stärken/Schwächen), Selbststeuerung, Willensstärke, Emotionsmanagement, Zeitmanagement, Selbstdisziplin, Selbstkontrolle, Selbstbeherrschung, Eigenmotivation, Stress- und Belastungsresistenz, Lern- und Veränderungsbereitschaft, Flexibilität, Vorbildfunktion, moralisch-ethisches Verantwortungsbewusstsein

1.4.3 Führungssituationen und Führungshandeln

Am ehesten können wir uns veranschaulichen, wie Führung grundsätzlich funktioniert, wenn wir ein einfaches Beschreibungsmodell zur Hilfe nehmen. Dabei setzten wir die bereits bekannte Aufgabenorientierung im Führungsverhalten mit autoritärem, anweisendem Verhalten der Führungskraft gleich und Mitarbeiterorientierung eher mit non-direktivem, delegierendem oder demokratischem Vorgehen. Dabei ergibt sich die Spannweite möglichen Führungsverhaltens wie in der folgenden Abbildung dargestellt.

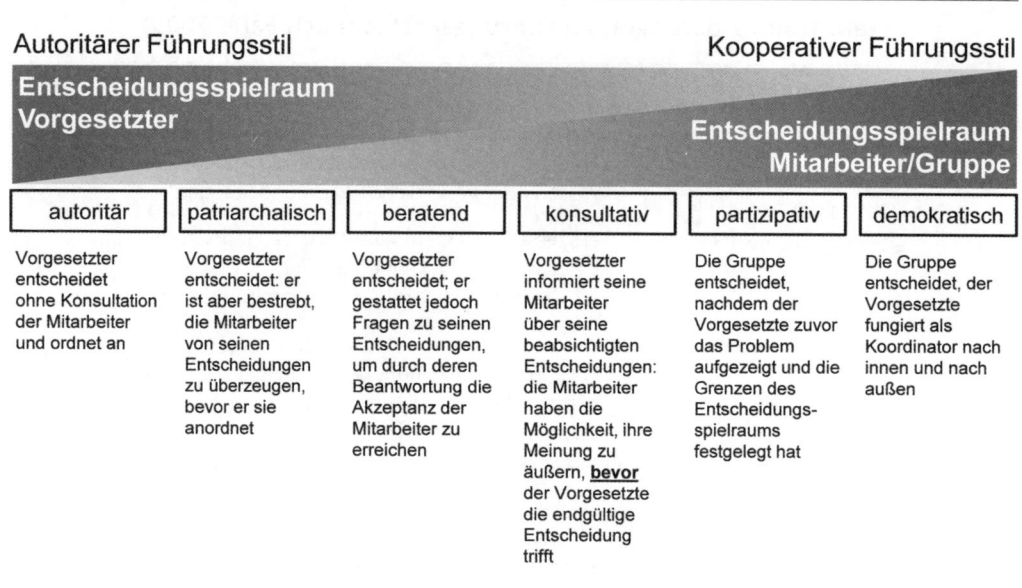

autoritär	patriarchalisch	beratend	konsultativ	partizipativ	demokratisch
Vorgesetzter entscheidet ohne Konsultation der Mitarbeiter und ordnet an	Vorgesetzter entscheidet: er ist aber bestrebt, die Mitarbeiter von seinen Entscheidungen zu überzeugen, bevor er sie anordnet	Vorgesetzter entscheidet; er gestattet jedoch Fragen zu seinen Entscheidungen, um durch deren Beantwortung die Akzeptanz der Mitarbeiter zu erreichen	Vorgesetzter informiert seine Mitarbeiter über seine beabsichtigten Entscheidungen: die Mitarbeiter haben die Möglichkeit, ihre Meinung zu äußern, **bevor** der Vorgesetzte die endgültige Entscheidung trifft	Die Gruppe entscheidet, nachdem der Vorgesetzte zuvor das Problem aufgezeigt und die Grenzen des Entscheidungs- spielraums festgelegt hat	Die Gruppe entscheidet, der Vorgesetzte fungiert als Koordinator nach innen und nach außen

Abb. 8: Delegationskontinuum (nach Tannenbaum & Schmidt 1958)

Delegationskontinuum von Tannenbaum und Schmidt (1958)

Tannenbaum u. Schmidt haben 1958 die in die Annalen der Führungsstilforschung eingehende eindimensionale Führungskonzeption des „Delegationskontinuums" entwickelt, die sehr einprägsam am Beispiel einer Entscheidungssituation deutlich macht, welche unterschiedliche Möglichkeiten der Führung dem Vorgesetzten zur Verfügung stehen und damit seinen Führungsstil definieren. Dieses Spektrum reicht von einem autokratischen bis zu einem demokratischen Führungsstil, in Abhängigkeit davon, inwieweit die Mitarbeiter in Entscheidungsprozesse einbezogen werden. Dieses auch als „Partizipation" bezeichnete Vorgehen hat einen deutlich positiven Einfluss auf die jeweils erzielten Ergebnisse. So hat sich mehrfach gezeigt, dass die Einbeziehung der Mitarbeiter gerade im Vorfeld von Change Management Prozessen eine unabdingbare Voraussetzung für deren Erfolg ist.

Welches konkrete Verhalten ausgewählt wird, hängt nach den Autoren von den unterschiedlichen **Charakteristika des Vorgesetzten**, der **Mitarbeiter** und der **Situation** ab (s. u.). Hat z. B. der Vorgesetzte Vertrauen in den eigenen Führungsstil, ist sich also seiner Führungsstärke sicher und verfügt bereits über gute Erfahrungen mit dem Delegieren von Aufgabenstellungen an seine Mitarbeiter, wird er seinen Einfluss bei der Entscheidungsfindung begrenzen können. Sind die Mitarbeiter hochmotiviert und leistungsstark, und ist die Aufgabenstellung gut strukturiert und überschaubar, wird der Vorgesetzte ebenso die Verantwortung auf sein Team übertragen, was, wie bereits erwähnt, immer das Ziel Ihrer Führungsaktivitäten sein sollte.

Tab. 2: Kriterien zur Auswahl des angemessenen Führungsverhaltens

Charakteristika des Vorgesetzten

- sein Wertsystem
- sein Vertrauen in die Mitarbeiter
- seine Führungsqualitäten
- das Ausmaß an Sicherheit, das er in der bestimmten Situation empfindet

Charakteristika der Mitarbeiter

- Ausmaß an Erfahrung in der Entscheidungsfindung
- ihre fachliche Kompetenz
- ihr Engagement für das Problem
- ihre Ansprüche hinsichtlich beruflicher und persönlicher Entwicklung

Charakteristika der Situation

- Art der Organisation
- Eigenschaften der Gruppe
- Art des Problems
- zeitlicher Abstand zur Handlung

In Abhängigkeit davon, wie die Einschätzung der oben genannten Charakteristika ausfällt, wird die Führungskraft ein bestimmtes Führungsverhalten ansteuern, wobei das Ausmaß der Einflussnahme letztlich ihren Führungsstil definiert (s. Abb. 9). Je stärker die Krümmung der durchgezogenen Linien im oberen Teil der folgenden Abbildung, umso stärker ist die Einflussnahme oder die Summe der getroffenen Entscheidungen durch die Führungskraft. Je stärker die Krümmung der gestrichelten Linien, umso mehr wächst die Einflussnahme und die Verantwortungsübernahme durch die Mitarbeiter.

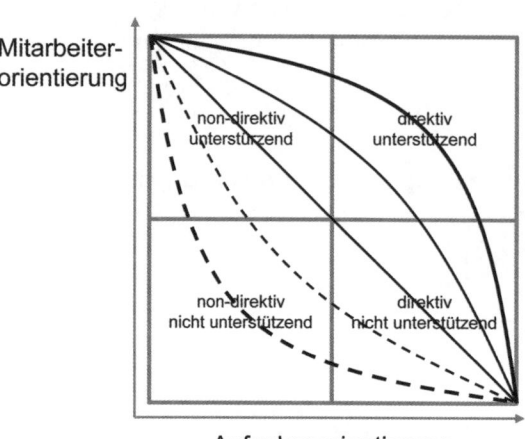

Abb. 9: Vorgesetzten-Entscheidung und Partizipation

1.4.4   Hypothesen, (Vor)urteile und Menschenbilder

In der Bewertung der einzelnen Charakteristika und der letztlichen Auswahl des bevorzugten Verhaltens ist die Führungskraft allerdings vielfältigen psychologischen Mechanismen ausgesetzt, die eine unabhängige Beurteilung kaum möglich erscheinen lassen:

- Ist die Aufgaben und die Situation, in der das Team eine Lösung für ein Problem zu erarbeiten hat, für die Führungskraft neuartig, komplex und schwierig, wird die Führungskraft höchstwahrscheinlich, die Aufgabe auch für die Teammitglieder als (zu) schwierig und (zu) komplex bewerten. Demzufolge wird sie vermutlich die Lösung zunächst selbst suchen und erst im Nachgang die Mitarbeiter einbinden. Der Spielraum für neue, andere Lösungen durch die Gruppenmitglieder, die durchaus angemessener sein können, wird zwangsläufig sehr eng. Oder die Führungskraft ist z. B. neu in ihrem Job. Dann kann es sein, dass sie sich zunächst vor ihrem Team beweisen will und die Lösung selbst erarbeitet und demzufolge auch allein entscheidet.
- Andererseits wird es routinierte, selbstbewusste Führungskräfte geben, die gewohnt sind, mit „langer Leine" zu führen, die ihre Mitarbeiter für kompetent und engagiert halten und ihnen demzufolge die Chance zur selbstständigen Lösungssuche einräumen. Sie scheuen dabei nicht das Risiko einer zunächst unvollkommenen Lösung.

Wie Sie sehen, hängt wieder alles von ihrer Führungspersönlichkeit ab, denn glauben Sie nicht, dass Sie tatsächlich alle Situationen immer objektiv einschätzen können. Es lauern viele Ver- und Irreführungen.

Insofern beginnt Führung bei der Einstellung bzw. der Haltung der Führungskraft gegenüber ihren Mitarbeitern.

> **!   WICHTIG**
>
> **Führung ist ein wechselseitiger Interaktionsprozess, der zunächst von Annahmen und Hypothesen über die Gegenseite (hier Führungskraft und dort Mitarbeiter) ausgeht, wobei diese Annahmen oder auch Vorurteile einem jeweils durch die Erfahrung geprägten Menschenbild entstammen.**

Teilweise erleben Sie Situationen der „selbsterfüllenden Prophezeiung", etwa wenn die Führungskraft ihre Mitarbeiter ständig an der „kurzen Leine" führt, ihnen nichts zutraut, und dann behauptet, ihre Mitarbeiter sind zu wenig selbstbewusst und nicht fähig, ohne Anleitung zu arbeiten.

Das ist kein Einzelfall, sondern tagtägliche Praxis. In unseren Seminaren oder bei Coachings beklagen sich Führungskräfte mitunter darüber, dass sie in Dienstberatungen oder Teamsitzungen häufig den „Alleinunterhalter" geben. Auf die Frage, warum sie denn nicht ihre Mitarbeiter zu Wort kommen lassen oder eventuell sogar die Moderation einem Teammitglied übertragen, kommt in diesen Fällen regelmäßig die Antwort, „...aber Sie haben doch selbst erlebt, dass meine Leute nicht den Mund aufmachen". Die beobachtete Situation eröffnet allerdings, dass die Mitarbeiter kaum eine Chance dazu hatten, weil die Führungskraft fast ausschließlich selbst redete und in den seltenen Fällen, wo sie Fragen stellte, nicht die Geduld aufbrachte, dann auch wenigstens einen Augenblick lang zu warten.

Für den oben genannten Fall einer Problemlösung in Ihrem Team gibt es eigentlich nur eine entscheidende objektive Determinante, die Auskunft darüber gibt, ob Sie Ihre Mitarbeiter einbinden oder nicht. Dies ist der letzte Punkt in der obigen Liste der Charakteristika (s. Tab. 2). Haben Sie genug Zeit, die Gruppe in die Entscheidungsfindung zu integrieren? Wenn Sie klug, planvoll und „nachhaltig" arbeiten, haben Sie in 80% der Fälle die Möglichkeit, Ihre Gruppenmitglieder wachsen zu lassen und mitarbeiterorientiert zu führen. Planen Sie also immer die notwendige Zeit für die Partizipation Ihrer Mitarbeiter ein.

Mitarbeiterführung, wie jede Art der Menschenführung oder auch die Erziehung von Menschen im Allgemeinen kann nur dann Ihre Ziele erreichen, wenn Sie sich im Führungsprozess auf die Entwicklung der Autonomie und Selbstständigkeit der anvertrauten Personen bezieht.

Leider obliegt die Einschätzung, ob es Ihnen die „Zeit" gestattet, mitarbeiterorientiert und wachstumsorientiert zu führen, Ihrem nicht immer zuverlässigen Urteilsvermögen, dass seinerseits vielen Abhängigkeiten unterliegt. Eine der wesentlichsten Abhängigkeiten ist das bereits angesprochene Menschenbild, welches Führungskräfte über Ihre Mitarbeiter entwickelt haben.

McGregor's Humanistische Theorie der Führung

In dieser Hinsicht hat Douglas Murray McGregor (McGregor 1960) einen interessanten Ansatz vorgestellt, der unter dem Namen „Humanistische Theorie" in die Managementlehre Eingang gefunden hat. Dieser Ansatz macht deutlich, wie sehr Führungsverhalten durch Hypothesen und Vorurteile der jeweiligen Führungskräfte geprägt ist. McGregor geht in seinem Ansatz von zwei grundsätzlich unterschiedlichen Menschenbildern aus:

- **„Theorie X"** postuliert ein Menschenbild, wonach Manager einerseits dem Glauben unterliegen, der Mensch sei von Natur aus eher bequem, arbeitsscheu, ohne Leistungsengagement, und müsse durch Belohnung sowie negative Sanktionen zur Arbeit „angetrieben" werden. Der Mensch im Allgemeinen übernimmt nur ungern Verantwortung und will geführt werden.
  Führungskräfte mit einem solchen Menschenbild bevorzugen einen Führungsstil, der als „Lenkung und Kontrolle durch Autorität" charakterisiert wird. Wenn man jedoch in dieser Art seine Mitarbeiter führt, sind nach dem Prinzip der selbsterfüllenden Prophezeiung schlechte Arbeitsleistungen, Bequemlichkeit und Verantwortungsscheu zu erwarten. Ein dieser Art entmündigender Führungsstil hat dann Mitarbeiter zur Folge, die selbstverständlich keine Verantwortung mehr übernehmen. McGregor nennt dieses Menschenbild, wahrscheinlich in Ermangelung einer besseren Idee, „Theorie X".
- **„Theorie Y"** demgegenüber postuliert ein Menschenbild, wonach der Mensch sehr wohl nach Verantwortung und sinnvoller Betätigung im Rahmen der Organisationen strebt. Er orientiert sich an selbstgesetzten Zielen und hat durchaus die Absicht, Leistung zu erbringen. Der diesem Menschenbild folgende Führungsstil wird von McGregor als Management durch „Integration und Selbstkontrolle" bezeichnet. Verantwortungsübernahme und ein effizientes Selbstmanagement sind in der Regel die Folge.

Obwohl die Entwicklung dieser Theorie bereits vor über 50 Jahren erfolgte, erfreut sie sich nach wie vor großer Beliebtheit (vgl. Kopelman, Prottas u.a. 2010), nicht zuletzt deshalb, weil sie sehr greifbar die Wirkung von Vorurteilen oder Überzeugungen im Führungshandeln deutlich macht.

Selbsttest: Standpunkt identifizieren

Zur Überprüfung Ihrer eigenen Überzeugungen haben wir im Internet bei den Arbeitshilfen online einen Selbsttest für Sie bereitgestellt, der Ihnen ermöglichen sollte, Ihren Standpunkt zu identifizieren.

Wesentliche Bestimmungsstücke angemessenen Führungshandelns sind bereits in den Modellen von Tannenbaum und McGregor vorweggenommen. Wir werden in den betreffenden Meilensteinen noch weitere Modelle und Theorien streifen, die Ihnen nützlich sein werden. Die Quintessenz aus dem bisher dargestellten sollte aber folgendes sein:

! WICHTIG

Sie haben organisationale Ziele mit Ihren Mitarbeitern zu erreichen, die Sie nur durch weitgehend selbstständig und eigenverantwortlich arbeitende Mitarbeiter erfüllen können. Dazu müssen Sie Ihren Mitarbeiter Vertrauen und Zutrauen entgegen bringen, vielleicht auch mit einem Vertrauensvorschuss arbeiten.

1.4.5 Können – Wollen –Dürfen

Die bereits erörterten Rahmenbedingungen oder Determinanten von Führung (Führungspersönlichkeit, Arbeitsaufgabe, Organisationsstruktur etc.) erweitern oder beschränken, unterstützen oder behindern, fördern oder unterbinden die Handlungsspielräume und Entwicklungsmöglichkeiten Ihrer Mitarbeiter. Ihr Bestreben sollte darin bestehen, Ihre Mitarbeiter zu befähigen, die zu bewältigenden Arbeitsaufgaben auch ohne ausdrückliche Führung erfolgreich zu meistern.

„Mögen hätt' ich schon wollen, aber dürfen hab ich mich nicht getraut!". Vielleicht ist Ihnen das Zitat von Karl Valentin vertraut, macht es doch auf sehr amüsante Art und Weise verständlich, was in einem Mitarbeiter vorgehen mag, der sich an eine neue Herausforderung heranwagt. In der Managementliteratur wird dieser Sachverhalt häufig durch folgende Funktion aufgegriffen (Rosenstiel 1999):

Leistung $= f$ (Können $*$ Wollen $*$ Dürfen)

Abb. 10: Funktion der Mitarbeiterleistung

Die Mitarbeiterleistung ist dabei eine multiplikative Verknüpfung aus Können, Wollen und Dürfen. D. h., zur Leistungserbringung des Mitarbeiters müssen alle drei Bestandteile gleichermaßen berücksichtigt werden. Wird nur ein Element vernachlässigt, kann Leistung u. U. nicht mehr angemessen abgerufen werden.

- **Können:** Sie müssen also als Führungskraft einmal dafür Sorge tragen, dass Ihre Mitarbeiter zur Aufgabenerfüllung die notwendigen Fähigkeiten und Kompetenzen (Können) besitzen. Dazu müssen Sie Ihre Mitarbeiter entwickeln, anlernen, weiterbilden und das Qualifikations- oder Fähigkeitsniveau kontinuierlich den Erfordernissen anpassen.
- **Wollen:** Weiterhin, müssen Sie das „Wollen" Ihrer Mitarbeiter unterstützen. Dies meint nun nicht, wie häufig fälschlicherweise kritisiert, dass Sie für gute Stimmung und den Antrieb Ihrer Mitarbeiter verantwortlich sind. Dafür sicher nicht, nur fängt Motivation bei Ihren Mitarbeitern mit dem Verstehen der Aufgabenstellung, der Hintergründe des Zustandekommens und der Bedeutung und Wichtigkeit der Aufgabe für die Organisation oder Ihr Team an. Mitarbeiter sind keine Soldaten, die den Befehl quittieren und ausführen, obwohl auch Soldaten Motivation und Begründung für ihr Tun benötigen.
- **Dürfen:** Schließlich müssen Sie und Ihr Unternehmen selbstständiges und eigenverantwortliches Handeln ermöglichen (Dürfen). Wenn Ihre Mitarbeiter selten „dürfen", dann werden sie sich es irgendwann einmal auch nicht mehr trauen, wie im Zitat von Karl Valentin so süffisant beschrieben.

1.4.6 Von schlechter Führung lernen

Zum Abschluss dieses Kapitels möchten wir unsere Fragestellung einmal umdrehen und danach fragen, was macht eigentlich „schlechte" Führung aus. Manchmal ist es anschaulicher, durch die Beschreibung des Gegenteils, das Ziel zu verstehen, das man anstrebt. Barbara Kellerman, Professorin für Public Leadership an der John F. Kennedy School of Government, resümiert in ihrem Buch „Bad leadership" (Kellerman 2004) sieben Typen „schlechter" Führung:

1. *Inkompetente Führung:* Der Führungskraft fehlt der Wille oder die Fähigkeit, nachhaltig effektiv zu handeln. Sie schafft es nicht, positiven Wandel herbeizuführen.
2. *Starrköpfige Führung:* Die Führungskraft ist stur und unnachgiebig. Es gelingt ihr nicht, sich an neue Gegebenheiten oder sich grundlegend ändernden Zeiten anzupassen.
3. *Unbeherrschte Führung:* Der Führungskraft fehlt es an Selbstkontrolle.

4. *Kaltherzige Führung:* Die Führungskraft ist unfreundlich oder gar gemein. Die Bedürfnisse und Wünsche der meisten Mitglieder der Organisation, v. a. derjenigen unterer Hierarchiestufen, werden ignoriert oder als unwichtig abgetan.

5. *Korrumpierte Führung:* Die Führungskraft lügt und betrügt. Mehr als andere stellt sie ihre ureigenen Interessen über das Wohl der Allgemeinheit.

6. *Engstirnige Führung:* Die Führungskraft schert sich wenig oder gar nicht um die Gesundheit und das Wohl Außenstehender, d. h. nicht zur Organisation Gehörender.

7. *Bösartige Führung:* Die Führungskraft kommuniziert und handelt bösartig und setzt das Beifügen von Schmerz als Machtinstrument ein. Sie fügt ihren Mitmenschen beträchtlichen körperlichen oder psychischen Schaden zu (zit. in Thom & Ritz 2008, S. 398).

Wenn wir aus der Übersicht das herausgreifen, was im Umkehrschluss wünschenswert ist, ergibt sich eine ganz passable Liste von Erfolgsfaktoren.

Aus **Punkt 1** können wir lernen, dass es sehr hilfreich ist, als Führungskraft Ahnung davon zu haben, was man tut. Wer möchte schon eine Führungskraft, die ihr Handwerk nicht versteht. Allerdings wollen wir nicht postulieren, dass Führungskräfte in jedem Detail der Aufgabenverrichtung ihren Mitarbeiten etwas vormachen müssen. Je weiter Sie in der Hierarchie aufsteigen, umso weniger wird dies von Ihnen verlangt. Sie werden andere Aufgaben zu erledigen haben, die eher die Arbeitsorganisation, das Zielmanagement und das Controlling betreffen. Nur in Ihrer ersten Führungsposition, als Gruppenleiter z. B., kommen Sie nicht umhin, ausgewiesener Experte, wenigstens eines Teils Ihrer Organisationseinheit zu sein. Sie führen schließlich Mitarbeiter, die Sie in Ihrer konkreten Aufgabenerfüllung entwickeln und unterstützten müssen. Weiter „oben" führen Sie Führungskräfte, die ihrerseits Unterstützung und Hilfestellung bei ihrem Job, der erfolgreichen Führung von Mitarbeitern benötigen.

Aus **Punkt 2** entnehmen wir, dass Führungskräfte flexibel und offen für Veränderungen und neue Ideen sein sollten. Lässt sich eine Führungskraft nichts sagen, ist sie nicht bereit, das Bessere gewinnen zu lassen, ist sie fehl am Platze.

Punkt 3 verrät, dass niemand eine Führungskraft gebrauchen kann, die sich nicht im Griff hat, die nicht in der Lage ist, sachlich, ruhig und eben vernünftig zu handeln. „Kraftmeierei" hat nichts im Führungsalltag zu suchen.

Punkt 4 verweist auf die menschliche Seite des Führungsgeschehens. Interesse an Menschen und die Fähigkeit, mit menschlicher Nähe angemessen umgehen zu können, ist essenziell für einen Beruf, der mit Menschen zu tun hat. Dazu gehört auch, dass man gegebenenfalls Distanz herstellen kann. In einigen Belangen, z. B. beim Durchsetzen von Forderungen, müssen Sie es lernen, sich von bestimmenden Ansichten und Verhaltensweisen Ihrer Mitarbeiter zu distanzieren. Anderenfalls, bei einem zu hohen Ausmaß an Einfühlungsvermögen und Verständnis für das Befinden Ihrer Mitarbeiter, werden Sie nicht die nötige Konsequenz aufbringen.

In **Punkt 5** wird gefordert, dass man gut beraten ist, ausreichend innere Stärke zu besitzen, um offen, aufrichtig und transparent zu handeln. Das beinhaltet gleichermaßen den souveränen Umgang mit eigenen Fehlern und Schwächen.

Punkt 6 hat die Ausrichtung des Handelns der Führungskraft auf das Gemeinwohl, auf die Sinnhaftigkeit und die gesellschaftliche Nützlichkeit der Aufgabenerfüllung im Visier. Sorgen Sie dafür, dass Ihre Anstrengungen und konkreten Arbeitsinhalte einem höheren, dem Gemeinwohl verpflichteten Anspruch genügen. Entwickeln Sie übergeordnete Visionen und Ziele für Ihre Mitarbeiter, die es Ihnen ermöglichen, sich als Teil eines größeren Ganzen zu empfinden.

Und schließlich aus **Punkt 7** können wir ableiten, dass alle eigesetzten Führungsinstrumente, das physische und psychische Wohl der Mitarbeiter im Auge haben müssen. Beeinträchtigen oder gefährden Sie dieses gar, ist es in etwa so, als wenn Sie im Falle einer Autopanne, Ihr Fahrzeug mit Fußtritten malträtierten, in der Hoffnung, den Schaden so beheben zu können. Soziale Intelligenz als Teil der Sozialkompetenz hat eben sehr viel mit Emotionsmanagement zu tun.

1.5   Erfolgreich Führen – Was gehört dazu?

1.5.1   Verantwortung der Führungskraft

Was hat eine Führungskraft nun eigentlich alles zu tun, was sind ihre Aufgaben. Beginnen wir hier in der Einleitung damit zu fragen, wofür ist sie verantwortlich. Zunächst einmal ist die Führungskraft für alles verantwortlich, was in ihrer Organisationseinheit geschieht oder auch nicht geschieht. Sie haben den Hut auf und können sich selten erfolgreich aus der Verantwortung stehlen, egal, was passiert. Versucht man den gesamten Verantwortungsbereich einer Führungskraft zu ordnen, erhalten wir die folgende Übersicht (verändert nach Thom & Ritz 2008, S. 48 u. 395).

Zielbildungsverantwortung

Die Führungskraft hat die Verantwortung, Ziele und Teilziele für ihre Arbeitsgruppe zu bilden. Zur Zielerfüllung muss sie Aufgaben und Verantwortlichkeiten konkretisieren und delegieren, und die dafür notwendigen Ressourcen zur Verfügung stellen. Darüber hinaus muss sie Meilensteine der Erfüllung auf der Zeitachse definieren. Ziele haben eine Orientierungs- und Motivationsfunktion.

Finanz- und Budgetverantwortung

In engem Zusammenhang zum vorgenannten Punkt betrifft die Budgetverantwortung die Planung, Steuerung und Einhaltung von Budgetvorgaben für den Bereich z. B. bezüglich Absatz, Umsatz, Personal, Investitionen, Liquidität oder Marketing. Sie ermöglicht die verbindlich abgestimmte und eigenverantwortliche Leitung des eigenen Bereiches.

Organisationsverantwortung

Die Führungskraft hat die Verantwortung, eine geeignete Arbeitsteilung und Koordination der Aufgaben der Organisationseinheit zu planen und festzulegen, wozu im Wesentlichen der adäquate Mitarbeitereinsatz gehört. Dazu muss sie Fähigkeiten und Kompetenzen der Mitarbeiter kennen und zielgerichtet weiterentwickeln.

Informationsverantwortung

Die Führungskraft hat die Verantwortung, den Mitarbeitenden alle zur Aufgabenerfüllung notwendigen Informationen zeitnah zur Verfügung zu stellen. Dazu gehören insbesondere Informationen über den Stand der Zielerfüllung, über Veränderungen der Arbeitsabläufe und Arbeitsorganisation und über alle Details, die mittelbar oder unmittelbar Einfluss auf die Erfüllung der übertragenen Arbeitsaufgaben haben.

Kontroll- und Sanktionsverantwortung

Die Führungskraft hat die Verantwortung, für die ergebnis-, verfahrens- und verhaltensorientierte Kontrolle und Steuerung ihrer Mitarbeiter. Dazu gehört auch die Steuerung des Verhaltens der Mitarbeiter mittels Beurteilung und Sanktionierung. Die Kontrollfunktion ist eine der wichtigsten Führungsverantwortungen und die einzige, die nicht umfassend delegierbar ist.

Förderungsverantwortung

Die Führungskraft hat die Verantwortung für die Förderung und Entwicklung ihrer Mitarbeiter im Rahmen von Aus- und Weiterbildung, Karriere- und Laufbahnplanung, Einsatz als Stellvertreter etc.

Fürsorgeverantwortung

Die Fürsorgeverantwortung bezieht sich auf alle Belange, die die Gestaltung einer beeinträchtigungsfreien Arbeits- und Sozialumwelt in der Organisation betreffen. Sie beinhalten auch die Beachtung des Ausgleichs zwischen arbeitsbezogenen, dienstlichen und privaten, familiären Anforderungen des Mitarbeitenden. Die Schlagworte „Familienbewussten Führung" oder „Life-Work-Balance" mögen das Gesagte illustrieren.

Leitungstypologie

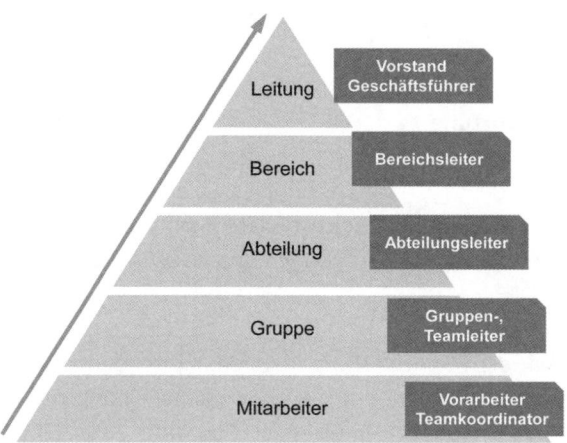

Abb. 11: Allgemeine Leitungstypologie

Ob und inwieweit Sie mit Ihrer ersten Führungsfunktion — je nachdem auf welcher Ebene Sie einsteigen (s. Abb. 11) — bereits alle Verantwortungsbereiche übernehmen können, hängt sehr von dem konkreten Unternehmen ab, u.a. davon, wie Ihr Unternehmen das Zielsystem ausgestaltet hat und damit Verantwortungen und Kompetenzen an die unteren Hierarchieebenen delegiert. Zusätzlich hängt es natürlich von der gelebten Unternehmenskultur ab. In einer „Misstrauenskultur" wird Ihnen zumeist Verantwortung „abgenommen". Dies kann bedeuten, dass Sie zunächst nur die Organisations-, Informations-, Förderungs-, Fürsorge- und Kontrollverantwortung innehaben. Die eigenverantwortliche Gestaltung der Zielbildung, ebenso wie die Steuerung des Finanz- und Budgetsektor wird Ihnen in der Regel noch nicht zugetraut. Im Bereich der Sanktionsverantwortung (z. B. Prämien, Incentives aber auch Ermahnungen und Abmahnungen) und in Teilen der Förderungsverantwortung (Seminare, Qualifizierungsmaßnahmen, Personalentwicklungsprogramme etc.) können Sie zumeist lediglich Vorschläge machen. Die volle Bürde für alle Verantwortungsbereiche übernehmen Sie frühestens mit der Funktion des Abteilungsleiters. Nichtsdestoweniger sollten Sie sich frühzeitig mit den delegierten Steuerungsfunktionen, mit den Kompetenzen und Verantwortungen der Führungskräfte unterschiedlicher Ebenen in Ihrem Unternehmen auseinandersetzen.

1.5.2 Aufgaben der Führungskraft

Um ein vollständiges Bild über das konkrete Führungshandeln der Führungskraft bezüglich der unterstellten Mitarbeiter zu erhalten, muss man die tatsächlich von den Mitarbeitern beobachtbaren und bewertbaren Handlungen betrachten. Danach ergeben sich vier übergeordnete Orientierungen, die in den folgenden Tabellen dargestellt werden. Die in den Unterpunkten entwickelten Verhaltensanker (jeweils beobachtbares Verhalten der Führungskraft) waren Grundlage für eine Verfahrensentwicklung zur Beurteilung des Führungsverhaltens durch die Mitarbeiter.

Tab. 3: Aufgaben der Führungskraft

I) Steuerung und Koordination
1. Aufgaben planen, Abläufe organisieren
■ setzt klare Prioritäten, konzentriert sich auf die wesentlichen Aufgaben und Themen
■ Zuständigkeiten u. Kompetenzen sind klar geregelt; Mitarbeiter kennen ihre Aufgaben
■ regelt Geschäftsabläufe einfach, übersichtlich und rationell (Zeitmanagement)
2. Aufgaben delegieren, Verantwortung zuweisen
■ gewährt angemessen Handlungsspielraum; lässt weitgehend selbständig arbeiten
■ formuliert klare Aufgabenstellungen und Erwartungen mit konkreten Terminen
■ stellt hohe Anforderungen und unterstützt Mitarbeiter bei deren Erfüllung (Zutrauen)
3. Entscheidungen treffen, durchsetzen
■ trifft schnell und sicher alle notwendige Entscheidungen in der Organisation
■ nutzt seine Kompetenzen umfassend und entscheidet ohne zu zögern
■ Entscheidungen sind gut durchdacht und vorbereitet; verständlich und nachvollziehbar

Meilenstein 1: Führung richtig verstehen

4. Wissen und Erfahrungen weitergeben und umsetzen

- besitzt hohes fachliches Wissen und angemessene berufliche Erfahrungen
- setzt seine beruflichen Fähigkeiten gekonnt für den Erfolg der Organisation ein
- gibt Erfahrungen und Wissen an die Mitarbeiter weiter; genießt hohe Anerkennung

II) Zielerreichung und Leistungsförderung

5. Ziele vereinbaren, Zielerreichung kontrollieren

- erläutert die Ziele und deren Zustandekommen plausibel und nachvollziehbar
- diskutiert u. vereinbart Wege, wie die Ziele erreicht werden können
- bei Zielerreichungsproblemen unterstütz die Führungskraft die Mitarbeiter

6. Leistung fördern und anerkennen

- anerkennt erbrachte Leistung regelmäßig und zeitnah; Mitarbeiter sind motiviert
- zeigt grundsätzlich Achtung u. Wertschätzung gegenüber jedem Mitarbeiter
- besondere Leistungen werden besonders gewürdigt

7. Konstruktive Kritik üben

- kritisiert stets sachorientiert ohne Mitarbeiter herabzusetzen; findet den richtigen Ton
- kritisiert konkretes Fehlverhalten, nicht Gesamtpersönlichkeit; sucht nach Lösungen
- Kritik ist gut begründet und verständlich und nachvollziehbar

III) Teamorientierung

8. Besprechungen moderieren, anleiten

- nutzt Besprechungen zum Erfahrungsaustausch und zur Motivation der Mitarbeiter
- hält sich selbst zurück, um Mitarbeiter aktiv werden zu lassen; fördert die Diskussion
- plant die Vorgehensweise sorgfältig; sorgt für klare Ergebnisse und Vereinbarungen

9. Mitarbeiter informieren, orientieren

- informiert regelmäßig, rechtzeitig und zielgerichtet (aufs Wesentliche konzentriert)
- informiert vollständig und sachgerecht (hält keine Informationen zurück)
- erläutert Hintergründe und Zusammenhänge verständlich und nachvollziehbar

10. Mitarbeiter motivieren, Vorbild sein

- versteht es, Mitarbeiter zu begeistern und zu motivieren; spornt an, reißt andere mit
- zeigt Freude an der Arbeit, ist hoch leistungsmotiviert; steht hinter den Mitarbeitern
- lebt vor, was gefordert wird; geht mit gutem Beispiel voran; setzt sich für MA ein

11. Kommunikation und Zusammenarbeit fördern

- sorgt für angenehme Teamatmosphäre, gegenseitiges Verständnis und Toleranz
- Problemen und Auseinandersetzungen im Team werden partnerschaftlich gelöst
- fördert die offene Kommunikation im Team; Probleme werden sofort angesprochen

IV) Mitarbeiterorientierung

12. Mitarbeiter beurteilen und bewerten

- beurteilt alle Mitarbeiter nach dem gleichem Maßstab und bewertet gerecht
- beurteilt ausgewogen und differenziert die Stärken und Schwächen jedes Mitarbeiters
- nimmt Beurteilungen ernst und erörtert konkrete Verbesserungsmöglichkeiten

13. Mitarbeiter fördern, entwickeln, coachen

- ist für Fragen und Probleme der Mitarbeiter ansprechbar; nimmt sich Zeit
- unterstützt Weiterentwicklung der MA; gibt qualifizierte Hinweise und Tipps
- nutzt alle Möglichkeiten des Trainings am Arbeitsplatz (Gespräche und Coaching)

14. Beteiligung ermöglichen und einfordern

- bezieht Mitarbeiter im Vorfeld von Entscheidungen in die Entscheidungsfindung ein
- fordert und fördert die Eigenverantwortung der Mitarbeiter in allen Bereichen
- setzt sich für realisierbare Ideen und Vorschläge der Mitarbeiter ein

15. Kritiken, Anregungen annehmen

- fordert Feedback von den Mitarbeitern; ermutigt zu offenem und ehrlichem Feedback
- ist offen für Kritik; „lässt sich etwas sagen" nimmt Feedback seiner Mitarbeiter ernst
- nimmt Kritik an und gibt Fehler zu; ist um Veränderung bemüht

Führungshandeln ist somit zu allererst auf die Steuerung (I) und Zielerreichung (II) des zu leitenden Bereiches konzentriert. Dies betrifft neben der Planung der Geschäftsabläufe die Delegation und Übertragung von Verantwortung, die Qualität der Entscheidungsprozesse und die wahrgenommene und umgesetzte fachliche Kompetenz der Führungskraft.

Dem Punkt (II) Zielerreichung und Leistungsförderung werden neben dem Prozedere der Zielvereinbarung (Zustandekommen und Controlling) auch das Feedbackverhalten der Führungskraft zugeordnet (Lob und Kritik). Auch wenn Ihre Eingriffsspielräume, gerade beim Thema Ziele u. U. sehr begrenzt sein können, jeweils in Abhängigkeit davon, ob Ihnen überhaupt die Möglichkeit gegeben war, an der

Bemessung der Ziele für Ihren Bereich mitzuwirken, sind diese Punkte essenziell für Ihre Akzeptanz bei den Mitarbeiter, und natürlich für die Zielerreichung selbst.

Die letzten beiden Punkte der Übersicht unterscheiden sich nach der jeweiligen Ausrichtung des Führungshandelns, wobei in Punkt (III) die Gruppe und in Punkt (IV) der einzelne Mitarbeiter im Fokus steht. So wird die Führungskraft in der Team-orientierung nach der Qualität des Besprechungs- und Informationsmanagements bewertet. Darüber hinaus spielen die Themen der Förderung der Kooperations-beziehungen und des Gruppenzusammenhalts sowie die motivierende und Vor-bildwirkung der Führungskraft eine Rolle. Zu den Verhaltensweisen, bei denen der einzelne Mitarbeiter im Fokus steht, gehören alle Maßnahmen der Beurteilung und Förderung, und Elemente der Beziehungsgestaltung, wie z. B. die Beteiligungs-möglichkeiten der Mitarbeiter und die Kritikfähigkeit der Führungskraft.

TIPP 1: Erwartungen und Rahmenbedingungen Ihrer Funktion

Werden Sie sich darüber klar, was in Ihrer zukünftigen Funktion als Führungs-kraft in Ihrem Organisationsbereich Erfolg bedeutet?

- Welche konkreten unternehmerischen Ziele haben Sie mit Ihrem Team im ersten Jahr zu erfüllen?
- Überlegen Sie, welchen Beschränkungen und Möglichkeiten Sie in Ihre Füh-rungsposition unterliegen werden?
- Welche Erwartungen haben die Unternehmensleitung, Ihr Chef, Ihre Mit-arbeiter und interne oder externe Kunden an Ihre Position?
- Welche Erwartungen können Sie erfüllen (Chancen), welche werden Ihnen Schwierigkeiten bereiten (Risiken)? Benutzen Sie dafür die untenstehende Checkliste als Vorlage.

Verschaffen Sie sich einen Überblick über die Führungsinstrumente Ihres Hauses (Beurteilungssystem, periodische Mitarbeitergespräche, Zielvereinba-rungssystem etc.). Ergänzen Sie die Liste, wenn notwendig.

- Welche der Maßnahmen müssen Sie mit Ihren Mitarbeitern durchführen? Welche werden von Ihrer Führungskraft mit Ihnen durchgeführt?
- Gibt es entsprechende Vorlagen, Ablaufpläne, Leitfäden oder Dokumenta-tion der Berichterstattung?
- Sind Sie darauf vorbereitet. Können Sie mit den Instrumenten umgehen? Wenn Sie Hilfe benötigen, wer ist Ihr Ansprechpartner?

Checkliste 1: Erwartungen an Ihre Position

	Erwartungen an Ihre Position aus Sicht ...			
	Unternehmen	Führungskraft	Mitarbeiter	interne/ externe Kunden
Chancen				
Risiken				

Checkliste 2: Führungsinstrumente des Unternehmens

Führungsinstrumente im Unternehmen	[x]	Termine/ Zyklen	Leitfäden Vorlagen	Ansprech- partner
Führungssysteme				
Jahres-, Halbjahresgespräche				
Beurteilungs-, Feedbackgespräche				
Dienstberatungen, Teammeetings				
Berichte, Reporting				
Ziel- und Anreizsysteme				
Zielsystem, -gespräche				
Budgetierungssystem				
Selbstverantwortete Budgets				
Prämien- und Bonifikationssysteme				
Incentives, immaterielle Anreize				
Förderung und Entwicklung				
Schulungen, Belehrungen				
Seminarkatalog, Qualifizierungen				
Coaching, Training am Arbeitsplatz				
Mentoren, Patenschaften				

Führungsinstrumente im Unternehmen	[x]	Termine/ Zyklen	Leitfäden Vorlagen	Ansprech- partner
Job-Rotation u. ä.				
Talentmanagement				
Auswahlverfahren, Potenzialanalysen				
Laufbahnplanung, Karrierepfade				
Organisation				
Stellen-, Anforderungsbeschreibungen				
IT-Systeme, Intranet				
Personalbetreuung (Gehalt, Krankheit, Urlaub, Abwesenheiten)				
Unternehmenswerte				
Unternehmenswerte, -leitlinien				
Führungsleitlinien				
Sonstiges				
...				
...				
...				

1.6 Zusammenfassung

- Die psychologische Führungsforschung beschäftigt sich mit allen Faktoren und Phänomenen, die bei der Leitung einer Gruppe von Menschen in einer Aufgabensituation zu beobachten sind. Dazu zählen vor allem die Person der Führungskraft, die Personen der ihr unterstellten Mitarbeiter und die Elemente der Umgebungssituation, in der Führung stattfindet. Sie hat dabei die Aufgabe, Führungsphänomene, wie z. B. das Verhalten von Führungskräften zu beschreiben, zu erklären, vorherzusagen und erfolgreich zu verändern.
- Wichtigster Maßstab erfolgreicher Führung ist das qualitative und/oder quantitative Arbeitsergebnis der geführten Gruppe. Darüber hinaus entscheiden über den Führungserfolg die durch die Führungskraft bewusst oder unbewusst herbeigeführten Wirkungen auf die unterstellten Mitarbeiter, wie z. B. deren Arbeitszufriedenheit, Arbeitsmotivation und Engagement.

- Unter Mitarbeiterführung wird die zielgerichtete und konsensfähige soziale Einflussnahme auf das Denken, Fühlen, Wollen und Handeln von Personen und Personengruppen in einer vorgegebenen Organisationsform zur Erreichung von Organisationszielen verstanden (nach Staehle 1999).

- Führung hat wenigstens zwei Funktionen zu erfüllen: Sie hat einer Lokomotionsfunktion (Zielerreichung) und einer Kohäsionsfunktion (Gruppenzusammenhalt) zu genügen.

- Alle Führungsaktivitäten lassen sich in aufgaben- bzw. sachorientierte oder personen- bzw. mitarbeiterorientierte Verhaltensweisen unterscheiden. Aufgabenorientierung der Führungskraft bedeutet Konzentration auf die Sache, die Ziele und die Arbeitsaufgaben. Mitarbeiterorientierung konzentriert sich auf die Mitarbeiter und die Beziehung zu ihnen. Beide Elemente stellen eine untrennbare Einheit dar und bedingen sich gegenseitig.

- Das konkrete Führungshandeln wird vor allem dadurch charakterisiert, inwieweit die Führungskraft Ziele, Entscheidungen und Arbeitsweisen der Gruppe vorgibt oder durch die Mitarbeiter selbst bestimmen lässt. Je höher das Ausmaß an Mitarbeiterbeteiligung, umso höher die Arbeitszufriedenheit und das Engagement der Mitarbeiter.

- Mitarbeiterführung bewegt sich im Spannungsfeld zwischen Können, Wollen und Dürfen. Die Entwicklung der Fähigkeiten, die Förderung der Motivation und die Ermöglichung von Handlungsspielräumen der Mitarbeiter sind Voraussetzung für optimale Leistungserbringung.

- Führungsverständnis und Führungshandeln einer Führungskraft hängen in entscheidendem Maße vom Menschenbild der Führungsperson, von ihren Hypothesen und (Vor)urteilen bezüglich ihrer Mitarbeiter ab.

- Erfolgreiche Führung ist von zahlreichen Determinanten abhängig. Sie wird bestimmt durch das Verhalten und die Persönlichkeit der Führungskraft, durch das Verhalten und die Persönlichkeiten der Mitarbeiter, durch die konkrete Arbeitssituation, durch den organisationalen Kontext (Organisationsstruktur, Hierarchieebene) und durch die Umwelt- bzw. Marktbedingungen.

- Die Führungskraft trägt für unterschiedliche Bereiche ihrer Organisationseinheit Verantwortung. Insbesondere übernimmt sie die Finanz- und Budgetverantwortung ihrer Organisationseinheit. Darüber hinaus trägt sie Organisations-, Informations- und Kontroll-, bzw. Sanktionsverantwortung. Letztlich nimmt sie die Förderungs- und Fürsorgeverantwortung wahr.

- Zu den Kompetenzen einer Führungskraft gehören Fach-, Methoden-, Sozial- und Selbstkompetenz. Die Aufgaben einer Führungskraft lassen sich in die Bereiche der Steuerung und Koordination, der Zielerreichung und Leistungsförderung und der Team- bzw. der Mitarbeiterorientierung unterteilen.

Meilenstein 2: Selbstverständnis als Führungskraft entwickeln

Kapitelübersicht

- Eigene Ansprüche hinterfragen und klären

- Karrieremodelle vergleichen und Perspektiven abwägen

- Lebensziele und Grundmotivationen von Führungskräften

- Mögliche Vor- und Nachteile einer Führungsposition

- interne und externe Ressourcen identifizieren und nutzen

- Willensstärke (Führungswillen) ausbauen

- Handlungskompetenz sichern: Selbstkompetenz und Selbstwirksamkeit

- Laufbahnplanung: Lebensphasen und Entwicklungsaufgaben

- Selbstverständnis in der Führungsposition entwickeln

2.1 Wollen Sie überhaupt „führen"?

Sicherlich haben Sie sich schon einmal gefragt, warum Sie sich das antun wollen? Warum wollen Sie Führungskraft werden? Warum wollen Sie Menschen auf ein Ziel hin lenken? Warum wollen Sie Verantwortung für eine Organisation übernehmen? Warum wollen Sie anspruchsvolle Ziele einer Organisation verfolgen, die zunächst einmal gar nicht die Ihren sind? Warum wollen Sie nicht lieber ein ganz normaler Mitarbeiter bleiben, der sich nach getaner Arbeit seiner Familie und seinen Hobbys widmet? Wollen Sie sich wirklich unentwegt dem Ziel- und Erfolgsdruck aussetzen? Wollen Sie sich mit Mitarbeitern herumärgern, die lieber in Urlaub fahren und rechtzeitig Brückentage planen, als ihr Leben in den Dienst des Unternehmens zu stellen?

Wir können Ihnen die Entscheidung nicht abnehmen, aber glauben Sie es, Führung ist nichts für Hasenfüße. Und schon gar nicht, wenn Sie in der Hierarchie weiter aufsteigen wollen. Wenn Sie nicht wirklich gute Gründe haben, Führungskraft zu werden, lassen Sie es besser sein. Legen Sie dieses Buch beiseite und widmen Sie Ihre kostbare Zeit einem guten Roman. Die beiden Aussagen „Ich muss!" oder „Ich will!" definieren den Unterschied zwischen Mittelmaß und Höchstleistung. Dies trifft nicht nur auf den Führungsjob zu.

Wenn Sie jedoch wirklich gute Gründe haben, dann lassen Sie sich genauso entschlossen nicht von diesem Ziel abbringen. Aber seien Sie bitte so ehrlich, und legen Sie sich selbst Rechenschaft darüber ab, warum Sie all dies auf sich nehmen wollen. Wie Sie gleich sehen werden, können Sie auch auf anderem Wege Ihren beruflichen Werdegang meistern.

Karrieremodelle

Leider geschieht es in der Praxis viel zu oft, dass die besten Fachleute aus einem Team, die besten Programmierer oder Verkäufer zur Führungskraft ernannt werden. Damit hat man dann häufig eine gute Fachkraft weniger und eine unfähige Führungskraft mehr. Insofern sollten Sie sich gewissenhaft prüfen. Was sind Ihre Begabungen, Interessen, Fähigkeiten, Beweggründe und Ressourcen, die Sie einbringen können, wenn Sie über Ihren weiteren Berufsweg nachdenken? Immer mehr Unternehmen bieten ihren Mitarbeitern andere Möglichkeiten der Karrieregestaltung an.

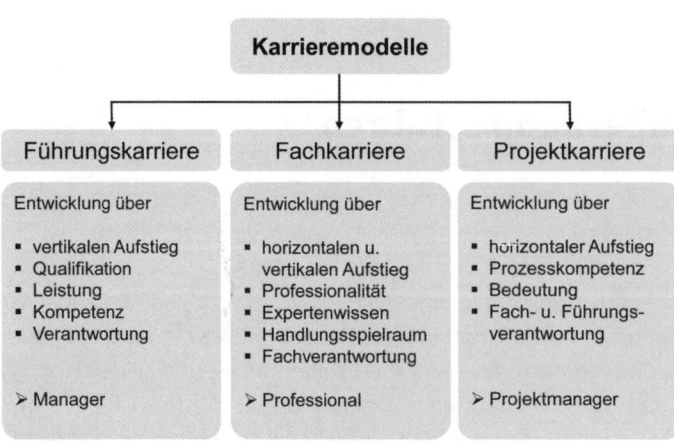

Abb. 12: Die drei Karrieremodelle

Wem zur Führungskarriere die notwendigen Kompetenzen oder Interessen fehlen, kann durchaus auch als Experte bzw. Professional oder als Projektmanager beruflich aufsteigen. Innerhalb dieser beiden alternativen Karrierewege sind teilweise auch Führungsfunktionen auszuführen, so etwa in der Funktion des „Leading Professionals" oder des „Projektleiters". Der Schwerpunkt ihrer Aufgaben ist aber ein anderer als in der typischen Führungskarriere. In der einen ist Fachexpertise, in der anderen Prozess- und Organisationskompetenz gefragt. Als Führungskraft müssen Sie beide Elemente gleichermaßen gut beherrschen. Warum also ist es gerade die Karriere als Führungskraft, die Sie ins Auge gefasst haben? Was werfen Sie in die Waagschale? Was sind Ihre Beweggründe?

2.2   Welche Ressourcen können Sie aktivieren?

Wenn wir in der Psychologie von Ressourcen sprechen, meinen wir auf der einen Seite die inneren **Beweggründe**, die Motive, die „Treiber" unseres Handelns. Sie geben dem Handeln eine Richtung und verleihen dem Verhalten einen subjektiven Sinn (**Motivation**). Auf der anderen Seite beziehen wir uns auf die Befähigung zur Selbstregulation von Verhalten. Dazu zählen in erster Linie Eigenschaften wie **Willensstärke** (**Volition**), Selbstdisziplin, die Fähigkeit, die eigenen Kompetenzen realistische einschätzen zu können, Selbstvertrauen und der effiziente Umgang mit den eigenen Emotionen, womit in diesem Zusammenhang die Bewältigung von vor allem negativen Emotionen in Belastungs- und Stresssituationen gemeint ist. Zusammenfassend werden diese Befähigungen zur Selbstregulation von Verhalten auch als **Selbstwirksamkeit** bezeichnet.

Diese auf den kanadischen Psychologen Albert Bandura (Bandura 1977) zurückgehende Theorie aus den 1970er-Jahren hat bis zum heutigen Tag einen großen Einfluss auf die Erklärung von menschlichem Verhalten. Verfügen Sie über diese Ressourcen? Können Sie zum Beispiel darauf zurückgreifen, wenn es eng wird oder wenn eine schwierige Entscheidung ansteht? Stellen Sie sich vor: Sie haben z. B. die Wahl, entweder früher nach Hause zu gehen (denn noch scheint die Sonne so schön) oder aber sich doch rechtzeitig auf einen wichtigen Workshop vorzubereiten. Das, was Sie antreibt, *nicht* dem ersten inneren Impuls der Entspannung zu folgen (der ja durchaus auch motiviert ist), dieser Antrieb, der Sie veranlasst, sich an einem sonnigen, warmen Tag dennoch ins Arbeitszimmer vor den PC zu setzten und sich vorzubereiten, die Motivation und die Willenskraft, die es Ihnen ermöglicht, diese Anstrengungen und Qualen auf sich zu nehmen, das sind Ihre „inneren Ressourcen". Davon abzugrenzen wären zweifelsohne auch „äußere Ressourcen", wie z. B. Ihre Freunde, Partner, Familienangehörige, also Ihr soziales Netzwerk, in dem Sie eingebunden sind und von dem Sie soziale Hilfe und Untersützung erfahren können.

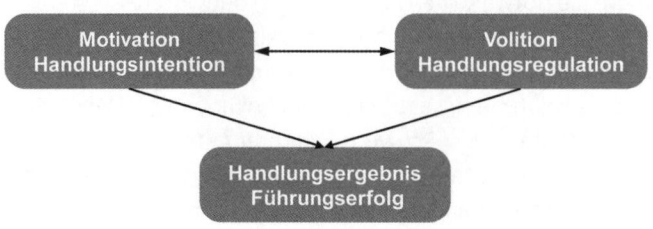

Abb. 13: Innere Ressourcen erfolgreichen Handelns

Auf diese inneren Ressourcen können Sie, wie bei einem Guthaben auf der Bank zurückgreifen, wenn Sie z. B. vor Handlungsalternativen stehen, die nicht so leicht zu entscheiden sind oder Sie Anstrengungsbereitschaft aufbringen müssen. Sie sind gezwungen abzuwägen und sich zu entscheiden, für das eine oder das andere, dafür oder dagegen. In unserem Fall also, das Angebot eine Führungsposition anzunehmen oder Sie auszuschlagen bzw. sich um eine Führungsposition zu bewerben oder es sein zu lassen.

Sie wissen im Grunde, was auf Sie zukommt: offensichtlich eben auch eine Menge Arbeit und Unannehmlichkeiten. So können Sie es sich z. B. nicht mehr leisten, „everybody's darling" zu sein. Sie müssen u. U. unangenehme Dinge anweisen und die Freiheiten Ihrer Mitarbeiter einschränken. Sie werden zusätzliche Verantwortung übernehmen, auch für die Handlungen Ihrer Mitarbeiter. Sie werden vielleicht länger arbeiten und zusätzliche Zeit für Qualifizierungen aufbringen. Sie müssen Ihre Vorgesetzten zufrieden stellen und gleichzeitig Ihre Mitarbeiter hinter sich bringen. Und Sie müssen mit Ihrer ersten kleinen, selbst geführten Organisation, (Ihrer Gruppe, Ihrem Team) erfolgreich sein.

Keine Sorge, all dies kann Spaß machen und Ihnen wie auf den Leib geschneidert sein. Aber es erfordert eben auch Anstrengungsbereitschaft und die Aktivierung von zusätzlichen Ressourcen. Da ist es wieder: Ressourcenaktivierung!

Und jetzt die entscheidende Frage: Auf welche inneren Ressourcen und Motivationsgründe können Sie zurückgreifen, wenn es gilt, auch Anstrengungen und Mühen auf sich zu nehmen? Warum wollen Sie den nächsten Schritt in der Hierarchie wagen? Die Antwort scheint einfach. Sie wollen in Ihrem Leben weiterkommen! Aber warum?

Wenn wir nun versuchen, diese Fragen zu beantworten, werden wir vorurteilsfrei und sachlich lediglich die psychologischen Sachverhalte menschlichen Handelns beleuchten, die Sie letztlich als Führungskraft erfolgreich machen.

2.2.1   Was motiviert Sie zu führen?

Zunächst einmal stimmen wir Ihnen zu! Weiterzukommen, nicht stehen zu bleiben, sich weiterzuentwickeln und — etwas bildlich ausgedrückt — zu wachsen, ist ein ganz normaler menschlicher Antrieb, der im Grunde genommen die ganze menschliche Evolutionsgeschichte durchzieht. Hätten wir diesen Impuls oder Antrieb nicht, würden wir vermutlich immer noch in Höhlen leben, statt auf Flachbildschirme zu starren und in Mobiltelefone zu sprechen. Nicht umsonst ist eine der wesentlichsten Kennzahlen des Wohlergehens eines Gemeinwesens das Wachstum. Stagnation oder gar Rezession sind Zeichen einer ungesunden Entwicklung. Nur Wachstum garantiert ein harmonisches Vorankommen. Ganz ähnlich ergeht es dem einzelnen Individuum.

Aber was heißt für Sie Wachstum ganz konkret? Wachstum ist zunächst ein sehr metaphorischer Begriff, der noch nichts erklärt. Welche Motivationen, welche Antriebe oder Beweggründe stehen für Sie tatsächlich dahinter? Wollen Sie z. B. ein anerkannter und geachteter Manager werden, weil Sie die Geschäftszahlen nach vorne gebracht haben, oder ist es Ihnen eher wichtig, möglichst viel Geld mit Ihrem Job zu verdienen? Wollen Sie sich mit den berühmten Insignien des Erfolges ausstatten: „Mein Haus, mein Auto, mein Boot!" oder ist es Ihnen wichtig, dass man Sie als Vertrauter häufig kontaktiert und um Rat fragt? Wollen Sie mit Stolz irgendwann auf Ihr Leben zurückblicken und etwas Bleibendes hinterlassen, oder streben Sie nach Unabhängigkeit und Selbstbestimmung und sind erst zufrieden, wenn Sie sich die nötigen Freiräume erarbeitet haben?

Es gibt eine unüberschaubare Menge von Motivatoren, die Sie vorantreiben können. Bis heute gibt es in der psychologischen Forschung noch keine allgemein akzeptierte, vollständige Zählung aller Motivarten, dafür aber einige Motivationstheorien, auf die wir an den entsprechenden Stellen noch genauer eingehen werden (s. Meilenstein 10). In der folgenden Tabelle wollen wir Ihnen vorab eine Liste von Motiven und Lebenszielen vorstellen, die u. a. auch zur Auswahl von Führungskräften benutzt werden. Wie viele Motive es letztlich auch sein mögen, die Sie antreiben und zur Aktivität bewegen, entscheidend ist, dass Sie sich darüber Rechenschaft ablegen und wissen, auf welche Ihrer Motive Sie zurückgreifen können. So spielt es z. B. für die konkrete Ausgestaltung Ihres Führungshandelns eine wichtige Rolle, ob Sie eher status- oder anschlussmotiviert sind, um schon einmal zwei Motivatoren vorwegzunehmen.

Tab. 4: Motivatoren — Lebensziele (nach Sydow 1997)		
Motivationsquellen	**Was wollen Sie?**	**Wert**
Anschlussmotivation	Ich will verbindliche Beziehungen zu Menschen in meinem privaten und beruflichen Umfeld.	
Einflussmotivation	Ich will andere Menschen beeinflussen und die Macht besitzen, dadurch Ziele zu erreichen.	
Entwicklungsmotivation	Ich will meine Persönlichkeit entfalten, Unabhängigkeit wahren und mich selbst weiterentwickeln.	
Feedbackmotivation	Ich will Anerkennung und positive Rückmeldungen aus meinem privaten und beruflichen Umfeld.	
Gesundheitsmotivation	Ich will ein gesundes Leben führen und meine körperliche und psychische Unversehrtheit erhalten.	
Hilfsmotivation	Ich will das Gefühl haben, gebraucht zu werden, und andere unterstützen und weiterbringen.	
Karrieremotivation	Ich will beruflich aufsteigen, Karriere machen und meinen beruflichen Erfolg ausbauen.	
Kontaktmotivation	Ich will viele neue Kontakte knüpfen, auf Menschen zugehen und Netzwerke ausbauen.	
Leistungsmotivation	Ich will Leistung und Erfolg und mir herausfordernde Ziele setzen und erreichen.	
Materielle Motivation	Ich will ein hohes Gehalt, einen hohen Lebensstandard und Wohlstand.	
Misserfolgsmotivation	Ich will die an mich gestellten Aufgaben richtig und perfekt machen und Fehler vermeiden.	
Problemlösemotivation	Ich will aktiv sein und schwierige, knifflige Probleme bearbeiten und lösen.	
Sicherheitsmotivation	Ich will Sicherheit und Rückhalt in meinem beruflichen und sozialen Umfeld.	
Statusmotivation	Ich will Ansehen und soziale Anerkennung im Beruf und in der Gesellschaft.	
Veränderungsmotivation	Ich will Strukturen und Funktionsabläufe verändern und möchte damit etwas bewegen.	
Gestaltungsmotivation	Ich will etwas Eigenes schaffen, kreativ sein und etwas Bleibendes hinterlassen.	
Wettbewerbsmotivation	Ich will mich mit anderen messen, und die eigene Leistung mit anderen vergleichen.	

Vielleicht haben Sie jetzt die Vermutung, dass wir Sie auf das eine oder andere Motiv festlegen wollen. Ihre Ahnung trügt Sie nicht ganz. Denn aus zahlreichen Untersuchungen wissen wir heute, dass sich erfolgreiche Führungskräfte durch eine Reihe von typischen Motivatoren und Ressourcen auszeichnen. Vor allem aber haben wir die Absicht, Sie davon zu überzeugen, dass Sie

1. überhaupt eine ausgeprägte und möglichst begründbare Motivation haben, Führungskraft zu werden, und
2. dass diese Motive, was das wichtigere ist, möglichst stark ausgeprägt sind.

Beruflichen Erfolg, und darum geht es uns hier, können Sie nicht im Vorbeigehen erreichen. Beruflicher Erfolg ist in der außerordentlichen Mehrzahl der Fälle gezielt, absichts- und mühevoll erarbeitet. Das geflügelte Wort, wonach das „Amt zum Manne" kommt (oder auch zur Frau), lässt sich immer nur im Nachhinein mit Recht behaupten. Wenn Sie sich dies am Beginn Ihrer Karriere als Leitspruch wählten, könnten Sie lange auf den Erfolg warten. Also, klären Sie für sich, was Sie antreibt und was Sie im Besonderen motiviert.

Selbsteinschätzung: Meine Motivationsquellen

Machen Sie einmal den Versuch und bearbeiten Sie die obige Übersicht.

- Vergeben Sie für jede Motivationsquelle Werte zwischen 1 (motiviert mich weniger), 2 (motiviert mich eher) und 3 (motiviert mich stark). Bewerten Sie damit, inwieweit Sie sich durch das jeweilige Motiv angespornt fühlen.
- Sie dürfen allerding den Wert 3 nur sechsmal und den Wert 2 nur viermal vergeben. Alle anderen Motivatoren erhalten die 1 (siebenmal).

Anschließend bearbeiten Sie die Auflösung im Internet bei den Arbeitshilfen online.

Natürlich wäre es hilfreich, wenn Sie jetzt unter Ihren Favoriten die Faktoren Einfluss-, Leistungs-, Veränderungs-, Problemlöse- und Wettbewerbsmotivation hätten. Auch der Motivator Karriere scheint ganz erfolgversprechend zu sein. Wenn Sie sich z. B. mit diesem Ergebnis einer Bewerbung bei einer Bank unterziehen, können Sie davon ausgehen, dass Sie zumindest in dieser Aufgabe bestehen werden. Anschlussmotivation, Entwicklungsmotivation, Gestaltungs- oder gar Hilfsmotivation sind in diesem Zusammenhang verständlicherweise weniger bedeutsam. Statusmotivation und eine materielle Motivation hingegen entsprechen nicht der sozialen Erwünschtheit, werden sie doch gemeinhin als trivial egoistische Motive wahrgenommen.

Allerdings befinden wir uns hier nicht in einem Auswahlverfahren und wir wollen auch keine moralischen Urteile fällen. Dennoch ist aus der Forschung seit langem bekannt, dass Führungskräfte, und in erster Linie natürlich erfolgreiche, insbesondere durch Einfluss-, bzw. Macht- und Leistungsmotive angespornt werden. Anschlussmotive hingegen spielen in ihrer Persönlichkeitsstruktur nicht die entscheidende Rolle (McClelland & Burnham 1976; Felfe & Gatzka 2013). Dies entspricht unserer Eingangsthese, wonach Sie sich als Führungskraft auf Ihre Ziele und Erfolge zu konzentrieren haben. Diese Motivatoren gehören unbedingt auf die Liste einer Führungskraft.

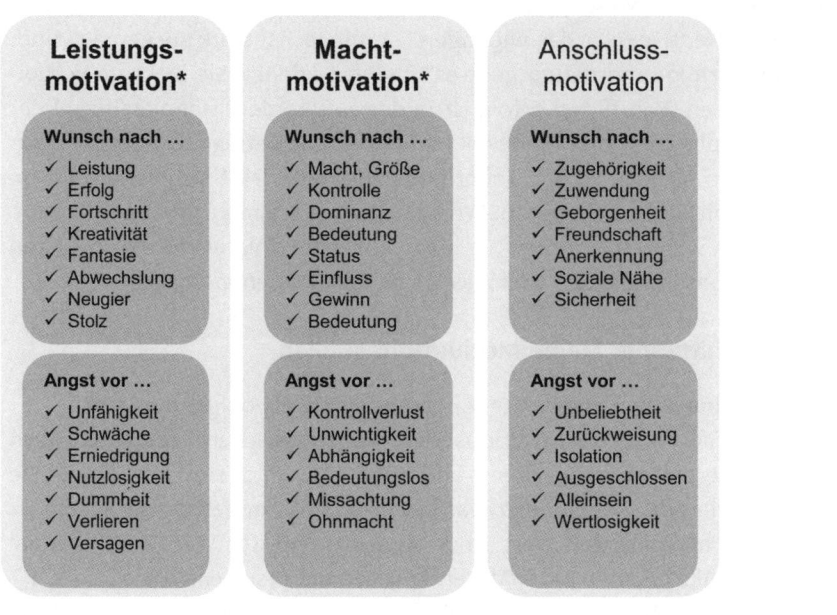

Abb. 14: Grundmotive des Menschen (nach McClelland 1987)

Allerdings ist es nicht von Nachteil, wenn Sie auf weitere Motive zurückgreifen können. So sind materielle Motive, Gestaltungsmotivation oder auch Statusmotivation starke unterstützende Quellen. Auch Anschluss-, Kontakt-, Hilfe- oder Feedbackmotivation können Sie auf Ihrem Weg zur erfolgreichen Führungskraft durchaus unterstützen.

Sich widersprechende Motivationsquellen priorisieren

Auch wenn Leistungs-, Einfluss- bzw. Machtmotivation wohl den Ausschlag geben, ist es für unser Thema interessanter nach der jeweiligen Stärke der Motive, die diese für Sie haben, zu fragen. So können Sie durchaus ein stark ausgebildetes Leistungsmotiv besitzen, wenn jedoch Ihr Bedürfnis nach Sicherheit größer ist, werden Sie womöglich kaum Risiken eingehen und als erster „unsicheres" Neuland betreten, wie dies Führungskräfte häufig tun müssen. So können eben Ihre unterschiedlichen

Motive durchaus gegensätzliche Handlungsintentionen auslösen. Sie wollen Karriere machen und dennoch nicht auf Familie und Ihre Lieblingshobbies verzichten. Sie wollen Ihre Mitarbeiter zum Erfolg führen und sich demzufolge auch behaupten und durchsetzen, andererseits ist es Ihnen wichtig, dass Ihre Mitarbeiter Sie mögen und Ihnen vertrauen. Und das ist keine Ausnahmesituation, sondern der Normalfall. Insofern müssen Sie Ihre Motive und Lebensziele je nach Lebensphase und Lebenssituation mit unterschiedlicher Bedeutung oder Wichtigkeit belegen. Oder Sie müssen sehr viel Selbstdisziplin und Anstrengungsbereitschaft aufbringen.

Daher ist es zunächst nicht so wichtig, welche Motive Sie im besonderen Maße vorantreiben. Wir als Autoren dieses Buches z. B. sind nicht gerade Machtmenschen, die Einfluss auf andere Menschen besitzen wollen, obwohl wir uns freuen würden, wenn Sie unsere Ratschläge bereitwillig aufnähmen. Wir finden es auch nicht erstrebenswert, einen Porsche oder eine Luxusyacht zu besitzen. Aber selbst wenn, was wäre daran falsch? Andere mögen vielleicht den Motivator Gestaltungsmotivation heutzutage als eher „uncool" einstufen. Aber noch einmal, es spielt letztlich keine Rolle, wie andere Menschen Ihre Erfolgstreiber bewerten. Für die Stärke Ihres Antriebes ist dies gänzlich irrelevant. Fragen Sie sich doch einmal selbst, welche der in der Öffentlichkeit stehenden erfolgreichen Persönlichkeiten, die Sie tagtäglich durch die Medien wahrnehmen, sind Ihnen sympathisch. Vielleicht schätzen Sie diese sogar als arrogant, herablassend oder selbstüberschätzend ein. Maßgeblich für Erfolg ist aber gerade der Glaube an sich selbst, der Glaube, es schaffen zu können, ganz egal, was der Gegenstand Ihres Begehrens oder die Quelle Ihrer Motivation ist. Für die Begründung des Erfolgs dieser Persönlichkeiten sind Ihre Sympathiebekundungen nicht relevant.

Relevant ist, dass Sie etwas vorantreibt und dass Sie nicht an Ihrem Erfolg zweifeln. Denn eines ist allen erfolgreichen Persönlichkeiten gemein, auch wenn diese vielleicht aus Ihrer Sicht an Selbstüberschätzung leiden, sie tragen keine im Übermaß vorhandenen Selbstzweifel mit sich herum.

Erfolge anstreben statt Misserfolge vermeiden

So ist nach den Ergebnissen der psychologischen Forschung besonders der Faktor Misserfolgsmotivation kritisch zu sehen (Atkinson 1957). Misserfolgsmotivierte Menschen neigen dazu, Situationen zu meiden, in denen sie scheitern könnten. Sie zweifeln an ihrem Erfolg, während sich erfolgsmotivierte Menschen ihres Erfolges sicher sind. Folgerichtig wählen misserfolgsmotivierte Menschen Aufgaben, die entweder sehr leicht oder überaus schwierig sind. Die leichten Aufgaben können sie sicher meistern, während sie für die zu schweren Aufgaben eine ausgezeichnete Begründung ihres Scheiterns parat haben.

Allerdings kann man entgegnen, dass die großen Erfindungen in der Menschheit teilweise tatsächlich aus einer verzweifelten Situation entstanden sind. In vielen erfolgreichen Lebensgeschichten war nicht etwa der Drang nach Geltung, Macht oder besonderer Leistung für den Erfolg ausschlaggebend, sondern schlicht der Mangel oder die Not, auch finanzielle Not. So suchte der Jurastudent und angehende Musiker und Schriftsteller Alois Senefelder 1797 nach einem Weg, seine Theaterstücke zu vervielfältigen, und entwickelte, da kein Geld für eine Druckerpresse vorhanden war, den Druck mit Steinen. Er wurde Erfinder der Lithographie. Auch die Entwicklung des Dieselmotors folgte diesem Prinzip.

An die Machbarkeit des Unmöglichen zu glauben, und sei es auch aus Verzweiflung oder um dem Untergang zu entgehen, kann Motivationsquelle für Erfolg sein. Auch „kritische Lebensereignisse" (Filipp 2010) als einschneidende und belastende Lebenssituationen (z. B. Verlust des Arbeitsplatzes oder der Position) müssen nicht zwangsläufig in die Katastrophe münden. Sie können die Kehrtwende bedeuten und als Chance genutzt werden. Hier deutet sich bereits ein zusätzlicher Erfolgsfaktor an, nämliche die Fähigkeit, Bewältigungsstrategien (engl. Copingstrategien) in kritischen Lebenssituationen einsetzen zu können.

● TIPP 2: Motive und Lebensziele klären

- Klären Sie für sich, was Ihre entscheidenden Motive für die angestrebte Führungsfunktion sind. Leiten Sie daraus ab, was dies für Ihr Führungshandeln bedeutet, insbesondere für Ihre Ausrichtung hinsichtlich Aufgaben- und Mitarbeiterorientierung.
- Beginnen Sie damit, dass Sie sich vergegenwärtigen, welche ganz konkreten Vor- und Nachteile Sie in Ihrem Unternehmen mit einer Führungsfunktion haben werden. Daraus können Sie leichter Ihre zentralen Motive ableiten (s. folgende Checkliste).
- Scheuen Sie sich nicht, dabei auch sozial nicht erwünschte Motive zu benennen. Sie können nicht an Ihrer Person vorbei Führung übernehmen. Gestehen Sie sich auch z. B. materielle- oder Statusmotive ein. Es ist an dieser Stelle irrelevant. Entscheidend ist, dass Sie starke Motive mobilisieren.
- Klären Sie, welche Kompetenzen Sie in die Führungsposition einbringen. Machen Sie sich eine Liste Ihrer Stärken und Schwächen und ergänzen Sie, was dies für Ihre Funktion bedeutet. Klären Sie, an welchen Schwächen Sie arbeiten sollten.
- Wenn wir von Ressourcen sprachen, meinen wir auch „externe" soziale Ressourcen. Verfügen Sie über ein soziales Netzwerk von Freunden, Bekannten, die Ihre Interessen, Haltungen und Lebensziele teilen. Sie werden sie benötigen, um nicht hinter Ihre Ziele zurückzufallen. Und sie geben Ihnen Halt, wenn es zu kritischen Situationen kommt.

Checkliste 3: Mögliche Vor- und Nachteile in meiner Führungsposition			
Vorteile als Führungskraft	**[x]**	**Nachteile als Führungskraft**	**[x]**
▪ Ich werde endlich gefordert.		▪ Ich muss noch vieles dazulernen.	
▪ Ich kann mich weiterentwickeln.		▪ Ich muss auf einiges verzichten.	
▪ Ich kann mehr Geld verdienen.		▪ Ich muss mich unbeliebt machen.	
▪ Ich habe mehr Freiräume.		▪ Ich muss mehr arbeiten.	
▪ Ich kann zeigen, was ich kann.		▪ Ich werde Fehler machen.	
▪ Ich erhalte mehr Anerkennung.		▪ Ich habe Konkurrenz und Neider.	
▪ Ich habe mein eigenes Büro.		▪ Ich werde mehr Distanz haben.	
▪ Ich kann andere beeindrucken.		▪ Ich trage die ganze Verantwortung.	
▪ Ich kann selber entscheiden und bestimmen		▪ …	
▪ …		▪ …	

2.2.2 Sind Sie „handlungskompetent"?

Entscheidend für Ihren Erfolg als Führungskraft sind also nicht so sehr die Quellen Ihrer Motivation, sondern die Stärke Ihres Antriebes und Ihre Willenskraft. Es ist letztlich egal, ob Sie aus Statusbewusstsein oder materieller Orientierung heraus Führungskraft werden wollen und entsprechend handeln, wesentlich ist, dass Sie ein starkes Motiv haben und die Kraft, es in Ergebnisse umzusetzen. Dies werden Sie vor allem brauchen, wenn es darum geht, Hindernisse und Widerstände aller Art zu überwinden, schließlich auch sich selbst immer wieder infrage zu stellen und dennoch handlungsfähig zu bleiben.

Stellen Sie sich z. B. vor, Sie haben sich auf eine Führungsposition in Ihrem Unternehmen beworben. Nun stehen das obligatorische Auswahlinterview und das Assessment für Sie an. Sie haben noch nie vorher ein Auswahlverfahren dieser Art durchgeführt und wollen sich natürlich gründlich darauf vorbereiten. Dies wird ziemlich viel Zeit und Mühe kosten. Von Freunden haben Sie gehört, dass man gut und gerne eine Woche dafür opfern muss. Aber Sie wollen den Führungsjob. Sie versprechen sich davon, mehr Geld und bessere Chancen für den weiteren Karriereweg (Ihre Motive). Und Sie starten hochmotiviert mit Ihren Vorbereitungen. Allerdings müssen Sie sehr viel Energie aufwenden. Sie werden womöglich müde, erschöpft, zweifeln teilweise an Ihren Fähigkeiten und lassen sich nach und nach Ihre Motivation noch einmal durch den Kopf gehen. Brauche ich wirklich diesen Führungsjob? Mit dem jetzigen Einkommen bin ich doch eigentlich ganz zufrieden. Und wenn ich durch das Auswahlverfahren falle, wie stehe ich dann erst da? Und als Führungskraft hat man es ja auch nicht leicht. Vielleicht geht Ihnen auch durch den Kopf, dass man sich ja sowieso nicht gut auf so ein Assessment vorbereiten kann. Man muss an dem Tag der Durchführung eben fit sein. Womöglich hat sich die Unternehmensführung ohnehin schon auf einen Kandidaten festgelegt. Jetzt kommt die entscheidende Phase. Halten Sie durch, überwinden Sie Ihre Unlust und Ihre Erschöpfung oder geben Sie auf. Dem Marathonläufer geht es ähnlich. Durchhalten oder aufgeben, und dies mehrmals während eines Rennens. Was ist jetzt das entscheidende Moment für Ihren Erfolg im Aufnahmeverfahren zu bestehen und sich weiter intensiv darauf vorzubereiten? Was ist entscheidend dafür, ob Sie aufgeben oder sich weiter anstrengen, auch wenn es schwer fällt? Sicherlich hängt es von der Bedeutung, dem Gewicht oder dem Wert Ihrer Motive und Ziele ab. Aber wie Sie aus dem Beispiel gesehen haben, kann der subjektiv eingeschätzte Wert dieser Motive sich sehr schnell ändern, wenn der Aufwand zu groß zu werden scheint. Sie überlisten sich selbst.

Vrooms Erwartung-mal-Wert-Modell

Der kanadische Wirtschaftspsychologe Victor H. Vroom hat 1964 seine berühmt gewordene Formel zur Motivationstheorie entwickelt (Erwartung-mal-Wert-Modell), wonach ein Individuum eine Handlung umso wahrscheinlicher ausführt (hier: Vorbereitung auf das Auswahlverfahren), je höher es den Wert des Handlungsergebnisses (hier: Bestehen des Auswahlverfahrens) einschließlich des Werts der Handlungsfolgen (hier: Besetzung einer Führungsposition mit allen nachfolgenden sowohl positiven als auch negativen Konsequenzen) einschätzt und gleichzeitig davon ausgeht, dass durch die ausgeführte Handlung (hier: Vorbereitung auf das Verfahren) tatsächlich das Ergebnis auch erzielt werden kann.

Motivation = f (Erwartung x Wert)

Abb. 15: Erwartung-mal-Wert Modell

Das bedeutet, dass Sie sich nur anstrengen werden, wenn Ihnen zum einen das Bestehen des Auswahlverfahrens und die angestrebte Position als Führungskraft mit all dem, was dazugehört, außerordentlich wichtig sind, und Sie andererseits daran glauben, dass Ihre intensive Vorbereitung zum Bestehen des Auswahlverfahrens führt. Sie geben auf oder lassen zumindest in Ihren Anstrengungen nach, wenn eines der genannten Elemente schwach ausgeprägt ist. Sie arbeiten beharrlich weiter, wenn die individuelle Bedeutung des Ziels und die Überzeugung der Sinnhaftigkeit Ihrer Handlung gleichermaßen hoch ausgeprägt sind. So werden Sie dieses Buch z. B. nur gewissenhaft studieren, wenn Sie daran glauben, dass es Ihnen tatsächlich bei Ihrem Ziel, erfolgreiche Führungskraft zu werden, helfen kann.

Konzept der Selbstwirksamkeitserwartung

Wie wir im obigen Beispiel gesehen haben, führen diese internen Kalkulationen sehr schnell, bei zu hoher subjektiv wahrgenommener Anstrengung oder bei starken Widerständen, zur Veränderung unserer Motivbewertungen. Demzufolge lösen unsere Motive und Lebensziele lediglich unterschiedlich starke Intentionen und Handlungsabsichten aus; sie sind Basis unseres Handelns.

Etwas wirklich stark zu wollen, also eine ausgeprägte Motivation zu besitzen, ist zwar eine notwendige, aber noch keine hinreichende, persönliche Voraussetzung für Führungserfolg. Ob wir diese Ziele durch unser Handeln tatsächlich in Ergebnisse und Erfolge umsetzen können, hängt in weit größerem Maße von der Fähigkeit der *Selbstregulation* ab. Wenn wir einen einfachen umgangssprachlichen Ausdruck dafür verwenden wollen, käme der bereits erwähnte Begriff der Willensstärke in Betracht.

Willensstarke Menschen setzen ihre Ziele um und durch, sie sind selbstbeherrscht und konzentrieren sich auf ihre Vorhaben und Absichten. Willensstarke Menschen sind unbeugsam, lassen sich durch Hindernisse und Probleme nicht von ihrem Ziel ablenken, überwinden Barrieren, investieren Anstrengungsbereitschaft und sind in der Lage Rückschläge und Niederlagen schnell zu überwinden. Darüber hinaus ist ihr Handeln in jeder Situation bewusst, absichtsvoll und geplant.

Zurück zur psychologischen Forschung. Ein zentraler Bestandteil innerhalb der Selbstregulationstheorie ist das Konzept der Selbstwirksamkeitserwartung von Albert Bandura (Bandura 1977). Danach besitzen Menschen dann eine hohe Selbstwirksamkeitserwartung, wenn sie der Überzeugung sind, dass sie generell neue oder schwierige Aufgaben und damit im Zusammenhang stehende Widerstände oder Probleme mit hoher Wahrscheinlichkeit, unabhängig vom Tätigkeitsbereich, meistern werden. Somit hängt der Erfolg eines Vorhabens nicht nur von der Motivation, sondern auch vom Vertrauen in die eigene Handlungskompetenz ab. Doch weit wichtiger ist dabei noch die Feststellung, dass diese Fähigkeiten unabhängig vom jeweiligen Motivierungsgrad sind. In den Begriffen unserer Wert-Mal-Erwartungsformel bedeutet das, auch wenn die handlungsspezifische Motivation sinkt, bleiben Menschen mit einer hohen Selbstwirksamkeitserwartung handlungsfähig.

So sind sie eben auch erfolgreich bei Tätigkeiten, denen man nicht unbedingt eine besondere Motiviertheit abgewinnen kann. Büroarbeiten sind notwendig, Korrespondenzen zu erledigen und Unterlagen zu ordnen ist unumgänglich. Auch eher unangenehme Aufgaben, wie das Durchsetzen von missliebigen Anordnungen oder das Führen von kritischen Mitarbeitergesprächen sind zu erledigen. Menschen mit einer hohen Selbstwirksamkeitserwartung sind sehr konkret motiviert, das jeweils angestrebte Handlungsziel, und sei es auch im Augenblick noch so unbedeutend und die dazu notwendigen Handlungen wenig inspirierend und unattraktiv, unter allen Umständen zu erreichen. Genau dies macht letztlich ihren Erfolg aus.

In vielen persönlichkeitspsychologischen Diagnostikinstrumenten zur Selbstregulation finden sich demzufolge Dimensionen oder auch Skalen, die die Selbstwirksamkeitserwartung oder auch die Handlungsorientierung von Menschen messen (Schwarzer & Jerusalem 1995).

Tab. 5: Skala zur „Allgemeinen Selbstwirksamkeitserwartung"

Allgemeine Selbstwirksamkeitserwartung (SWE)	1	2	3	4
Wenn sich Widerstände auftun, finde ich Mittel und Wege, mich durchzusetzen.				
Die Lösung schwieriger Probleme gelingt mir immer, wenn ich mich darum bemühe.				
Es bereitet mir keine Schwierigkeiten, meine Absichten und Ziele zu verwirklichen.				
In unerwarteten Situationen weiß ich immer, wie ich mich verhalten soll.				
Auch bei überraschenden Ereignissen glaube ich, dass ich gut mit ihnen zurechtkommen kann.				
Schwierigkeiten sehe ich gelassen entgegen, weil ich meinen Fähigkeiten immer vertrauen kann.				
Was auch immer passiert, ich werde schon klarkommen.				
Für jedes Problem kann ich eine Lösung finden.				
Wenn eine neue Sache auf mich zukommt, weiß ich, wie ich damit umgehen kann.				
Wenn ein Problem auftaucht, kann ich es aus eigener Kraft meistern.				
Summe:				

Folgende Punkte können Sie vergeben (1) stimmt nicht, (2) stimmt kaum, (3) stimmt eher, (4) stimmt genau. Die Auswertung finden Sie im Internet bei den Arbeitshilfen online.

Wie Sie aus der oben stehenden Tabelle ersehen, hat es offenbar mit der Konzentrationsfähigkeit, der Selbstdisziplin und mit emotionaler Kontrolle zu tun, ob Sie letztlich Ihre Ziele auch erreichen. Matthias Jerusalem und Ralf Schwarzer aus Berlin verfolgen dazu bereits seit 20 Jahren ein diagnostisches Testverfahren, das wir Ihnen hier zur Bearbeitung empfehlen, da es Ihnen sehr schnell Auskunft über Ihre Kompetenz bezüglich des Konzepts der Selbstwirksamkeitserwartung vermittelt. Der Test ist mittlerweile in 30 Sprachen übersetzt und an über 20.000 Personen normiert. Die Normwerte zur Auswertung dazu finden Sie bei den Arbeitshilfen online.

TIPP 3: Durchsetzungsstärke und Selbstwirksamkeit

- Sie benötigen Durchsetzungsstärke in Bezug auf die Erreichung Ihrer Ziele. Das bedeutet Konsequenz und Umsetzungsstärke bezüglich Ihrer eigenen Person. Haben Sie gelernt, selbstständig zu arbeiten und Ihre Arbeit effizient zu organisieren?
- Besitzen Sie ausreichend Willensstärke und Selbstkompetenz (Selbstwirksamkeitserwartung)? Wenn Sie mit Ihrem Ergebnis aus dem Test nicht zufrieden sind, überlegen Sie, wie Sie daran arbeiten wollen.
  - Welche Erfahrungen haben Sie aus der Vergangenheit, wie Sie mit schwierigen bzw. aufwendigen Aufgaben umgegangen sind?
  - Was hat Sie abgelenkt? Wodurch fühlten Sie sich gestört?
  - Was hat Sie angespornt und motiviert?
- Denken Sie bei allen Aufgaben, die zu erfüllen haben, daran, dass erfolgreiche Persönlichkeiten gelernt haben, sich allen Tätigkeiten mit Freunde zu widmen.

2.3 Passt Führung zu Ihrer Lebensplanung?

Frauen in Führungspositionen

2010 waren nach Zahlen des statistischen Bundesamtes 27,7% der Führungskräfte Frauen. Dabei entfallen 37,9% auf Frauen bis zum 39. Lebensjahr und 22,4% auf Frauen über dem 40. Lebensjahr. Bezogen auf alle abhängig Beschäftigten beutet dies, dass lediglich ca. jede achte Frau, aber jeder vierte Mann in einer Führungsposition tätig waren (s. Abb. 16). Sind Kinder unter 14 Jahren in der Familie zu betreuen, sinkt der Anteil der Frauen von 13% auf ca. 8%.

Dafür gibt es selbstverständlich Gründe, die allerdings nicht nur auf die unterschiedliche Persönlichkeitseigenschaften und Fähigkeiten von Frauen und Männern zurückzuführen sind. Viel eher sind unterschiedliche **Lebenspläne** und **Rollenmuster** dafür ausschlaggebend.

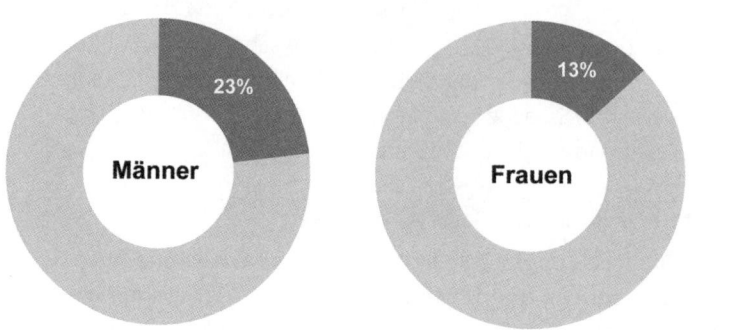

Abb. 16: Führungskräfteanteil bei 27- bis 59-jährigen abhängig Beschäftigten

Frauen sind zwar in Deutschland immer häufiger erwerbstätig, allerdings arbeitet fast jede zweite in Teilzeit. 2010 waren 70% der 20- bis 64-jährigen Frauen erwerbstätig. Von ihnen arbeiteten 46% in Teilzeit. Hauptgrund für die Teilzeiterwerbstätigkeit waren zu 51% die Betreuung von Kindern bzw. Pflegebedürftigen oder andere familiäre und persönliche Verpflichtungen (Körner & Günther 2011). Von Frauen in Führungspositionen arbeiten jedoch lediglich 14,6%, und nur 1,2% der Männer in Teilzeit. Mit zunehmender Kinderzahl und steigendem Alter nimmt die Teilzeitquote wieder zu (Hipp & Stuth 2013).

Führung verlangt die volle Konzentration auf den Job

Vorstände, Geschäftsführung, aber auch die Führungskräfte selbst sind häufig der Ansicht, dass Führung die volle Verantwortungsübernahme und den ganzen Einsatz bedarf. Ein Teilzeitjob passt irgendwie nicht dazu. Das Image des immer erreichbaren Managers, der auch nach Dienstschluss noch an der Karriere schmiedet, und darüber hinaus sowieso organisatorisch alles im Griff hat, steht im Widerspruch zu einem „Teilzeitengagement". Dass dies nach neuer Zeitrechnung nicht so sein muss, steht zunächst auf einem anderen Blatt. Auch wenn die „Lebensphasenorientierte Personalpolitik" in aller Munde ist, halten sich diese Klischees doch hartnäckig.

Worauf wollen wir Sie damit hinweisen? Unserer Meinung nach ist es unerlässlich, dass Sie sich vor Übernahme einer Führungsfunktion, gegebenenfalls unter Einbeziehung Ihrer Familie, Klarheit über Ihren weiteren Karriereweg machen. Dies bedeutet keinesfalls, dass Sie auf das eine oder das andere zu verzichten hätten.

Ganz im Gegenteil, eine intakte Familie und soziale Netzwerke unterstützen Sie geradezu bei Ihrem beruflichen Vorankommen. Gerade in den ersten Monaten Ihrer neuen Funktion, teilweise sogar über die ersten beiden Jahre hinaus werden Sie zusätzliche Zeit investieren müssen. Unter Umstände werden vor Ihrem Einstieg noch ein Auslandspraktikum oder eine Qualifizierung bzw. der MBA fällig. Dies alles bedeutet zwangsläufig, dass Sie Ihren Werdegang planen müssen, und dies frühzeitig.

Allerdings sind Führungspositionen generell zeitaufwendige Veranstaltungen. Nach einer DIW-Auswertung des Sozio-Oekonomischen Panels (SOEP) aus dem Jahre 2010 an ca. 20.000 Befragten sind Führungskräfte mit ca. 45 bzw. 47 (Frauen bzw. Männer) Wochenarbeitsstunden rund sechs Stunden länger als die vertragliche Wochenarbeitszeit tätig. Zeit für Haushalt und Familie stehen nur am Wochenende zur Verfügung. Dennoch teilen sich vollzeitbeschäftigte männliche Führungskräfte nur zu ca. 10% die Hausarbeit mit ihren Partnerinnen, bei den entsprechenden weiblichen Führungskräften sind es ca. 60%. Von einem Trend zum Rollentausch kann demzufolge nicht gerade gesprochen werden. Während weibliche Führungskräfte in Westdeutschland ihr erstes Kind mit durchschnittlich 31 Jahren bekommen, geschieht dies bei den anderen weiblichen Angestellten mit 26 Jahren. Interessanterweise finden wir diese Diskrepanz in Ostdeutschland nicht. Hier scheinen sich die Frauen auf das 24. Lebensjahr festgelegt zu haben, egal ob Führungskraft oder nicht (Holst, Busch u.a. 2012).

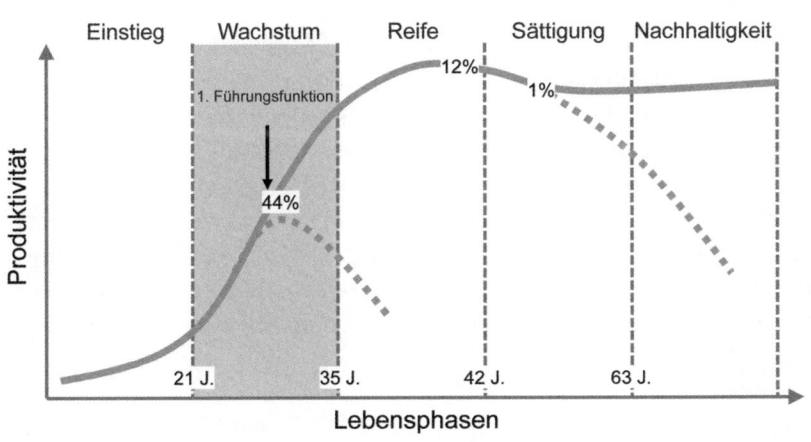

Abb. 17: Lebensphasenmodell (veränd. nach von Sassen 1992)

Die erste Führungsposition mit 30 Jahren

Diese Ergebnisse stehen im Einklang mit einer Auswertung von über vier Millionen deutschen Mitgliederprofilen des Online-Netzwerks Xing aus dem Jahr 2011. Danach ist die Chance, Führungsverantwortung zu übernehmen, mit 30 Jahren am höchsten. 44% aller Führungskräfte haben spätestens mit dem 30. Lebensjahr ihre erste Führungsfunktion inne. Zwischen dem 30. und 40. Lebensjahr nimmt die Aussicht auf eine Führungsposition jedes Jahr um rund 10% ab. Mit 40 Jahren liegt die Wahrscheinlichkeit nur noch bei zirka 12%, mit 50 Jahren nur noch bei etwa 1% (XING AG, 2011).

Nach den dargestellten Daten und dem Lebensphasenmodell (s. Abb. 17) sollten Sie sich jetzt — in Ihrer ersten Führungsposition — idealerweise mitten in der „Wachstumsphase" befinden. D. h., Sie sind ca. zwischen 25 und 35 Jahre alt, haben den beruflichen Einstieg gemeistert, die Ausbildung und erste fortführende Qualifikationsstufen abgeschlossen und wollen sich nun ausprobieren. Sie wollen experimentieren und selbstständig herausfinden, was in Ihnen steckt. Sie haben das Recht, sich zu irren und Ihre Betätigungsfelder zu wechseln. Sie wollen die berufliche Welt erobern und sind auf Leistung, Bestätigung, Akzeptanz, Steigerung des Selbstwertgefühls und größere Entscheidungsspielräume ausgerichtet. Sie haben sozusagen nach dem Start beschleunigt und befinden sich jetzt im dritten Gang, um erneut Gas zu geben. Eine erste Führungsaufgabe passt hier sehr gut in Ihre Biografie. Wie wir gesehen haben, fallen aber auch andere wesentliche Entwicklungsaufgaben in diesen Zeitabschnitt.

Wenn Sie jedoch Ihre erste Führungsposition nicht nur als Start in Ihre Karriere begreifen, müssen Sie langfristige Strategien der familiären Arbeitsteilung und einen generell höheres berufliches Engagement einplanen. Ohne das wird es langfristig nicht möglich sein, als Führungskraft Erfolg zu haben. Wenn Sie sich Führung als Entwicklungsaufgabe vornehmen, tun Sie dies für den Rest Ihrer beruflichen Laufbahn. Das heißt, Sie sollten sich auf eine generelle Planung Ihres sowohl dienstlichen als auch privaten Lebens einstellen. Nur dann werden Sie Zeit für Ihre Familie, für Ihre Kinder und für Ihre Hobbies haben. Nur die abgestimmte Planung und Organisation wird Ihnen die Freiheit bringen, die sich durch Ihr vermutliches höheres Gehalt eigentlich verdient hätten.

Natürlich können Sie auch noch später, zwischen 35 und 45 Jahren eine erste Führungsaufgabe in Angriff nehmen. Allerdings ist diese Reifephase gemeinhin gekennzeichnet durch eine endgültige Etablierung in Ihrem beruflichen Lebenslauf, durch ein Erreichen Ihrer zentralen Lebensziele. In der Regel haben Sie bereits den zweiten oder dritten beruflichen Aufstieg bewältigt. Sie werden in dieser Zeit lernen, eigenen Grenzen zu akzeptieren, Verluste und erste Krisen zu meistern und sich auf die „zweite Hälfte" Ihres Lebens einzustellen. Sie schalten quasi vom dritten in den fünften Gang und beginnen verantwortungsbewusster mit Ihren Ressourcen umzugehen. Ein beruflicher Neuanfang ist hier durchaus möglich, aber meistens eine Folge von kritischen Lebenssituationen. Vorteilhaft ist in dieser Situation, dass Sie sich zumeist voll auf diesen Neuanfang konzentrieren können. Nach dieser Zeit, ab dem 50. Lebensjahr ist eine berufliche Neuorientierung in Richtung Führungslaufbahn nur noch in Ausnahmefällen ratsam.

TIPP 4: Planung Ihrer Karriere

- Machen Sie sich über Ihre langfristigen beruflichen und privaten Pläne ausführlich Gedanken. Was wollen Sie wann erreicht haben? Was ist Ihnen wichtig? Was streben Sie an? Was wollen Sie investieren? Was wollen Sie dafür „bezahlen"?
- Setzten Sie dann Prioritäten und planen Sie die einzelnen Schritte bis zu den Teilzielen. Mache Sie sich Jahresachsen und tragen Sie Ihre Vorstellungen dort ein. Planen Sie allerdings Ihre konkreten Maßnahmen nicht über fünf Jahre hinaus.
- Sprechen Sie mit Ihren Lebenspartnern über Ihre Vorstellungen und erzielen Sie Übereinkunft über die unterschiedlichen Prioritäten. Wann sollte für was Zeit sein. Überlegen Sie auch, was dies finanziell für Sie bedeuten kann.
- Sprechen Sie mit Ihren Vorgesetzten und/oder der Personalabteilung Ihres Unternehmens über Ihre angestrebten Ziele und Qualifikationsabsichten rechtzeitig. Setzen Sie beizeiten Signale, dass Sie sich entwickeln wollen.

2.4 Selbstverständnis als Führungskraft

Wenn wir Ihnen bisher all diese „merkwürdigen" Fragen gestellt haben, dann möchten wir, dass Sie sich darüber klar werden, dass Ihnen ein Rollenwechsel als Führungskraft bevorsteht. Daraus folgt, dass Sie plötzlich Erwartungen unterliegen, mit denen Sie zuvor nicht konfrontiert waren. Stellen Sie sich vor, Sie stehen zum ersten Mal als Führungskraft vor Ihrem Team. Das kann durchaus Ihr ehemaliges eigenes Team sein. Ihre erste Teamsitzung oder Dienstberatung als neuer Chef ist eine entscheidende Veranstaltung. Worum wird es gehen? Sie werden sich zum ersten Mal als Führungskraft positionieren, und Sie werden sich vorstellen: als Führungskraft. Was werden Sie sagen? Wie werden Sie sich zum ersten Mal präsentieren? Und was werden Ihre Mitarbeiter in dieser Situation von Ihnen erwarten? Das sind entscheidende Fragen. Wie diese erste Vorstellung im Detail aussehen kann, werden wir Ihnen anhand eines Musters für Ihre Antrittsrede am Ende dieses

Meilensteins darstellen. Mit Sicherheit werden folgende zentrale Themen bei Ihrer Vorstellung eine Rolle spielen:

- Wie will ich Führen?
- Wie verstehe ich meine Funktion?
- Wie stelle ich mir die Zusammenarbeit vor?

Die Antworten auf diese Fragen sind genau das, was wir hier unter Ihrem Selbstverständnis verstehen wollen. Das, was Sie in dieser ersten Situation als Statement abgeben werden, ist Ihr Selbstverständnis als Führungskraft. Zumindest bis zu diesem Zeitpunkt. Was Sie daraus machen werden, ob es Ihnen gelingt, all dies tatsächlich umzusetzen und einzulösen, steht auf einem anderen Blatt. Die Kernelemente dieses Selbstverständnisses und das, was Ihre Mitarbeiter wahrscheinlich am meisten interessiert, ist Ihre Antwort zu der Frage: „Wie verstehe ich meine Funktion?" Insofern ist hier nach der Rolle gefragt, die Sie in Ihrer Funktion einnehmen wollen.

Ihr Selbstverständnis: Autokrat oder Partner

Wollen Sie „Anführer" sein oder „Mit-Arbeiter"? Wollen Sie Respekt oder Achtung? Wollen Sie Partner der Mitarbeiter oder deren Beherrscher sein? Konkreter ausgedrückt, fragen wir an dieser Stelle nach der Art der Beziehung, die Sie zwischen Ihren Mitarbeitern und Ihrer Person gestalten wollen. Wie stellen Sie sich das Verhältnis zwischen Ihnen und Ihrem Team vor? Immer vorausgesetzt, dass wir unser Ziel, den organisationalen Erfolg, nicht aus dem Auge verlieren.

Tab. 6: Selbstverständnis von Führung (verändert nach Werner 1972)

Führungsaspekt	Autokrat	Partner
Kommunikation	formell	informell
Willensbildung	individuell	kollegial
Entscheidungen	zentral	dezentral
Informationsbeziehungen	einseitig	gegenseitig
Leistungsmotivation	Anreize	Impulse
Hintergrundmotivation	Ergebnisse	Visionen
Kontrolle	Fremdkontrolle	Selbstkontrolle

Führungsaspekt	Autokrat	Partner
Formalisierungsgrad	stark	schwach
Haltung zum Mitarbeiter	Misstrauen	Offenheit
Haltung zur Führungskraft	Respekt, Distanz	Achtung, Vertrautheit
Kontaktverhältnis	Abstand	Gleichstellung
Häufigkeit des Kontaktes	selten	oft
Motive des Vorgesetzten	Pflicht, Unterordnung	Verantwortung, Integration
Motive des Mitarbeiters	Sicherheit, Zwang	Selbständigkeit, Einsicht
Bindung an die Führungskraft	schwach	stark
Soziales Klima	gespannt	verträglich
Perspektive	kurzfristig, egoistisch	nachhaltig, sozial

Dies ist eine sehr entscheidende, aber auch sehr schwierige Frage, da Sie nicht ganz frei bei der Wahl Ihrer Mittel sein werden. Wenn Sie sich die Gegenüberstellung in der obenstehenden Tabelle ansehen, werden Ihnen zwei extreme Positionen für die Definition des Verhältnisses zwischen Führungskraft und Mitarbeiter deutlich. Dazwischen mag es unzählige Abstufungen geben, jedoch bleibt die Grundausrichtung in Ihrer Beziehungsdefinition für Ihre Mitarbeiter immer ersichtlich. Die Konsequenz aus Ihrer Haltung wird beim Mitarbeiter als Dichotomie zwischen Freiheit und Zwang wahrgenommen, als Alternative zwischen Abhängigkeit und Unabhängigkeit, zwischen Vertrauen und Misstrauen, zwischen Autonomie und Bevormundung, zwischen Achtung und Angst. Auch wenn die Gegenüberstellungen vielleicht etwa dramatisch anmuten, treffen Sie den Kern. Verstehen können Sie dieses Verhältnis am besten, wenn Sie einen Blick nach oben werfen und sich Ihre Vorgesetzten einmal genauer betrachten. In welchen Beziehungskonstellationen fühlen oder fühlten Sie sich am besten aufgehoben. Bei welcher Art von Kontakt waren Sie in der Lage, wirklich das Beste aus sich herauszuholen. Sie werden diese Frage für sich vielleicht eindeutig beantworten können, aber ob Sie mit Ihrer Antwort für alle Mitarbeiter sprechen und ob man daraus eine generelle Regel ableiten kann, ist eben fraglich. Mitarbeiter sind, wie Menschen eben nun einmal sind: sehr unterschiedlich. Gerade bei der Frage, was jeder einzelne Mitarbeiter von Ihnen erwartet, oder welche Art von Kontakt er jeweils bevorzugt, um Leistung zu erbringen, sind sehr gegensätzliche Antworten möglich. In Abhängigkeit vom bereits erwähnten Reifegrad des Mitarbeiters mag es dem einen zuträglicher sein, an die Hand genommen zu werden, während ein anderer sehr viel Freiheit benötigt. Andere Mitarbeiter wiederum brauchen zeitweise tatsächlich sehr viel Kontrolle und auch ein „Vorantreiben". Dies nicht nur, weil Mitarbeiter manchmal durch eigene

Ängste und Widerstände gelähmt sein können, sondern auch schlichtweg aus Bequemlichkeit. Das heißt, Sie müssen auch Druck ausüben. Anders ausgedrückt, Sie kommen nicht umhin, Mitarbeiter zeitweise mit „geborgter Energie" auszustatten.

Diese Überlegungen sollten Sie aber nicht veranlassen, Ihr generelles Selbstverständnis als Führungskraft infrage zu stellen. Hierbei geht es um Ihre prinzipielle Haltung, wie Sie Ihre Mitarbeiter wahrnehmen, in welchem Verhältnis Sie zu ihnen stehen und wie Sie sie letztlich behandeln. Und, obwohl Sie Macht besitzen — über welche Machtinstrumente Sie verfügen, werden wir noch diskutieren — begegnen Sie Ihren Mitarbeitern als Menschen auf gleicher Augenhöhe. „Reife" Führungskräfte führen selbstverständlich — wie in der rechten Tabellenspalte dargestellt — partnerschaftlich und kooperativ und behandeln jeden Ihrer Mitarbeiter als wäre er „reif".

Rosenthals Untersuchungen zur selbsterfüllenden Prophezeiung (1965)

Das ist auch die entscheidende Schlussfolgerung aus der psychologischen Forschung. Bereits 1965 hat der amerikanische Sozialpsychologe Robert Rosenthal seine berühmt gewordenen Experimente zum Einfluss von Vorurteilen auf das Verhalten von Menschen durchgeführt. Der von ihm gefundene Effekt wurde als Versuchsleitererwartungseffekt, „selbsterfüllende Prophezeiung" oder auch als Pygmalion- oder Andorra-Phänomen bekannt. In dem recht einfallsreichen Untersuchungsaufbau wurde Lehrern an zwei US-amerikanischen Grundschulen jeweils 20% ihrer Schüler benannt, die nach den Ergebnissen eines Intelligenztests kurz vor einem Entwicklungsschub stünden. In Wahrheit waren die jeweils als besonders intelligent bezeichneten Schüler zufällig ausgewählt. Die angezeigten Intelligenzunterschiede bestanden also lediglich im Bewusstsein der Lehrer. Nach einem Jahr Unterricht wurde der Intelligenztest wiederholt. Man stellte fest, dass 45% der sogenannten Aufblüher (engl. Bloomer), also der Schüler, die den Lehrer als besonders begabt geschildert wurden, Ihren Intelligenzquotienten gegenüber einer Kontrollgruppe um 20% und mehr steigern konnten. 20% davon konnten sogar um mehr als 30% ihre Intelligenzleistung verbessern. Zudem berichteten die Lehrer, dass die Bloomer als interessierter und neugieriger gegenüber den nicht bezeichneten Schülern aufgefallen waren. In den Kontrollgruppen wurden die tatsächlich intelligenteren Schüler als unangepasst und vorlaut bezeichnet. Es bestätigte sich also das Vorurteil über die vorgetäuschte Intelligenzleistung in den Schulklassen. Die Lehrer hatten genau diejenigen Schüler besonders gefördert und mehr Beachtung geschenkt, von denen sie glaubten, auch besondere Leistungen erwarten zu können (Rosenthal & Jacobson 1971). Die Experimente von Rosenthal konnten in der Folge vielfach repliziert werden.

Das bedeutet also, dass das Führungshandeln, zunächst in den Köpfen der Führungskräfte beginnt. Ihre Haltungen, Einstellungen und Vor-Urteile über Menschen prägen ihren „Stil" des Umgangs mit ihren Mitarbeitern. Ihre Organisationsziele werden Sie nur erreichen, wenn Sie Ihren Mitarbeitern ein Umfeld und eine Kontaktebene anbieten, in welchen Sie sich optimal entwickeln können und wollen. Dazu gehört wesentlich ein Verhältnis auf gleicher Augenhöhe, auch wenn Führung immer individuell auf den einzelnen Mitarbeiter anzupassen ist. Wie auch der einzelne Mitarbeiter sein mag, wenn Sie ihn als „Verweigerer" oder „Versager" behandeln, dürfen Sie sich nicht wundern, wenn Sie genau dieses Ergebnis erzeugen. Ein Ausflug in die Klassik sei uns an dieser Stelle gestattet. Goethe hat in seinem 1795 erschienenen Entwicklungsroman „Wilhelm Meisters Lehrjahre" mit einer selbstredend sehr schönen Phrase dieses Thema umschrieben, und fehlt deshalb als Appetizer in kaum einem Führungsseminar:

> *Wenn wir, sagtest du, die Menschen nur nehmen, wie sie sind, so machen wir sie schlechter. Wenn wir sie behandeln, als wären sie, was sie sein sollten, so bringen wir sie dahin, wohin sie zu bringen sind. (J. W. Goethe, Wilhelm Meisters Lehrjahre VIII, 4)*

Auch in moderneren Führungskonzeptionen, so z. B. in der „Transformationalen Führungsforschung" (siehe Meilenstein 9: „Persönlichkeit führt") wird auf die besonders movierende Kraft eines gleichberechtigten wertschätzenden Verhältnisses zwischen Führungskraft und Mitarbeiter abgehoben. Transformationale Führung bedeutet für die Führungskraft, sinnstiftende und langfristig gültige Zielvisionen für die gemeinsame Organisation zu entwickeln. Diese Vision soll sich auf die Grundwerte der Organisation beziehen und als übergreifendes Ordnungsprinzip gleichermaßen für Führungskräfte und Mitarbeiter dienen. Empowerment, die Übertragung von Verantwortung, quasi die Ermächtigung zum gleichberechtigten Mittun, soll die Mitarbeiter aktiv an der Umsetzung und Erreichung der Zielvision beteiligen. Aufgabe der Führungskraft ist es, ihre Mitarbeiter dazu zu motivieren, zu ermutigen und zu befähigen.

> *„Transformational Leaders motivate others to do more than they originally intended and often even more than they thought possible." (Bass & Avolio 1998, S. 136).*

Neuere Untersuchungsbefunde weisen übereinstimmend darauf hin, dass es einen engen Zusammenhang zwischen Stresserleben, psychosomatischen Beschwerden, emotionaler Bindung an das Unternehmen und Führungsqualität im Sinne der transformationalen Führung gibt. Mitarbeiter, die mit ihrer direkten Führungskraft eher zufrieden sind, zeigen danach in allen oben erwähnten Variablen positivere Ausprägungen. Die wahrgenommene Qualität der Führung ist demnach von großer Bedeutung für die Verbundenheit und Identifikation der Mitarbeiter und damit ein wichtigen Faktor für den Unternehmenserfolg (vgl. Felfe 2006b).

TIPP 5: Wie will ich führen? Mein Selbstverständnis als Führungskraft

- Klären Sie für sich, wie Sie in Ihrer Rolle als Führungskraft Ihr Verhältnis zu Ihren Mitarbeitern verstehen? Wie wollen Sie die Arbeitsbeziehungen definieren?
  - Sprechen Sie im Vorfeld mit Ihren Kollegen und Ihrer zukünftigen Führungskraft über Ihre Rolle und Ihr Selbstverständnis als Führungskraft.
  - Wie wird in Ihrem Unternehmen geführt? Welche Vorbilder oder Vergleiche können Sie nutzen?
  - Gibt es Führungsleitlinien und eine Fixierung von Unternehmenswerten in Ihrem Hause? Werden diese tatsächlich gelebt, oder stehen sie nur auf dem Papier?
- Klären Sie für sich, wie Sie geführt werden wollen? Was sind Ihre Bedürfnisse und Ihre Ansprüche an Ihre Führungskraft? Bereiten Sie sich schriftlich darauf vor und reden Sie mit Ihrer Führungskraft darüber.
- Bereiten Sie sich auch auf Ihr erstes Teammeeting als Führungskraft sorgfältig vor. Wie werden Sie sich vorstellen? Welche Art von Beziehung wollen Sie Ihren Mitarbeitern anbieten? Was erwarten Sie im Gegenzug von Ihren Mitarbeitern?
  - Nutzen Sie dazu nebenstehende Checkliste und füllen Sie sie aus. Beantworten Sie jede Frage und loten Sie jeweils aus, wo Ihre Grenzen sind.
  - Seien Sie offen, ehrlich, aber auch mutig. Wachsen Sie ein wenig über sich hinaus.
  - Wenn Ihre Mitarbeiter dazu bereit sind, laden Sie Ihre Führungskraft zu Ihrem ersten Teammeeting ein. Es ist wichtig, dass Sie bei der Vorstellung Ihres Führungsverständnisses den Rückhalt durch Ihren Chef haben.
  - Holen Sie sich am Ende ein offenes Feedback Ihre Mannschaft ab.

ARBEITSHILFE
ONLINE

Checkliste 4: Vorstellung im „neuen" Team — Antrittsrede

1. Wie bin ich zu der Führungsfunktion gekommen?	
2. Was hat mich motiviert und gereizt?	
3. Worüber musste ich aber auch ernsthaft nachdenken? Was sprach dagegen?	
4. Warum ich mich doch dafür entschieden habe?	
5. Wie ich meine Funktion verstehe und wie ich „Führen" will?	
6. Welche Visionen, Ziele habe ich mir für die kommenden Jahre vorgenommen?	

7. Was ich von meinem Team und jedem einzelnen erwarte?	
8. Wie ich mir die Zusammenarbeit im Team vorstelle? (Dos and Don'ts)	
9. Was ich nicht erleben möchte? (Dos and Don'ts)	
10. Was soll mein Motto für unsere Zusammenarbeit sein?	

2.5 Macht nutzen – Freiheiten beschränken?

Gemäß §106 Gewerbeordnung (GewO) z. B. kann der Arbeitgeber den Inhalt, den Ort und die Zeit der Arbeitsleistung „nach billigem Ermessen" näher bestimmen, soweit diese Arbeitsbedingungen nicht durch den Arbeitsvertrag, Bestimmungen einer Betriebsvereinbarung, eines anwendbaren Tarifvertrages oder gesetzliche Vorschriften festgelegt sind. Dies gilt auch hinsichtlich der Ordnung und des Verhaltens der Arbeitnehmer im Betrieb.

„Nach billigem Ermessen" heißt dabei nichts weiter, als dass der Arbeitgeber oder die durch ihn beauftragen Führungskräfte dieses Recht „gerecht" auszuüben haben, d. h., es ist auf die Interessen des Arbeitnehmers Rücksicht zu nehmen. Wird von Arbeitnehmerseite gegen berechtigte Weisungen zuwidergehandelt oder werden sie nicht befolgt, besteht die Möglichkeit vom Sanktionsrecht Gebrauch zu machen. Ermahnung, Abmahnung, Umsetzungen (als Folge Ihres Direktionsrechts) und Kündigungen (verhaltens- oder leistungsbedingt) sind dann mögliche Formen der Sanktionierung.

Was wir hier vor uns haben, ist der Versuch, durch ein gesetzlich verankertes System die Beziehungen zwischen Menschen und deren Verhalten in einem vertraglich vereinbarten Arbeitsverhältnis zu regulieren. Bei Sanktionen sind davon lediglich extreme Verhaltensweisen berührt. Das Weisungsrecht ist gleichwohl fundamental für eine funktionierende Organisation. Kompetenzen, Berechtigungen, Befugnisse und Verantwortlichkeiten werden zudem, um sie als Inhalte des Arbeitsvertrages zu fixieren, zusätzlich in Stellenbeschreibungen dokumentiert.

Warum führen wir Ihnen diese Sachverhalte so anschaulich vor Augen? Zunächst einmal wollen wir darauf hinweisen, dass Sie sich als Führungskraft darüber im

Klaren sind, dass Sie über arbeitsrechtlich geregelte Einflussmöglichkeiten, somit über **institutionell legitimierte Macht** verfügen. Diese als *Selbstverständlichkeit* zu begreifen, auch wenn Sie nicht ausdrücklich davon Gebrauch machen, ist eine wichtige Voraussetzung für Ihre Führungsfunktion. Auch wenn Ihnen der Begriff „Macht" in diesem Zusammenhang nicht gefallen mag, sind doch damit häufig „die dunklen Seiten der Macht" assoziiert, wird die Sachlage nicht harmloser, wenn wir dafür den Begriff der Einflussnahme gebrauchen.

Für Max Weber bedeutet Macht z. B. „jede Chance, innerhalb einer sozialen Beziehung den eigenen Willen auch gegen Widerstreben durchzusetzen, gleichviel worauf diese Chance beruht" (Weber 1922, Kapitel 1, §16). Diese Auffassung definiert Macht zunächst wertfrei als Interessendurchsetzung um jeden Preis, unabhängig von den dahinterstehenden Beweggründen. Sie macht aber auch deutlich, dass Machtausübung, so verstanden, nur einen Sinn ergibt, wenn z. B. die Interessen Ihrer Mitarbeiter Ihren eigenen Absichten und Zielen entgegenstehen. Folgen Ihnen Ihre Mitarbeiter aus Gründen der eigenen Überzeugung oder einer neu gewonnenen inneren Einstellung, ist der Einsatz von Machtmitteln im obigen Sinne entbehrlich.

Was wir hier aufgreifen wollen, bezieht sich auf die wechselseitigen, zielgerichteten Einflussnahmen von Menschen in Organisationen, die keine freien Austauschbeziehungen zwischen gleichberechtigten und gleichstarken Partnern begründen, sondern sich „zwischen hierarchisch unterschiedlich gestellten Personen" vollziehen, die mit differenzierten Instrumenten der Machtgestaltung ausgestattet sind (Wunderer 2000; Felfe 2009). Die sich dadurch konstituierenden Beziehungen sind asymmetrisch. Ein Interaktionspartner verfügt über größere Einflussmöglichkeiten als der andere und kann daher seine Intentionen gegenüber dem anderen eher durchsetzen. Zur Durchsetzung ihrer Interessen verfügt die Führungskraft allerdings nicht nur über institutionell legitimierte Macht, sondern über eine Vielzahl anderer Einflussmöglichkeiten (French & Raven 1959; Yukl & Falbe 1991).

Tab. 7: Formen der Macht von Führungskräften

Legitimierte Macht	▪ Positionsmacht: Allgemeines Direktionsrecht des Arbeitgebers, durch die Stellung in der Organisation.
Sanktionsmacht	▪ Belohnungs- und Bestrafungsmacht der Führungskraft.
Informationsmacht	▪ Informationsvorsprung der Führungskraft.
Expertenmacht	▪ Wissens-, Fähigkeits- und Qualifikationsvorsprung der Führungskraft.
Referenzmacht	▪ Identifikationsmacht: Identifikation der Gruppenmitglieder mit der Führungskraft durch Überzeugung, Glaubwürdigkeit, Charisma und Vertrauen.

Machtausübung der Führungskraft

Die Anwendung von Macht als Mittel, die eigenen Interessen durchzusetzen, sind normale Begleiterscheinungen jeder sozialen Beziehung. Aber haben sie in der Organisation einen tieferen Sinn oder sind sie nur Ausdruck menschlicher Unvollkommenheit? Ganz und gar nicht. Die Übertragung von Führungsverantwortung und institutionell **legitimierter Führungsmacht** (Positions-, Sanktionsmacht, Weisungsrechte etc.) sind zwei Seiten einer Medaille. Als Führungskraft tragen Sie Verantwortung für einen Organisationsbereich und dessen Ergebnisse, die ohne die gleichzeitige Übertragung von Entscheidungs- und Vollzugsmacht eine leere Hülse bliebe. Verantwortung ohne Macht ist Ohnmacht. Stellen Sie sich vor, Sie sollen Verantwortung für ein Projekt oder die Ergebnisse einer Kampagne übernehmen, aber Ihr Vorgesetzter redet Ihnen ständig in die Prozesse hinein und gibt Ihnen, weil er es gerne so und nicht anders hätte, die einzelnen Schritte der Bearbeitung detailliert vor. Wofür wollen Sie in dieser „entmachteten" Situation noch Verantwortung übernehmen? Wenn Sie in der gleichen Weise mit Ihren Mitarbeitern verführen, wären die Ergebnisse Bequemlichkeit und Verantwortungslosigkeit Ihrer Unterstellten.

Übergeordnete Stellen müssen Macht abgeben, wenn das System effizient funktionieren soll. Das ist das eigentliche Geheimnis von Machtausübung in Organisationen. Macht als Führungskraft zu besitzen, unabhängig von der Hierarchieebene, bedeutet, sie verantwortungsbewusst nach unten zu delegieren. Der Mächtige delegiert seine Macht verantwortungsvoll und intelligent. Wenn Sie als Führungskraft institutionelle Macht intelligent nutzen wollen, verzichten Sie weitgehend auf deren Einsatz. Schon gar nicht versuchen Sie, darauf zu bestehen. Kommt es zur Machtprobe oder zum Machtkampf wird es Gewinner und Verlierer geben und die Arbeitsbeziehung wird darunter leiden.

Als Führungskraft sollten Sie sich bewusst machen, dass institutionelle Macht zu besitzen, nicht gleichzeitig bedeutet, dass Sie auch tatsächlich Macht über jemanden haben. Selbst Weisungsbefugnisse zu nutzen, bedeutet immer auch die Erläuterung der Hintergründe und der Ziele, die mit einem Auftrag verknüpft sind. Nur dann können Weisungen in diesem Sinne auch verantwortungsvoll ausgeführt werden.

Mit **Informationsmacht** zu spielen ist riskant und kann sich mit der Zeit rächen. Auch wenn die bevorstehende Auflösung einer Abteilung, die Umstrukturierung von Arbeitsprozessen oder die arbeitsbedingte Umsetzung eines Mitarbeiters kritische Informationen sind, sollte so früh wie möglich darüber informiert werden.

Dass, was für Mitarbeiter irritierend ist, sind die zur Unzeit gestreuten Gerüchte und Halbwahrheiten.

Experten- und Referenzmacht, was gleichsam auf die schon eingeführte Dualität von Aufgaben- und Mitarbeiterorientierung oder Sach- und Beziehungsebene zurückführt, können Sie ungestraft einsetzen. Allerdings muss man sich diese Machtbasis erst erarbeiten und verdienen. Mit dem beharrenden Einsatz von institutioneller Macht zerstören Sie allerdings diese Machtbasen.

Der entscheidende und differenzierende Faktor ist wieder einmal der Faktor Zeit. Wenn die Zeit zu knapp wird, und das wird sie eben manchmal zwangsläufig, wenn z. B. der Kunde plötzlich „auf der Matte steht", oder der Vorstand bis kurz vor 12 noch eine Zuarbeit für eine Entscheidung braucht, müssen Sie Ihre institutionelle Macht und Entscheidungsbefugnis wahrnehmen. Und dies eben wie selbstverständlich. Haben Sie sich aber einen Zeitvorsprung durch gewissenhafte Planung und Organisation erarbeitet, geben Sie Ihre Macht ab. Der autoritäre, emotional aufbrausende Vorgesetzte, der letztlich doch alles selbst entscheidet, hat seine Planung nicht im Griff und scheitert in Wirklichkeit an sich selbst.

Machtausübung der Mitarbeiter

Machtausübung oder das Geltendmachen von Einfluss spielt aber auch zwischen hierarchisch gleichgestellten oder gegenüber höhergestellten Funktionsträgern eine wesentliche Rolle, wobei neben den oben aufgezählten, zahlreiche weitere Machttaktiken eingesetzt werden. Entscheidungen in Organisationen werden nicht nur in formellen Gremien und Meetings vorbereitet und getroffen, sondern in weit größerem Maße durch teils offene, teils verdeckte Einflussstrategien der Beteiligten in informellen Zusammenhängen. Auch Mitarbeiter wenden gegenüber ihrer Führungskraft diese auch als „Mikropolitik" bezeichneten Einflussstrategien an. „Einschmeicheln", „Blockieren von Anordnungen", „Koalieren gegen den Vorgesetzten", „sich an den nächsthöheren Vorgesetzten wenden", das Spiel mit „Aktennotizen", „den anderen ins Unrecht setzen", „Diffamieren" oder „die Schuld zuschieben" sind beliebte Spiele der Macht.

Denken Sie nur an Ihre scheinbar „machtlosen" Kinder, die sich im Supermarkt bei passender Gelegenheit strampelnd und zeternd auf den Boden werfen, weil Sie achtlos am Regal mit den Süßigkeiten vorbeigegangen sind. Sie versuchen Macht und Druck auszuüben, indem Sie Ihre Angst vor Öffentlichkeit in Bezug auf Ihre verfehlte Erziehung nutzen. „So weit hast du es mit deiner Nichtbeachtung gebracht, dass ich jetzt so verzweifelt bin" wollen sie Ihnen damit gleichsam vorwerfen! In prinzipiell gleicher Weise können auch Ihre Mitarbeiter versucht sein, Ihre Absichten durchzusetzen. So z. B. wenn sie eine ungeliebte Aufgabe umgehen wollen und dazu ihr Unvermögen demonstrativ zur Schau stellen. Mehr dazu erfahren Sie im Meilenstein 6.1, „Einflussstrategien in Organisationen".

Durchsetzung und Kooperation

In Abb. 18 sind beispielhaft alle möglichen Verhaltensstrategien bezüglich der Lösung von widerstrebenden Interessengegensätzen grafisch dargestellt. Die Palette reicht dabei von Vermeidungsstrategien bis hin zur Durchsetzung von Interessen mit Machtmitteln. Wir wollen damit darauf aufmerksam machen, dass Sie eigentlich nur mit der gleich starken Gewichtung von Durchsetzungs- und Partnerorientierung ans Ziel kommen. Ihnen wird auffallen, dass wir hier wieder die beiden Dimensionen der Sach- und Beziehungsebene ansprechen, weil sie sich als fundamental in allen sozialen Prozessen erwiesen haben. Die Sachebene bezieht sich dabei auf das Durchsetzen sachlicher Ziele, die Beziehungsebene auf die Orientierung am Partner.

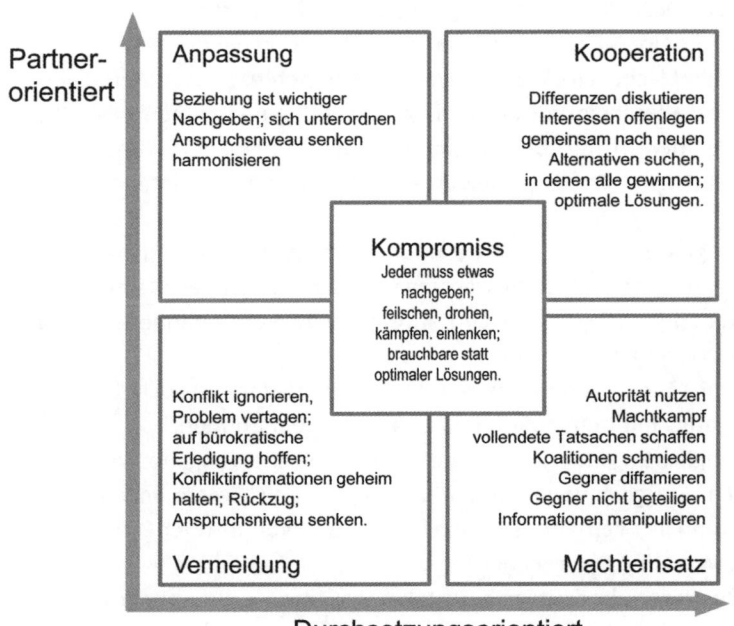

Abb. 18: Konfliktmanagement nach (Thomas 1976)

Natürlich können Sie in Entscheidungs- und Konfliktsituationen Autorität und alle Arten von Macht einsetzen, um zu siegen und sich durchzusetzen, egal ob es sich dabei um Mitarbeiter, Kunden, Kollegen, Vorgesetzte oder Ihren Ehepartner handelt. Experten- und Referenzmacht, also fachliche Autorität und Charisma sind auch hierbei eher unschädlich. Allerdings möchte jeder Ihrer Partner auch einmal gewinnen. Was ist schrecklicher, als jemandem zu begegnen oder mit ihm längere Zeit zusammenzuarbeiten, der immer Recht hat. Dies beschädigt auf lange Sicht das Selbstwertgefühl und das Autonomiebedürfnis Ihrer Partner. Wer in dieser Hinsicht ständig entmachtet und ohnmächtig gehalten wird, resigniert und passt sich an oder rebelliert im Verborgenen und freut sich, wenn etwas schief geht.

Hier haben wir wieder die Zeitdimension, die letztlich die effiziente nachhaltige Strategie begründet. In langfristigen Beziehungen, wie in dem Verhältnis zu Ihren Mitarbeitern, Vorgesetzten oder Kunden etc., ergibt nur die Kooperationsstrategie (Win-win-Situation) vor dem Hintergrund der Nachhaltigkeit einen Sinn.

TIPP 6: Umgang mit Macht und Einfluss

- Machtausübung, Durchsetzung von Interessen und Strategien der Einflussnahme sind selbstverständliche Formen der sozialen Willensbildung in Organisationen. Deshalb müssen Sie genauso selbstverständlich davon Gebrauch machen. Ihr Mitarbeiter erwarten dies auch von Ihnen!
- Institutionelle Macht, wie Weisungsrechte, Kompetenzregelungen, Berechtigungen und Entscheidungsbefugnisse sollten Sie im Rahmen Ihrer übertragenen Verantwortung für die administrative Aufgabenerfüllung umfassend nutzen, d. h., Sie entscheiden umgehend und selbstständig. Dazu gehören ...
  - alle Belange des Arbeits- und Gesundheitsschutzes (ohne Ausnahme).
  - Ressourcen- und Budgetzuweisungen nach vorheriger Vereinbarung (Ausnahmen sind z. B. möglich bei folgenschweren Veränderungen der Planungsgrundlagen).
  - Verletzungen der vereinbarten Arbeitszeitregelungen, auch bezüglich des Umgangs mit dem Auf- oder Abbau von Überstunden.
  - Unumgängliche, weil unvorhergesehene Entscheidungsnotwendigkeiten, auch bezüglich von Abläufen und Prozessen („Gefahr im Verzug").
  - Unannehmbare, Verhaltensweisen, wie z. B. Alkohol- oder Drogenmissbrauch, Mobbing, Diskriminierung etc.
  - Verstöße gegen bedeutsame Regelungen, wie z. B. unbegründbares Fernbleiben vom Arbeitsplatz, Verschwendung von Arbeitsmitteln u. a. Ressourcen etc.
  - Nachhaltige und nachweisbare Nichteinhaltung vereinbarter Leistungsnormen.

■ Alle anderen beabsichtigten Einflussnahmen auf Mitarbeiter und Kollegen erfolgen über Techniken der Überzeugung (Expertenmacht, Referenzmacht), z. B. Best Practice oder Vorbildrollen, der Schaffung von Win-Win-Situationen, durch Verhandlungen (Kooperation), auch durch das Finden von Kompromissen, z. B.:

   ■ bei Entscheidungen zur Gestaltung optimaler, d. h. effizienter Arbeitsabläufe

   ■ bei Entscheidungen über den optimalen Einsatz von Mitarbeitern nach Stärken und Schwächen

   ■ bei Entscheidungen über das Vorgehen bei beabsichtigten Aktionen, Kampagnen oder anderen Umsetzungsmaßnahmen usw.

2.6   Zusammenfassung

■ Führungskräfte müssen Sie sich mit ihrer Führungsrolle identifizieren. Der Rollenwechsel verlangt eine Neubestimmung der beruflichen und privaten Ziele und Prioritäten. Dazu gehört, sich zu versichern, dass man Führungsverantwortung übernehmen will. Eine Auseinandersetzung mit den konkreten Vor- und Nachteilen einer Führungsposition ist dazu unerlässlich.

■ Führungsverantwortung zu übernehmen bedeutet, sich Neuland zu erschließen, mit Widerständen und Hindernissen umzugehen und Probleme zu lösen. Die Klärung, ob Sie für diese Aufgabe die notwendigen inneren Ressourcen und Motivation aktivieren können, ist erfolgsentscheidend.

■ Wichtige Motivationsquellen oder Lebensziele von Führungskräften sind das Leistungsmotiv und das Einflussmotiv (Machtmotiv). Führungskräfte wollen Ziele erreichen und mit anderen Menschen durchsetzen. Führungskräfte sind vor allem dann erfolgreich, wenn Sie Erfolge anstreben und nicht versuchen, Misserfolge zu vermeiden.

■ Motivation und ein starker Wille zum Erfolg sind notwendige, aber keine hinreichenden Voraussetzungen für eine aussichtsreiche Führungskarriere. Wirksame Führungskräfte zeichnen sich durch eine ausgeprägte Fähigkeit zur Selbstregulation aus. Sie sind diszipliniert, organisiert und beharrlich auch bei Tätigkeiten, die wenig attraktiv erscheinen.

■ Erfolgreiche Führungskräfte richten ihre Lebensplanung gemeinsam mit Ihrer Familie auf Ihre Karriere aus. Beruf und Familie müssen in Einklang gebracht werden und Lebensabschnitte sinnvoll geplant werden.

■ Führungskräfte folgen einem besonderen Anspruch und entwickeln ein Selbstverständnis ihrer Rolle. Sie verfügen über ein Leitbild und Maßstäbe für ihr Führungshandeln. Sie klären, welche Ziele sie in ihrer Position anstreben und wie sie diese Ziele gemeinsam mit ihrem Team erreichen. Moderne Führungskräfte sind Partner ihrer Mitarbeiter.

- Führungskräfte verfügen über Macht- und Einflussmöglichkeiten, die sie verantwortungsbewusst einsetzen. Die wirksamsten Einflussfaktoren sind fachliche Kompetenz (Expertenmacht) und soziale Kompetenz (Referenzmacht).
- Durchsetzung um jeden Preis oder das Bestehen auf Machtbefugnissen zahlen sich langfristig im Verhältnis zu den Mitarbeitern nicht aus. Die langfristigen Beziehungen zu ihren Mitarbeitern gestalten erfolgreiche Führungskräfte durch die Schaffung von Win-win-Situationen.

3 Meilenstein 3: Bewerbung oder Berufung?

Kapitelübersicht

- Klärung der eigenen Ausgangsposition

- Einstieg als Führungskraft in einem fremden Unternehmen

- Einstieg als Führungskraft im eigenen Unternehmen

- Auswahlverfahren: Wie funktioniert das?

- Aus dem eigenen Team aufsteigen — soziale Beziehungen meistern

- Mitbewerber und Neider neutralisieren

3.1 Wege in die Führungsposition

Mit diesem Meilenstein wollen wir den Bereich der Rahmenbedingungen am Start Ihrer Führungskarriere beleuchten. Dabei interessiert uns zunächst die Situation kurz vor dem Einstieg. Haben Sie sich schon beworben, hat man Sie angesprochen oder stehen Sie noch in der Entscheidungsphase?

Für die letze Frage gilt es zu klären, wie die unterschiedlichen Startkonfigurationen aussehen, die sich aus den Einschätzungen Ihres prognostizierten Erfolges als Führungskraft ergeben.

3.2 Startkonfiguration in der Entscheidungsphase

Wenn Sie sich also zunächst einmal mit dem Gedanken beschäftigen, Führung zu übernehmen, kommen für Sie ohne Zweifel folgende Startkonstellationen in Betracht. Wir setzten dabei voraus, dass Sie den Wunsch haben, Karriere zu machen und zwar in einer Führungsfunktion. Wenn wir sowohl die Einschätzungen Ihres Unternehmens oder Ihrer Führungskraft und Ihre eigenen übereinanderlegen, ergeben sich die neun Felder der untenstehenden Abbildung 19.

	Ihre Führungskraft bzw. das Unternehmen ...		
	ist sich sicher, dass Sie Potenzial haben.	ist sich unsicher, ob Sie Potenzial haben.	ist sich sicher, dass Sie kein Potenzial haben.
Ich ... bin sicher, dass ich Potenzial habe!	AAA	BBB	B
bin unsicher, ob ich Potenzial habe!	AA	BB	CC
bin sicher, dass ich kein Potenzial habe!	A	CCC	D

Abb. 19: Selbsteinschätzung – Wechsel in die Führungsposition

Wir haben jedem Feld ein Rating zugeordnet, das Ihre jeweiligen Chancen verdeutlicht, und Fragen angefügt, die Ihnen ein kleiner Ansporn sein sollen.

- **AAA (Prime)**: Ihr Unternehmen bzw. Ihre Führungskraft und auch Sie selbst, sind sich sicher, dass Sie ausreichend Potenzial für eine Führungslaufbahn haben. Herzlichen Glückwunsch! Sie haben es bereits geschafft oder stehen zumindest kurz davor, und können zum nächsten Meilenstein gehen. Sollte es noch nicht ganz so weit sein, sollten Sie Ihre Ambitionen unüberhörbar verdeutlichen. Bewerben Sie sich!
- **AA (High Grade)**: Sie sind noch unsicher, Ihr Unternehmen ist sich allerdings sicher. Warum zweifeln Sie noch? Das Unternehmen, Ihre Führungskraft haben Vertrauen in Sie, trauen Ihnen eine Führungsposition zu. Zeigen Sie Mut und Entschlossenheit! Fragen Sie sich, was Sie behindert, was Sie noch für sich klären, was Sie womöglich einfordern müssen? Warten Sie nicht, bis man Sie anspricht, sondern gehen Sie aktiv auf die Entscheider zu.

- **A (Upper Medium Grade)**: Sie meinen, kein Potenzial zu haben, Ihr Unternehmen allerdings ist sich sicher, dass Sie es schaffen können. Ihnen fehlt offensichtlich das Selbstvertrauen, der Mut zur eigenen Courage. Vielleicht gibt es auch nicht genügend positives Feedback von „oben". Holen Sie sich das Feedback, dann werden Sie es sich auch selbst zutrauen. Andererseits sollten Sie sich fragen, was Sie grundsätzlich abschreckt, Führungskraft zu werden. Es scheint prinzipielle Ressentiments gegen eine Führungsfunktion bei Ihnen zu geben. Setzen Sie sich aktiv mit den Bedenken auseinander und entscheiden Sie dann, ob Sie sie ausräumen oder ihnen folgen wollen.
- **BBB (Lower Medium Grade)**: Sie sind sich sicher, Ihr Unternehmen eher unsicher. Entweder haben Sie nicht deutlich genug auf sich aufmerksam gemacht oder ein Detail Ihrer Person lässt das Unternehmen noch zweifeln. Sprechen Sie mit Ihrer Führungskraft oder den Personalverantwortlichen. Klären Sie die möglichen Defizite, arbeiten Sie daran und vereinbaren Sie eine Laufbahnplanung.
- **BB (Speculative)**: Unentschieden: Beide Seiten sind sich unsicher. Kein Wunder, wenn Sie so zweideutige Signale senden. Entscheiden Sie zunächst, was Sie eigentlich wollen und machen Sie dann auf sich aufmerksam. Sorgen Sie dafür, dass Sie ihre Kompetenz unter Beweis stellen können. Es liegt in Ihrer Hand, sich deutlicher zu artikulieren. Übernehmen Sie mehr Verantwortung!
- **B (Highly speculative)**: Sie sind sich sicher, Ihr Unternehmen auch, allerdings in der anderen Richtung. Es gibt deutliche Vorbehalte gegen Sie als Führungskraft, die möglicherweise nichts mit Ihrer fachlichen Qualifikation zu tun haben. Ohne Unterstützung Ihres Unternehmen oder Ihrer Führungskraft werden Sie lange auf diesem Weg benötigen. Dieser Unterstützung müssen Sie sich zunächst versichern. Ansonsten gibt es zwei andere Optionen: Sie verabschieden sich von Ihren Karriereambitionen oder Sie wechseln das Unternehmen. Aber gehen Sie nicht ohne vorher zu klären, was die Beweg- oder Hintergründe Ihres Unternehmens sind. Sonst wird es auch im neuen Unternehmen schwer.
- **CCC (Substantial risks)**: Sie sind sicher, dass es nichts wird; Ihr Unternehmen ist im Zweifel. Ähnlich wie beim Rating (A) sind Ihre grundsätzliche Haltung und Ihr Selbstbild zu hinterfragen. Allerdings besteht hier der Nachteil, dass Ihre Sichtweisen bereits „oben" angekommen sind. Sie müssen zunächst Ihre eigenen Hausaufgaben machen. Probieren Sie sich aus und übernehmen Sie Schritt für Schritt mehr Verantwortung.
- **CC (Extremely speculative)**: Sie sind sich unsicher, Ihr Unternehmen lehnt Sie als Führungskraft ab. Ihre unentschiedene Haltung bezüglich Ihrer eignen Kompetenzen und Motive ist Ihr Handicap. Sie können Ihr Unternehmen und sich nur überzeugen, wenn Sie Klärung für sich herbeiführen und aktiv werden. Zeigen Sie, was in Ihnen steckt und suchen Sie die Herausforderung.
- **D (In default)**: Alles spricht dagegen. Obwohl Sie es noch nicht ganz aufgegeben haben, stehen die Ampeln auf Rot. Überlegen Sie, ob es nicht auch eine andere Karrierelaufbahn sein kann (Experten-, oder Projektlaufbahn).

Meilenstein 3: Bewerbung oder Berufung?

Wenn Sie Ihrer Entscheidung und dem, was daraus folgt, also selbst aktiv zu werden und zu handeln, erfolgreich näher gekommen sind, sollten Sie jetzt in Ihrer neuen Funktion am Start sein. Dabei spielt es eine erhebliche Rolle, ob Sie Ihre Karriere nun im eigenen Haus oder in einem anderen Unternehmen oder sogar in eine andere Branche fortsetzen.

3.3 Einstieg in die Führungsposition

Wenn Sie aus Ihrem eigenen Unternehmen in die Führungsposition gelangt sind, ist zu fragen, ob Sie sich selbst in Stellung gebracht haben (Bewerbung), oder ob Sie durch Ihre Führungskräfte oder das Unternehmen, hier meist die Personalabteilung, angesprochen wurden (Berufung).

Bei der Bewerbung in einem anderen Unternehmen scheint zunächst nur die eigenen Initiative infrage zu kommen, wenn man dabei vernachlässigt, dass Sie über einen Headhunter ausfindig gemacht wurden. Wie dem auch sei, wir wollen die Chancen und Risiken der unterschiedlichen Startbedingungen kurz gegenüberstellen.

Tab. 8: Chancen und Risiken des Einstiegs

	Chancen	Risiken
Eigenes Unternehmen	▪ Sie kennen das Unternehmen und damit alle Spielregeln. ▪ Sie haben sich einen Ausgangspunkt erarbeitet. ▪ Sie verfügen über ein Beziehungsnetzwerk. ▪ Sie kennen einflussreiche Personen und Instrumente.	▪ Man kennt Sie und Ihren Ruf, dem man schwer entkommt. ▪ Man kennt auch Ihre Schwächen und Unzulänglichkeiten. ▪ Man hält Sie eventuell nur für bestimmte Aufgaben befähigt. ▪ Es gibt Beziehungslasten (Konkurrenten, eigenes Team).
Anderes Unternehmen	▪ Sie können neu beginnen und Ballast abwerfen. ▪ Man kennt Ihre Schwächen und Unzulänglichkeiten nicht. ▪ Sie können sich auch in neuen Feldern ausprobieren. ▪ Sie sind frei von Beziehungslasten.	▪ Sie kennen die internen Spielregeln nur ungenügend. ▪ Sie müssen sich Ihr Standing erst wieder erarbeiten. ▪ Sie müssen erst ein Beziehungsnetzwerk aufbauen. ▪ Sie kennen die Machtstrukturen nur unzureichend.

Wenn man die Chancen und Risiken von Tab. 8 näher betrachtet, fällt auf, dass die Vorteile der einen Variante gleichzeitig die Nachteile der anderen sind, und umgekehrt. Die wesentlichen drei Punkte sind dabei:

1. **Unternehmen:** Kenntnis oder Unkenntnis der internen Regeln und Abläufe eines Unternehmens, wobei hier vor allem die im vorigen Kapitel angesprochenen Einflussmechanismen oder Durchsetzungsstrategien eine Rolle spielen.
2. **Person:** Kenntnis oder Unkenntnis der Stärken und Schwächen Ihrer Person aus Sicht des Unternehmens und damit verbunden die mögliche Beschränkung auf bewährte oder die Eröffnung neuartiger Betätigungsfelder.
3. **Beziehungen:** Verfügbarkeit oder Nichtverfügbarkeit von sozialen Beziehungen oder Netzwerken, inklusive des Kontakts zu einflussreichen Persönlichkeiten (Promotoren) und konkreten sozialen Verbindlichkeiten oder Verstrickungen (eigenes Team).

Bevor wir detaillierter auf die scheinbar leichtere Variante, in Ihrem Unternehmen eine Führungsposition zu übernehmen, eingehen, wenden wir uns zunächst dem Einstieg als Führungskraft in einem anderen Unternehmen zu.

3.3.1 Einstieg als Führungskraft in einem anderen Unternehmen

Worauf Sie sich auch einlassen, alles hat seinen Preis, unabhängig davon, ob Sie das Unternehmen wechseln oder nicht. Bei einem Wechsel haben Sie zwei zentrale Aufgabenbereiche zu managen.

Eine Sachaufgabe (Punkt 1, Informationsmanagement), die darin besteht, Informationen über Strukturen und Abläufe Ihres neuen Unternehmens zu sammeln und zu strukturieren, und eine Beziehungsaufgabe (Punkte 2 und 3, Sozialmanagement), die sich auf das Knüpfen eines neuen sozialen Netzwerkes bezieht, wobei die letztgenannte Aufgabe zweifelsohne die schwierigere ist.

Wissen kann man sich leicht aneignen, da es heutzutage über die elektronischen Medien und Fachbücher mühelos zu beschaffen ist. Neue soziale Beziehungen aufzubauen, erfordert von Ihnen zumindest den Mut auf Menschen zuzugehen, und das in einer Situation, in welcher Sie noch unsicher sind und erst vorsichtig die neue Welt erobern. Aber lassen Sie dadurch nicht entmutigen, Sie hatten ja bereits den Mut, das Unternehmen zu wechseln und neu zu beginnen. Seien Sie neugierig und interessiert. Das ist in dieser Phase besonders wichtig.

Meilenstein 3: Bewerbung oder Berufung?

Sie sind nun als Führungskraft eingestellt, haben offensichtlich das Bewerbungs-
verfahren gemeistert, Konkurrenten aus dem Feld geschlagen und stehen nun in
der Pole Position. Bereits im Vorfeld hatten Sie selbstverständlich gut recherchiert
und wissen daher, worauf Sie sich einlassen. Es kann losgehen!

Sie haben in den ersten Wochen und Monaten einen Aufgaben-Marathon vor sich,
den Sie gut planen sollten. Wenn Ihr neues Unternehmen gut aufgestellt ist, gibt
es eine Begrüßungsmappe, in der Sie alle wesentlichen Informationen finden sollten. Worauf Sie besonders zu achten haben und was darin nicht zu finden ist,
entnehmen Sie dem folgenden Tipp. Im Internet bei den Arbeitshilfen online finden
Sie außerdem einen typischen Einarbeitungsplan für neue Mitarbeiter.

Nehmen Sie die Herausforderung ernst. Diese Aufgaben erledigen sich nicht von
selbst. Ihre Zielsetzung besteht nicht nur darin „anzukommen", sondern „hinein-
zukommen". Dies bedeutet, dass Sie sich Woche für Woche ein anderes Thema vornehmen und es bearbeiten. Planen Sie die einzelnen sachlichen Themen, sammeln
Sie die Informationen und legen Sie sich dazu einen Ordner an. Das Beziehungsmanagement kann und muss in der Regel parallel dazu verlaufen.

TIPP 7: Einstieg als Führungskraft in einem anderen Unternehmen

Informationen sammeln: Da Sie die begehrte Stelle bekommen haben, haben
Sie sich bereits intensiv mit Ihrem neuen Arbeitgeber auseinandergesetzt. Alles was z. B. im Internet öffentlich zugänglich war, haben Sie bereits erkundet.
Sie verfügen nun über die internen Berechtigungen (Betriebsausweis, Passworte etc.) weiter zu recherchieren. Folgende weitergehende Information sind
nun wichtig:

- Aktuelle und wenigstens aus den letzten zwei Jahren stammende interne
  (wirtschaftliche) Lagepläne, Marktanalysen, Zielauswertungen des Unternehmens, Ihres Bereiches und Ihres Teams. Wie stehen das Unternehmen
  und Ihr Team betriebswirtschaftlich da. Wenn Sie ein internes Ranking
  („Rennliste") ausfindig machen können, dass Ihnen zeigt, wo Ihr Team im
  Verhältnis zu anderen steht, wäre dies außerordentlich hilfreich. Dokumentieren Sie Stärken und Schwächen Ihres Teams und, was noch wichtiger ist,
  die der anderen.
- Verschaffen Sie sich Informationen über externe oder interne Analysen zur
  Dienstleistungsqualität Ihres Bereiches und Ihres Teams. Wie wird Ihr Team
  von internen und externen Kunden bewertet?
- Klären Sie die wesentlichsten Termine auf Bereichs- und Unternehmens-
  ebene bezüglich regulärer Sitzungen, Meetings, Berichte etc. Auch wenn Sie
  noch nicht daran teilnehmen, sehen Sie sich die Sitzungsprotokolle der
  letzten Monate an.

- Kontaktieren Sie alle wesentlichen internen Dienstleister: Organisationsabteilung, Personalabteilung, Personalbetreuung, Revision, Controlling, aber auch Betriebs- oder Personalrat und Vorstandssekretariat. Lassen Sie sich alle für Sie notwendigen Dokumentationen oder Informationen übergeben.

Netzwerk aufbauen, Beziehungen herstellen:

- Verschaffen Sie sich Vorinformationen zur Besetzung Ihrer Stelle, z. B. über Ihren jetzigen Vorgesetzten. Wer hatte sich womöglich noch beworben aus dem Haus oder Ihrem Team? Warum gerade Sie es geworden sind, „Einer von Draußen", sollten Sie mittlerweile wissen. Wenn nicht, erkunden Sie es.
- Mögliche Mitbewerber auf die vergebene Position aus dem eigenen Team sollten Sie frühzeitig offen auf die Situation ansprechen. Es handelt sich dabei in der Regel um Mitarbeiter mit fachlichem Potenzial und Beziehungen. Übertragen Sie diesen Kollegen Verantwortung und binden Sie sie in Ihre Führungsaufgaben ein.
- Sorgen Sie dafür, dass Sie zumindest in der Anfangszeit keinen informellen Termin versäumen. Solche Events (Geburtstage, Betriebsfeiern, Personalversammlungen o. ä.) sind außerordentlich wichtig, um Kontakte zu knüpfen.
- Nutzen Sie die Gelegenheit, sich in den üblichen Begegnungsstätten (Kantine, Sitzecken im Flur, Pausenräume etc.) bekannt zu machen. Da Sie der „Neue" sind, dürfen Sie Fragen stellen. Bitte aber nicht über Personen! Sie provozieren damit womöglich Indiskretionen, die sich später nachteilig auswirken können. Erzählen Sie auch von sich, dass öffnet andere Menschen am ehesten und schafft Vertrauen! Darauf müssen Sie sich allerdings gut vorbereiten.
- Lassen Sie sich durch Ihren Vorgesetzten, zu dem Sie ohnehin in der ersten Zeit engen Kontakt halten, durch die anderen Bereiche führen. Bestehen Sie darauf, dass man Sie bekannt macht und vorstellt. Dies ist eigentlich üblich, wenn es jedoch vergessen wird, haben Sie die ganze Kontaktarbeit allein zu bewältigen.
- Ganz wichtig ist es, relativ früh einen geeigneten Promotor zu definieren. Manchmal haben Sie ihn schon in Ihrer neuen Führungskraft gefunden. Es schadet aber auch nichts, wenn derjenige keine herausgehobene Position im Hause einnimmt, sich aber nichtsdestoweniger im Hause gut auskennt und selbst auch bekannt ist.

Gehen Sie davon aus, dass man gespannt und neugierig auf Sie ist. Es gibt schließlich einen Grund, warum man Sie von „außen" geholt hat. Dies kann ein ganz banaler Grund sein: Sie waren der geeignetere Kandidat bei einer nach außen offenen Ausschreibung. Vielleicht gab es aber auch nicht genügend interne Bewerber. Warum dies so ist, sollten Sie ausfindig machen. Welche Vorgänger-Historie es gibt und was das für Sie bedeutet, gehört zu den interessanten Fragen, auf die wir detaillierter im Meilenstein 5, „Ihr Vorgänger", eingehen werden.

Ihre erste Führungsfunktion als Gruppen- oder Teamleiter werden Sie aber vermutlich in Ihrem eigenen Hause erleben. Mit der Bevorzugung eines externen Kandidaten sind nämlich meistens Gründe verbunden, die etwas mit einem Richtungswechsel in der Abteilung oder dem Bereich zu tun haben. „Frischer Wind" von außen und womöglich ein mitgebrachtes, im eigenen Hause nicht verfügbares Know-How sind erfahrungsgemäß ausschlaggebend für die Wahl eines Externen.

Wenn Sie dennoch für eine erste Führungsebene in ein fremdes Unternehmen wechseln, machen Sie sich bitte folgendes klar: Wie bereits erwähnt, gab es offenbar nicht genügend interne Bewerber! Das kann darauf hinweisen, dass die Position, die Sie nun ausfüllen, nicht besonders gefragt ist, oder dass einige Rahmenbedingungen für Führung nicht optimal sind. Auch wenn das ein Versäumnis Ihrerseits ist, hätten Sie dies doch im Vorfeld klären müssen, denken Sie daran, Sie sind in der Probezeit. Das bedeutet, dass beide Seiten nach dieser Zeit eine qualifiziertere Entscheidung treffen können.

Passung mit Unternehmens- und Führungskultur

In unseren Seminaren haben wir es häufig erlebt, dass die von „draußen" besondere Probleme hatten, sich mit der Unternehmens- und Führungskultur des nun neuen Unternehmens zu Recht zu finden. Das hängt natürlich sehr vom Einzelfall ab, macht aber deutlich, dass zwar alle sachlichen Rahmenbedingungen durchaus perfekt sein können, wenn jedoch die Kultur nicht zu Ihnen oder Sie nicht zur Kultur passen, werden Sie Probleme haben. Und dann zögern Sie nicht, sich erneut zu entscheiden. Die schriftlich fixierten Unternehmenswerte oder Führungsleitlinien sind oft nur ein Hinweis auf ein angestrebtes Ideal. Ob diese Verhaltensvorgaben tatsächlich gelebt werden, steht auf einem anderen Blatt.

Edgar Schein, ehemaliger Professor für Organisationspsychologie am MIT und Mitbegründer der Organisationspsychologie und der Organisationsentwicklung, definiert Unternehmenskultur als „ein Muster gemeinsamer Grundprämissen, das die Gruppe bei der Bewältigung ihrer Probleme externer Anpassung und internen Integration erlernt hat und somit als bindend gilt; und das daher an neue Mitglieder als rational und emotional korrekter Ansatz für den Umgang mit diesen Problemen weitergegeben wird" (Schein 1995, S. 25).

Das heißt aber, dass sich in jedem Unternehmen erlernte Mechanismen der sozialen Effizienz über die Zeit eingebürgert haben und durchaus neben der offiziellen „Unternehmenshymne" die Beziehungen zwischen den Hierarchien und Menschen regulieren. Diese Mechanismen können Sie aber nur durch den persönlichen Kontakt erfahren und erleben.

Analysieren Sie also das neue Haus und machen Sie sich Ihr persönliches Bild von der gelebten Unternehmenskultur. Welche Bedürfnisse können artikuliert werden und welche nicht? Wie werden Entscheidungen wirklich getroffen? Was sind die Tabus, über die niemand reden mag? Was bedeutet Leistungserbringung oder Leistungsversagen? Wer wird besonders herausgestellt und wer ins Abseits?

ARBEITSHILFE
ONLINE

Checkliste 5: Beweggründe des Wechsels		
Warum habe ich mein altes Unternehmen verlassen?	Was erwarte ich von meinem neuen Unternehmen?	[x]

Es ist ratsam, sich zu vergegenwärtigen, aus welchem Grund, Sie Ihrem ehemaligen Unternehmen den Rücken gekehrt haben. Oder aber, warum das neue Unternehmen für Sie offenbar so ansprechend war, dass Sie wechseln wollten. Klären Sie Ihre Beweggründe und streichen Sie an, was davon im neuen Unternehmen umsetzbar ist. Wenn Sie ernsthafte Bedenken entwickeln, werden Sie aktiv und handeln Sie. Und dies möglichst schnell und konsequent.

3.3.2   Einstieg als Führungskraft im eigenen Unternehmen

Da sich in den aktuellen Trends abzeichnet, dass Unternehmen verstärkt Führungskräfte aus den eigenen Reihen rekrutieren, bietet sich natürlich dieser Weg besonders an. Aufgrund des demografischen Wandels in Deutschland werden Frauen, und Arbeitnehmer mit Migrationshintergrund immer größere Chancen auf eine Führungskarriere haben. 68,3% der Führungskräfte sind bereits heute länger als fünf Jahre bei ihrem jetzigen Arbeitgeber beschäftigt, die Hälfte sogar länger als 10 Jahre (Körner, Puch u.a. 2012). Der Anteil an weiblichem Führungspersonal ist in den letzten beiden Jahrzehnten deutlich angestiegen (von 21,8% im Jahr 1996 auf 27,7% im Jahr 2010). Bindungsmanagement (Retentionmanagement), Talentmanagement, Nachwuchsförderung und andere Rekrutierungsstrategien sollen den befürchteten Führungskräftemangel für die Zukunft entschärfen.

Meilenstein 3: Bewerbung oder Berufung?

Der größte Vorteil, wenn Sie im eigenen Unternehmen in die Führungsposition ein-steigen, ist die Chance, Ihre Karriere systematisch fortzuführen und auszubauen. Führen Sie sich vor Augen, dass Sie mit einer zweiten Beförderung bereits zum etablierten Führungskreis Ihres Unternehmens gehören. Vorausgesetzt Sie sind in Ihrer ersten Führungsposition erfolgreich. Der Weg nach „oben" kann also im eigenen Hause effizienter sein. Natürlich gibt es hier auch Stolpersteine und Her-ausforderungen.

Wenn Sie sich selbst auf eine interne Ausschreibung beworben haben, zeugt das von Selbstvertrauen, Mut, Risikobereitschaft und von dem Ehrgeiz, mehr aus Ihrem beruflichen Leben machen zu wollen. Hervorragende Eigenschaften, die Sie durch-aus für eine Führungsposition qualifizieren.

Spricht man Sie direkt an, traut man Ihnen diese Eigenschaften gleichfalls zu und zusätzlich die Autorität, Menschen zu führen. Dies ist der entscheidende Unter-schied. Für das Unternehmen ist die Sicherheit, dass Sie die notwendige Sozialkom-petenz besitzen, oft maßgeblicher als die fachliche Reputation, die u. U. mehrere Bewerber mitbringen. Sie haben also in dieser Hinsicht einen Vertrauensvorschuss, den es allerdings auch einzulösen gilt. Wenn Sie sich selbst bewerben, müssen Sie diese Fähigkeit zunächst in einem Auswahlverfahren nachweisen. Allerdings ist heute davon auszugehen, dass Sie sich generell einer Auswahlprozedur zu unter-ziehen haben.

Interne Auswahlverfahren — Es ist noch kein Meister vom Himmel gefallen

Interne Auswahlverfahren im Zuge der Personalentwicklung oder Nachwuchsför-derung gehören heute zum Standardrepertoire der meisten Unternehmen ab einer gewissen Größenordnung. Häufig nutzt man dazu Assessment-Center, was nichts weiter bedeutet als Einschätzungs- oder Bewertungsverfahren. Der wesentliche Unterschied zu den herkömmlichen Bewerberinterviews besteht in dem hohen Anteil verhaltensrelevanter Übungen und Rollenspiele. Sie sollen die Möglichkeit eröffnen, die Kandidaten praxis- und handlungsnäher beurteilen zu können. Sie werden in Form von Auswahl- versus Potenzial-Assessments, oder als Gruppen- bzw. Einzel-Assessments durchgeführt. Vorbereiten sollte man sich auf ein Assess-ment unbedingt. Die ahnungslose Haltung sprachlich und sozial geübter Mitbe-werber nach dem Motto, „das werde ich schon hinbekommen", funktioniert bei dieser Art Verfahren kaum. Was für das Bewerberinterview vielleicht noch gelingt, ist für Rollenspiele, Präsentationen und Fallstudien unmöglich. Obwohl es zahl-reiche Varianten gibt, können Sie sich mit Sicherheit auf folgende Verfahrensbe-standteile einstellen.

Strukturiertes Bewerber-Interview: Intensives Interview von ca. 2,5 Stunden, in dem einzelne Bewertungsdimensionen (s. Tab. 9) geprüft werden. In jedem Fall wird die Wechselmotivation bei Bewerbern von „außen" genauestens erkundet. Argumentieren Sie in erster Linie mit besseren beruflichen Entwicklungsperspektiven. Als interner Bewerber werden Sie nach Ihren Laufbahnabsichten und vor allem den Fähigkeiten befragt, die Sie im besonderen Maße für die vakante Position qualifizieren. Ansonsten spielt natürlich die Führungsmotivation und Leistungsmotivation eine wichtige Rolle. Stellen Sie sich darauf ein, mit Beispielen aus Ihrem Leben aufzuwarten, die zeigen, wie kompetent Sie in diesen Situationen agiert haben. Folgende Fragen tauchen häufig für die Auswahl von Führungskräften auf:

- Welche berufliche Entscheidung war für Sie bisher die Schwierigste? Wie sind Sie damit umgegangen?
- Was interessiert Sie an der neuen Position ganz besonders — wie unterscheidet sich das von Ihrer bisherigen Aufgabe/Position?
- Was bedeutet für Sie Erfolg in Ihrer täglichen Arbeit als Führungskraft?
- Schildern Sie eine Situation, in welcher Sie einen Mitarbeiter erfolgreich gemacht haben?
- Wie gehen Sie mit leistungsschwachen Mitarbeitern um und wie führen Sie sie?
- Was tun Sie, um Ihre Führungsfähigkeiten zu optimieren?
- Was war Ihr bisher größter (Führungs-)Fehler, der Ihnen unterlaufen ist?
- Welche Ziele setzen Sie sich für die ersten drei Monate in Ihrem neuen Job und wie werden Sie diese erreichen?
- Wie wird sich Ihr Bereich/Abteilung/Gruppe weiter entwickeln?
- Wofür soll Ihr Name in unserer Institution stehen? Was wollen Sie dafür tun?
- Was werden Ihre Mitarbeiter von Ihnen lernen können?
- Aus welchen Gründen haben Sie das letzte Mal bewusst Regeln gebrochen?
- Was bedeutet für Sie Integrität?
- Was sind aus Ihrer Sicht in unserem Unternehmen die größten Kostentreiber und wie könnten wir diese in den Griff bekommen?
- Was ist Ihre größte Befürchtung/Sorge, hinsichtlich der ausgeschriebenen Position?
- Was machen Sie, wenn Sie die begehrte Position nicht bekommen?

Fallstudie: Handlungs- und entscheidungsorientierte Übung, in welcher eine komplexe Unternehmenssituation in Form von betriebswirtschaftlichen Übersichten, Tabellen, Marktanalysen und Mitarbeiter- bzw. Kundeninformationen, simuliert wird. Sie haben in kurzer Zeit das Material zu sichten und eine Präsentation Ihrer abgeleiteten Empfehlungen und Entscheidungen vorzubereiten. Diese gilt es dann, einer kritisch nachfragenden Geschäftsführung (Auswerter) nahe zu bringen. Da die Übung so konstruiert ist, dass Sie ohnehin nicht alles schaffen können, setzten Sie von Beginn an Prioritäten und verteidigen Sie Ihre Empfehlungen und Entscheidungen schlüssig. Versuchen Sie, nicht „umzufallen" und bleiben Sie bei Ihrer einmal eingeschlagenen Konzeption.

Präsentation: Hier wird Ihnen in der Regel ein praxisnahes Thema zu Bearbeitung angeboten. Zum Beispiel: „Schildern Sie erste Entscheidungen und Maßnahmen zur weiteren Entwicklung Ihrer zukünftigen Abteilung/Gruppe." Hier kommt es auf Präsentationsgeschick an. Ein roter Faden, eine gute Strukturierung und letztlich eine dynamische ansprechende und durch Visualisierungen unterstütze Präsentation bringen Ihnen hier die gewünschten positiven Bewertungen.

Rollenspiele: Kritik- oder Motivationsgespräche mit einem Mitarbeiter — häufig die Verschränkung beider Elemente — oder auch Kunden- oder Verkaufsgespräche sind hier zu bewältigen. Beim Mitarbeitergespräch besteht die Herausforderung darin, sowohl berechtigte Kritik offen und unmissverständlich anzusprechen als auch den Mitarbeiter zugleich für eine zukünftige und zusätzliche Aufgabe zu interessieren. Fordern und Fördern heißt die Devise.

Fragebögen: Sie werden mitunter mit Selbsteinschätzungsfragbögen konfrontiert, die vor allem Ihre Motivationen und Ihre Arbeitshaltungen und Arbeitsweisen betreffen. Antworten Sie offen, ehrlich, aber auch selbstbewusst, ohne zu lange nachzudenken. Die Experten unter den Assessoren hinterfragen diese Sachverhalte im Interview ohnehin, so dass Ihr Flunkern nicht lange unentdeckt bliebe. Zusätzlich wird man denken, dass Sie nicht in der Lage sind sich selbst realistisch einzuschätzen.

Testverfahren: Intelligenz-, Konzentrations- und Kreativitätstests werden häufig eingesetzt. In den erstgenannten Verfahren kommt es immer auf richtig und schnell an. Beim Kreativitätscheck vor allem auf die Menge Ihrer Ideen. Im Internet und in zahlreichen Praxisratgebern können Sie überprüfen, wie Sie in diesen Verfahren abschneiden und wie Sie sich darauf am besten vorbereiten können.

Welche Fähigkeitsdimensionen bei diesen internen Auswahlverfahren jeweils getestet werden, entnehmen Sie der folgenden Tab. 9. Diese Tabelle gibt Ihnen zudem einen Eindruck, welche Fähigkeitsdimensionen bei welchen Übungselementen bewertet werden. Die freien weißen Felder auf der rechten Seite der Tabelle bedeuten dabei, dass die jeweilige Dimension (links) bei der im Tabellenkopf dargestellten Übung abgeprüft wird. D. h., um eine möglichst objektive Bewertung zu erhalten, wird jede Fähigkeit mehrfach bei unterschiedlichen Übungen geprüft. An den Kreuzungspunkten der grau unterlegten Kästchen findet keine Bewertung der jeweiligen Dimension statt.

Tab. 9: Muster einer Auswertungsmatrix im Assessment Center

Ergebnismatrix Auswahlverfahren	Interview Teil 1	Fallstudie	Mitarbeitergespräch	Präsentation	Gruppendiskussion	Interview Teil 2	Gesamt
Problemlösekompetenz							
1. Problemlösefähigkeit, Analysevermögen	■		■	■			
2. Entscheidungsfähigkeit, -sicherheit	■		■	■			
3. Planungs-, Organisationsfähigkeit			■		■		
4. Innovationsfähigkeit, Kreativität		■	■		■		
Sozial- und Führungskompetenz							
5. Kommunikationsfähigkeit, Gesprächsverhalten	■						
6. Kooperationsfähigkeit, Teamsteuerung	■			■			
7. Einfühlungsvermögen, Empathie	■			■			
8. Überzeugungs- und Durchsetzungskraft	■					■	
Managementkompetenz							
9. Strategiekompetenz, Konzeptionsvermögen			■		■		
10. Ertrags- und Gewinnorientierung			■		■		
11. Kundenorientierung, Akquisitionsfähigkeit			■	■	■		
Motive und Einstellungen							
12. Leistungsmotivation, Engagement, Initiative		■		■			
13. Lern- und Veränderungsbereitschaft		■		■		■	
14. Glaubwürdigkeit, Offenheit, Transparenz	■		■		■		
15. Stabilität, Belastbarkeit, Stressresistenz	■						

Wenn Sie diese Hürden gemeistert haben, steht Ihrer erfolgreichen Führungskarriere im eigenen Haus fast nichts mehr entgegen. Es sei denn, Sie werden Chef in Ihrem eignen Team, wobei wir einmal unberücksichtigt lassen wollen, ob Sie vorher womöglich Stellvertreterfunktionen ausgeübt haben. Dies ist von Vorteil und entschärft die Problematik, um die es in der Folge gerade gehen soll.

3.4 Vom ehemaligen Kollegen zur Führungskraft

Häufig ist zu vernehmen, dass diese Konstellation vergleichbar sei mit der oft beanspruchten „Quadratur des Kreises". Auch wenn es mehr dazu braucht als nur Zirkel und Lineal, betrachten wir das Problem nicht als unlösbar. Es gibt nämlich nicht nur Nachteile und Herausforderungen, sondern auch unübersehbare Vorteile dieser Sachlage. Vorauszusetzen ist allerdings, dass nicht weitere Beschwernisse hinzukommen.

TIPP 8: Chancen des Rollenwechsels

- Sie kennen aus Ihrer Mitarbeiterposition die individuellen Leistungshaltungen, Arbeitseinstellungen, Vorlieben und Abneigungen Ihrer ehemaligen Kollegen recht genau. Sie wissen also auch um die kleinen Geheimnisse der meisten Mitarbeiter in Bezug auf Ihre Tätigkeit. Sie wissen, wer die Pausen gerne überzieht, wer bei der Zielabrechnung schon mal schummelt, welche Vorbehalte gegen bestimmte interne Regeln bestehen, wer sich welcher Tätigkeiten gerne entledigt und dafür andere an sich bindet.
- Da Sie die Einstellungen und Lebenssituationen der meisten Mitarbeiter relativ genau kennen, wissen Sie auch um die individuelle Motivation. Sie wissen, wer Lob und Wertschätzung im Besonderen braucht, Sie wissen, wer die Herausforderung und soziale Anerkennung benötigt, Sie wissen auch, wer finanzielle Anreize eher zu schätzen weiß, für wen besondere Freiräume wichtig sind und wer einfach in Ruhe gelassen werden will. Darüber hinaus verfügen Sie über eher vertrauliche Kenntnisse, die das private Umfeld der einzelnen Mitarbeiter betreffen. Sie wissen, wer gerade eine familiäre Krise durchlebt, wer Geldsorgen hat, und wer welchen Hobbies und Freizeitbeschäftigungen nachgeht.
- Das bedeutet auch, dass Sie aus Ihrer ehemaligen Position die ungeschriebenen Normen und „Gesetze" Ihres Teams und das soziale Beziehungsnetzwerk besser als die meisten Führungskräfte kennen. Sie wissen, wer mit wem gerne oder gar nicht zusammenarbeiten will und wer mit wem auch private Kontakte pflegt. Sie kennen außerdem die Außenseiter oder isolierten Personen im Team. Sie kennen die „Streber", die „Einschmeichler", die

Gruppenidole und die einflussreichen Persönlichkeiten, die sich gern für die Gruppe stark machen.

- Außerdem verfügen Sie selbst über etablierte Beziehungen unterschiedlicher Intensität zu Ihren ehemaligen Kollegen. Sie wissen auf wen Sie sich bisher verlassen konnten, wer hinter Ihnen stand, wer Ihnen seine privaten Probleme anvertraute, mit wem Sie freundschaftlich verbunden waren und wer Sie weniger ausstehen konnte oder umgekehrt. Wir wählen hier die Vergangenheitsform, weil sich gerade diese Beziehungen im Laufe Ihrer neuen Position durchaus verändern können; und zwar nicht nur zum Schlechten.

3.4.1 Sensibler Umgang mit Hintergrundwissen

Aus all diesem Wissen ergeben sich offensichtlich außerordentliche Möglichkeiten, die Sie in Ihrem Führungsalltag berücksichtigen können. Allerdings lauern auch Verführungen auf Sie, die Ihnen das Leben schwer machen. Nicht alles von dem, was Sie wissen, können Sie wirklich nutzen, obwohl Sie es leider auch nicht vergessen oder verdrängen können. Dieses Wissen wird Ihr konkretes Führungshandeln beeinflussen.

So ist es zwar hilfreich, zu wissen, dass ein befreundeter Mitarbeiter gerade eine schwierige private Situation, die er nicht veröffentlichen möchte, zu bewältigen hat, der zufolge er also nicht ganz bei der Sache ist und Sie ihm deshalb nicht noch zusätzliche Verantwortung aufbürden oder mit ihm angesichts dieser Situation gar ein kritisches Mitarbeitergespräch führen wollen. Andererseits dürfen Sie mit diesem vertraulichen Wissen nicht gegenüber den anderen Mitarbeitern argumentieren.

Oder wenn Sie beispielsweise ein umfangreiches Projekt mit Ihrem Team zu stemmen haben und Sie merken, dass Ihnen die Zeit davonläuft, ist nicht zu empfehlen, Sätze etwa derart zu formulieren: „Na dann müsstet ihr eben mal lernen, weniger Party zu machen." Dies vielleicht noch begleitet von einem Seitenblick auf die eigentlich gemeinten Mitarbeiter. Auch wenn Sie über das Hintergrundwissen verfügen, dass einige Ihrer ehemaligen Kollegen, nach Dienstschluss gerne feiern gehen, sollten Sie vermeiden, diese Information in Ihrer Argumentation zu nutzen. Vernünftig wäre es hingegen, sachlich zu bleiben und zu klären, wo die Probleme in der Arbeit liegen und wie Sie die Abläufe innerhalb des Projekts effizienter gestalten können. Sie verflechten anderenfalls Ihr dienstliches Ziel mit einer bevormundenden Argumentation, die nichts mit der Arbeit zu tun hat. Und nur dies wird von Ihren Mitarbeitern herausgehört und als unfaire Taktik wahrgenommen. Hier wäre es also ratsam, Ihr Wissen um das Freizeitverhalten einzelner Kollegen gar nicht zur

Sprache zu bringen. Es gehört nicht zur Sache, allerdings sind Sie verführt, dieses Wissen argumentativ einzusetzen.

Besonders abzuraten ist davon, kritisches Wissen aus der ehemaligen Mitarbeiterperspektive derart zu nutzen, dass Sie Maßnahmen ableiten, die sich ausschließlich auf dessen Korrektur konzentrieren und damit zum Selbstzweck werden. D. h., es gibt eigentlich aus den Arbeitsprozessen keinen vordringlichen Anlass einer gezielten Einflussnahme Ihrerseits, sondern Ihr Eingreifen leitet sich lediglich aus Ihrem „intimen" Wissen um bestimmte Unarten Ihrer Mitarbeiter ab.

Nehmen wir einmal an, Sie wissen noch, dass einige Mitarbeiter etwas bei der Dokumentation der Anzahl ihrer durchgeführten Kundenterminen „mogeln". Nun könnten Sie dies zum Anlass nehmen, eine Kontrolloffensive zu starten, die die verschärfte Kontrolle eines jeden einzelnen Mitarbeiters bedeutet. Dies ist nicht grundsätzlich zu verurteilen, wenn es sich zu einem generellen Problem auswächst. Wenn Sie jedoch zur Einführung dieser Maßnahme nicht gleichzeitig mit von Ihrem Wissen unabhängigen Daten argumentieren können, also z. B. damit, dass bei einem Vergleich der vom Controlling zurückgemeldeten Umsatzzahlen und den durch die Mitarbeiter dokumentierten Kundenterminen deutliche Unstimmigkeiten auftraten, werden die Mitarbeiter zurecht annehmen, dass es Ihnen lediglich um die Disziplinierung Ihrer „Unartigkeiten" gehen würde. Dies führt dann zu starken Verstimmungen in der Beziehung zum Vorgesetzten. Wenn Sie also einen triftigen Anlass haben, unerwünschtes Verhalten Ihrer Mitarbeiter zu verändern, zögern Sie nicht, aber argumentieren Sie sachlich und mit von Ihrem „intimen" Wissen unabhängigen Fakten. Nur so können Sie die damit einhergehenden Probleme umgehen.

Das Problem liegt darin, dass Sie dieses Wissen, dass Sie aus Kollegentagen mit sich tragen, nicht unreflektiert verwenden dürfen. Man übersieht nämlich leicht, dass nicht nur Sie „wissen", sondern weit entscheidender, die Mitarbeiter „wissen", dass Sie „wissen". Goethe hat es einprägsamer nicht formulieren können: „So fühlt man Absicht und man ist verstimmt." Ihre Mitarbeiter wissen nämlich sehr wohl, über welche komfortable Situation Sie bezüglich Ihres Wissens um ihre Gewohnheiten und Schwächen verfügen und beobachten sehr genau, ob Sie verantwortungsbewusst und im Zweifel diskret damit umgehen. Das heißt, immer wenn Sie dieses Wissen als Mittel anwenden, um eine Absicht als Führungskraft zu verfolgen, werden sich Widerstände auftun. Bleiben Sie also fair und sachlich!

TIPP 9: Umgang mit Hintergrundwissen aus der Kollegenperspektive

- Konzentrieren Sie sich von Beginn an auf die Erreichung Ihrer sachlichen, d. h. betriebswirtschaftlichen und organisatorischen Ziele.
- Machen Sie gerade vor Ihren Mitarbeitern deutlich, dass es Ihnen bei allen Ihren Maßnahmen darum geht, diese Ziele zu erreichen.
- Ihr Hintergrundwissen aus der ehemaligen Kollegenperspektive lassen Sie in Ihrer Zielbildung außen vor.
- Analysieren Sie neben den Stärken und Schwachstellen Ihres Bereiches auch deren Ursachen. Erarbeiten Sie dann gemeinsam mit Ihren Mitarbeitern effiziente Maßnahmen.
- Wenn Ihnen Ihr Hintergrundwissen bei der Umsetzung einzelner Maßnahmen, bei der Delegation von Aufgaben, bei der Entwicklung und Motivierung von Mitarbeitern, und bei der Gestaltung eines leistungsorientierten Klimas in Ihrer Gruppe nützlich sein kann, setzten Sie es sensibel und verantwortungsvoll ein.
- Nutzen Sie Ihr Hintergrundwissen niemals als Mittel zum Zweck oder gar als Selbstzweck.
- Am besten fahren Sie, wenn Sie mit dem Wechsel in die Führungsposition alle „intimen Kenntnisse" der Vergangenheit ruhen lassen, und sich aus Ihrer neuen Position die notwendigen Informationen neu beschaffen oder zumindest die vorhandenen neu bewerten.

3.4.2 Die Führungskraft als Teil des sozialen Netzwerkes der Gruppe

Ihr Eingebundensein in das soziale Beziehungsnetzwerk der Gruppe aus der Sie stammen, stellt mit allen positiven und negativen Facetten eine größere Herausforderung dar. Das Grundproblem ist der ungleich gewichtete Abstand oder ein unterschiedlicher Grad an Nähe und Distanz, die Sie zu den einzelnen ehemaligen Kollegen, in der Vergangenheit aufgebaut haben. Auch hier unterliegen Sie wieder der genausten Beobachtung durch Ihre Mitarbeiter. Wie wird der ehemalige Kollege, die neue Führungskraft damit umgehen? Wird er uns alle gleich behandeln? Wird er jeden genauso fordern, fördern und unterstützen? Wer wird die attraktivsten Aufträge bekommen, wer die besten Ressourcen? Es sollte deutlich geworden sein, dass es bei diesem Problem um das Thema Gerechtigkeit und Gleichbehandlung aller Mitarbeiter geht. Selbstverständlich ist das nicht nur eine Herausforderung, die sich an den ehemaligen Kollegen richtet. Jede andere Führungskraft ist genauso gefordert, den **Gleichbehandlungsgrundsatz** zu wahren, nur liegt das Problem bei Führungskräften, die nicht aus dem direkten Kollegenumfeld entstammen, nicht so offen zutage. Das Vertrauen der Mitarbeiter darauf, dass Sie alle nach dem gleichen Maßstab behandeln, hängt eben von Ihrer öffentlich dokumentierten Nähe und Distanz zu den einzelnen Mitarbeitern ab.

Für den ehemaligen Kollegen, der nun Führungskraft ist, kommt es deshalb vor allen Dingen darauf an, sich aus seinen Beziehungsverflechtungen etwas zu lösen oder sie zumindest neu zu überdenken. Was zum Beispiel nicht mehr geht, ist das gemeinsame kameradschaftliche „Frustschieben", also das Herziehen über Zustände im Unternehmen oder über andere Mitarbeiter oder gar Vorgesetzte. Hat es im Kreis hierarchisch Gleichgestellter noch eine durchaus stressreduzierende und sozial verbindende Wirkung, verbietet es sich nun in Ihrem Umgang mit den ehemaligen Kollegen. Hier ist Distanz erforderlich.

Auch gemeinsame Freizeitaktivitäten oder die frühabendlichen After-Work-Partys sollten im Rahmen bleiben. Das hängt allerdings sehr von Ihrer Persönlichkeit ab. Es kommt dann darauf an, immer die Form zu wahren, ob Sie sich nun auf dienstlichem oder privatem Parkett bewegen. Da Sie als Führungskraft vielmehr durch Ihr Vorbild Wirkung erzielen, ist es eben einigermaßen unangebracht, wenn man Sie noch am Vorabend von der Theke gleiten sah. Auch das gemeinsame in Urlaub fahren, oder regelmäßige, allwöchentliche Sportaktivitäten nach Dienst mit immer denselben Mitarbeitern, können unter Umständen bei den „ausgeschlossenen" zu Argwohn und Verlustängsten führen, und damit zu Befürchtungen, was die Gleichbehandlung anbelangt. Und nur darum geht es. Allerdings sollten Sie als Führungskraft sowieso auf Ihr Bild in der Öffentlichkeit Wert legen.

Was neuerdings im Rahmen des Social Networkings, sei es nun bei Facebook oder anderen sozialen Netzen, besonders negative in Erscheinung tritt, ist das Posten von teils trivialen, mitunter politischen oder gar sexuellen Vorlieben. Hat man erst einmal seinen Freundeskreis erweitert und auch die Kollegen über Hierarchiegrenzen mit Freundschaftsanfragen gewonnen, sind diese Vorlieben für jeden aus diesem Kreis ersichtlich. Es ist zumindest fragwürdig, welche Wirkung dies bei Kollegen, Unterstellten oder auch Vorgesetzten erzielt, da diese Informationen ja nicht im Netzwerk verbleiben, sondern in der Firma kursieren können. Auch wenn der Vergleich hinkt, sei nur angemerkt, dass einige Bundesländer über ihre Kulturministerien Freundschaften in sozialen Netzwerken zwischen Lehrern und Schülern mittlerweile konsequent untersagen.

Um Sie aber nicht vollständig zu verunsichern, sei noch einmal betont, dass die aufgeführten Beispiele lediglich dazu dienen sollten, Sie zu sensibilisieren. Sie können all dies tun, wenn Sie sich Ihrer damit ausgelösten Wirkung bewusst sind. Dann kann es sogar dem Kontakt zu Ihren Kollegen zuträglich sein, da ein gewisses Maß an menschlicher Nähe Führung erleichtert oder sogar erst ermöglicht.

3.4.3 „Du" oder „Sie"

Wir wollen ein letztes beliebtes Thema aufgreifen: Du oder Sie? Klar ist, dass Sie Ihre Anrede nach dem Antritt Ihres Führungspostens nicht wechseln. Wen Sie duzen, duzen Sie weiterhin, wen Sie siezen, siezen Sie weiterhin. Wobei letzteres durchaus eine Anpassung im Laufe der Zeit erfahren kann. Oder aber, Sie einigen sich, da vorher unterschiedlich, auf eine gemeinsame Ansprache, wobei hier natürlich nur die „Du-Ebene" gemeint sein kann. Es ist schwer vorstellbar, dass Sie einen Kollegen, den Sie vorher geduzt haben plötzlich mit „Sie" anreden.

Selbstverständlich geht es dabei nicht nur um das sprachliche „Du" oder „Sie", sondern um die damit dokumentierte Beziehung für die anderen Mitglieder des Teams. Wenn Sie für alle Mitarbeiter die gleiche sprachliche Anrede wählen, sind ohnedies keine Probleme zu erwarten. Wenn Sie der Auffassung sind, dass „Du" würde einen unmittelbareren und partnerschaftlicheren Kontakt zu Ihren Mitarbeitern ermöglichen, mag das durchaus zutreffend sein. Wenn Sie es allerdings nicht zugleich schaffen, sich in kritischen Situationen schützend vor Ihre Mitarbeiter zu stellen, können Sie sich sozusagen das „Du" sparen. Die Anrede ist eben nicht nur ein sprachlicher Ausdruck, sondern gleichsam ein Beziehungsversprechen, ein Beziehungsangebot.

Das „Du" — amerikanisch modern — ist auch in Deutschland im Geschäftsleben üblich geworden. Bei Ikea z. B., der Möbelfirma aus Schweden (wo laut Ikea-Pressesprecher nur der König gesiezt wird), ist das „Du" in der innerbetrieblichen Kommunikation vorgesehen mit dem Ziel, dass sich die Mitarbeiter wohl fühlen und sich in der Folge mehr einbringen.

Das „Sie" schafft im deutschen Sprachraum einen etwas nüchternen, leicht distanzierten Kontakt, der nichtsdestoweniger Freundschaftlichkeit und Nähe ausstrahlen kann. Insofern ist es tatsächlich gleich, welche Form der Anrede Sie wählen. Das, was Sie in Ihrer Beziehung zu Ihren Mitarbeitern ausdrücken wollen, lässt sich in jeder Anspracheform darstellen.

Haben hingegen Ihre Beziehungen aus der Vergangenheit unterschiedliche Qualitäten, die sich auch in einer differenzierten Anrede zeigen, also „Du" und „Sie", tritt wieder das Gleichbehandlungsproblem auf den Plan. Nicht bezüglich der sprachlichen Anrede an sich, sondern bezogen auf die Phantasien der Zuhörer. Sie werden, wie bereits vorgeschlagen, diese Anredeformen nicht anpassen, es sei denn, in eine für alle Mitglieder gleiche. Was Sie aber tun müssen, wenn Sie weiterhin durchaus zu Recht unterschiedliche Ansprachen beibehalten wollen, weil es Ihnen konsequenter erscheint, Sie sollten auf die davon unabhängig bestehende

Unvoreingenommenheit Ihrerseits hinweisen und möglichst bald schlagkräftige Beweise dafür liefern. Ein besonders beliebtes Thema übertragen Sie den Sie-Kollegen, deutliche Worte wegen z. B. eines Versäumnisses gehen auch in Richtung der Du-Kollegen. Wenn Sie dies konsequent beibehalten, sollte dieses Thema in der Praxis damit erledigt sein.

● TIPP 10: Umgang mit unterschiedlichen, sozialen Beziehung

- **Unterschiede:** Unterschiedliche Beziehungsqualitäten zu den Mitarbeitern Ihres Teams sind normale soziale Gegebenheiten, die Sie beibehalten sollten.
- **Gleichheit:** Egal, wie unterschiedlich Ihre sozialen Beziehungen zu den einzelnen Mitarbeitern auch seien mögen oder wodurch sie sich nach außen zeigen, beachten Sie immer den Gleichbehandlungsgrundsatz.
- **Nähe und Distanz:** Unterschiedliche Nähe und Distanz zu den Mitarbeitern, Sympathien und Antipathien lassen sich nicht ausschließen oder einfach abschalten. Bewerten und behandeln Sie jeden Mitarbeiter dennoch gleich— und zwar nach den erbrachten Leistungen und seinem Beitrag zum sozialen Klima in Ihrer Gruppe. Das ist für Ihr Bild als Führungskraft nicht nur unschädlich, sondern förderlich.
  - Beachten Sie: Auch die Mitarbeiter selbst haben jeweils ein unterschiedliches Bedürfnis bezüglich Nähe und Distanz. Finden Sie dies heraus und versuchen Sie, diesen Bedürfnissen Rechnung zu tragen.
  - Achten Sie darauf, dass die Nähe zu ausgewählten Mitarbeiter, die anderen nicht ausschließt. Denken Sie daran, dass die „ausgeschlossenen" unter Umstände misstrauisch reagieren. „Werde ich womöglich benachteiligt, erfahre ich alles" usw. Gehen Sie also sensibel mit diesem Thema um und sorgen Sie für einen bewussten Ausgleich. Befassen Sie sich womöglich besonders intensiv mit jenen, die das Gefühl der Ausgrenzung haben könnten. Laden Sie auch jene ab und an zu außerdienstlichen Aktivitäten ein.
  - Öffentlich versus privat: Vermeiden Sie es, Ihr Bild in der Öffentlichkeit (Stichwort: Facebook) zu beschädigen. Unterlassen Sie die Veröffentlichung privater Neigungen und Vorlieben, die ein gewisses Maß an Intimität überschreiten.

3.4.4 Ehemalige Mitbewerber und Neider

Wir sagten eingangs, dass das Problem des Aufstiegs aus dem eigenen Team kein unüberwindliches Hindernis sein muss. Vielmehr gibt es auch Chancen, die Sie zu Ihrem Vorteil nutzen können. Vorauszusetzen sei allerdings, dass es nicht weitere Beschwernisse gäbe.

So ist es in der Tat unkomfortable, wenn ein weiteres Teammitglied auch Anwärter auf die begehrte Position war, und nun unterlegen ist. Auch wenn dies von den Unternehmen soweit wie möglich vermieden wird, kann es sein, dass es zumindest einen wenn nicht mehrere ehemaligen Kollegen gibt, die sich zwar nicht beworben haben, sich aber dennoch im Vergleich zu Ihnen für fähiger halten. Diese Fälle sind gar nicht so selten. So ist es leicht nachvollziehbar, dass ein ebenso karriere-orientierter Kollege, der aber mit weniger Mut, Selbstvertrauen und Entschlusskraft ausgerüstet ist als Sie, nicht den Schneid aufbringt, sich zu bewerben und zudem die Mühen der Führungsebene scheut. Der Hintergrund dieses Vermeidungsverhaltens hat in der Regel mit einem verminderten Selbstwertgefühl zu tun, wonach man sich durch das Vermeidungsverhalten vor einem Misserfolgserlebnis bewahren kann. Zurück bleiben Neid, Missgunst oder gar Eifersucht. Aber auch für dieses Problem gibt es Lösungsvarianten, die wir im folgenden Tipp konzentriert haben.

TIPP 11: Umgang mit ehemaligen Mitbewerbern und Neidern

- Im Wesentlichen hat sich bewährt, ehemalige Mitbewerber oder Neider zu beruhigen, oder besser noch, Sie für sich zu gewinnen.
- Binden Sie diese Mitarbeiter von Beginn an, am besten in Ihre Führungsverantwortung ein oder geben Sie ihnen Aufgaben mit besonderer Herausforderung, Bedeutsamkeit und Schwierigkeit.
- Haben diejenigen Erfolg mit ihrer bedeutsamen Aufgabenstellung, können Sie sicher sein, dass Sie Ihnen für dieses Erfolgserlebnis dankbar sind und das Selbstvertrauen, dessen Mangel Grundlage des Neides war, gesteigert wurde. Dem Neid wurde quasi die Basis entzogen. Scheitern die Beauftragten, haben Sie die Möglichkeit, die betreffenden Kollegen auf die Plätze zu verweisen.
- Eines ist dabei allerdings wichtig: Das aufgezeigte Prinzip ist kein Vorwand für Unredlichkeit in Ihrem Führungsverhalten. Voraussetzung ist Ihr Zutrauen in die Leistungserbringung, Ihr Ziel ist das Bestehen der gesetzten Herausforderung. Alles andere wäre eine allzu leicht durchschaubare Farce, die sich gegen Sie selbst wenden würde.
- Generell ist es sinnvoller, gerade die starken Persönlichkeiten, bevor Sie sich als Führer einer Opposition etablieren, für sich zu vereinnahmen. Dies gelingt nur über die Übernahmen von mehr Verantwortung. Dazu müssen Sie allerdings auf einen Teil Ihrer „Macht" verzichten. Aber Ihr Ziel ist nicht „mächtig" zu sein, sondern den Erfolg Ihres Teams sicher zu stellen.

3.5   Zusammenfassung

- Die Entscheidung darüber, ob und wie man in eine Führungsposition gelangt, hängt zunächst von den prognostizierten Erfolgsaussichten ab, die das jeweilige Unternehmen und die unmittelbaren Vorgesetzten dem potentiellen Kandidaten zuschreiben. Darüber hinaus ist das eigene Zutrauen, die angestrebte Position erfolgreich zu bewältigen, maßgeblich.
- Es gibt sehr unterschiedlichen Ausgangsbedingungen für den Start in eine Führungsfunktion, in Abhängigkeit davon, ob man im eigenen Unternehmen aufsteigt oder den Karrieresprung in einem anderen Unternehmen wagen will. Beide Varianten bergen sowohl Chancen als auch Risiken.
- Startet die Führungslaufbahn in einem fremden Unternehmen, kann die junge Führungskraft frei von vergangenen Hypotheken ihre neue Position ausgestalten. Allerdings muss bei dieser Variante zunächst sehr viel Wissen über die neue Organisation gesammelt werden. Außerdem hat man sich seinen Platz im sozialen Netzwerk des neuen Unternehmens erst zu erarbeiten.
- In den ersten Monaten nach dem Einstieg sollten die junge Führungskraft entscheiden, ob das neue Unternehmen mit der konkreten Position und der gelebten Unternehmenskultur zu den eigenen Wertvorstellungen passt und ob die Wünsche und Erwartungen, die den Wechsel in ein fremdes Unternehmen begründet haben, sich dort umsetzten lassen.
- Startet die Führungslaufbahn im eigenen Unternehmen, hat man in der Regel eine solide Ausgangsbasis. Man kennt das Unternehmen bereits genau und verfügt über vielfältige soziale Kontakte. Allerdings ist man u. U. mit einem vorgefertigten Bild über die eigene Person konfrontiert, das ein eigenständiges Handeln erschweren kann.
- Auswahlverfahren (Assessments) gehören heute auch bei internen Bewerbungen zum Standard bei der Personalbesetzung. Eine sorgfältige Information und Vorbereitung auf derartige Verfahren ist für eine erfolgreiche Durchführung unerlässlich.
- Die größte Herausforderung bei einem Wechsel in die Führungsposition entsteht, wenn man vom Kollegen zum Chef avanciert. Mit dem Wechsel in die Führungsposition übernimmt man eine Führungsrolle und definiert damit die Beziehungen zu den ehemaligen Kollegen neu.
- Als Chef und ehemaliger Kollege sollte man auf sein Image in der Öffentlichkeit achten. Das eigene Handeln wird zum Vorbild für die Mitarbeiter. Mit Informationen aus der ehemaligen Mitarbeiterperspektive geht die erfolgreiche Führungskraft sensibel um und beachtet vor allem den Gleichbehandlungsgrundsatz. Die gewohnten Ansprachformen können beibehalten werden. Ehemalige Mitbewerber um die Führungsposition bindet man selbstbewusst in die eigenen Aufgaben ein.

4 Meilenstein 4: Inthronisierung – Einstieg in die Position und Sicherheit gewinnen

Kapitelübersicht

- Autorität übertragen bekommen und ausbauen

- Unterstützung durch das Unternehmen beim Start

- Informationen sammeln, bewerten und priorisieren

- Die ersten Maßnahmen als neue Führungskraft planen und umsetzen

- Die ersten 100 Tage erfolgreich gestalten

4.1 Maßnahmen des Unternehmens zum Einstieg in die Position

Es ist soweit, Ihnen wird die „Krone" aufgesetzt. Das heißt, plötzlich sind Sie nun Führungskraft mit aller Verantwortung, allen Kompetenzen, aber auch mit allen Schwierigkeiten und Problemen, die auf Sie warten. Dabei kann Ihnen der Wind direkt ins Gesicht blasen oder Sie aber auch von hinten kräftig vorantreiben. Dies hängt natürlich von vielen Faktoren ab, wobei wir einmal an dieser Stelle die Mechanismen außer Acht lassen wollen, die die Sie umgebenden Personen betreffen. Zur Charakteristik Ihres Teams, zu Ihrem Vorgänger, Ihrem jetzigen Vorgesetzten und den Kollegen auf der gleichen Hierarchieebene werden wir in späteren Kapiteln Stellung nehmen. Hier soll uns zunächst interessieren, wie Sie durch die organisatorischen Maßnahmen Ihres Unternehmens in die Position der erfolgreichen Führungskraft gebracht werden können. Und was Sie selbst tun können, um für den rechten Start zu sorgen. Auch dabei kann es nun wieder eher günstige oder ungünstige Startbedingungen geben. In den meisten größeren Unternehmen mit einer eigenständigen Personalabteilung können Sie aber damit rechnen, dass es gut etablierte Rituale der Einführung neuer Mitarbeiter und Führungskräfte gibt.

Der Start kann dabei mustergültig sein, so oder ähnlich, wie wir es in den folgenden Checklisten beschreiben.

Checkliste 6: Vorbereitung auf die Führungsfunktion

- Sie wurden im Vorfeld auf Ihre Funktion sorgfältig vorbereitet:　　　　　　　[x]

  - Sie besuchten Monate im Voraus Führungsseminare.

  - Sie wurden von Ihrer ehemaligen Führungskraft bereits in Führungsaufgaben eingebunden und dabei gecoacht.

  - Mitunter haben Sie im Zuge der Laufbahnplanung bereits selbst, zumindest kommissarisch oder aber als Stellvertreter, Führungserfahrung sammeln können.

  - Sie konnten Ihren neuen Bereich bereits zeitweise direkt kennenlernen, indem Sie dort hospitierten.

  - Sie haben die Führungsinstrumente Ihres Hauses kennengelernt, die entsprechenden Materialien (Führungsleitlinien etc.) sind Ihnen erläutert worden.

  - Man hat Sie bereits unterwiesen, was von Ihnen als Führungskraft konkret erwartet wird.

  - Und selbstverständlich haben Sie sich selbst mental auf Ihre neue Rolle vorbereitet.

Checkliste 7: Übertragung der Führungsfunktion

- Sie werden direkt bei der Übergabe der Führungsverantwortung intensiv begleitet:　　　　　　　[x]

  - Zur „Inthronisierung" vor Ihrem Team waren nicht nur Ihr unmittelbarer Vorgesetzter zugegen, sondern auch ein Vertreter der Personalabteilung, der Personaldezernent oder gar ein Vorstandsmitglied.

  - Darüber hinaus ist u. U. der Vorgänger anwesend, der Ihnen quasi den Staffelstab übergibt und Ihnen den Rücken stärkt.

  - Sie wurden Ihrem neuen Team und dem übergeordneten Bereich persönlich vorgestellt. Sie haben die Gelegenheit alle Kollegen direkt kennenzulernen, aber auch die räumlichen Gegebenheiten, die gemeinsamen Arbeitsmittel und sozialen Treffpunkte der Kollegen im Haus.

  - Sie erfahren eine intensive Übergabe vom alten zum neuen Vorgesetzten. Es gibt ein Übergabeprotokoll, Sie empfangen Berechtigungen, Zugänge, Passworte und Schlüssel.

  - Sie werden wichtigen externen und internen Kunden vorgestellt als neue Führungskraft und Ansprechpartner für das Aufgabengebiet.

  - Und schließlich heißen Ihre Mitarbeiter Sie herzlich willkommen und drücken Ihre Zuversicht aus, gut mit Ihnen zusammenzuarbeiten.

Checkliste 8: Begleitung in der Führungsfunktion

- In den ersten Wochen und Monaten werden Sie intensiv vom Unternehmen begleitet: [x]

  - Der ehemalige Vorgesetzte Ihres Teams und Ihr neuer Vorgesetzter werden sich die Aufgabe der Begleitung vermutlich teilen. Zum Teil wirkt auch die Personalabteilung bei dieser Aufgabe mit.

  - Darüber hinaus kann es aber auch einen Mentor geben, der unabhängig von der hierarchischen Eingliederung als Ansprechpartner und Begleiter für Sie zur Verfügung steht. Mit ihm sind andere Gesprächsthemen möglich als z. B. mit Ihrem unmittelbaren Vorgesetzten, da Probleme besser mit einer neutralen Person diskutiert werden können.

  - Der Mentor oder Coach wird sich mit Ihnen regelmäßig treffen und mit Ihnen über Ihre Fortschritte und Probleme sprechen. Er wird mit Ihnen mögliche alternative Vorgehensweisen diskutieren und als Feedbackgeber beratend an Ihrer Seite stehen.

  - Ihr unmittelbarer Vorgesetzter wird Sie in den ersten Wochen besonders intensiv begleiten. Er wird Sie bei den ersten Dienstberatungen unterstützen, ggf. ist er selbst anwesend. Er wird Sie in die Zielplanung und in das Controllingsystem einweisen und Ihnen als Ansprechpartner zur Seite stehen.

  - Darüber hinaus wird es auch Ihr Vorgesetzter übernehmen, Sie in den Führungskreis der nächsthöheren Ebene zu integrieren.

  - Häufig gibt es — in größeren Firmen — auch die Möglichkeit, sich mit anderen Führungskräften, die ebenfalls neu in Führungsposition sind, zum Erfahrungsaustausch zu treffen.

  - Letztlich werden Ihre Kollegen aus dem Führungskräftekreis und Ihre Mitarbeiter selbst Sie bereitwillig zu außerdienstlichen Ritualen und Treffen einladen.

Diese hier beschriebenen Maßnahmen der Einführung und Begleitung in die Führungsposition wären selbstverständlich das Non-Plus-Ultra. Auch wenn Sie dies nicht in der skizzierten Art und Weise erleben, heißt dies nicht, darauf zu verzichten. Die Auflistung sollte Ihnen verdeutlichen, worauf Sie in diesem Zusammenhang achten sollten. Es liegt mit in Ihrer Hand, dafür zu Sorge zu tragen, dass Sie einen guten Start in Ihre neue Aufgabe erhalten. Niemand wird sich sperren, wenn Sie mit entsprechenden Vorschlägen aufwarten.

Dazu klären Sie bitte für sich, welche dieser Schritte für Sie wirklich eine Unterstützung bedeuten würden. Nicht alles muss auch auf Ihre Situation und Ihre Persönlichkeit zutreffen.

In jedem Fall, sollten Sie darauf Einfluss nehmen, dass Sie bei der „Krönungs-zeremonie" nicht allein dastehen. Dies macht nicht nur einen schlechten Eindruck, sondern ist vor allem bezüglich der Ihnen und der Funktion gegenüber gezeigten Wertschätzung ein verräterisches Signal in Richtung der Mitarbeiter. Dies sollte ver-mieden werden. Da aber häufig die Zeit der daran Teilnehmenden sehr begrenzt ist, sollte man eher die Veranstaltung verschieben, als sie halbherzig durchzuführen.

4.2   Eigene strategische Maßnahmen zum Einstieg in die Position

Wenden wir uns nun Ihrem Aufgabenspektrum zu. Zwar nicht ganz unabhängig von den flankierenden Maßnahmen Ihres Unternehmens, aber dennoch selbstbe-stimmt, haben Sie quasi einen Aufgabenmarathon vor sich (vgl. Tipp 7: „Einstieg als Führungskraft in einem anderen Unternehmen").

Um eine gewisse Ordnung in die Abläufe zu bringen, empfiehlt es sich, den Rat-schlägen der Theorie der **Handlungsregulation** zu folgen. Aus der folgenden Ab-bildung wird ersichtlich, dass Sie zunächst sehr zielorientiert vorgehen sollten. Am Anfang steht immer ein Handlungsziel.

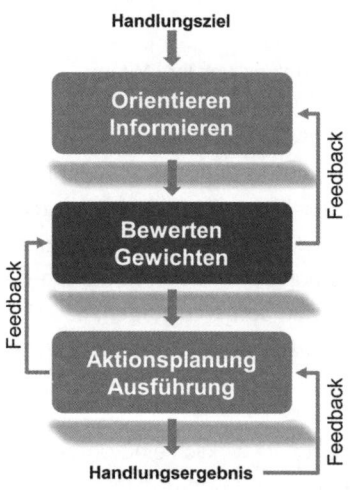

Abb. 20: Handlungsregulationsmodell (nach Vorwerg 1990)

In unserem Fall bedeutet das z. B., dass Sie in Ihrem Job als Führungskraft, zum Zeitpunkt des Beginns Ihrer Funktionsübernahme alles richtig machen wollen. Folgende Schritte sind daher notwendig:

1. Sie müssen sich zunächst über die Ausgangsituation informieren und orientieren.
2. Sie werden die gesammelten Informationen, entsprechend Ihres Ziels bewerten und priorisieren sowie
3. die sich daraus ergebenden Maßnahmen planen und ausführen.

Darüber hinaus macht die Abbildung deutlich, dass es zwischen den unterschiedlichen Ebenen Feedbackprozesse gibt, die es Ihnen gestatten, Ihre Bemühungen zu justieren.

Fatal ist allerdings der Umstand, dass die mittlere Instanz (hervorgehobener Kasten) eine besondere, modellierende Funktion übernimmt. Man kann diese auch als Selbstkonzept umschreiben. Sind Sie z. B. eine eher ängstliche Person, werden Sie vermutlich ganz andere Informationen suchen und andere Aktionen auswählen und durchführen als jemand, der mit einem Übermaß an Selbstbewusstsein ausgestattet ist. Der aufgabenorientierte „Zahlenfetischist" wird in der gleichen Weise eher auf die betriebswirtschaftlichen Kennziffern des Teams schauen und dementsprechende erste Maßnahmen initiieren, so wie der mitarbeiterorientierte „Gutmensch" seine Aufmerksamkeit und Handlungen eher auf die Menschen und den Teamzusammenhang ausrichten wird. Beide Extreme sollen nur verdeutlichen, dass Ihre Wahrnehmung bestimmten motivationalen Gegebenheiten unterliegt.

Um diesen Unwägbarkeiten aus dem Wege zu gehen, empfiehlt sich bereits von Anfang an eine Checkliste aufzustellen (bzw. die folgende zu nutzen), auf der alles zu Prüfende aufgelistet wird, was für die Anfangszeit zu eruieren und auszuführen ist. Insofern haben Sie bei Ihrem Beginn drei übergreifende Phasen zu durchlaufen, wobei Sie selbstverständlich nicht von zeitlich sauber getrennten Abschnitten ausgehen können. Die einzelnen Phasen gehen teilweise ineinander über oder wiederholen sich abschnittsweise.

4.2.1 Aufgaben in der Orientierungsphase

In der Orientierungsphase sollten Sie sich darauf konzentrieren, Informationsquellen zu identifizieren und die entscheidenden Informationen zusammenzutragen. Zunächst ist aber zu klären, welche Informationen Sie überhaupt benötigen.

Checkliste 9: Aufgaben in der Orientierungsphase

Informationen über Leistungsparameter des Teams und des Bereichs.
Dazu ist die Balanced Scorecard ein geeignetes Instrument (s. untenstehende Abbildung). In ihr werden vier wesentliche Kategorien angesprochen.

- Sie benötigen die in Ihrem Unternehmen gängigen Leistungs- und Prozesskennziffern. Was macht also den unternehmerischen Erfolg Ihrer Arbeitsgruppe aus.

- Welche Kennziffern existieren darüber hinaus, um die interne und externe Qualität der Kundenorientierung Ihrer Arbeitsgruppe zu messen?

- Und schließlich, was macht die fachliche und soziale Qualität Ihres Teams aus? Dazu verweisen wir Sie auf das Thema „Teamanalyse" im Meilenstein 8.

Informationen zur Aufbau- und Prozessorganisation Ihres Unternehmens und das darin Eingebundensein Ihrer Gruppe.

- Wer sind Ihre internen Kunden? Welchen Abteilungen liefern Sie zu?

- Für wen sind Sie interner Kunde? Welche Abteilungen liefern Ihnen zu? Nutzen Sie dazu das Organigramm und die Prozesslandkarte Ihres Unternehmens.

- Wie sind die Reporting-, bzw. Berichtsaktivitäten zeitlich gestaffelt? Wem haben Sie wann zu berichten? Wer berichtet Ihnen?

- Wann beginnen die Budgetierungsrunden für das kommende Jahr?

- Wann werden die Ziele vereinbart und abgerechnet?

- Wann tagen die für Sie wichtigen Führungskreise und Ausschüsse.

- Welche hierarchieübergreifenden Großprojekte laufen gegenwärtig?

Informationen zu den Prozessen der Personalbetreuung.

- Wer sind die Personalbetreuer für Ihre Mitarbeiter in der Personalabteilung? An wen können sich Ihre Mitarbeiter sich bei Bedarf wenden?

- Wie werden Qualifizierungen oder Weiterbildungen organisiert? Gibt es einen Weitebildungskatalog?

- An wen können Sie sich wenden, wenn Sie einen Mitarbeiter höhergruppieren, sanktionieren oder umsetzen wollen.

- Wie läuft die Urlaubsplanung ab? Wie erhalten Sie Vertretungen oder zusätzliches Personal? An wen sind Krankschreibungen einzureichend usw.

- Wie wenden Sie sich an den Betriebs- oder Personalrat?

- Welche Führungsinstrumente gibt es (siehe Checkliste 2 im Meilenstein 1)?

Informationen zum Betriebsklima und den informellen Strukturen in Ihrem Unternehmen und in Ihrem Team.

- Informieren Sie sich über alle stattfindenden nebendienstlichen Veranstaltungen oder Foren in Ihrem Unternehmen, und nehmen Sie anfänglich zunächst möglichst an vielen davon teil.

- Erkundigen Sie sich, ob es Klimaanalysen oder Mitarbeiterbefragungen in den letzten Jahren gegeben hat, und wo entsprechende Informationen einzuholen sind.

- Unternehmensleitlinien, Corporate Identity, Unternehmenswerte, Werbe- und Marketingkampagnen (Außendarstellung) und Leitlinien der Führung und Zusammenarbeit sollten Sie ebenfalls kennen.

Informationsquellen 1: Medien

- intranetbasierte Dokumentationen (Reporting, Zielsysteme etc.)

- ebenfalls intranetbasierte Mitarbeiterportale, Mitarbeiter Self Services

- Kunden- und Marketing-Broschüren

- Betriebszeitungen und Sonderausgaben

- Projektberichte und interne Rundschreiben und offizielle Zeitungsberichte

- Bereichsinterne und übergreifende Sitzungsprotokolle etc.

Informationsquellen 2: Personen

- Unmittelbare Führungskräfte in der Linie und auf gleicher Ebene

- Bereichsleiter der wichtigen zentralen Dienste (Personal, Organisation etc.)

- Know-how-Träger in Ihrem Bereich (Key-User, Spezialisten)

- Betriebsrats-, Personalratsvorsitzende

- „erreichbare" Mitglieder aus dem Aufsichts- bzw. Verwaltungsrat

- Key-Account-Kunden, Großkunden

- Fachliche Schlüsselpositionen in allen Bereichen

- Meinungsmacher, Stimmungsbildner

- Kollegen, die in vielen Projektgruppen sind

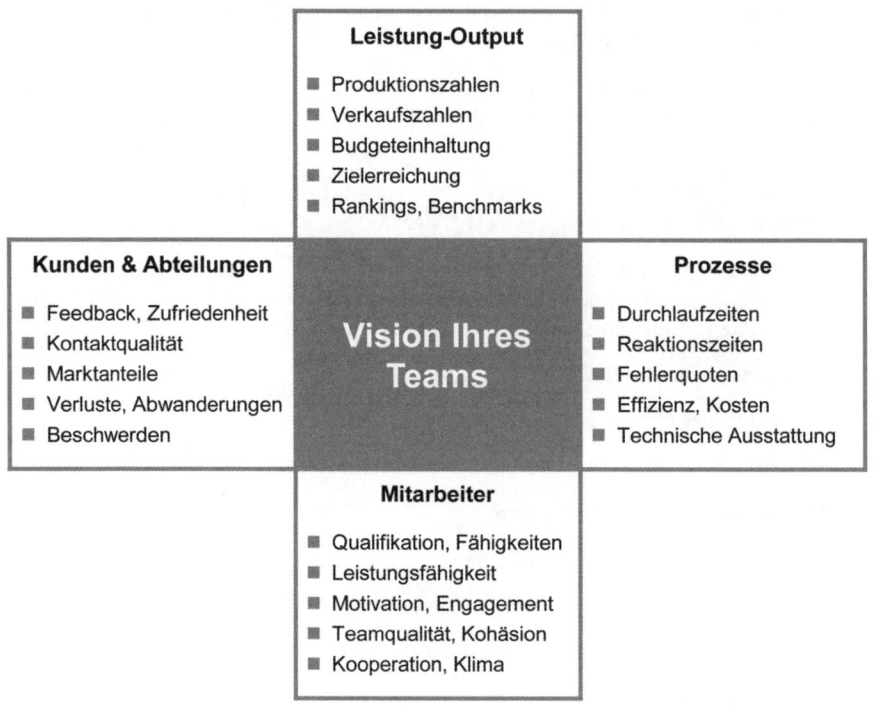

Abb. 21: Balanced Scorecard als Analyse-Instrument

4.2.2   Aufgaben in der Bewertungsphase

Nach der Informationsgewinnung und -sichtung haben Sie sich nun ein besseres Bild über die Situation erarbeitet. In der zweiten Phase, der Bewertungsphase können Sie nun an die Gewichtung der gesammelten Informationen gehen. Und zwar bezüglich der von Ihnen zu planenden nächsten Schritte. Welche Informationen sind also in Bezug auf Ihre strategische und operative Planung höher zu bewerten?

Natürlich haben Sie bereits in der Orientierungsphase nicht unstrukturiert gesammelt, sondern neben dem Themengebiet auch die Wichtigkeit und Bedeutung dessen, was Sie zusammentragen, berücksichtigt. Zudem haben die operativen Abläufe Vorrang, denn das Tagesgeschäft müssen Sie selbstverständlich am Laufen halten.

Dennoch müssen Sie in der langfristigen Planung Ihrer Aufgaben- bzw. Handlungs-felder irgendwann ein Reihenfolgeproblem meistern: Womit beginnen Sie bei Ihren Eingriffen? Welche Veränderungen wollen Sie in Ihrem Team initiieren usw.? Die Gewichtung sollte dabei nach **Wichtigkeit** und **Dringlichkeit** erfolgen.

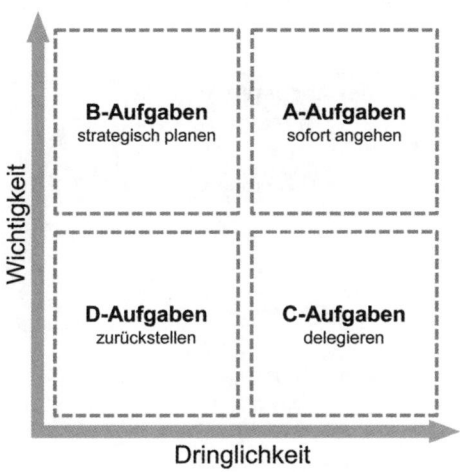

Abb. 22: Das Eisenhower-Prinzip

Das Eisenhower-Prinzip

Das nach dem bekannten General und 34. Präsidenten der USA, Dwight D. Eisenhower, benannte Eisenhower-Prinzip kann Sie bei diesem Vorhaben unterstützen (siehe auch Seiwert 1984; 2009). Danach sind Aufgaben nur dann wichtig, wenn es darum geht, strategische und operative Ziele, messbare unternehmerische Ergebnisse oder Sachverhalte mit Langzeitwirkung zu verfolgen. Dringlichkeit entsteht dagegen nicht durch die Bedeutung an sich, sondern durch Termindruck, Stress, durch Unterbrechungen oder Krisen. Dringlichkeit und Wichtigkeit sind in ihrem Einfluss auf die Prioritätensetzung selten gleichberechtigt. Dringlichkeiten werden häufig überschätzt und zumeist maßgeblich durch die Prioritäten anderer Personen bestimmt. Die Verfolgung Ihrer eigenen Ziele kommt dabei nicht selten zu kurz. „Das Wichtige ist selten dringend und das Dringende ist selten wichtig!"

- A-Aufgaben müssen Sie sofort angehen. Sie sind wichtig, gleichzeitig dringlich und dulden keinen Aufschub. Da sie zumeist anspruchsvoll sind, können Sie sie auch nicht delegieren (z. B. Übersicht über die entscheidenden Leistungskennziffern des Teams).
- B-Aufgaben sind strategisch langfristig zu planende Höhepunkte. Sie sind wichtig, haben aber Zeit für die sorgfältige Vorbereitung. Teile davon können Sie auch delegieren (z. B. die erste strategische Planungsrunde mit Ihrem Team).
- C-Aufgaben sind zwar weniger wichtig, müssen aber leider kurzfristig erledigt werden (z. B. Berichtwesen, Statistiken etc.).
- Wenn Sie D-Aufgaben weglassen, wird es kaum bemerkt. Wir überlassen es Ihrer Phantasie, was in Ihrem Unternehmen darunter fällt.

Meilenstein 4: Inthronisierung – Einstieg in die Position und Sicherheit gewinnen

Nutzen Sie die folgende Checkliste zur Prioritätensetzung und damit zur Vorbereitung für die Umsetzungsphase.

Checkliste 10: Prioritätensetzung bezüglich der nächsten Schritte

Informationen	Quellen		Priorität		
	Medien	Personen	A	B	C
Leistungsparameter: Team, Bereich					
▪ Leistungs- und Outputkennzahlen					
▪ Prozesskennzahlen					
▪ Interne und externe Kunden					
▪ Mitarbeiterqualität					
Aufbau- und Prozessorganisation					
▪ Organigramm, Prozesslandkarte					
▪ Reporting- und Berichtsaktivitäten					
▪ Budgetierung und Jahresplanung					
▪ Ziel- und Prämiensystem					
▪ Tagungen und Führungskreise etc.					
▪ hierarchieübergreifende Projekte					
Prozesse der Personalbetreuung					
▪ Personalbetreuer für das Team					
▪ Qualifizierung und Weiterbildung					
▪ Höhergruppieren und Umsetzung etc.					
▪ Urlaub und Krankheit					
▪ Vertretung und zusätzliches Personal					
▪ Betriebsratsangelegenheiten					
▪ Führungsinstrumente					
Klima und informelle Strukturen					
▪ Reguläre Veranstaltungen und Foren					
▪ Klimaanalysen					
▪ Mitarbeiterbefragungen					
▪ Unternehmensleitlinien und -werte					
▪ Corporate Identity					
▪ Werbe- und Marketingkampagnen					
▪ Führungsleitlinien und -handbuch					

4.2.3   Aufgaben in der Umsetzungsphase

In der abschließenden Umsetzungsphase entwickeln Sie gemeinsam mit Ihrem Team die strategische Marschroute für das erste Jahr oder aber auch für einen längeren Zeitraum.

SWOT-Analyse

Bewährt hat sich, die Informationen in einer sogenannten SWOT-Analyse zusammenzufassen und daraus die nächsten Schritte abzuleiten. SWOT steht dabei für Strengths (Stärken), Weaknesses (Schwächen), Opportunities (Chancen) und Threats (Risiken).

	Situative Chancen	**Situative Risiken**
	■ Welche Strukturen, Prozesse und Personen werden Sie unterstützen? ■ Was läuft für Sie? ■ Welche Anforderungen kommen Ihnen entgegen? ■ Welche Zielgrößen sind erfolgversprechend? ■ Welche bevorstehenden Veränderungen im Hause kommen Ihnen entgegen?	■ Welche Strukturen, Prozesse und Personen werden Sie behindern? ■ Was läuft gegen Sie? ■ Welche Anforderungen machen Ihnen Sorgen? ■ Welche Zielgrößen sind kaum zu schaffen? ■ Welche bevorstehenden Veränderungen im Hause machen Ihnen sorgen?
Stärken des Teams ■ Was sind die Stärken? ■ Was kann man gut? ■ Wo fühlt man sich sicher? ■ Wo bekommt man ausgezeichnete Feedbacks? ■ Womit erreicht man am meisten?	**Stärken-Chancen Strategien** ■ Erfolge einfahren ■ Loslegen, nicht abwarten ■ Vorsprung herausholen ■ Verantwortung im Team delegieren	**Stärken-Risiken Strategien** ■ Prioritäten setzen ■ gezielt planen ■ volle Konzentration ■ sofort angehen
Schwächen des Teams ■ Was sind die Schwächen? ■ Was kann man nicht gut? ■ Wo ist man unsicher? ■ Wo bekommt man kritische Feedbacks? ■ Womit erreicht man wenig?	**Schwächen-Chancen Strategien** ■ sich trauen, ausprobieren ■ Unterstützung suchen ■ Verbündete finden ■ Know-how erwerben	**Schwächen-Risiken Strategien** ■ Kompromisse finden ■ Loslassen, Verabschieden ■ Prioritäten verändern ■ Aufwand kalkulieren

Abb. 23: SWOT-Analyse Ihres Teams

In den Außenfeldern links der oben stehenden Tabelle sammeln Sie — immer gemeinsam mit Ihren Mitarbeitern — zunächst die Stärken und Schwächen Ihres Teams. D. h., Sie ersetzen die dort aufgeführten Fragen durch Ihre Antworten. Dazu gehören alle Team-Leistungsparameter, die Sie bereits sorgsam zusammengetragen haben (s. obige Checkliste). Bei den situativen Chancen und Risiken, oben in den Außenfeldern, betrachten Sie bitte Ihr Team vor dem Hintergrund seiner Stellung im Gesamthaus und dem, was auf Sie und Ihr Team in der kommenden Zeit zukommt. Was wird sich verändern? Worauf sollten Sie gefasst sein? Diese künftigen Herausforderungen können einmal Chancen und Möglichkeiten für Sie und Ihr Team eröffnen oder aber auch Gefahren bedeuten. Je nachdem, wie Sie diese Herausforderungen einschätzen, ordnen Sie sie den Spalten zu.

Das Herzstück der SWOT-Analyse sind die vier übergeordneten „Strategie-Typen", die sich aus der Kreuzung von Teamstärken bzw. Teamschwächen und der Chancen bzw. Risiken in der Situation ergeben. Eine Stärken-Chancen-Strategie kann z. B. darin bestehen, sofort für einen wertvollen Vorsprung, z. B. im Verkauf zu sorgen. Da Sie sich bei der Stärken-Chancen-Kombination sicher fühlen können, sollten Sie als Führungskraft auch Verantwortung abgeben und delegieren. In der Tabelle finden Sie Hinweise, in welche Richtung der jeweilige Strategietyp zu denken ist. Anschließend brauchen Sie nur noch Ihre Strategien in Maßnahmen und Aktionen zu überführen.

Dieses Vorgehen ist sehr zu empfehlen für Ihr erstes größeres Teammeeting, welches die strategische Ausrichtung Ihrer Gruppe behandeln sollte. Sie können alle diese Fragen gemeinsam in Ihrer Gruppe diskutieren. Empfehlenswert ist es, zu den einzelnen Spalten der SWOT-Matrix Arbeitsgruppen zu bilden, die die Inhalte zusammentragen und in der Großrunde präsentieren. So können Sie Ihr Team am Strategiebildungsprozess beteiligen.

Was Sie bei Ihren Planungen keinesfalls vergessen dürfen, sind Meilensteine und Zwischentermine, die Ihnen Gelegenheit geben zu prüfen, ob Sie noch auf dem eingeschlagenen Wege sind. Feedbackphasen für Sie und Ihr Team sind demzufolge unverzichtbar und erlauben Ihnen, innezuhalten und die Strategie zu überdenken.

4.2.4 Die ersten 100 Tage – Vorschlag für eine operative Planung

Nicht ganz so einfach stellt sich die Aufgabe dar, Ihre ersten Wochen und Monate in ein einziges Ablaufschema einzupassen. Zu unterschiedlich scheinen die Ausgangsbedingungen bezüglich Unternehmensart und -größe, Hierarchieebene der

Führungsfunktion, spezifische Kenntnisse über die Arbeitsgruppe oder das Unternehmen und letztlich im Hinblick auf Ihren genauen Einstiegstermin im laufenden Geschäftsjahr. All dies determiniert natürlich die Prioritäten Ihrer ersten konkreten Aufgaben. Insofern sind unsere Ausführungen für eine operative Planung für die ersten 100 Tage tatsächlich als Vorschlag zu verstehen.

Wir beziehen uns im Folgenden auf die wichtigsten Blöcke und setzen voraus, dass Sie auch (scheinbar) einfache Themen nicht außer Acht lassen (E-Mail-Etikette des Hauses, interne Kommunikationskanäle, ggf. Corporate Identity in der Brief- und Präsentationsgestaltung, Anzugsordnung, Regeln des Postverkehrs, Diensthandy und Dienstwagen usw.). Diese Themen haben wir unter dem Stichwort „Eigene Arbeitsfähigkeit herstellen" zusammengefasst (vgl. Hofbauer & Kauer 2012; Baller & Schaller 2013).

Im **ersten Monat** müssen Sie das Funktionieren des Tagesgeschäfts sicherstellen. Immerhin ist ein reibungs- und lautloser Übergang beim Führungswechsel ein Zeichen Ihrer Professionalität. Eine weitere wichtige Klammer sind die Themen Orientierung und Kontakt. Werden Sie Ihre wichtigsten Fragen los! Vereinbaren Sie mit den arbeitsintensiven Kontaktstellen (Vorgesetzte, Unterstellte, Kunden, zentrale Dienstleister usw.) Vorstellungs- und Informationsgespräche. Bereiten Sie sich jeweils darauf vor.

ARBEITSHILFE
ONLINE

Checkliste 11: Operative Planung der ersten 100 Tage	
Der erste Monat	**zu beachten …**
„Inthronisations"-Meeting	Einladungen, Antrittsrede, Einstand
Übergabe durch den Vorgänger	Protokolle, Berechtigungen, Zugänge
Eigene Arbeitsfähigkeit herstellen	Raum, Technik, Arbeitsmittel, IT
Arbeitsfähigkeit der Mitarbeiter prüfen	Räume, Arbeitszeitregime, Aufgaben
1. Gespräch mit dem Vorgesetzten	Erwartungen, Ziele, Unterstützung
Abläufe des Tagesgeschäfts sicherstellen	Tagfertigkeit, Termine, Kunden
1. Gespräch mit dem Mentor, Coach	Unterstützungsbedarf, Terminplanung
Terminplanung für die ersten Wochen	Checklisten, Planungshilfen
1. Einzelgespräche mit den Mitarbeiter	Kennenlernen, gegenseitige Erwartung
1. Dienstberatung mit dem Team	Tagesordnung, Gäste, Rollen, Kooperation
1. Dienstberatung im Führungskreis	Vorstellung, Kennenlernen, Beobachten
System. Informationssammlung beginnen	s. Prioritäten, Checklisten

Informelle Kontakte knüpfen	Pausen, Kantine, Foren, Freizeitaktivitäten
Team und Mitarbeiter näher kennenlernen	s. Kohäsion, Rollen, Strukturen
2. Gespräch mit dem Vorgesetzten	Feedback, weitere Planungen
Der zweite Monat	**zu beachten ...**
Antrittsbesuche: Abteilungen, Bereiche	Namen und Personen (Visitenkarten)
1. Strategiemeeting mit Ihrem Team	SWOT-Analyse, Strategien, Aktionen
2. Einzelgespräche mit den Mitarbeiter	Zielerfüllung, Stärken, Personalentwicklung
Mitarbeiterportfolio erstellen	Leistung, Motivation, Unterstützungsbedarf
2. Dienstberatung mit dem Team	Zielerfüllung, Zielplanung, Kampagnen
Teamportfolio erstellen	Leistungsträger, Abläufe, Effizienz
2. Gespräch mit dem Mentor, Coach	Feedback, Probleme, gezielte Hilfen
Monatsgespräch mit dem Vorgesetzen	Tagesgeschäft, Feedback, Planungen
Systematische Informationssammlung fortsetzen	Verdichten, Gewichten, Planen
Informelle Kontakte vertiefen	Pausen, Kantine, Foren, Freizeitaktivitäten
Der dritte Monat	**zu beachten ...**
Informationssammlung abschließen	Handlungsnotwendigkeiten ableiten, Planen
Erste Veränderungsmaßnahmen einleiten	s. SWOT-Analyse, Strategiemeeting
Aufgaben u. Verantwortungen delegieren	s. Mitarbeiterportfolio (Stärken/Schwächen)
Probleme und Konfliktthemen angehen	Einzel- und Teamgespräche
Leistung und Ansprüche verdeutlichen	Projekte, Führungskreis, Mitarbeiter, Team
Informelle Kontakte vertiefen	Netzwerke etablieren, Kunden einbeziehen
Monatsgespräch mit dem Vorgesetzen	Gesamt-Feedback zum Start
3. Gespräch mit dem Mentor, Coach	Feedback, Probleme, Lösungen
Reflexion der eigenen Führungsrolle	Erwartungen, Erfolge, weitere Entwicklung
Karriereziele überdenken, anpassen	Etappen, Motivationen, Langfristziele
Eigene Work-Life-Balance prüfen	Stress, Belastung, Ausgleich (Familie, Hobby)
Konsolidierung der ersten 3 Monate	Vornahmen und Abläufe prüfen, ggf. anpassen
Außerdienstliches Event mit dem Team	Kennenlernen vertiefen, Kontakte ausbauen

Darüber hinaus nutzen Sie den ersten Monat, um mit der systematischen Informationssammlung zu beginnen (siehe vorige Abschnitte). Vernachlässigen Sie aber keinesfalls alle informellen Kontaktmöglichkeiten. Sie müssen sowohl

- Teil Ihres Teams als auch
- Teil des übergeordneten Bereiches (die Führungsmannschaft Ihres Vorgesetzten) und
- Teil des Unternehmens (die Beziehungen zu anderen Abteilungen und Bereichen) werden.

Ab dem **zweiten Monat** beginnen Sie sich auszurichten. Sie haben einen ersten Überblick gewonnen und setzen nun Prioritäten und erstellen eine Planung. Erstellen Sie sowohl für jeden Mitarbeiter als auch für das gesamte Team Portfolios, die die Qualifikationen, Vorerfahrungen, spezifische Produkt- oder Ablaufkenntnisse, Motivationen und künftigen Entwicklungsbedarfe enthalten. Entwickeln Sie Jahrespläne für die einzelnen Mitarbeiter. In welche Richtung wollen Sie, dass sich der einzelne Mitarbeiter entwickelt? Das gleiche erarbeiten Sie für Ihr Team. Schwerpunkt sollte das Strategie-Meeting mit Ihrer Gruppe sein. Wo stehen wir heute? Wo wollen wir morgen stehen? Was müssen wir unternehmen, um morgen erfolgreich zu sein?

Ab dem **dritten Monat** sollten Sie aktiv werden! Das heißt, Sie leiten Veränderungsmaßnahmen ein und bringen die identifizierten Probleme und Konflikte einer Lösung nahe. Machen Sie Ihre Ansprüche und Erwartungen gegenüber Ihren Kollegen und Mitarbeitern deutlich. Versuchen Sie in Arbeitsgruppen oder Projekten aktiv zu werden. Übernehmen Sie Präsentationen und Aufträge für die Bereichsmeetings Ihres Vorgesetzten usw. Am Ende der ersten 100 Tage gehen Sie in sich. War Ihr Start erfolgreich? Was habe Sie bereits erreicht? Wie nehmen Kollegen und Mitarbeiter Sie wahr?

4.3   Zusammenfassung

- Die Übernahme einer Führungsaufgabe wird durch zahlreiche Maßnahmen der Unternehmen unterstützt und begleitet. Dies betrifft die langfristige Vorbereitung auf eine Führungsposition, den direkten Einstieg mit der Übernahme der Geschäftsabläufe und die Begleitung in den ersten Monaten nach der Aufgabenübernahme.
- Die Unterstützung beim Einstieg in eine Führungsposition ist nicht in jedem Unternehmen eindeutig geregelt. Insofern sollte die Initiative auch von der zukünftigen Führungskraft selbst ausgehen.
- Die Aufgaben einer Führungskraft in den ersten Woche und Monaten in der neuen Position gliedern sich in drei zentrale Phasen: (1) Orientierungs-, (2) Bewertungs- und (3) Umsetzungsphase.
- In der Orientierungsphase gilt es, alle wesentlichen Informationen über die Funktion, den eigenen Bereich, die angrenzenden Organisationseinheiten und das Gesamthaus zu sammeln. Die Balanced Scorecard ist dazu ein wertvolles Analyse-Instrument.
- In der Bewertungsphase werden die gesammelten Informationen nach Wichtigkeit und Dringlichkeit geordnet, priorisiert und erste Maßnahmen abgeleitet. Das Eisenhower-Prinzip leistet dabei eine hilfreiche Unterstützung.
- In der Umsetzungsphase werden die sich daraus ergebenden strategischen Maßnahmen geplant und ausgeführt. Die SWOT-Analyse erleichtert dabei die Auswahl der nächsten Schritte.
- Die operative Planung der ersten 100 Tage orientiert sich an den drei zentralen Phasen. Dabei sollte der Kontaktpflege und dem Aufbau eines sozialen Netzwerkes in der Organisation Beachtung geschenkt werden.

Meilenstein 5: Ihr Vorgänger – Schatten aus der Vergangenheit

Kapitelübersicht

- Zwischen Bewahren und Erneuern — Neue Besen kehren gut?

- Überkommenes abschaffen, Bewährtes fortführen!

- Warum ist der Vorgänger gegangen? War der Vorgänger erfolgreich?

- Welchen Führungsstil hatte der Vorgänger?

- Was machte den Vorgänger erfolgreich? Wodurch erwarb er sich Akzeptanz?

- Wo lagen die Defizite des Vorgängers?

- Wie werden Sie zu einem geachteten Nachfolger?

Je nachdem, ob es sich bei Ihrem „Schatten aus der Vergangenheit" um eine erfolgreiche oder weniger erfolgreiche Führungskraft handelt, werden Sie ganz unterschiedliche Startbedingungen vorfinden. Auch hier bedeutet für uns Erfolg zweierlei. Einmal betrifft es die sachlichen, unternehmerischen Erfolge, die Ihr Vorgänger zu verzeichnen hatte, oder eben nicht. Und zum anderen beziehen wir uns auf seine sozialen Fähigkeiten als Beziehungsmanager. Hat also Ihr Vorgänger es verstanden, ein wirkliches Team zu formen und arbeitsförderliche Beziehungen zu seinen Mitarbeitern zu unterhalten.

Je nachdem, wie Sie diese Fragen beantworten, entstehen für Sie als neue Führungskraft im Team Ihres Vorgängers Chancen, Vorteile und besondere Möglichkeiten oder aber Risiken, Gefahren und Einschränkungen, die Ihnen Ihre Aufgabe vereinfachen oder auch erschweren können. Dazu haben wir in der folgenden Tabelle die unterschiedlichen Konstellationen zusammengestellt.

Davon nicht ganz unabhängig, mag es zudem interessant sein, ob Ihr Vorgänger weiterhin im Unternehmen ist, ob er also aufgestiegen ist oder „beiseite gestellt" wurde. Ist er aufgestiegen, kann er nun Ihr neuer Vorgesetzter sein, was nicht ganz unproblematisch sein mag, oder er kann nun als Führungskraft in einer anderen Organisationseinheit tätig sein. In diesem Fall kann er Ihnen als Informationspartner und Unterstützer für Ihren Start zur Verfügung stehen. Anders ist es selbstverständlich, wenn Ihr Vorgänger das Unternehmen verlassen hat. Alle Informationen, die für Sie wichtig sind, und nicht nur die für die Amtsübergabe selbst, müssen Sie im Vorfeld Ihres Antritts einholen.

Tab. 10: Chancen und Risiken — Ihr Vorgänger, das Erbe und die Hinterlassenschaften

Chancen	Risiken
... erfolgreicher Vorgänger	
■ Sie starten mit einem Vorschuss auf Erfolg. Der Start wird schwungvoll sein. ■ Viele Abläufe können in der gewohnten Form übernommen werden. ■ Es sind keine grundsätzlichen Veränderungen notwendig. Sie haben ein direktes Modell des Erfolges. ■ Das Team wird hoch motiviert und gut aufgebaut sein. ■ Alle Verantwortlichen werden bemüht sein, den Erfolg des Teams zu erhalten und Sie unterstützen.	■ Scheitern und hinter den Erfolgen des Vorgängers zurückbleiben. ■ Ohne Veränderungen werden Sie womöglich nicht als Führungskraft wahrgenommen. ■ Sie können schwerer Ihren eigenen Führungsstil entwickeln. ■ Der enorme Erwartungsdruck kann Sie lähmen. ■ Die Teammitglieder trauern ihrem ehemaligen Chef nach. ■ Alle ihre Entscheidungen werden am Vorgänger gemessen.
... nicht erfolgreicher Vorgänger	
■ Sie können eigentlich nur gewinnen! Erfolge sind leichter herzustellen. ■ Mitarbeiter und Leitung setzen große Hoffnungen auf Sie und man wird Sie unterstützen. ■ Wenn Sie Schwierigkeiten haben, wird dies jeder verstehen und auch auf das Team zurückführen. ■ Sie können leichter ihren eigenen Führungsstil finden und sich einen Namen machen. ■ Sie haben zunächst freie Hand und neue Ideen sind willkommen.	■ Bleiben auch kleinste Erfolge aus, kann es schwierig werden. ■ Sie müssen den richtigen Weg zunächst alleine finden und haben kein direktes Erfolgsmodell. ■ Das ehemals erfolglose Team könnte jedem neuen Chef misstrauen: Was wird der wieder probieren? ■ Das Team braucht vermutlich Ihre besondere Fürsorge, da es ständig im Kreuzfeuer stand. ■ Man erwartet sowieso nicht, dass Sie etwas bewegen werden.

Wie Sie sehen, sind die unterschiedlichen Konstellationen sehr zahlreich, und nicht auf alle denkbaren Situationen werden wir hier eingehen können. Der Einfachheit halber, wollen wir annehmen, dass Ihr Vorgänger sich noch im Unternehmen befindet. Neben der Unterscheidung nach dem Erfolg Ihres Vorgängers, scheint uns die Situation, dass Ihr Vorgänger nun auch Ihr neuer Vorgesetzter ist, noch einer besonderen Behandlung wert zu sein.

5.1 Der erfolgreiche Vorgänger

Nun, da Sie in Ihrer Führungsposition angekommen sind, werden Sie feststellen, dass Sie ein Gelände betreten, welches nicht gänzlich unbearbeitet ist. Ihr Vorgänger hat Ihnen eine ganz bestimmte Hinterlassenschaft beschert, was bedeutet, wenn alles in Ihrem Sinne läuft, eine Erbschaft anzutreten, die frei von Hypotheken ist. Ihr Vorgänger in Ihrer Position war also eine unternehmerisch erfolgreiche Führungskraft, die von allen Mitarbeitern seines ehemaligen Teams geschätzt wurde. Es haben sich sogar über die Zeit seines Weggangs hinaus feste Beziehungen und Freundschaften erhalten. Alles ist hervorragend organisiert, die Mitarbeiter sind höchst motiviert und die Zielerfüllung steht zum Besten. Was für eine grandiose Startkonfiguration für Sie als neue Führungskraft!? Am Überschwang unserer Darstellung werden Sie ahnen, worauf wir hinaus wollen.

Probleme des Deckeneffekts (Ceiling-Effect)

Sie werden mit dem „Decken-Effekt" (engl. Ceiling-Effect) zu kämpfen haben. Die Ausgangsbedingungen sind bereits schon so gut, dass es Ihnen, da Sie bereits ganz oben stehen, schwer fallen wird, Erfolge zu erzielen, die von Ihrem Umfeld auch bemerkt werden. Um also als erfolgreich wahrgenommen zu werden, müssen Ihre Ergebnisse dieses Maß nochmals überschreiten. Und das ist eine schwierige Aufgabe.

Es mag tatsächlich alles zum Besten bestellt sein! Und doch erkennen Sie, dass solch ein Erbe eine Belastung, oder sogar eine außerordentliche Herausforderung für Sie darstellen kann. Die besteht für Sie darin, nicht hinter Ihrem Vorgänger mit seinen Erfolgen zurückzubleiben. Alle Beteiligten, die Sie in die Position befördert haben, sei es nun die Personalabteilung oder der ehemalige Vorgesetzte selbst, Ihr nun neuer Chef, eine Ebene höher, Ihre neuen Mitarbeiter und nicht zuletzt auch Sie selbst, erwarten ausschließlich und fast selbstverständlich von Ihnen den Erfolg. Eigentlich können Sie in dieser Situation nur verlieren. Dies ist natürlich auch eine Übertreibung, trifft aber in gewissem Sinne den Kern unserer folgenden Mahnung. Denn zumindest zwei Haltungen, die man in einer derartigen Startkonfiguration einzunehmen veranlasst ist, können schädlich sein.

5.1.1 Dem Erfolgsdruck standhalten – oder nicht?

Wir möchten Sie bitten, sich nicht zu sehr diesem Erfolgsdruck auszusetzen! Erwarten Sie nicht zu viel von sich, von Ihrer ersten Führungsaufgabe!

Denn erstens, sind Sie nicht allein, da all jene, die Sie in diese verantwortungsvolle Position gebracht haben, die Verantwortung Ihnen gegenüber nicht ablegen werden. Die anderen Beteiligten teilen mit Ihnen gemeinsam die Befürchtungen Ihres Scheiterns. Und gerade deshalb, weil dies auch ihr eigenes Scheitern bedeuten würde, werden diese Kollegen nicht zulassen, dass Sie in Ihr Verderben rennen. Sie werden Sie nach Kräften unterstützen und auf jeden Fall versuchen, Ihnen Ihren Weg zu ebenen.

Zudem werden aber auch Ihre neuen Mitarbeiter Sie nicht unbedingt versagen sehen wollen, unabhängig davon, ob es sich dabei um Ihre ehemaligen Kollegen oder um ein neues Team handelt. Letztlich fällt es eben auch auf die Mitarbeiter zurück, wenn die Führungskraft scheitert. Insofern wollen wir es noch einmal unterstreichen, dass ein zu großer Erfolgsdruck, der in Regel von Ihnen selbst ausgeht, kein guter Startbegleiter für Sie ist. Tun Sie einfach so, als hätten Sie den Erfolg des Teams mit verursacht. Gehen Sie selbstbewusst in die neue Aufgabe und lassen Sie sich nicht durch den hohen Anspruch verunsichern.

5.1.2 Die Herausforderung annehmen

Die zweite Haltung, die aber noch gefahrvoller sein kann, wäre eine Einstellung, die davon ausgeht, dass, da alles zum Besten steht, nichts schiefgehen wird. Alles ist gut vorbereitet, Sie müssen einfach nur so weiter machen wie bisher und dann wird sich der Erfolg schon fortsetzen. Diese Haltung birgt die Gefahr, sich aus Ihrer neuen Position nicht genau zu versichern und sorgfältig zu eruieren, wie Ihr Team tatsächlich aufgestellt ist (siehe Meilenstein 8, „Teamanalyse"), welche konkreten Maßnahmen Ihren Vorgänger de facto erfolgreich gemacht haben, wie er z. B. in Mitarbeitergesprächen mit den Kollegen kommuniziert hat (siehe Meilenstein 10, „Mitarbeiter erfolgreich führen"), wie er im Führungskreis agierte (siehe Meilenstein 7, „Mitten im Führungskreis") oder wie er bei seinen Kundengesprächen auftrat usw. Es wird Ihnen nicht erspart bleiben, dass scheinbar so perfekte Bild selbst zu analysieren und zu prüfen.

Und Sie werden die Erfahrung machen, dass das Auswechseln dieses einzigen Steins im Mosaik, nämlich die Neubesetzung der Führungsposition in einem bereits bestehenden Team, ein völlig neues Gesamtbild erzeugt. Sie können eben nicht alles in der gleichen Art und Weise so fortführen wie Ihr Vorgänger, weil Sie eben ein anderer Mensch, eine anderer Persönlichkeit sind.

Beispielsweise können Sie, ohne dass es Ihnen ausdrücklich bewusst ist, dazu neigen, mit einer größeren „Nähe" zu führen. Dies muss sich nicht nur in der gewählten Anredeform zeigen („Du" oder „Sie"), sondern wird durch viele kleine, fast unmerkbare Facetten im Umgang mit den Mitarbeitern deutlich. So sprechen Sie z. B. mehr über die inneren Beweggründe Ihres Handelns, offenbaren mehr über Ihr privates Umfeld, erkundigen sich häufiger über das Wohlbefinden Ihrer Mitarbeiter usw. Da Ihre neuen Mitarbeiter aber mehr „Distanz" zu Ihrem ehemaligen Chef gewohnt waren, kann Ihnen dies als Führungsschwäche ausgelegt werden. Demzufolge sollten Sie sich dieser Eigenart Ihres Führungsstils bewusst sein und ihn dementsprechend anpassen, was nicht bedeuten muss, auf die von Ihnen bevorzugte Nähe zu den Mitarbeitern zu verzichten. Nähe zuzulassen, kann nämlich auch Stärke bedeuten. Aber Sie müssen dies vermutlich kompensieren, indem Sie klarere Anweisungen geben, konsequenter Entscheidungen treffen, nachhaltiger kontrollieren und höhere Leistung abverlangen.

Zu alledem müssen Sie zu Ihrem eigenen Stil finden, der sich eben schwerlich ausbilden lässt, wenn Sie alles kopieren. Um Ihre Grenzen kennenzulernen, müssen Sie sie aber überschreiten und auch neues, Ihnen gemäßes ausprobieren und Ihre eigenen Fehler dabei machen. Insofern können Sie die Hände nicht in den Schoß legen.

5.1.3 Veränderungen initiieren – Den eigen Führungsstil finden

Wie dem auch sei, aus der Tabelle „Ihr Vorgänger: Erbe und Hinterlassenschaften" sind für den Fall des „erfolgreichen Vorgängers" zwei weitere Risiken hervorzuheben, die Ihrer Aufmerksamkeit nicht entgehen sollten. Da ist zum einen das gerade berührte Thema der womöglich vorhandenen Zwänge und Restriktionen, die es Ihnen schwerer machen, Ihren eigenen Weg zu gehen und den eigenen Stil zu finden. Die unbestreitbaren Erfolge Ihres Vorgängers, legen nahe, tatsächlich wenig zu verändern. Außerdem würden von Ihnen vorgenommene Veränderungen in Anbetracht dessen, dass das alte System funktionierte, Fragen in Ihrem Umfeld aufwerfen. Warum tut der „Neue" dies? Welche Notwendigkeiten gibt es dafür? Was soll damit erreicht werden? Dies ist in der Tat eine fatale Situation, da es Ihnen fast unmöglich wird, eigene Ideen umzusetzen und Ihr Profil zu schärfen. Gehen zudem die von Ihnen eingeleiteten Neuerungen fehl, ist für die Argwöhnischen der Beweis erbracht, dass das alte Vorgehen besser war, obwohl die neue Methode, objektiv betrachtet, der erfolgreichere Weg gewesen wäre. Das liegt daran, dass alles, was Sie umzusetzen beabsichtigen, egal ob bewährt oder neuartig, von Menschen umgesetzt werden muss, die nur ihr Bestes geben, die sich nur anstrengen, wenn sie von dem, was sie zu tun haben, überzeugt sind. Sind sie es nicht, was offenbar in unserem Beispiel gegeben war, scheitern alle Methoden. Insofern ist folgende Strategie empfehlenswert.

Die generelle Richtung beibehalten

Nach dem bereits eingeführten Prinzip (Handlungsziel → Informieren → Bewerten → Auswählen → Handeln → Feedback) sollten Sie sich zunächst genauestens informieren, welche bereits bestehenden Abläufe, Organisationsformen, Maßnahmen und Vorgehensweisen Ihres Vorgängers tatsächlich zielführend waren. Die „Big Points", die größten „Werttreiber" werden Sie selbstverständlich unberührt lassen. Dies mag die Form der individuellen Zielvereinbarungen mit den einzelnen Mitarbeitern betreffen, die etablierten Verteilungsmodi im Team bezüglich der Erfolgsbeteiligung bei Zielerreichung, die generelle Aufgabenverteilung in Ihrem Bereich oder aber auch die sozialen, informellen Rituale (gemeinsame Pausenregelungen, gemeinsame außerdienstliche Aktivitäten) usw. Alle Veränderungen, die die grundlegenden Strukturen und Funktionsabläufe betreffen, sind mit größter Umsicht anzugehen.

Den eigenen Stil herausbilden

Wenn Sie aber bereits Marken setzten wollen, z. B. bezüglich der Häufigkeit und dem Ablauf von Dienstberatungen und Gruppenbesprechungen, dann mit dem Ziel, der Autonomie und der Aktivität der Gruppenmitglieder mehr Raum zuzugestehen. So könnten Sie z. B. veranlassen, dass in den Dienstberatungen künftig immer einer Ihrer Mitarbeiter die Moderation übernimmt und die Tagesordnung im Vorfeld mit dem Team gemeinsam fixiert wird. Dies könnte gleichzeitig Ihrem Führungsstil eine besondere, unverwechselbare Facette verleihen. Alle Maßnahmen, die die Autonomie und die Eigenverantwortlichkeit Ihrer Mitarbeiter erhöhen, können von Erfolg gekrönt sein, insoweit Sie sie dabei nicht überfordern. Dieses Prinzip zeugt immer von Respekt und Zutrauen in die Leistungsfähigkeit Ihrer neuen Mitarbeiter, die es Ihnen mit Sicherheit danken werden.

Wollen Sie aber dennoch Wesentliches ändern, stimmen Sie sich mit Ihren Mitarbeitern und Ihrem Vorgesetzten sorgfältig ab und versichern Sie sich vor allem der Zustimmung Ihrer Mitarbeiter. Sie müssen davon überzeugt sein und Sie unterstützen wollen.

Beziehungen und Kontakte gestalten

Ein zweiter interessanter Gesichtspunkt berührt die noch vorhandenen engen Beziehung Ihrer Mitarbeiter zum ehemaligen Vorgesetzten. Wenn dieser einen guten Job gemacht hat, vielleicht über Jahre hinweg, dann werden die Mitarbeiter ihm vermutlich nachtrauern und Sie nicht so schnell in ihrer Gruppe aufnehmen. Man vermisst das Alpha-Tier (siehe „Teamrollen", Meilenstein 8) und reagiert vielleicht anfänglich desorientiert und Ihnen gegenüber zurückhaltend. Unter Umständen taucht der ehemalige Chef sogar ab und an auf, und führt freundschaftliche Gespräche mit seinen Kollegen. All diese Dingen sollten Sie überhaupt nicht beunruhigen, bringen sie doch ungeahnte Möglichkeiten mit sich. Zunächst einmal ist dies ein Zeichen, welche Art von Führungsstil offenbar in der Vergangenheit zu einem starken Gruppenzusammenhalt und damit zu einem schlagkräftigen Team geführt hat. Dies sollten Sie in dieser Art fortführen und sich sehr schnell mit den informellen Normen und Regeln Ihrer neuen Mannschaft vertraut machen (siehe Gruppenzusammenhalt und Gruppennormen, Meilenstein 8). Außerdem wird Ihr Vorgänger dann wahrscheinlich häufig auch für Sie zur Verfügung stehen und Ihnen zahlreiche Tipps hinterlassen. Demonstrieren Sie vor Ihrem Team Gemeinsamkeit und Partnerschaft mit dem ehemaligen Chef. Und — ganz wichtig! — würdigen Sie die Leistungen Ihres Vorgängers in angemessener Weise, ohne Ihr eigenes Licht zu sehr unter den Scheffel zu stellen.

TIPP 12: Hinweise zur Situation: „Der erfolgreiche Vorgänger"

- Die Ausgangssituation ist zunächst großartig. Sie haben ein greifbares Modell für erfolgreiche Mitarbeiterführung direkt vor Ihren Augen. Allerdings sind die angelegten Maßstäbe erst einmal zu erreichen. Dies stellt die eigentliche Herausforderung für Sie dar.
  - Lassen Sie sich nicht entmutigen angesichts der Erfolge Ihres Vorgängers. Es ist noch kein Meister vom Himmel gefallen und schließlich kam der Erfolg in der Vergangenheit nicht über Nacht. Ein Zauberer war der ehemalige Chef auch nicht. Er hatte effiziente Methoden und das richtige Gespür für seine Mitarbeiter.
  - Würdigen Sie die Leistungen Ihres Vorgängers vor Ihrem neuen Team. Demonstrieren Sie eine enge Partnerschaft und Kooperation.
  - Halten Sie engen Kontakt zum ehemaligen Chef und lassen Sie sich ausführlich beraten. Er wird die richtigen Tipps für Sie haben. Ihr Erfolg ist auch sein Erfolg.
  - Informieren Sie sich gewissenhaft, aufgrund welcher Methoden und Vorgehensweisen der Vorgänger seinen Erfolg sichergestellt hat. Wie hat er die Mitarbeiter geführt? Wie hat er die Zielerfüllung garantiert?

- Übernehmen Sie die grundlegenden Mechanismen der Führung im neuen Bereich vom Vorgänger. Konzentrieren Sie sich zunächst auf die Herstellung eines guten Kontakts zu den neuen Mitarbeitern.
- Sie müssen sich nicht verbiegen. Sie sind eine eigenständige Persönlichkeit und haben ein Recht darauf, Ihren eigenen Stil zu finden. Sie dürfen auch Veränderungen vornehmen.
- Von Vorteil ist immer, Ihren neuen Mitarbeitern eine hohe Leistungs- und Verantwortungsbereitschaft zu „unterstellen". Fördern Sie Maßnahmen, die die Eigenverantwortung und Autonomie Ihre Kollegen erhöhen. Änderungen in dieser Hinsicht sind immer willkommen. Vermeiden Sie aber Überforderungen.
- Holen Sie sich gerade zu Beginn regelmäßig Feedback zu Maßnahmen und Veränderungen von Ihrem Team. So gewährleisten Sie, dass Sie noch auf dem richtigen Weg sind.

5.2   Der erfolglose Vorgänger

Anders sieht es freilich aus, wenn Sie womöglich als „Feuerwehr" geholt wurden, weil der ehemalige Vorgesetzte einen schlechten Job gemacht macht. Eigentlich können Sie nur gewinnen!

Probleme des Bodeneffekts (Floor-Effect)

Allerdings haben Sie es jetzt mit dem Boden-Effekt (engl. Floor-Effect) zu tun, der nichtsdestoweniger auch eine Herausforderung darstellt. Wenn Sie nämlich nicht rasch Erfolge einfahren, auch wenn es nur kleine sind, wird man sehr schnell die Zuversicht auf Besserung der Situation verlieren. Gestartet sind Sie jedoch begleitet von großen Hoffnungen, und zwar von Seiten der Mitarbeiter und der Vorgesetzten, dass Sie es dieses Mal richten werden. Bei auftauchenden Schwierigkeiten wird man dies sogar anfänglich entschuldigen und die Ursachen auch auf die schwierige Ausgangslage zurückführen. Bleiben Erfolge auch längerfristig aus, wird es allerdings sehr schwer, das Blatt zu wenden.

Von Vorteil ist in dieser Situation aber, dass Sie leichter ihren eigenen Führungsstil finden können. Sie haben zunächst vermutlich freie Hand und können Ihre eigenen Ideen umsetzen. So schlecht sieht es also gar nicht aus, wie anfänglich vermutet.

Allerdings gibt es auch Hindernisse. So müssen Sie Ihren Weg vor allem alleine finden. Sie verfügen im Team über kein konkretes Erfolgsmodell. Das Team bedarf vermutlich darüber hinaus Ihrer besonderen Fürsorge, da es in der Vergangenheit kontinuierlich in der Kritik stand. Das kann leider auch bedeuten, dass man nicht nur Hoffnungen in Sie setzt, sondern alle Ihre Maßnahmen zunächst argwöhnisch begutachtet. An Misserfolg kann man sich eben gewöhnen. Die Mitarbeiter werden dann womöglich folgende Haltungen an den Tag legen: Was wird der jetzt wieder mit uns ausprobieren? Das haben wir doch alles schon versucht! Ein Klima des motivierten Anpackens ist so schwer herstellbar. Der Super-Gau wäre allerdings, dass man sowieso nicht erwartet, dass Sie etwas bewegen und ändern können. Diese Haltung Ihrer Umgebung, an der Sie zunächst nichts ändern können, programmiert aber geradezu den Misserfolg. Was tun in dieser Situation? Welche Möglichkeiten es für Sie in dieser Situation gibt, zeigen wir Ihnen im folgenden Tipp.

TIPP 13: Der erfolglose Vorgänger — Hinweise zur Situation

- Die Ausgangssituation scheint zweischneidig zu sein. Auf der einen Seite spricht alles dafür, dass Sie Erfolge leichter herstellen können, weil es diese bisher offensichtbar nicht gab. Andererseits führt ein Ausbleiben selbst kleinster Fortschritte schnell zu der Ansicht, dass Sie es auch nicht schaffen werden. Die Abwärtsspirale beginnt sich zu drehen.
- Das Wichtigste ist vorab, dass Sie sich bitte nicht unter Zeitdruck setzen sollten. Sie haben Zeit. Niemand erwartet von Ihnen Wunder in kürzester Zeit.
- Sie sollten dazu in aller Sachlichkeit die Situation zunächst untersuchen und die Hintergründe und Ursachen der bisher schlechten Ergebnisse des Teams in Erfahrung bringen.
- Orientieren Sie sich dann zunächst auf den Neu-Aufbau Ihres Teams, da dieses vermutlich bisher am meisten unter der Erfolglosigkeit zu leiden hatte und der andauernde Misserfolg in der Regel auch darauf zurückzuführen ist.
  - Sie führen selbstverständlich bald mit allen Mitarbeitern ausführliche Einzelgespräche, in denen Sie hier vor allem die Leistungsbereitschaft und Motivation hinterfragen.
  - Bevor Sie eigene Maßnahmen empfehlen, sammeln Sie alle Vorschläge und Hinweise Ihrer Mitarbeiter zur Verbesserung der Situation. Was wurde bisher unternommen? Was hat sich bewährt, was aber eben auch nicht? Vereinbaren Sie dann gemeinsam das weitere Vorgehen. So vermeiden Sie die angesprochenen negativen Reaktionen auf Veränderungen.
  - Sprechen Sie Ihren Mitarbeitern Mut zu. Orientieren Sie auf einen Neuanfang und schauen Sie nach vorn. Verurteilen und kritisieren Sie nicht das Vergangene und natürlich auch nicht Ihren Vorgänger. Bleiben Sie sachlich.
  - Führen Sie häufige Teamsitzungen in der ersten Zeit durch und analysieren schrittweise, welche Maßnahmen in die richtige Richtung weisen.

- Bieten Sie sich als Unterstützer und Coach Ihrer Mitarbeiter an und packen Sie mit an. Nur so merken Sie, wo die wirklichen Schwierigkeiten liegen. Seien Sie ein Vorbild und werden Sie dadurch Teil des Teams.
- Halten Sie enge Verbindung zu Ihrem neuen Vorgesetzten. Er hat immerhin die Situation lange genug beobachtet und weiß am besten, wo man ansetzen sollte.
  - Bleiben Sie selbstbewusst und klären Sie ihn über Ihr Vorgehen auf (s. o.). Auch er hatte bisher keine befriedigenden Lösungen umsetzen können.
  - Sprechen Sie mit Ihrem Vorgesetzten alle von Ihnen geplanten Maßnahmen durch. Holen Sie sich das O. K. von Ihrem Vorgesetzten. Binden Sie ihn ein und machen Sie ihn damit mit verantwortlich.
  - Laden Sie ihn zu Ihren „zweiten" Teambesprechungen ein, nachdem Sie sich selbst ein Bild gemacht haben, und analysieren Sie in der Auswertung gemeinsam die Situation und das gemeinsame Vorgehen.

5.3 Zusammenfassung

- Die Übernahme einer neuen Führungsaufgabe bedeutet immer eine Auseinandersetzung mit der bisherigen Führung und Arbeitsweise einer bereits etablierten Organisationseinheit. Die neue Führungskraft beginnt also aller Regel nach nicht neu, sondern sie setzt Bestehendes fort.
- Dabei unterscheiden wir grundsätzlich zwei verschiedene Ausgangsbedingungen: Die Übernahme einer bisher erfolgreichen oder einer bisher nicht-erfolgreichen Arbeitsgruppe.
- Eine Führungskraft, die die Führungsaufgabe in einer bisher erfolgreichen Organisationseinheit fortsetzt, muss sich der Problematik des „Deckeneffekts" stellen und dem Erfolgsdruck standhalten.
  - Sichtbare Erfolge sind schwerer zu erzielen, ein Zurückbleiben hinter den bisherigen Erfolgen droht und die Entwicklung eines eigenen Führungsstils ist weniger leicht möglich.
  - Auf der anderen Seite, verfügen Führungskräfte unter diesen Bedingungen über ein erfolgreiches Führungsmodell, das ihnen als Vorbild dienen kann.
  - Erfolgreiche Führungskräfte halten dem Erfolgsdruck stand, behalten die generelle Richtung bei, initiieren schrittweise Veränderungen, entwickeln behutsam ihren eigenen Führungsstil und widmen dem Beziehungsaufbau und der Kontaktpflege zu ihrem Team die gebührende Aufmerksamkeit.
- Das Fortsetzen der Führungsaufgabe in einem bisher nicht-erfolgreichen Team muss sich mit der Problematik des „Bodeneffekts" auseinandersetzen und zügig Erfolge sichtbar werden lassen.

- Das Unternehmen erwartet berechtigterweise eine Verbesserung der schlechten Ergebnisse. Gelingt es der Führungskraft nicht, diese Erwartungen in absehbarer Zeit zu erfüllen, gerät sie ebenfalls schnell unter Druck. Darüber hinaus verfügt die Führungskraft über kein konkretes Erfolgsmodell und das Teamklima ist angesichts der bisherigen Leistungen belastet.
- Andererseits erfährt die Führungskraft in dieser Konstellation die Unterstützung des Unternehmens bei ihrer schwierigen Aufgabe. Der Start ist begleitet von Hoffnungen und Erfolgszuversicht. Und selbst kleine Fortschritte werden bereits als Erfolge gewertet.
- Erfolgreiche Führungskräfte lassen sich nicht unter Zeitdruck setzten und analysieren zunächst die Ursachen der bisher schlechten Ergebnisse. Sie konzentrieren sich auf den Neuaufbau ihres Teams und binden die Mitarbeiter bei der Maßnahmenplanung ein. Darüber hinaus versichern sie sich der Unterstützung ihrer eigenen Führungskräfte und stimmen ihr Vorgehen mit diesen schrittweise ab.

Meilenstein 6: Chefanalyse – Zwischen Protektion und Verrat

Kapitelübersicht

- Das Peter-Prinzip

- „Führung von unten" Eine neue Disziplin?

- Einflussstrategien in Organisationen

- Erfolgreiche Vorgesetztenbeeinflussung

- Was für ein Mensch ist mein Chef?

- Unterschätzen Sie Ihren Chef nicht!

- Wie kann ich mit meinen Chef effektiv zusammenarbeiten?

Unter dem Stichwort „Aus schlechter Führung lernen" hatten wir Ihnen in Meilenstein 1 vorgestellt, was Sie im schlimmsten Falle von Ihrem Chef zu erwarten hätten, wenn er seinen Job nicht auszufüllen versteht. Wir gehen zwar nicht davon aus, dass Sie in diese Situation geraten. Aber sich dessen ungeachtet auf die richtige Art und Weise bei seinem Vorgesetzten „in Szene zu setzen", kann nicht schädlich sein. Wenn Sie unter dem bezeichneten Stichwort eine Internetsuche durchführen, werden Sie zum Teil recht reißerisch klingende Headlines finden. Etwa in der Art: „Führung von unten — Wie ich mir meinen Chef erziehe" oder „So bekommen Sie Ihren Chef in den Griff" usw. Auch Bücher sind zu diesem Thema bereits publiziert worden: „Endlich frustfrei! Chefs erfolgreich führen. Die besten Tricks für harte Fälle" (vgl. Drühe-Wienholt 2006).

Das Peter-Prinzip

Und in der Tat kann es manchmal tatsächlich „hart" sein, unter einem Vorgesetzten arbeiten zu müssen, der sowohl fachlich inkompetent ist als auch in punkto Personalführung wenig Fingerspitzengefühl besitzt. Aber so funktioniert nun einmal das „Peter Prinzip", das 1969 von dem Lehrer, Schul-Psychologen und Professor für Erziehungswissenschaft an der University of Southern California in Los Angeles, Laurence J. Peter, in die staunende Managementwelt eingeführt wurde (Peter & Hull 1969). Der Kern der Aussage ist, das irgendwann jeder Mitarbeiter auf dem Wege seiner Karriere eine Position erreicht, der er nicht mehr gewachsen ist. (Im englischen Original lautet das folgendermaßen: „In a hierarchy every employee tends to rise to his level of incompetence.")

Insofern sehen Sie es Ihrem Vorgesetzten nach und unterstützen Sie ihn in seiner Aufgabe. Allerdings kann dies manchmal einer großen Anstrengung und Überwindung bedeuten.

> **BEISPIEL**

Selbst in unseren eigenen Coachingmaßnahmen mit Führungskräften ist es keine Seltenheit, dass man sich zu einem beträchtlichen Teil mit dem „missliebigen" Vorgesetzten beschäftigen muss.

Da gibt es dann z. B. das Thema des übergeordneten Vorgesetzten, den die Sorge beschäftigt, sein jüngerer, nachrückender und äußerst engagiert und autonom agierender Kollege (der Klient des Coachings), der nun seine ehemalige Position innehat, würde heimlich an seinem Stuhl sägen. Jede Art von Erfolg, besonders, wenn der Neue tatsächlich bessere Ergebnisse erzielt, ist in dieser Situation gleichsam ein Angriff auf die Position des Chefs. Es scheint so, als wenn es überhaupt keine Möglichkeit gäbe, den betreffenden Vorgesetzten von der Unrichtigkeit seiner Vermutung zu überzeugen. Ist erst einmal der Verdacht eingepflanzt, wird die Wahrnehmung eingeschränkt und jedes Verhalten des „Angreifers" dementsprechend gedeutet. Es kostet ein Übermaß an Anstrengung, die Wogen in dieser Situation zu glätten. Es ist leicht nachzuvollziehen, wie sich die neue Führungskraft in Ihrer Position fühlen mag. Aber auch der übergeordnete Vorgesetzte, obwohl mit größere Positionsmacht ausgestattet, leidet an der Situation. Dies alles vor dem Hintergrund, dass er den Nachfolger bislang protegiert und in die jetzige Position gebracht hat. Das aktuelle, weniger folgsame, sehr eigenwillige Verhalten seines Zöglings sieht er aus seinem Blickwinkel folglich als Verrat an. Welches Verhalten ist nun dem Nachfolger in der Position zu raten. Wie kann er Einfluss auf seinen Chef nehmen und die Beziehung wieder ordnen?

> **BEISPIEL**
>
> Oder aber die äußerst befähigte Mitarbeiterin, die Ihrem Vorgesetzten insgeheim vorwirft, sich auf die falschen Dinge in der Abteilung zu konzentrieren, so dass sie sich ständig vor die Aufgabe gestellt sieht, eigentlich seinen Job machen zu müssen. Dafür würde sie aber letztlich nicht bezahlt und außerdem fehle es ihr an den notwendigen Entscheidungskompetenzen und Spielräumen auch gegenüber ihren Kollegen. Der Vorgesetzte wiederum betrachtet das Verhalten der Kollegin als teilweise anmaßend und fühlt sich veranlasst, sie ab und an in die Schranken zu weisen. Er hält sie zwar für durchaus kompetent, aber letztlich fehle ihr der Gesamtüberblick und die Reife, mehr Verantwortung übertragen zu bekommen. Was würden Sie der Kollegin in der Situation empfehlen? Wie kann sie besser Einfluss auf ihren Chef nehmen?

Die beiden Beispiele aus der Praxis sollten Ihnen zweierlei verdeutlichen.

1. Ziemlich einseitig ist die plakative Behauptung, es bestehe die Notwendigkeit als subalterner Mitarbeiter Einflussstrategien zu entwickeln, um auf die „unbefähigten" Vorgesetzten einzuwirken. Denn so eindeutig ist der „Schwarze Peter", wie die Beispiele es nahe bringen wollen, selten verteilt. Beide Seiten haben gleichermaßen die Verantwortung und das Interesse, ihre Beziehung zueinander effizient zu gestalten.

2. Die Auflösung der Konfliktkonstellationen aus den obigen Beispielen ist nur in einer gemeinsamen Anstrengung möglich und nicht durch einseitige Ratschläge oder Einflusstricks. Insofern lautet die Empfehlung für den Coach und die Führungskraft gleichermaßen: Hat das Verhältnis bereits Konfliktcharakter angenommen, sollten Sie die Beteiligten befähigen, sich gemeinsam an einen Tisch zu setzen und Ihre Beziehung zu klären.

Insofern werden in der psychologischen Forschung unter „Führung" alle wechselseitigen Interaktionsprozesse verstanden, bei denen sich Personen im organisationalen Kontext gegenseitig beeinflussen, um in Hinblick auf die Ziele der Organisation gemeinsame Aufgaben zu erfüllen (Wunderer & Grunwald 1980).

Diese Definition verzichtet zum Teil bewusst auf die Unterscheidung zwischen „Mächtigen" (Vorgesetztem) und „Ohnmächtigen" (Mitarbeiter) und macht deutlich, dass auch Mitarbeiter ihre Vorgesetzten selbstverständlich beeinflussen („Führung von unten") und Führung auch auf gleicher Ebene ohne formale Hierarchie stattfindet („laterale Führung"). Staehle (1999) ergänzt daher, dass „Führung als Funktion eine Rolle [ist], die [auch] von Gruppenmitgliedern in unterschiedlichem Umfang wahrgenommen wird" (zit nach Felfe 2009). Es ist also überhaupt nichts Besonderes, sich um gegenseitige Einflussmöglichkeiten im organisatorischen Kontext zu kümmern.

Vor diesem Hintergrund wollen wir uns nun mit den wechselseitigen Einflussmöglichkeiten und -strategien beschäftigen und dabei alle Richtungen offen lassen (aufwärts, abwärts und lateral) — aber konzentrieren uns, wie in der Kapitelüberschrift angekündigt, auf die aufwärts gerichtete Beeinflussung.

6.1 Einflussstrategien in Organisationen

Wie bereits gesagt, hat sich die psychologische Forschung seit den frühen 1980er-Jahren dem Phänomen der „Führung von unten" angenommen und beschreibt die Entwicklung folgendermaßen: Im Zuge des Qualifikationswandels der Mitarbeiter, des Wandels im Organisations- und Werteverständnisses haben die Einflussmöglichkeiten der Mitarbeiter daraus resultierend zugenommen (vgl. Wunderer 1997). Mitte der 1980er-Jahre machte die These des „Unternehmers im Unternehmen" („Intrapreneur") die Runde. Vom US-amerikanischen Managementexperten Gifford Pinchot, Mitbegründer des Konzepts des Intrapreneurships, sind die berühmt gewordenen „10 Gebote des Mitunternehmers" überliefert, die die damalige Haltung des Einzelnen und die Gebote zur Einflussnahme in der Organisation verdeutlichen.

Tab. 11: Zehn Gebote des Intrapreneurs (Pinchot 1985)

I. Gebot	Komme jeden Tag mit der Bereitschaft zur Arbeit, gefeuert zu werden.
II: Gebot	Umgehe alle Anordnungen, die deinen Traum stoppen können.
III. Gebot	Unternimm alles, um Dein Projekt fortzuführen, ganz gleich was in Deiner Stellenbeschreibung steht.
IV. Gebot	Suche Dir Mitarbeiter, die Dich unterstützen.
V. Gebot	Folge bei der Auswahl von Mitarbeitern Deiner Intuition und arbeite nur mit den besten zusammen.
VI. Gebot	Arbeite solange es geht im Untergrund — eine zu frühe Publizität könnte das Immunsystem der Firma wecken.
VII. Gebot	Setze nie auf ein Rennen, bei dem Du nicht mitläufst.
VIII. Gebot	Um Verzeihung bitten, ist leichter als um Erlaubnis.
IX. Gebot	Bleibe Deinen Zielen treu, aber sei realistisch im Hinblick auf die Möglichkeiten, diese zu erreichen.
X. Gebot	Halte Deine Sponsoren in Ehren.

Mit den partizipativen, gleichberechtigten Führungsansätzen — wie z. B. mit der Idee vom Mitarbeiter als Intrapreneurs — stieg die Bedeutung der Beeinflussungsmöglichkeiten von Vorgesetzten durch ihre Mitarbeiter (mitarbeiterinitiierte Führung von unten). Damit verbunden war aber auch, dass die Einflussahme der Unterstellten zunehmend bewusst von den übergeordneten Führungskräften gefördert wurden (vorgesetzteninitiierte Führung von unten).

Professor Rolf Wunderer beschrieb dies als zweigleisige Entwicklung:

- Bei der vorgesetzteninitiierten Führung von unten wird dem Mitarbeiter ein wesentliches Einflusspotenzial eingeräumt, welches vom Vorgesetzten gesteuert wird.
- Daneben gibt es aber auch eine mitarbeiterinitiierte Führung von unten, die von den Mitarbeitern selbst veranlasst und gestaltet wird (Wunderer 1997).

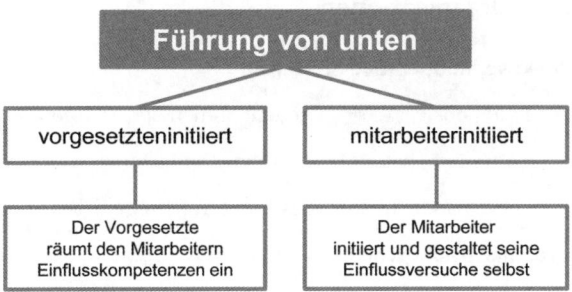

Abb. 24: Führung von „unten" (nach Wunderer 1997)

Der US-amerikanische Sozialpsychologe David Kipnis (1980) untersuchte mit seinen Kollegen als einer der ersten die möglichen Strategien, um auf Führungskräfte Einfluss zu nehmen. In Ihrem 1982 publizierten Fragebogen (Profiles Of Organizational Influence Strategies, POIS) sind sieben Einflussstrategien dokumentiert, die in Tab. 12 dargestellt sind (Kipnis & Schmidt 1982). In nachfolgenden deutschen Untersuchungen sind diese und zusätzliche Strategien der Einflussnahme wiederholt untersucht worden (vgl. Blickle 2004; Neuberger 1995; 2002). Danach gibt es sowohl erfolgversprechende, kooperative als auch eher direktive, machtausübende Techniken.

- So fand man in den Untersuchungen Begründungs- oder Argumentationsstrategien, wonach die Einflussnehmer mit sachlichen und gut begründeten Argumenten den Vorgesetzten zu überzeugen trachteten. Darüber hinaus wurden Freundlichkeitsstrategien identifiziert, wozu allerdings auch die Variante des Einschmeichelns gehörte, und schließlich Strategien des Verhandelns, etwa nach dem Motto: „Wenn Sie das für mich tun könnten, wäre ich imstande dies und jenes zu erledigen".

- Andererseits fand man autoritäre Strategien: Konsequentes Nachhaken und Beharren (Man könnte auch „Nörgeln" dazu sagen.), das „Umgehen" des direkten Vorgesetzten, und damit das Einschalten einer höheren Instanz des Managements. Schließlich wurden auch Sanktionen, also das Androhen von negativen Konsequenzen beobachtet.
- Eine Zwischenstellung nahm das Koalieren ein, da das Finden und Schmieden von Bündnissen Gleichgestellter eben sowohl eine Drohung als auch eine verstärkende Argumentation bedeuten kann.

Wie nicht anders zu erwarten, bevorzugen Mitarbeiter die „Begründung", die „Freundlichkeit" und das „Koalieren", während die „Bosse" die „Bestimmtheit" favorisierten. Wenn man also als Mitarbeiter schon nicht über die Macht verfügt, bieten sich demzufolge Einflussnahmen über die Beziehungsebene an.

Tab. 12: Einflussstrategien in Organisationen

Nicht-direktive, Kooperative Strategien	
• Begründung (Reason)	rationale, sachliche Argumentation und Vorlagen
• Freundlichkeit (Friendliness)	freundliches, unterstützendes Verhalten
• Aushandeln (Bargaining)	Verhandeln, Tauschgeschäfte, Wechselseitigkeit
Direktive, machtpolitische Strategien	
• Bestimmtheit (Assertiveness)	Bestimmtheit, Nachhaken, Konsequenz
• Umgehend (Higher Authority)	höheres Management einschalten
• Sanktionieren (Sanctions)	Sanktionen androhen
• Koalieren (Coalition)	Koalitionen bilden

Prof. Rolf Wunderer von der Universität St. Gallen widerholte ähnliche Untersuchungen an schweizer Führungskräften (Wunderer & Weibler 1992) und fand keine besonderen Bevorzugungen der einen oder anderen Strategie in Abhängigkeit von der Richtung der Einflussnahme (aufwärts, abwärts, lateral). In allen Richtungen dominierten die „sachliche Begründung" und die „Freundlichkeit", gefolgt von der Strategie der „Bestimmtheit" und „Koalition" (Wunderer 1997).

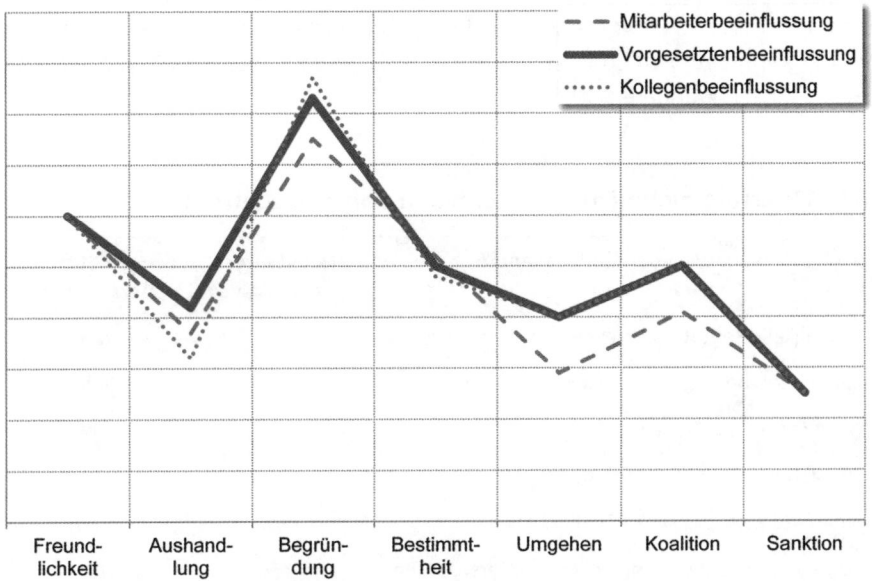

Abb. 25: Einflussstrategien im Vergleich (Wunderer 1997)

Auch die leichten Positionsveränderungen bei einem zweiten Beeinflussungs-versuch, nachdem ein erster gescheitert war, verändern nicht die grundlegende Reihung der bevorzugten Einflussstrategien. Scheitert ein erster Beeinflussungs-versuch, gibt es beim zweiten lediglich Veränderungen in zwei Positionen. Die Vorgesetzten (abwärts) ersetzen nach der „sachlichen Begründung", die 2. Position (ehemals Freundlichkeit) ihrer Bemühungen durch „Bestimmtheit", verstärken also den Druck, während die Mitarbeiter (aufwärts) nach der „sachlichen Begründung" und „Freundlichkeit" die 3. Position (ehemals Bestimmtheit) durch „Koalieren" austauschen. Die Mitarbeiter werden also nach erstem Widerstand zaghafter. Bei den lateralen Einflussnahmen von Kollegen bleibt hingegen alles unverändert.

! WICHTIG

Zusammenfassend kann man also feststellen, dass Mitarbeiter bei der Beeinflussung ihrer Vorgesetzten am besten fahren, wenn sie zusammen mit anderen Kollegen (Koalieren) freundlich (Freundlichkeit) und selbstbewusst (Bestimmtheit) sachliche Argumentation (Begründung) ins Feld führen.

Dies bestätigen auch nachfolgende Interviewstudien (s. Tab. 13), in denen sowohl Mitarbeiter als auch Vorgesetzte nach der erfolgreichen bzw. nicht erfolgreichen Wirkung von Einflussmethoden der Mitarbeiter befragt wurden (Schilit & Locke 1982, zit. nach Wunderer 1997).

Tab. 13: Erfolgreiche Einflusstechniken von Mitarbeitern

Varianten der Einflussnahme	Mitarbeiter-perspektive	Vorgesetzten-perspektive
Rationale Präsentation von Ideen und Vorschlägen	75%	70%
Auf den Job bezogene Vorteile verwenden	23%	30%
Wiederholen und Beharren	21%	29%
Übergehen des Chefs	18%	12%
Organisationsspezifische Regeln nutzen	16%	19%
Nutzen von Gruppen- und Kollegenunterstützung	12%	10%
Bezug auf Vorteile, die außerhalb des Jobs liegen	11%	11%
Werben um Gunst und Mitleid	3%	19%

Insgesamt gibt es kaum gravierende Unterschiede beim Vergleich der beiden Perspektiven. Sowohl Vorgesetzte und Mitarbeiter wissen gleichermaßen, worauf es ankommt. Eine gute, sachlich begründete Darstellung der Ideen und Vorschläge, die mit Selbstbewusstsein vorgetragen werden, scheinen den Erfolg auszumachen.

Einzig bei der Ursachenanalyse, warum Einflussversuche von Mitarbeitern gegenüber Ihren Vorgesetzten häufig scheitern, geht die Meinung von Vorgesetzten und Mitarbeitern auseinander(s. folgende Tabelle):

Grund für das Scheitern ist aus Sicht

- des Vorgesetzten die mangelnde Kompetenz der Mitarbeiter,
- aus Sicht der Mitarbeiter die uneinsichtige, engstirnige Haltung des Vorgesetzten.

Tab. 14: Ursachenanalyse

	Mitarbeiterperspektive		Vorgesetztenperspektive	
Ursachen für Erfolg/Misserfolg	erfolgreich	erfolglos	erfolgreich	erfolglos
Inhalt und Grund des Einflussversuchs	79%	35%	67%	16%
Kompetenz oder Inkompetenz des Mitarbeiters	63%	**13%**	54%	**35%**
Art der Präsentation des Einflussversuchs	64%	23%	59%	47%
persönliche Beziehungen zum Chef	45%	32%	54%	16%
Offene/engstirnige geistige Haltung des Chefs	23%	**52%**	42%	**2%**
Unterstützung durch Organisationsmitgliedern	20%	6%	13%	3%

Unsere eingangs aufgeführten Beispiele hätten besser nicht ausgewählt sein können. Es werden also nicht konkret nachvollziehbar Verhaltensweisen benannt, sondern Vorurteile und Annahmen über die Persönlichkeit des Gegenübers bemüht: Der Mitarbeiter ist zu dumm und kann nicht, der Vorgesetzte ist zu borniert!

Einbindungsversuche im Vorfeld

Wir wollen nicht unerwähnt lassen, dass Gary Yukl (University at Albany) und John W. Michel (State University of New York) 1990 zwei weitere interessante Einflussstrategien ergänzt haben (Yukl & Falbe 1990; Yukl & Tracey 1992). Nach den Autoren sind geschickte Einbindungsversuche im Vorfeld der direkten Beeinflussung und emotionale, an das Wertesystem des Vorgesetzten angepasste Appelle hilfreich.

Tab. 15: Einflussstrategie „Einbindung" und „Appell" (Yukl & Falbe)

▪ Proaktive Konsultationen	Vorherige Einbindung der Zielperson
▪ Inspirierende Appelle	Emotionaler, wertbezogene Appell an die Zielperson

Natürlich gelangten in Ihren Untersuchungen die „proaktiven Konsultationen" auf Platz (1), gefolgt von „sachlichen Begründungen" und ihren „Inspirierenden Vorschläge" auf Platz (3). Allerdings blieb die Rangreihung der vorher untersuchten Strategien unangetastet.

Strategietypen

Schließlich ermittelte man in der Folge, dass die Verwendung der unterschiedlichen Strategien nicht ganz unabhängig von den sie verwendenden Menschen ist. Der eine bevorzugt, weil er besonders direkt (engl. tough) ist, ein anderes Vorgehen als der eher ängstlich Introvertierte (engl. tender, introvert) (Kipnis & Schmidt 1988). Kipnis fand dabei vier unterschiedliche Strategietypen, die er wie folgt benannte und beschrieb:

- **Macher („Shotgun")**
  Der Macher verwendet alle Strategien, außer der Begründungsstrategie, in außerordentlich hohem Maße. Er hat nur das Ziel im Auge und spielt auf der gesamten Klaviatur, ohne sachlich zu begründen. Demzufolge scheitert er häufig.
- **Beziehungsspezialisten („Ingratiator")**
  Der Beziehungsspezialist ist freundlich, koaliert und verhandelt, nutzt aber die sachliche Begründung zu wenig bestimmt.
- **Diplomat („Tactician")**
  Der Diplomat ist ein Meister der sachlichen Argumentation, der auch die nötige Konsequenz zeigt. Er ist häufig der erfolgreichste Beeinflusser!
- **Mitläufer („Bystander")**
  Dem Mitläufer fehlt es eigentlich an einer rechten Strategie, weil er sich offenbar gar nicht in den Widerstand begeben will.

6.2 Hilfreiche Haltungen und Prinzipien zum Umgang mit dem Chef

Nachdem wir uns mit erfolgreichen Einflussstrategien beschäftigt haben, wobei nicht nur der Vorgesetzte im Zentrum der Beeinflussung stand, wollen wir uns abschließend einigen generellen Haltungen und Prinzipien im Umgang mit dem Chef zuwenden. Fredmund Malik (1995) empfiehlt dazu, sich zunächst mit folgenden Fragen auseinanderzusetzen:

ARBEITSHILFE
ONLINE

Checkliste 12: Fragen zum Umgang mit Ihrem Chef
Was für ein Mensch ist mein Chef?
Wie kann ich mit ihm effektiv zusammenarbeiten?
Wie nutze ich dabei seine Zeit?
Wie nutze ich seine Stärken?
Unterschätze ich meinen Chef auch nicht?

Überrasche ich meinen Chef — insbesondere mit Problemen?
Arbeite ich mit meinem Chef in geschlossenen Kreisläufen zusammen?
Gebe und erhalte ich regelmäßig Feedback?
Ist mein Chef über alles Relevante informiert?

Diese Fragestellungen machen sehr eindringlich deutlich, welche Haltung als Führungskraft und Mitarbeiter wichtig ist, wenn Sie effektiv mit Ihrem Chef zusammenarbeiten wollen. Der Schwerpunkt liegt auf dem Wort effektiv. Nach Malik zeichnete sich eine Führungskraft durch Ihre Wirksamkeit aus, und dies in allen Situationen. Die wirksame Führungskraft

- unterschätzt Ihren Chef nicht,
- respektiert die andere Persönlichkeit und die andere Arbeitsweise,
- informiert den Vorgesetzten uneingeschränkt und vorbehaltlos über relevante Sachverhalte,
- hat sich einen für beide Seiten verlässlichen Arbeitsstil angewöhnt und
- schafft keine zusätzlichen Probleme, sondern ist Problemlöser.

Ihr Job als „wirksame" Führungskraft ist es, Ihr Verhalten auf die Arbeitsweise Ihres Chefs abzustimmen. Sie müssen die Zusammenarbeit mit Ihrer Führungskraft zu einer Erfolgsgeschichte werden lassen. Es liegt auch in Ihrer Hand, ob Sie mit ihm klar kommen oder nicht. Nur, um keine Missverständnisse aufkommen zu lassen, wir würden das gleiche Ihrem Chef sagen, wenn es darum geht, sein Führungsverhalten Ihnen gegenüber zu optimieren. Hier liegt es in seiner Hand. Das ewige Klagen über die andere Seite, über das Gegenüber zeugt nicht von Professionalität. Treten Sie also nicht in die Larmoyanz-Falle. Beginnen Sie Ihren Vorgesetzten zu verstehen. Ist es nicht in jedem Fall ratsam, zunächst zu wissen, mit wem man es zu tun hat? Menschen, Persönlichkeiten und Arbeitsweisen sind sehr unterschiedlich, Vorgesetzte auch.

Vereinfachtes Persönlichkeitsmodell (nach Friedbert Gay)

Um zunächst mit einem vereinfachten Persönlichkeitsmodell zu arbeiten, kann man auf die Einteilung der Abb. 26 zurückgreifen. Sie reicht für unsere Zwecke vollständig aus und vermeidet die Komplexität anderer Modelle (z. B. dem psychoanalytisch begründeten Myers-Briggs-Typindikator). Darüber hinaus gibt es bei dem unten gewählten Modell den Vorzug einer Korrespondenz zu wissenschaftlich gängigen Verfahren, wie dem Big-Five-Kategoriensystem (vgl. Borkenau & Ostendorf 1993), das auch in der Personalauswahl eingesetzt wird. Wir kommen an anderer Stelle noch einmal darauf zurück (s. Meilenstein 9, „Persönlichkeit führt").

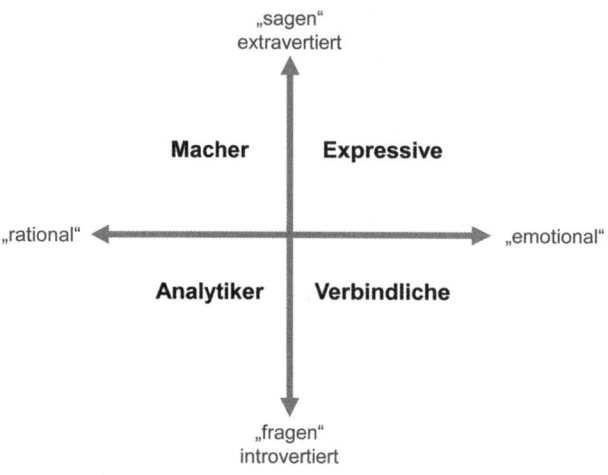

Abb. 26: Vereinfachtes Persönlichkeitsmodell (angelehnt an Gay 2005)

So ist es z. B. naheliegend, dass Sie einem Analytiker als Chef (s. Abb. 26) nicht mit ausschweifenden Erklärungen die Zeit stehlen sollten, wobei er eigentlich nur Zahlen, Daten und Fakten benötigt, um von Ihrem Vorgehen überzeugt zu sein. Der Analytiker legt Wert auf eine systematische Vorgehensweise und benötigt Mitarbeiter, die dem entsprechen. In den folgenden Kästen haben wir wichtigste Charakteristika der unterschiedlichen Chef-Typen und Ihr jeweils angemessenes Verhalten zusammengestellt.

Tab. 16: Der Analytiker als Chef (introvertiert-rational)

Verhaltenstendenzen	Diese Person benötigt andere, die ...
Arbeitet nach Anweisungen und Normen	Verantwortung übernehmen u. erweitern
konzentriert sich auf wichtige Details	selbstständig arbeiten
arbeitet unter geregelten Bedingungen	wissen, was sie zu tun haben
geht diplomatisch mit Menschen um	schnelle Entscheidungen treffen
ordnet sich Autoritäten unter	Störungen und Probleme verhindern
überprüft auf Genauigkeit	Kompromisse mit anderen schließen
fordert Details und Präzision	unpopuläre Standpunkte aussprechen
denkt kritisch, fragt nach	zum gemeinsamen Teamwork ermutigen
benötigt sorgfältige Planung	Diskussionen anregen und leiten

Verhaltenstendenzen	Diese Person benötigt andere, die ...
benötigt Anweisungen und Zielsetzungen	Qualität abliefern und Fehler vermeiden
hasst plötzliche, unvermittelte Änderungen	auf Veränderungen rechtzeitig hinweisen
hasst unsauberes Arbeiten	mit Tabellen über Übersichten arbeiten
delegiert ungern	planen und Organisieren können

Tab. 17: Der Macher als Chef (extravertiert-rational)

Verhaltenstendenzen	Diese Person benötigt andere, die ...
will sofortige Ergebnisse	schnell auf den Punkt kommen
veranlasst Dinge, leite ein, setzt um	direkt antworten und wenig diskutieren
nimmt Herausforderungen an	ihm den Rücken freihalten
löst Probleme sofort	für ihn das Für und Wider abwägen
trifft schnelle Entscheidungen	für ihn Risiken abschätzen und berechnen
hasst langen Diskussionen	für ihn Details überprüfen
stellt bestehende Zustände in Frage	gut überlegte Entscheidungen vorbereiten
beansprucht Autorität und Führung	Bedürfnisse anderer berücksichtigen
übernimmt das Kommando	Fehler bereinigen
verursacht Schwierigkeiten im Team	Probleme abwenden und lösen
unsensibel, direkt, stößt vor den Kopf	Ihre Kompetenzen wahrnehmen

Tab. 18: Der Verbindliche als Chef (introvertiert-emotional)

Verhaltenstendenzen	Diese Person benötigt andere, die
hält einmal akzeptierte Arbeitsabläufe ein	schnell auf Veränderungen reagieren
ist geduldig, ein guter Zuhörer	neue Herausforderungen suchen
entwickelt spezialisiertes Können	neuen Aufgabe gerne angehen
konzentriert sich auf eine Aufgaben	mehrere Dinge gleichzeitig bearbeiten
ist loyal, steht hinter den Mitarbeitern	auf andere Druck ausüben können
kann beruhigend einwirken	in unvorhersehbaren Situationen handeln
mag keine Unsicherheiten und Konflikte	ihm Aufgaben abnehmen

Verhaltenstendenzen	Diese Person benötigt andere, die
mag keine unvorhergesehenen Situationen	eine flexible Arbeitsweise haben
stellt sich nicht gerne um	Stabilität und Klarheit schaffen
delegiert wenig, braucht seine Zeit	Veränderungen vorantreiben
braucht Struktur und Regeln	Begründungen liefern und entscheiden

Tab. 19: Der Expressive als Chef (extravertiert — emotional)

Verhaltenstendenzen	Diese Person benötigt andere, die ...
knüpft Kontakte und Beziehungen	Prioritäten setzen u. die Übersicht wahren
schafft eine motivierende Atmosphäre	sich auf „eine" Aufgabe konzentrieren
ist voller Elan und Tatendrang	sich an Zahlen und Fakten orientieren
hinterlässt einen guten Eindruck	offen, direkt und ehrlich agieren
drückt sich klar und eindrucksvoll aus	systematische Vorgehen und Arbeiten
verbreitet Begeisterung und gute Laune	sich den Details widmen
unterhält andere, guter Gesellschafter	ihm Routinetätigkeiten abnehmen
arbeitet gern in der Gruppe, Teamplayer	Aufgaben mit Logik anpacken
hasst Terminvorgaben und Detailarbeit	Prozessen und Termine im Auge behalten
Planungen und Regeln engen ihn ein	seine Begeisterung teilen, mitziehen
braucht Anerkennung und Wertschätzung	seine Ideen und Kreativität umsetzen

TIPP 14: Hinweise zum Umgang mit dem Chef

- Vergegenwärtigen Sie sich zunächst noch einmal, dass es keine Einflussstrategien gibt, die ausschließlich aufwärtsgerichtet sind, im Sinne einer „Führung von unten". Wechselseitige Einflussnahme sowohl zwischen Führungskraft und Mitarbeiter als auch unter Kollegen (lateral) gehören zu den selbstverständlichen sozialen Austauschprozessen in Organisationen.
- „Führung von unten" ist dann häufig erfolgreich
  - wenn sie sich auf sachlich gut begründete und selbstbewusst vorgetragene Argumentationen stützt,
  - die fehlende formale Autorität durch informelle prosoziale Einflussnahmen, also durch Freundlichkeit und Entgegenkommen kompensiert wird und
  - wenn sie sich der Unterstützung gleichgestellter Kollegen versichern kann.

- Ebenfalls erfolgreich ist das geschickte Einbinden des Vorgesetzten bereits im Vorfeld der direkten Einflussnahme, weil Sie ihn damit quasi rechtzeitig mit in die Verantwortung einbeziehen und so eine ausschließlich ablehnende Entscheidung weitgehend ausschließen können. Ferner erfahren Sie so auch, welche Einwände eventuell einer Entscheidung zu Ihren Gunsten entgegenstehen.
- Emotionale, an das Wertesystem des Vorgesetzten gerichtete Appelle sind ebenso hilfreiche Techniken, um Ihren Einfluss geltend zu machen.
- Nicht zu empfehlende Techniken sind Verhandeln, das Androhen von Sanktionen oder gar das Umgehen des Vorgesetzten.
- Grundsätzlich sollten Sie folgende Prinzipien beim Umgang mit Ihrem Vorgesetzten beachten (vgl. Malik, 1995):
  - Unterschätzen Sie Ihren Chef nicht und respektieren Sie die andere Persönlichkeit und die andere Arbeitsweise Ihres Vorgesetzten. Letztlich hat er die größeren formalen Machtmittel zur Verfügung. Durch das Verständnis des Andersseins Ihres Gegenübers fällt es Ihnen leichter Ihre Arbeitsweise der des Vorgesetzten anzupassen.
- Werden Sie sich darüber klar, was für ein Mensch Ihr Vorgesetzter ist!
  - Beobachten Sie, welche Arbeitsweisen ihr Vorgesetzter bevorzugt und welche Arbeitsrhythmen er hat. Wann können Sie ihn z. B. ansprechen und wann sollte man ihn nicht stören?
  - Klären Sie, welche Motive Ihren Chef in der Arbeit antreiben. Wonach strebt er im Besonderen? Sucht er nach den kleinsten Fehlern oder ist ihm vor allem das Endergebnis wichtig?
  - Ergründen Sie, wo seine Achillesverse liegt. Jeder Mensch hat Themen und Arbeitsfelder, in denen er nicht „kalt erwischt" werden möchte und die er am liebsten umgeht. Warum sollte dies bei Ihrem Chef anders sein. Erinnern Sie ihn nicht immer an seine Schwachstellen, sondern helfen Sie ihm, diese unmerklich zu kompensieren.
- Nutzen Sie die zur Verfügung stehende Zeit Ihres Vorgesetzen sinnvoll! Der effiziente Umgang mit der Zeit des Partners zeugt von Wertschätzung und Respekt ihm gegenüber.
  - Bereiten Sie sich gründlich auf jede Zusammenkunft mit Ihrem Chef vor. Kündigen Sie rechtzeitig Zeitbedarfe für Besprechungen und Konsultationen an!
  - Teilen Sie Ihrem Vorgesetzten im Vorfeld Ihr Anliegen und die vermutlich benötigte Zeit mit.
  - Bereiten Sie alle Unterlagen empfängerorientiert vor und überlegen Sie sich genau, was Sie von Ihrem Vorgesetzten benötigen.
  - Gehen Sie immer mit einem klaren Ziel in die Besprechungen mit Ihrem Chef.

- Konzentrieren Sie sich in der Zusammenarbeit mit Ihrem Vorgesetzen auf dessen Stärken!
  - Nur auf dem Gebiet seiner Stärken haben Sie die Möglichkeit mit Ihrem Vorgesetzten konstruktiv zusammenzuarbeiten. Schließlich macht es keinen Sinn, sich an den Schwächen seines Chefs zu reiben, die Sie ohnehin nicht mühelos werden ändern können.
  - Wenn Sie auf seine Stärken setzten und auf diesem Gebiet mit ihm zusammenarbeiten, werden Sie ihn produktiv für Ihre eigenen Ziele nutzen können. Identifizieren Sie die Gebiete, auf denen er ein Meister ist und lernen Sie von ihm.
  - Außerdem stärken Sie ihn in seinem Selbstbewusstsein und er wird Ihnen dankbar sein, wenn Sie ihn nicht ständig mit seinen Fehlern konfrontieren. Damit öffnen Sie ihn auch für Anliegen, die Sie sonst schwerlich vortragen und durchsetzen könnten.
- Überraschen Sie Ihren Chef nicht mit unvermuteten wichtigen Nachrichten oder Problemen!
  - Orientieren Sie Ihren Vorgesetzen so früh als irgend möglich über zu erwartende Probleme und Schwierigkeiten, von denen auch er betroffen sein kann. Überraschen Sie ihn damit, sind Enttäuschung, Verärgerung und künftiger Argwohn vorprogrammiert. Hilfe und Unterstützung können Sie nur erwarten und erhalten, wenn Sie rechtzeitig „Farbe bekennen".
  - Andererseits verschonen Sie ihn mit jedem von Ihnen eigentlich selbst zu lösenden und lösbaren Problem. Sie sollten ihm möglichst viele Problemlösungen abnehmen und sie nicht zu den seinen machen! Dieses Vorgehen stärkt Ihre Kompetenz und erwirkt den Respekt Ihres Vorgesetzten.
- Arbeiten Sie mit Ihrem Chef auf professionelle Weise zusammen!
  - Es ist häufig sinnvoll, von sich aus einen Auftrag oder eine Aufgabe zu bestätigen und über die Erledigung zu informieren. Missverständnisse und Unwägbarkeiten sind nur so für beide Seiten zu vermeiden. Tun Sie in dieser Beziehung mehr, als Ihr Vorgesetzter von Ihnen erwartet. Es ist Ihre Sicherheit, die ansonsten verloren geht.
  - Dazu müssen Sie in geschlossenen Kommunikationskreisläufen mit Ihrem Chef zusammenarbeiten (dies gilt übrigens auch für den Umgang mit Ihren Mitarbeitern). Das bedeutet, je komplexer die Vereinbarung und der Auftrag ist, umso genauer sollten Sie ihn (nicht immer schriftlich) fixieren, terminieren und abrechnen.
  - Zur Vollständigkeit gehört ein essentielles Feedback bezüglich des ausgeführten Auftrages oder Projekts. Nur so wissen Sie für die Zukunft, worauf Sie verstärkt zu achten haben.

- Teilen Sie Ihrem Vorgesetzten Ihre Ansichten und Meinungen zu allen wesentlichen Sachverhalten, z. B. auch zur Qualität Ihrer Beziehung mit!
  - Malik bringt diesen Sachverhalt sehr humorvoll auf den Punkt: „Man darf niemals auf die Kunst des Gedankenlesens vertrauen".
  - Vorgesetzte orientieren ihr Handeln, meist aus Zeitgründen, bestenfalls nur auf das, was man ihnen mitteilt und sagt. Wenn Sie von sich aus nicht aussprechen, was Sie stört oder behindert, können Sie keine Besserung erwarten.

6.3 Zusammenfassung

- Unter „Führung" werden im weiteren Sinne alle wechselseitigen Interaktionsprozesse verstanden, bei denen sich Personen im organisationalen Kontext gegenseitig beeinflussen, um in Hinblick auf die Ziele der Organisation gemeinsame Aufgaben zu erfüllen (Wunderer & Grunwald 1980).
- Gegenseitig ausgerichtete Beeinflussungsstrategien zwischen Führungskraft und Mitarbeiter sind demzufolge normale Begleiterscheinungen aller sozialen Interaktionsprozesse. Die Verantwortung für die Gestaltung einer effizienten Beziehung zwischen Führungskraft und Mitarbeiter liegt auf beiden Seiten.
- Wir unterscheiden zwischen der „vorgesetzteninitiierten Führung von unten" und der „mitarbeiterinitiierte Führung von unten". Damit wird im Rahmen der partizipativen Führungsansätze die gleichberechtigte und gleichverantwortliche Stellung von Führungskraft und Mitarbeiter betont.
- Als erfolgreiche Beeinflussungsstrategien sowohl von Mitarbeitern als auch von Führungskräften haben sich sachliche Argumentationen, freundliches, kooperatives Verhalten, gefolgt von der Strategie des konsequenten Nachhakens und der Koalitionsbildung erwiesen. Darüber hinaus sind Appelle an das Wertesystem der Zielperson und geschickte Einbindungsversuche im Vorfeld der direkten Beeinflussung erfolgreich.
- Scheitern derartige erste Beeinflussungsversuche, tendieren Führungskräfte in einem Folgeversuch dazu, bestimmter und konsequenter aufzutreten, während Mitarbeiter weniger bestimmt reagieren, dafür aber früher mit ihren Kollegen koalieren.
- Die Ursachen für erfolglose Beeinflussungsversuche sehen Führungskräfte vor allem in der Inkompetenz ihrer Mitarbeiter, während Mitarbeiter die engstirnige Haltung ihres Chefs für ein Scheitern verantwortlich machen.
- Wissenschaftliche Untersuchungen legen nahe, dass bestimmte Persönlichkeiten spezifische Einflussstrategien bevorzugen. So findet man häufig den unstrategischen Macher („Shotgun"), den freundlichen Beziehungsspezialisten

(„Ingratiator"), den sachlich argumentierenden Diplomaten („Tactician") und den konfliktvermeidenden Mitläufer („Bystander"). Der Diplomat ist dabei der erfolgreichste Beeinflusser.

- Um langfristig erfolgreich mit seiner Führungskraft zusammenzuarbeiten, empfiehlt es sich zu klären, was für ein Mensch die vorgesetzte Führungskraft ist, welche Arbeitsweisen sie bevorzugt und wie sie ihre Arbeitsabläufe organisiert. Danach sollte man seine eigenen Arbeitsweisen ausrichten.
- Eine gute Zusammenarbeit mit dem Vorgesetzten ist immer dann zu erwarten, wenn Sie dessen Stärke für Ihre eigene Arbeit nutzen, Sie ihn nicht unterschätzen, ihn regelmäßig informieren und sich Feedback einholen, ihm Problemlösungen offerieren statt ihn mit Problemen zu konfrontieren und mit ihm in geschlossenen Arbeitskreisläufen (Auftragserteilung, Auftragsbestätigung, Auftragsrückmeldung) zusammenarbeiten.

Meilenstein 7: Ihre Kollegen – Mitten im Führungskreis

Kapitelübersicht

- Schlüsselqualifikation „soziales Netzwerken"

- Networking als Beziehungsmanagement

- Networking ist mehr! Mentoring, Coaching und Sponsoring

- Prinzipien, Aufbau und Pflege sozialer Netzwerke

Den ersten Kontakt zu Ihren Kollegen auf der gleichen Hierarchieebene nehmen Sie über Ihre erste Dienstberatung oder Teambesprechung bei Ihrem neuen Vorgesetzten auf. Der wird möglicherweise den Status eines Abteilungsleiters haben. Demzufolge sind Sie nun zusammen mit ca. zwei bis vier weiteren Kollegen als Gruppenleiter im Führungskreis Ihrer Abteilung angelangt. Nehmen wir als Beispiel den in Deutschland am häufigsten vorkommenden Unternehmenstyp, ein mittelständisches Unternehmen mit ca. 250 Mitarbeitern, dann gibt es wahrscheinlich wenigstens sechs ähnlich aufgestellte Stabsabteilungen (Personal, Finanzen, Einkauf/Beschaffung, Marketing/Vertrieb, IT etc.) sowie Produktions- oder Marktbereiche mit Gruppenleitern. So kommen schnell bis zu 20 Kollegen zusammen, die den gleichen hierarchischen Status mit Ihnen teilen. Dazu kommen Kontakte zu ausgewählten, hierarchisch höher gestellten Abteilungs- und Bereichsleitern, zu zentralen Projektleitern, zu Kollegen aus Gremien und Ausschüssen und natürlich zu Mitarbeitern in „Schlüsselpositionen" (Spezialisten für Personalbetreuung, IT-Verantwortliche, Controller, Revisoren etc.). Darüber hinaus pflegen Sie Kontakte zu Ihren Kunden, zu Geschäftspartnern, Zulieferern, externen Beratern usw.

Qualität oder Quantität der Kontakte

Zählen wir alles zusammen, so können wir davon ausgehen, dass Sie wahrscheinlich an die 100 potentielle Dienstkontakte haben, die Sie gewinnbringend entwickeln und gestalten sollten. Wenn Sie diese potentiellen Kontaktquellen alle in gleicher Qualität pflegen wollten, würde Ihre zur Verfügung stehende Zeit nicht ausreichen. Und doch scheint ein konzentrierter und kalkulierter Aufwand für die aufmerksame Pflege Ihrer sozialen Kontakte unentbehrlich zu sein. Dabei kommt es dann wesentlich auf die Qualität und nicht auf die Quantität Ihres Beziehungsnetzwerkes an.

Aber auch die Unternehmen selbst setzten z. B. beim Thema Besetzung von Schlüsselpositionen, Talentmanagement oder Arbeitgeberimage verstärkt auf Methoden des Networking: Einsatz von Schülerpraktikanten, Pflege von Alumni-Netzwerken (zum Erhalt der Beziehungen zu den ehemaligen Kollegen), Gründung von Stiftungen, Kontakte zu Schulen und Universitäten, Auftritte in den Social Media (Facebook etc.), gezielte Teilnahme an Bildungsmessen, Trainee-Stellen für Absolventen, Kooperationsverträge mit Schulen, Businessplan-Wettbewerbe, Finanzierungshilfen für Studenten, Stipendien, Wirtschafts- und Sozialunterricht an Schulen, „Mitarbeiter werben Mitarbeiter" u. v. m.

Alle diese Maßnahmen der Beziehungsgestaltung und -pflege dienen einem betriebswirtschaftlich begründeten Ziel, nämlich der langfristigen, vorsorglichen Bindung von hochqualifizierten Arbeitskräften auf einem immer enger werdenden Markt. Networking und Beziehungsmanagement sind dafür unentbehrliche Requisiten.

7.1 Networking

Soziales Netzwerken ist allerdings auch ungeheuer in Mode gekommen. Ohne ein gut funktionierendes Netzwerk, so prophezeit man Ihnen allerorts, sind Sie nicht mehr **arbeitsmarktfähig**. An Positionen und Jobs kommt man nur über Vitamin „B" (Beziehungen). Kennen Sie niemanden, der jemanden kennt, ist Ihre Karriere beendet, bevor sie so richtig begonnen hat. Was ist an diesen Behauptungen haltbar, was ist übertrieben?

Zunächst einmal scheint Networking tatsächlich die Geister zu scheiden. Entweder man mag es oder man hasst es. Dies wird offenbar auch durch die zahlreichen Publikationen zu diesem Thema unterstützt, die den gänzliche Uneingeweihten nahelegen, endlich dazuzugehören, zum Club derer, die es geschafft haben.

Ohne wenigstens eine beachtenswerte Mitgliedschaft in einem der renommierten Business-Clubs (Rotary, Lions, Wirtschaftsjunioren u. ä.) sind Sie, so will man Sie glauben machen, ein Niemand. Da ist das Buch von Devora Zack „Networking für Networking-Hasser: Sie können auch alleine essen und erfolgreich sein!" eine wohltuende Ausnahme (Zack 2010, engl. Original). Nicht, dass sie nun Networking generell verurteilt, aber sie wendet sich mit viel Einfallsreichtum an die Introvertierten, Überwältigten und Minderverknüpften (engl. „Introverts, the Overwhelmed, and the Underconnected").

Soziales Networking oder auch Beziehungsmanagement hat tatsächlich etwas mit Ihrer Persönlichkeit zu tun. Sind Sie eine extravertierte, breitinteressierte, gerne im Mittelpunkt stehende Persönlichkeit, die ohnehin viele Kontakte unterhält und ständig auf den Beinen ist, werden Sie mit diesem Thema kaum Probleme haben. Sind Sie allerdings ein introvertierter Spezialist auf Ihrem Fachgebiet, der eher ernsthaft daherkommt, viel Zeit und Konzentration für fachliche Tüfteleien aufwendet, den darüber hinaus die letzten Ergebnisse der Bundesliga oder der Formel I wenig Begeisterung abverlangen, sollten Sie sich schon mit dem Gedanken vertraut machen, dass Sie Ihr berufliches Vorwärtskommen leider nicht nur von Ihrer Fachexpertise abhängt, sondern auch davon, dass die Welt davon erfährt. Und dafür kann man, ohne dass man zu einem Netzwerkguru avanciert, auf ganz unaufgeregte Art und Weise sorgen.

Der Begriff „Employability" (deutsch: Arbeitsmarktfähigkeit) bezeichnet alle individuellen Faktoren, die dazu dienen, dass eine Person ihre Beschäftigungsfähigkeit auch bei sich verändernden Arbeitsmarktbedingungen erhalten kann. Diese individuellen Faktoren werden eingeteilt in „Knowing Why" (berufliches Selbstverständnis und berufliche Überzeugungen), „Knowing How" (Qualifikation, berufliche Fertigkeiten und berufliche Erfahrung) und **„Knowing Whom"** (Kontakte und der Aufbau von persönlichen Netzwerken sowie einer positiven persönlichen Reputation). Coleman (1988) bezeichnet das „Knowing Whom" auch als **Soziales Kapital**, welches sich in sozialen Netzwerken bildet. Diese Netzwerke vermitteln „Ziele und Normen, schaffen Vertrauen, ermöglichen Zusammenarbeit, erzeugen Informationen und sanktionieren Normverletzungen." (Blickle 2011, S. 177).

Unter **Networking** versteht man in diesem Zusammenhang den Aufbau und die Nutzung von Beziehungen im Berufsleben (Blickle 2011). Insofern wollen wir unter Sozialen Netzwerken persönliche Beziehungen verstehen, die sowohl formelle als auch informelle zweckbestimmte Gruppen bilden. Sie dienen über eine vorsorgliche Kontakteaufnahme, -ausweitung, -pflege und -nutzung letztlich der Erfüllung von in erster Linie beruflichen Zielen. Das heißt Netzwerkaufbau und Netzwerkpflege hat in Anbetracht der Fülle an möglichen Kontakten zielorientiert zu erfolgen.

Die Anzahl und die Ausweitung sozialer Kontakte im Laufe des Berufslebens ist ein Zeichen der beruflichen Aktivität, des beruflichen Fortkommens und auch der psychischen Gesundheit. Menschen mit zahlreichen sozialen Kontakten erzeugen offenbar einen sozial nützlichen Mehrwert für andere, und sind darüber hinaus für die betreffenden Personen selbst stimulierend und stabilisierend. Soziales Netzwerken in diesem Sinne ist wechselseitige Nutzenstiftung. Nach der Beendigung der Berufslaufbahn oder in Zeiten beruflicher Krisen kommt es oft zu einem ungewollten und leidvollen Rückgang an sozialen Kontakten. Andererseits sind gerade jene Personen, die zeitlebens ein stabiles soziales Netz unterhielten, weniger von diesem Phänomen betroffen, und damit besser auf kritische Lebensereignisse vorbereitet.

Gerade für den Laufbahnerfolg von jungen Nachwuchskräften hat sich Networking als besonders hilfreich erwiesen (Wolff & Moser 2009). Darüber hinaus zeigten Metaanalysen (die Zusammenführung mehrerer Forschungsstudien) einen Zusammenhang zur Höhe des Einkommens, zum beruflichen Aufstieg allgemein und zur Berufszufriedenheit (Ng, Eby u.a. 2005).

Networking als Beziehungsmanagement

Networking als Beziehungsmanagement verstanden, kann sich dabei auf ganz unterschiedliche Aspekte oder Maßnahmen beziehen.

- **Networking**
  Mitgliedschaft in bzw. Aufbau von zweckbestimmten sozialen Netzwerken (persönliche Beziehungen innerhalb und außerhalb des Unternehmens z. B. zu Kunden und Partnern, Unternehmerstammtische, Berufsverbände, Gesellschaften und Vereine, Teilnahme an Weiterbildungsmessen und Qualifizierungsmaßnahmen).
- **Nachwuchsförderkreise**
  In der Regel durch die Personalabteilung initiierte Foren (z. B. Nachwuchsführungskreise, Nachwuchsförderkreise, Foren des Talentmanagement, Veranstaltungen zum Erfahrungsaustausch von Nachwuchskräften usw.).
- **Kollegen Coaching**
  Kollegiale Beratung Gleichgestellter ohne Autoritätshürde zur Bearbeitung von z. B. Rollenkonflikten, Anpassungsschwierigkeiten, emotionale Belastungen.
- **Führungskräfte oder Spezialisten Coaching**
  Beratung durch Linien-Führungskräfte oder Experten zum Aufbau von Management Skills, Verkaufsfähigkeiten usw.

- **Mentoring**
  Begleitung von erfahrenen, zumeist einflussreichen Persönlichkeiten aus dem eigenen Unternehmen zur direkten Unterstützung des beruflichen Aufstiegs und der Karriereplanung (z. B. Mitglieder von Vorständen, Aufsichtsräten, Gremien); aber auch dafür eingerichtete Positionen im Unternehmen wie z. B. die Vorstandsassistenz oder Generalbevollmächtigte, die direkt mit dem Vorstand zusammenarbeiten.

- **Sponsoring (immateriell)**
  Unterstützung durch im Markt oder im Unternehmen hervorragend positionierte Persönlichkeiten mit einem breiten sozialen Netzwerk als Agenten zur Beschaffung von Kontakten, Aufträgen, Stellen oder auch Fördermitteln.

- **Fremd- und Selbstmarketing**
  Unterstützung beim Verkauf der eigenen Kompetenzen, Produkte und Dienstleistungen im Rahmen potentieller Interessentennetzwerke. Dazu eignen sich Kontakte zu Journalisten, Redakteuren beruflich relevanter Zeitschriften, Teilnahme an abteilungsübergreifenden Projekten, Präsentationen der Abteilungs- oder der eigenen Kompetenzen im Intranet des Unternehmens oder im Internet, ständig verfügbare und aktuelle berufliche Lebensläufe, Visitenkarten usw., darüber hinaus die Entwicklung von entsprechenden Fähigkeiten, um sich selbst und seine Leistungen adäquat, d. h. gewinnbringend in der Öffentlichkeit zu präsentieren.

- **Empfehlungsmanagement**
  Generelles Prinzip nach fast allen erfolgreichen Kontaktaktivitäten (vor allem im Kundenverkehr), wobei der Kontaktpartner gefragt wird, wer aus seinem Netzwerk eventuell Ihre soeben erbrachte Leistung noch benötigen könnte.

Wie Sie sehen, ist die Liste möglicher Aktivitäten durch Beziehungsmanagement seinen beruflichen Aufstieg zu unterstützten, lang und vermutlich nicht vollständig. Interessant ist dabei, dass Längsschnittuntersuchungen an Nachwuchskräften herausgefunden haben, dass z. B. die selbstständige Suche nach einem Mentor mit dem Ausmaß der jeweils erhaltenen Unterstützung durch denselben korreliert. Das heißt nichts anderes, als das die eigene Aktivität bei all diesen Maßnahmen ein Erfolgsgarant zu sein scheint (Blickle, Witzki u.a. 2009). Nicht selten sind auch „politische Fertigkeiten" notwendig (Kontaktfähigkeit, Soziales Gespür, Networking und Vertrauensbildung). Je höher die unternehmerischen Managementanforderungen einer Position, desto enger ist der Zusammenhang von politischen Fertigkeiten und beruflicher Leistung (Blickle, Kramer u.a. 2009).

7.2   Mentoring

Metaanalysen haben gezeigt, dass Nachwuchskräfte, die durch Mentorenprogramme Unterstützung erhalten haben, sowohl weniger Rollenstress als auch weniger Rollenkonflikte erleben, ihre Arbeitszufriedenheit ist höher, sie steigen etwas schneller auf, haben ein etwas höheres Einkommen sowie eine erfolgreichere berufliche Sozialisation (Allen, Eby u.a. 2004; Kammeyer-Mueller & Judge 2008, zit. in Blickle 2011).

Bezeichnenderweise wird die Person, die sich eines Mentors bedient, häufig als Protegé bezeichnet. Wie diese Bezeichnung auch entstanden sein mag, sie macht sehr schön deutlich, welchem Prinzip der diesbezügliche Erfolg zugrunde liegt. In unserer Tätigkeit als Unternehmensberater sind uns nicht selten Fälle begegnet, wo ein Auszubildender, nur weil das Auge des Geschäftsführers auf ihn gefallen war, eine außerordentlich schnelle und erfolgreiche Karriere im selben Unternehmen vollzog. In einem Fall avancierte der beschriebene Auszubildende sogar bis zum Vorstand. Und dies in einem Unternehmen, wo es offiziell keine Mentorenprogramme gab. Nicht zu unterschätzen ist dabei der gegenseitige Nutzen. Der Mentor stützt und unterstützt vor allem jene Talente und Nachwuchsführungskräfte, die sowohl fähig als auch durchsetzungsstark sind, und ihn und seine eigene Stellung stärken.

Auch wenn sich heute in vielen Unternehmen Coaching und Mentoring als fester Bestandteil der Personalentwicklung etabliert haben, ist es ratsam, sich seinen Mentor selbst auszuwählen oder sich von diesem auszuwählen zu lassen. Dies gilt übrigens auch für das Coaching. Alle Programme, wo Personalverantwortliche eine Zuordnung quasi vom grünen Tisch aus entscheiden, verfehlen eher die Wirkung, die sich hinter dem Konzept verbirgt.

Der wirksame Mentor vertraut der Leistungsfähigkeit seines Protegé, hält diesen für außerordentlich begabt und entwicklungsfähig, hat eine enge persönliche Beziehung zu ihm, sieht womöglich sich selbst in seinem Sprössling, und versucht ihm seinen Weg wo immer möglich zu bahnen.

Der Name „Mentor" entstammt übrigens Homers „Odyssee". Mentor ist dort eine Verkörperung der Athene, die Telemachos, Sohn des Odysseus, während dessen Jugend — eben in der Gestalt des Mentor — als Erzieher und Hauslehrer behütete. Er (Sie) begleitet Telemachos, übernimmt die Rolle des väterlichen Beschützers bis Odysseus aus dem Trojanischen Krieg heimkehrt.

Im Wesentlichen werden unter Mentoring drei verschiedene Funktionen gefasst:

1. Die karrierebezogene Funktion

- Der Mentor fördert den beruflichen Aufstieg des Protegé innerhalb und außerhalb der Organisation (z. B.: Beförderungen und Versetzungen).
- Er fördert die Talente und Fähigkeiten des Protegé durch den bevorzugten Einsatz in wichtigen Projekten und unternehmensweiten Aufgabenstellungen.
- Er entwickelt insbesondere die politischen und sozialen Potenziale, indem er dem Protegé die entscheidenden Wirkmechanismen der Organisation nahe bringt und seine organisatorischen und Managementfähigkeiten herausbildet.
- Er ermöglicht dem Protegé neue, wichtige Kontakte, gewährt ihm Zugang zu entscheiden Personengruppen und unterstützt dessen Selbstmarketing.
- Er gestaltet mit ihm gemeinsam die langfristige Karriereplanung.
- Und er schützt den Protegé durch seine Positionsmacht vor drohendem Schaden.

2. Die psychosoziale Funktion

- Durch die emotionale Nähe schafft der Mentor eine vertrauensvolle, auf gegenseitigem Respekt beruhende Beziehung.
- Er konsolidiert den Protegé emotional, hilft bei persönlichen Problemen und Entscheidungsschwierigkeiten.
- Er stärkt das Selbstbewusstsein und das Selbstvertrauen und entwickelt ein adäquates Selbstbild des Protegé.
- Er steht als Vertrauter bei Rückschlägen und Misserfolgen zur Verfügung.

3. Die Rollenfunktion

- Der Mentor ist gleichzeitig Vorbild und Rollenmodell für den Protegé.

Das im US-amerikanischen Raum weit verbreitete Fragebogeninventar „Mentor Role Instrument" zur Erfassung der geschilderten Funktionen ist in der Tab. 20 auszugsweise dargestellt (zit. nach Blickle & Schneider 2007; Blickle 2011).

Tab. 20: Das „Mentor Role Instrument" (MRI) nach Ragins und McFarlin (1990)

Funktionen	Beispielitem
Karrierebezogen	**Mein Mentor ...**
Challenge	▪ sorgt dafür, dass ich herausfordernde Aufträge bekomme
Coach	▪ gibt mir Ratschläge, wie man Beachtung in der Organisation findet
Exposure	▪ hilft mir, stärker in der Organisation wahrgenommen zu werden
Protector	▪ schützt mich vor denen, die mir vielleicht schaden möchten
Sponsor	▪ setzt seinen Einfluss in der Organisation zu meinen Gunsten ein
Psychosozial	**Mein Mentor ...**
Acceptance	▪ hat eine gute Meinung von mir
Counseling	▪ gibt mir Resonanz, um mich selbst zu verstehen und zu entwickeln
Friendship	▪ ist jemand, dem ich mich anvertrauen kann
Parent	▪ ist wie ein Vater/eine Mutter zu mir
Role Model	▪ ist jemand, mit dem ich mich identifiziere
Social	▪ und ich treffen uns oft nach der Arbeit informell alleine

7.3   Im Führungskreis

Im Führungskreis gleichgestellter Gruppenleiter, entweder in Ihrer Abteilung oder aber über die Abteilungsgrenzen hinaus, gehören Sie bereits zu einer Gruppe „Auserwählter". Auch hier müssen Sie Networking betreiben und zunächst in die Gruppe eingelassen werden. In der Regel wird Sie Ihr Vorgesetzter vorstellen und Ihnen die Möglichkeit geben, sich selbst in Position zu bringen. Bereiten Sie sich auf dieses erste Teammeeting besonders gewissenhaft vor. Was wollen Sie über sich preisgeben? Wie wollen Sie sich darstellen? Zu empfehlen ist in dieser Situation immer, dass Sie Ihren persönlichen Mehrwert für die anderen Kollegen und Ihre Unterstützungsbereitschaft und gemeinsame Einstellungen und Ideale zum Ausdruck bringen. Stellen Sie durchaus Fragen und zeigen Sie Interesse für die anderen Arbeitsgebiete. Bieten Sie sich als Gesprächs- und Kontaktpartner an, indem Sie auch von Ihren persönlichen Interessen und außerdienstlichen Betätigungen sprechen.

Denken Sie aber daran, dass das Networking in diesem Kreis eine zweischneidige Angelegenheit ist. Sie sind sowohl „Leidensgenosse", Verbündeter (manchmal auch gegen den eigenen Vorgesetzten), als auch Konkurrent und Mitbewerber auf der Karriereleiter. Insofern müssen Sie Ihr Beziehungsmanagement auf diese Situation abstimmen und gut überlegen, zu welchen Ihrer Kollegen ein höheres Ausmaß an Nähe und Offenheit unschädlich ist. Das werden Sie aber nur im Laufe der Zeit zuverlässig erfahren. Also seien Sie anfänglich etwas auf der Hut und suchen Sie sich zunächst einen „treuen" Gefährten, mit dem Sie sich vorbehaltlos austauschen können. Wie Gruppen generell funktionieren, werden Sie im Meilenstein 8 mit dem Thema „Teamanalyse" näher erfahren.

Ihren Status in dieser Gruppe können Sie vorbehaltlos verbessern, wenn Sie sich darüber informieren, wie Ihre Kollegen denken, was ihnen am Herzen liegt, wo ihre Probleme liegen und was ihre Ziele und Absichten sind. Wenn es Ihnen darüber hinaus gelingt, sich als Fürsprecher und Meinungsmacher in dieser Gemeinschaft zu etablieren, können Sie nur gewinnen. Dazu sollten Sie anfänglich alle Kontaktmöglichkeiten mit Ihren Kollegen nutzen. Den Einstand als Kollege sollten Sie nicht nur mit Ihrem neuen Team, sondern auch mit Ihren Führungskollegen feiern.

Übernehmen Sie anfänglich auch Aufgaben (z. B. Protokoll anfertigen), die eigentlich keiner gerne in Ihrem Führungskreis übernimmt. Sie erweisen sich damit als echtes Gruppenmitglied, das zupackt und sich für die Gruppe engagiert. Im Laufe der Zeit sollte dies zwar nicht zur Gewohnheit werden, aber in der ersten Phase kann es hilfreich sein. Bringen Sie sich aber auch für statusförderliche Aufgaben und Projekte in Stellung, die Sie bei entsprechender Erledigung für echte Herausforderungen qualifizieren.

Networking als Beziehungsmanagement in und aus Ihrem Unternehmen heraus öffnete Ihnen zahlreiche Möglichkeiten Ihre Karriere erfolgreich zu unterstützen. Dabei gilt es, einige Prinzipien und Vorgehensweisen einzuhalten, die wir Ihnen im folgenden Tipp nochmals kurz zusammenfassen.

TIPP 15: Persönliches Networking und Beziehungsmanagement

- **Ziele:** Bestimmen Sie zunächst, welche Ziele Sie über Ihre Kontaktbemühungen erreichen wollen. Dabei können Sie auf unterschiedliche Themen kommen, die jeweils unterschiedliche Netzwerke ansprechen können:
  - Suche nach Stellen und Positionen in und außerhalb des Unternehmens.
  - Suche nach Aufträgen und potentiellen Kunden oder Interessenten.
  - Suche nach Erweiterung der eigenen Wissensbasis.
  - Suche nach erfolgskritischen Personen, die Sie bei Vorhaben unterstützten.
  - Suche nach erfolgreichen Personen, von denen Sie lernen können.
  - Suche nach besonderen Bewährungsmöglichkeiten.
  - Suche nach Personen, die Sie emotional stärken und Ihnen Sicherheit geben.

- **Aufbau:** Die erste Frage, die sich stellt, ist die Frage nach dem Wie. Wie kann ich mir ein Beziehungsnetzwerk aufbauen? Nichts einfacher als das. Sie müssen nur den Mut aufbringen, Kollegen, Vorgesetzte, Kunden und andere interessante Menschen anzusprechen. Und dies fällt gemeinhin leichter, wenn sie Ihnen sympathisch oder ähnlich sind. Nur so entstehen langfristige Kontakte. Die menschliche Beziehung ist das A und O. Dabei spielt es zunächst überhaupt keine Rolle, was aus diesem Kontakt werden kann. Wenn Sie sich aber für diesen Menschen interessieren, ihn sympathisch finden, ihm vielleicht beim ersten Kontakt sogar eine Gefälligkeit erwiesen haben, lassen Sie ihn nicht ohne eine Visitenkarte gehen, es sei denn, Sie sehen ihn morgen sowieso beim Mittagessen. Um aber diese Möglichkeit zu haben, müssen Sie zielgerichtet potentielle Situationen aufsuchen, in denen sich das oben gesagte ereignen kann.
  - In Ihrem Unternehmen sind das möglicherweise folgende: Projektgruppen, Präsentationen, hierarchieübergreifende Arbeitsgruppen, Teammeetings, informelle Kontaktmöglichkeiten (Weihnachtsfeiern, Raucherecke, Kantine, Sportgruppen etc.).
  - Auch die Nutzung der Social Media (Facebook, Xing u. a.) kann sinnvoll sein, wenn Sie sich an die Gepflogenheiten der Netzetikette halten und Ihren eigenen Daten- und Persönlichkeitsschutz nicht aus den Augen verlieren.
- **Qualität:** Der Zweck eines sinnvollen Networking besteht nicht darin, möglichst viele, sondern die richtigen Kontakte zu pflegen. Zu viele Kontakte lassen sich nicht in der gleichen Qualität aufrechterhalten. Kategorisieren Sie Ihre Kontakte nach A, B und C-Kontakten. A-Kontakte müssen Sie häufiger kontaktieren als C-Kontakte. Überlegen Sie, welche Kontakte Sie welchen Ihrer Ziele näherbringen. Behandeln Sie dennoch im Kontakt jeden Partner gleich freundlich.
- **Langer Atem:** Netzwerke zahlen sich nicht unmittelbar und kurzfristig aus. Gehen Sie nicht davon aus, dass Sie aus jedem Kontakt Nutzen ziehen werden. Von zehn Kontakten kann sich nach Jahren nur einer tatsächlich auszahlen, vom dem Sie gerade nichts erwartet hatten. Seien Sie also nicht zu ungeduldig.
- **Soziale Kompetenz:** Im konkreten, persönlichen Kontakt zu Ihren Netzwerkpartnern, vergessen Sie am besten Ihre durchaus lobenswerte Zielorientierung! Wenn Ihr Partner merkt, was Sie eigentlich beabsichtigen, verdirbt es die Beziehung und Sie werden ihn verlieren. Haben Sie Spaß am Kontakt mit Menschen und an der Aktivität der sozialen Beziehungspflege an sich.
- **Mehrwert:** Bei allen Ihren Bemühungen, denken Sie bitte immer daran, was Sie Ihrem Kontaktpartner geben können. Warum könnte er bzw. sie sich gerade für Sie interessieren? Welchen Mehrwert könnten Sie für Ihren Kollegen haben? Was können Sie ihm Gutes tun? Wissen Sie dies nicht, verfü-

gen Sie quasi über keine Zahlungsmittel im Networking. Und, gehen Sie in Vorleistung! Fragen Sie bei jedem persönlichen Kontakt nach dem, was ihn bzw. sie gerade beschäftigt oder wonach er oder sie sucht. Möglicherweise sucht Ihr Kollege oder Ihre Kollegin gerade nach jemandem, den Sie kennen!

- **Empfehlungen:** Wenn Ihr Netzwerk zu unübersichtlich zu werden droht und Sie schon lange von bestimmten Kontakten nichts mehr gehört haben, betätigen Sie sich als Kontaktvermittler und Empfehlungsmanager. Wer aus Ihrem Netzwerk könnte diese Kontakte sinnvoller nutzen als Sie selbst. Empfehlungsmanagement sollten Sie zum generellen Prinzip Ihres Networking machen.
- **Pflege:** Die Wartung Ihres Netzwerkes wird Ihnen heute durch Outlook u. ä. Datenbanksysteme sehr vereinfacht. Tragen Sie alles Wissenswerte dort ein! Vor allem die Interessensgebiete und Kompetenzen Ihrer Partner, natürlich Geburtstage und andere wichtige Termine. Und überlegen Sie, wie Sie strategisch vorgehen: Wen wollen Sie wie häufig kontaktieren? Und warum? Kontaktanlässe sind wertvolle Informationen zur Kontaktaufnahme.
- **Prinzip Hoffnung:** Wir wüssten nicht einen einzigen Grund, warum Sie Kontakte oder Sie sich selbst aus einem Kontakt verabschieden sollten. Kontakte mögen „verblassen", augenblicklich irrelevant sein oder Jahre zurückliegen, aber man weiß nie! Melden Sie sich doch einmal wieder!

7.4   Zusammenfassung

- Der Begriff „Employability" bezeichnet alle individuellen Faktoren einer Person, die dazu dienen, ihre Beschäftigungsfähigkeit auch bei sich verändernden Arbeitsmarktbedingungen zu erhalten und auszubauen.
- Diese Faktoren werden eingeteilt in „Knowing Why" (berufliches Selbstverständnis und berufliche Überzeugungen), „Knowing How" (Qualifikation, berufliche Fertigkeiten und berufliche Erfahrung) und „Knowing Whom" (Kontakte und der Aufbau von persönlichen Netzwerken sowie einer positiven persönlichen Reputation).
- „Knowing Whom", auch als Soziales Kapital oder Networking bezeichnet, bezeichnet alle Fähigkeit einer Person, soziale berufliche Kontakte aufzubauen und gewinnbringend für das eigene berufliche Fortkommen zu nutzen.
- Networking (Soziales Netzwerken) dient über eine vorsorgliche Kontakteaufnahme, -ausweitung, -pflege und -nutzung letztlich der Erreichung von in erster Linie beruflichen Zielen. Networking ist berufliches Beziehungsmanagement. Es unterstützt den beruflichen Aufstieg und erhöht die Arbeitszufriedenheit.

- Networking professionell betrieben, bedeutet ein zielgerichtetes, gut organisiertes und langfristig ausgerichtetes berufliches Beziehungsmanagement zum gegenseitigen Vorteil.
- Networking als professionelles Beziehungsmanagement umfasst zahlreiche Formen, Methoden und Maßnahmen. Dazu gehören z. B. die Mitgliedschaft in beruflich ausgerichteten sozialen Netzwerken (z. B. XING, Berufsverbände, Vereine etc.), die Beteiligung an Nachwuchsförderkreisen, auch die Nutzung von Coaching, Mentoring, und Sponsoring und ein selbstinitiierte Marketing der eigenen Person.
- Für den erfolgreichen Start in eine Führungsposition hat sich vor allem das Mentoring bewährt. Mentoring ist die Begleitung von erfahrenen, zumeist einflussreichen Persönlichkeiten aus dem eigenen Unternehmen zur direkten Unterstützung des beruflichen Aufstiegs und der Karriereplanung.
- Nachwuchskräfte, die durch ein Mentorenprogramm begleitet wurden, erleben weniger Rollenstress und Rollenkonflikte, haben eine höhere Arbeitszufriedenheit, steigen schneller auf und erfahren insgesamt eine erfolgreichere berufliche Sozialisation.
- Der wirksame Mentor vertraut der Leistungsfähigkeit seines Protegé, hält diesen für außerordentlich begabt und entwicklungsfähig, hat eine enge persönliche Beziehung zu ihm und versucht ihm seinen beruflichen Weg wo immer möglich zu bahnen. Der Mentor fungiert als Karrierekatalysator, als psychosozialer Unterstützer und als Rollenvorbild.
- Networking im eigenen Unternehmen bedeutet darüber hinaus, nach Übernahme der Führungsfunktion zu allen wesentlichen Bezugspersonen (z. B. übergeordnete Führungskräfte in der Linie, gleichgestellte Führungskräfte in wichtigen Schnittstellenfunktionen) stabile Kontakte aufzubauen und zu pflegen.

Meilenstein 8: Teamanalyse – Ihre neuen Mitarbeiter verstehen

Kapitelübersicht

- Was ist eine Gruppe/Team?

- Hardfacts Ihres Teams: Größe, Zusammensetzung (Personen)

- Die ideale Gruppengröße, Umgang mit großen Gruppen

- Leistungsvorteil von Gruppen nutzen

- Entwicklungsphasen und Entwicklungsstand Ihres Teams

- Rollen (Funktionen), Strukturen und Normen Ihres Teams

- Phänomene: „Gruppendruck" und „Tendenz zur Mitte"

- Einstellungen erfolgreich ändern

Sie stehen nun Ihrem neuen Team gegenüber. Sie können Ihr Team als ehemaliger Kollege bereits viele Jahre kennen, oder aber die Mitarbeiter sind Ihnen aus dem persönlichen Kontakt gänzlich unbekannt. Da es uns im Folgenden um die Analyse der Teamsituation geht, haben Sie demzufolge als ehemaliger Kollege einige Vorteile, kennen Sie doch die Eigenarten der Kollegen und das Arbeitsklima aus eigenem Erleben. Demgegenüber hat derjenige, der als noch Unbekannter das neue Team erst kennenlernen muss, einigen Nachholbedarf. Nichtsdestoweniger sollte aber auch der scheinbar gut Informierte systematischer und strukturierter als bisher ein „neues" Bild seines Arbeitsteams entwerfen. Insofern wollen wir in unserer Analyse keine Unterschiede in der Betrachtung der Ausgangssituation machen. Lassen Sie uns aber zunächst fragen, was eine Arbeitsgruppe ist?

Tab. 21: Definition — Was ist eine Arbeitsgruppe?

Eine Arbeitsgruppe ist ...	Aspekt
• eine zweckbestimmte Zusammenstellung	1. Zweck
• einer Anzahl im bestimmten Maße charakterisierter Personen,	2. Größe, Charakteristik
• die über längere Zeit (befristet/unbefristet)	3. Entwicklung
• zur Erfüllung einer Aufgabenstellung	4. Ziele, Aufgaben
• in direktem Kontakt stehen,	5. Kommunikation, Kooperation
• wobei sich Strukturen und Rollen differenzieren,	6. Rollen, Struktur
• gemeinsame Normen und Regeln entwickeln und	7. Normen, Regeln
• ein Zusammengehörigkeitsgefühl entsteht.	8. Dynamik, Kohäsion, Klima

Die Definition in der linken Tabellenspalte, die Sie von Zeile von Zeile als Satz lesen können (verändert nach Rosenstiel 2003), mündet in die jeweils rechts stehenden Aspekte, nach denen eine Gruppe charakterisiert werden kann. Da die Begriffe Gruppe und Team in der psychologischen Forschungsliteratur zumeist synonym verwendet werden, unterscheiden wir sie auch hier nicht. Wenn es allerdings ein Unterscheidungskriterium gibt, so ist „Gruppe" die neutrale Bezeichnung für das sozialpsychologische Phänomen. „Team" steht hingegen für eine qualitativ hochwertigere Strukturierung hinsichtlich der Gruppenleistung und des Gruppenklimas.

Eine Ihrer vordringlichsten Aufgaben als Führungskraft ist es, sich über die Qualität, den Charakter Ihrer Gruppe einen Überblick zu verschaffen. Gruppe ist nicht gleich Gruppe. Insofern ist die obige Definition in der Tat „neutral" und „wertfrei". Der qualitative Unterschied macht sich letztlich in der zielbezogenen Bewertung der genannten Aspekte einer Gruppe fest.

Auf einige der in der Tab. 21 erwähnten Aspekte wollen wir bereits in diesem Meilenstein näher eingehen. Wir beschränken uns dabei auf jene, die für Ihre Teamanalyse zu Beginn besonders wichtig sind, weil sie zumeist als vorgefundene Strukturen oder Elemente zunächst unveränderlich scheinen. Dass sie dennoch beeinflussbar sind, wollen wir Ihnen in den nächsten Abschnitten zeigen. Den Aspekten 4. „Ziele und Aufgaben" bzw. 5. „Kommunikation und Kooperation", die Sie als Führungskraft dann in der Folge aktiv gestalten können, werden wir uns genauer im Meilenstein 11 widmen.

8.1 Gruppenzweck

Nach dem Zweck unterscheiden wir in erster Linie **formelle**, absichtsvoll zusammengestellte, und **informelle**, eher spontan entstehende Gruppen. Obwohl auch informelle Gruppen (Kantinen-, Haus-, Fahr-, oder auch Rauchergemeinschaften) durchaus zweckbestimmt sind, dienen sie doch dem Ziel der sozialen Beziehungsgestaltung, so fehlt ihnen allerdings eine sachliche aufgabenbezogene Begründung ihrer Existenz. Als Führungskraft stehen Sie in der Regel einer formellen Gruppe vor, die als Teil der Organisation entweder permanent in Form der Arbeitsgruppe oder zeitlich begrenzt als Projektgruppe existiert. In beiden Fällen ergibt sich der Zweck aus der Aufgabennotwendigkeit der Organisation. Kennzeichnend für formelle Gruppen ist darüber hinaus, dass es auch gruppeninterne formelle Unterstellung-, Arbeits- und Kommunikationsbeziehungen gibt.

Was Sie wissen und berücksichtigen müssen, ist die Tatsache, dass es über diese formelle Gruppenzusammensetzung hinaus (z. B. Führungskraft, Stellvertreter, Verantwortlichkeiten, Funktionen) in jeder Gruppe informelle Strukturen gibt, die quasi das soziale Beziehungsgeflecht der Gruppe reflektieren und nicht immer deutlich sichtbar sind. Im Idealfall unterstützen die informellen Strukturen die formellen. Diese informellen Strukturen sind deshalb so wichtig, weil sie die Gruppenkohäsion, den Gruppenzusammenhalt (s. Meilenstein 8) und damit auch die Arbeitsfähigkeit Ihres Teams ausmachen.

So sollte es zumindest Ihrer Aufmerksamkeit nicht entgehen, wenn einige Ihrer Mitarbeiter ausschließlich mit Kollegen oder gar Führungskräften anderer Abteilungen gemeinsam zum Mittagessen gehen oder freundschaftliche Kontakte pflegen. Dies ist selbstverständlich nicht grundsätzlich schädlich, wenn Sie nicht gleichzeitig darauf achten, dass auch innerhalb Ihrer Gruppe derartige gruppenbindende Rituale gepflegt werden.

Beobachten Sie deshalb gerade in den ersten Monaten nach Ihrem Amtsantritt, wie sich die informellen Strukturen in Ihrem Team darstellen. Sorgen Sie für ritualisierte informelle Kontakte zwischen Ihren Gruppenmitgliedern. Bieten Sie sich auch selbst als Kontakt- und Kommunikationspartner an und werden Sie damit Teil der Gruppe, Teil der informellen Struktur.

TIPP 16: Umgang mit den informellen Strukturen in Ihrem Team

- Neben den offenbaren, formellen organisatorischen Rollen, Funktionen, Arbeits- und Kommunikationsbeziehungen in Ihrem Team existieren diese auch auf der informellen, sozialen Ebene.
  - Beobachten Sie gerade zum Beginn Ihrer Führungsaufgabe genau, wie sich diese informellen Strukturen in Ihrem Team und in Verbindung zu anderen Organisationseinheiten darstellen.
  - Stellen Sie fest, ob die informellen Strukturen die formellen unterstützen und manifestieren oder ob es weniger zuträgliche Beziehungskonstellationen gibt.
  - Schränken Sie diese dynamischen Beziehungsstrukturen, egal ob zuträglich oder nicht, in keinem Fall ein, sondern machen Sie sich diese zu nutze. Gehen Sie offen mit diesem Phänomen um, schließen Sie sich Ihren Kollegen anfänglich an und stellen Sie fest, inwieweit diese Verbindungen sogar fruchtbar sein können.
  - Schaffen Sie Ihrerseits ritualisierte Kontakt- und Begegnungsmöglichkeiten in Ihrem Team und darüber hinaus, die Ihren Arbeits- und Kommunikationsbeziehungen förderlich sind.

8.2 Charakteristik der Gruppenmitglieder

Ihr Team stellt sich Ihnen zunächst als eine Menge einzelner unterschiedlicher Persönlichkeiten dar, darüber hinaus allerdings auch als eine imaginäre Gesamtheit, für die der Begriff „Gruppe" eingeführt wurde. Bekannt ist die Feststellung, dass das Ganze mehr ist, als die Summe seiner Teile, womit auf den besonderen, leistungssteigernden Charakter dieser Gesamtheit verwiesen wird. Andererseits ist auch das Sprichwort „Viele Köche verderben den Brei" überliefert, wonach sich die Organisation einer Vielzahl unterschiedlich ausgerichteter Absichten und Ziele als Problem darstellt.

Wie dem auch sei, Sie haben zunächst die Aufgabe, Ihre Mitarbeiter in allen Facetten genau zu kennen oder kennenzulernen. Dazu soll Ihnen die Tab. 22 einen Überblick liefern. Relativ leicht fällt die Beschaffung von Informationen bezüglich der demographischen Qualifikations- und Leistungsmerkmale Ihrer Mitarbeiter, obwohl berufliche Erfahrungen oder frühere Einsatzgebiete nicht immer dokumentiert sein müssen. Der berufliche Lebenslauf Ihrer Mitarbeiter, den Sie am besten aus unmittelbaren Gesprächen erfahren, ist eine unentbehrliche Quelle, um die persönlichen Motivationen, Beweggründe und Leistungshaltungen Ihrer Kollegen zu erforschen.

Der gegenwärtige Leistungsstand ist in der Regel aus den unterschiedlichen, auch intranetbasierten Systemen der Zielerfüllung Ihres Unternehmens zu entnehmen. Ihr erstes individuelles Mitarbeitergespräch mit jedem Kollegen sollte Ihre Datenbasis diesbezüglich aktualisieren.

Tab. 22: Merkmale der Gruppenmitglieder

- Demographische Merkmale
  - Alter, Geschlecht
  - Körperliche Konstitution
  - Kultureller Hintergrund
  - Familienstand
- Know-how und Erfahrungen
  - Ausbildung, Qualifikation, Aufgabenbezogenes Wissen
  - Fähigkeiten aus unterschiedlichen Karrierewegen
  - Frühere Einsatzgebiete, Berufserfahrungen
  - Gegenwärtiger Leistungsstand
- Wertesystem
  - Werte
  - Überzeugungen
- Persönlichkeit
  - Verhalten, Auftreten
  - Gewohnheiten
- Sozialer Status
  - Rang, Position bzw. Hierarchie
  - Macht, Einfluss bzw. Autorität
  - Netzwerkzugehörigkeit

Das persönliche Wertesystem Ihrer Mitarbeiter und deren Persönlichkeit sind weniger leicht zu ergründende Merkmale. Diese erschließen sich nur über die Zeit in Gruppendiskussionen, persönlichen Gesprächen und bei der Erfüllung gestellter Aufgaben.

Den sozialen Rang des einzelnen Mitarbeiters im Team zu identifizieren, ist gleichfalls nur über Beobachtung der internen Beziehungs- und Kommunikationsstrukturen im Laufe die Zeit möglich.

8.2.1 Gleichbehandlung und Fürsorgepflicht

Wie nutzen Sie die so erhobenen Informationen? Zunächst einmal ist herauszustellen, dass bezüglich aller demographischen Merkmale eine auch arbeitsrechtlich verankerte Gleichbehandlung von Ihnen erwartet wird (vgl. Allgemeines Gleichbehandlungsgesetz, AGG). Diese ist damit die einzig denkbare Verfahrensweise, die von Ihren Mitarbeitern dauerhaft sozial akzeptiert wird. Sich in dieser Beziehung Fehler zu gestatten, wird die Akzeptanz ins Gegenteil verkehren. Ähnliches trifft teilweise auch auf die Qualifikationsmerkmale zu. Auch wenn es mitunter immer noch Mitarbeiter geben mag, die bezüglich ihres Alters, ihrer besonderen Qualifikation, ihres Familienstandes oder ihrer Herkunft eine herausragende Behandlung von Ihnen erwarten, machen Sie von Beginn an Ihren Anspruch unmissverständlich deutlich. Die jeweilige Stellen- oder Funktionsbeschreibung des Arbeitsvertrages weist jedem Mitarbeiter aufgrund seiner Befähigung ein Aufgabenspektrum zu. Auch ältere Mitarbeiter, körperlich behinderte Kollege, Alleinerziehende oder Mitarbeiter mit zahlreichen Kindern erwarten von Ihnen nicht generelle Schonung oder besondere Rücksichtnahme, sondern lediglich eine faire, gleichberechtigte Behandlung, die sie in erster Linie nicht schlechter stellt als vergleichbare Kollegen und ihre Chancengleichheit wahrt. Und natürlich gehen Sie als Führungskraft mit gutem Beispiel voran. Der verantwortungsbewusste und beispielgebende Umgang mit der Arbeitszeit, die Erledigung auch von unangenehmen, wenig beliebten Tätigkeiten, der beherzte Einsatz und die selbstverständliche Unterstützung Ihrer Mitarbeiter in arbeitsintensiven Phasen gehören zu Ihrer Vorbildrolle als Führungskraft.

Auf der anderen Seite steht Ihre ebenfalls arbeitsrechtlich geforderte Fürsorgepflicht gegenüber den Ihnen anvertrauten Kollegen. Danach haben Sie Arbeitsbedingungen zu schaffen, die jeden Beschäftigten vor Gefahren für Leib, Leben und Gesundheit bewahrt. Dazu gehört ebenso die Berücksichtigung der Vereinbarkeit von Beruf und Familie. Themen wie Life-Work-Balance oder **„Familienbewusste Führung"** sind seit über zehn Jahren immer stärker in das Bewusstsein von Vorständen und Personalverantwortlichen gedrungen.

Wenn ein Mitarbeiter zeitweise privat oder familiär stark belastet oder anderweitig in seiner Leistungserbringung am Arbeitsplatz beeinträchtigt ist, gilt Ihre Sorge der Wahrung der Chancengleichheit. Die Berücksichtigung der Fürsorgepflicht und die Sensibilisierung für die Vereinbarkeit von Beruf und Familie sind kein Selbstzweck, sondern dienen letztlich der Erhaltung der Leistungsfähigkeit Ihrer Mitarbeiter. Insofern stellt ihre angemessene Umsetzung einen Wettbewerbsvorteil dar (Bundesministerium für Wirtschaft und Technologie 2001). In Meilenstein 12 haben wir Ihnen die Handlungsfelder und Möglichkeiten eines familienbewussten Führungsverständnisses beispielhaft zusammengestellt. Je nach den bereits zur Verfügung gestellten Maßnahmen Ihres Unternehmens sollten Sie als Führungskraft Ihre Mitarbeiter darüber umfassend informieren. Nicht alles liegt demzufolge in Ihrer Hand, allerdings sollten Sie sich selbst für dieses Thema sensibilisieren.

Wir haben den vorangegangenen Abschnitt mit der Frage eingeleitet, wofür Sie die zahlreichen Informationen über Ihr Team und Ihre Mitarbeiter benötigen. Wir glauben, es sollte anhand der Beispiele deutlich geworden sein, dass Sie nur über diese Informationen erfolgreich führen können. Führung — ungeachtet des Gleichbehandlungsgrundsatzes — ist immer individuell auf den einzelnen Mitarbeiter ausgerichtet. Insofern werden Sie die gesammelten Informationen über Ihre Kollegen bei einer Vielzahl von Führungsaktivitäten nutzen können. Der folgende Tipp fasst die wesentlichsten Nutzungsmöglichkeiten zusammen.

TIPP 17: Umgang mit den Merkmalen Ihrer Gruppenmitglieder

- Vertiefen Sie anfänglich Ihre Kenntnisse um die persönlichen Merkmale, die Eigenschaften und Fähigkeiten Ihrer Mitarbeiter systematisch.
  - Nutzen Sie dazu das zur Verfügung stehende dokumentierte Material (Skill-Datenbanken, Zielerfüllungen, adere Statistiken etc.).
  - Wenn möglich, sprechen Sie mit Ihrem Vorgänger, über die einzelnen Kollegen in Ihrem neuen Team.
  - Versuchen Sie aber dennoch unvoreingenommen zu bleiben, bis Sie sich selbst ein Bild von der Situation gemacht haben.
  - Die beste Möglichkeit, Ihre Mitarbeiter kennenzulernen, ist aber immer noch ein ausführliches erstes Gespräch, indem Sie sich gegenseitig bekannt machen und wichtige Informationen ergänzen.
  - Die Softskills (Arbeitshaltungen, Engagement usw.) werden sich nur über eine längerfristige Beobachtung Ihrer Mitarbeiter in Gruppen- und Aufgabensituationen erschließen.
  - Binden Sie starke Persönlichkeiten, bevor diese sich zu ernsthaften Widersachern entwickeln, oder besonders befähigte Kollegen teilweise in Ihre Führungsaufgaben ein und delegieren Sie Verantwortung und Kompetenzen.

- Denken Sie daran, dass Sie sowohl dem Gleichbehandlungsgrundsatz als auch der Fürsorgepflicht gegenüber jedem Mitarbeiter zu genügen haben. Kein Mitarbeiter darf aufgrund seiner demographischen Besonderheiten schlechter gestellt werden.
  - Eröffnen sie jedem Mitarbeiter gleiche Chancen bezüglich der Leistungserbringung.
  - Achten Sie auf einen sinnvollen Ausgleich von Beruf und Familie.
- Nutzen Sie eine fundierte Stärken- und Schwächenanalyse Ihrer Mitarbeiter
  - für den adäquaten Einsatz Ihrer Mitarbeiter,
  - für die individuelle Motivation und Ansprache Ihrer Mitarbeiter,
  - für die Vereinbarung von angemessenen, d. h. erreichbaren Zielen,
  - bei der Gruppierung von sich gegenseitig unterstützenden Partnerschaften,
  - bei der Organisation von Teamarbeit für besondere Aufgabenstellungen,
  - für die Entwicklung und Qualifikation Ihrer Mitarbeiter,
  - für die Übertragung besonderer Verantwortungen und Kompetenzen,
  - für die individuelle Gestaltung arbeitsförderliche Bedingungen und
  - für die Berücksichtigung der Vereinbarkeit von Beruf und Familie.

8.3 Gruppengröße – Führungsspanne

Wir verlassen nun die individuelle Ebene und wenden uns der Gruppe als Ganzes zu. Sehr entscheidend für Ihr Führungsverhalten ist die Größe Ihrer Arbeitsgruppe. Es ist ein erheblicher Unterschied, ob sie lediglich 3 oder ob Sie 30 Mitarbeiter zu führen haben. Diese auch als „Führungsspanne" bezeichnete Charakteristik einer Gruppe hat einen beachtenswerten Einfluss auf die sich entwickelnden Kommunikations- und Kooperationsstrukturen, auf die Rollendifferenzierung und auf den Gruppenzusammenhalt.

8.3.1 Die Problematik großer Gruppen

Generell lässt sich feststellen, dass mit steigender Gruppengröße der Gruppenzusammenhalt und die Zufriedenheit mit der Gruppenmitgliedschaft sinken (vgl. Rosenstiel 1975). Darüber hinaus zeigte sich, dass große Gruppen weniger über leistungsbezogene Anreize zu Leistungsverhalten motivierbar sind, was mit dem geringeren Einzelbeitrag zum Gruppenergebnis und der damit verbundenen Höhe der Belohnung erklärbar ist (Rosenstiel 1995).

Leicht nachvollziehbar ist auch das Problem, dass ab einer bestimmten Gruppengröße der Koordinations- und Organisationsaufwand erheblich zunimmt und ab einer kritischen Größe nicht mehr von einer Führungsinstanz zu leisten ist. Allerdings hängt dies sehr entscheidend von den auszuführenden Tätigkeiten ab. Das Führen von Mitarbeitern, die ihrerseits relativ gleichartige, gut strukturierbare Tätigkeiten ohne besondere Spezialkenntnisse auszuführen haben, die also ein Eingreifen der Führungskraft nur in Ausnahmefällen notwendig machen, gelingt durchaus noch bei größeren Gruppen. So sind z. B. bei einem Meister der Fließstrecke im Produktionsbereich oder dem Teamleiter eines Callcenters Führungsspannen von ca. 20 und mehr Mitarbeitern durchaus keine Seltenheit. Bei der Führung von Kundenberatern oder Verkäufern werden durchschnittlich Führungsspannen um 10 Mitarbeiter angegeben (vgl. Diel & Mader 2009; Dannenberg & Zupancic 2008). Im Vertrieb von hochspezialisieren Finanzprodukten hingegen findet man Gruppengrößen um ca. 5 Mitarbeiter.

Diese Zahlenangaben sollen zunächst nur Anhaltspunkte darstellen, um deutlich zu machen, dass mit wachsender Führungsspanne und in Abhängigkeit von der Tätigkeitsart der Anteil von Führungsaufgaben deutlich zunimmt. So orientieren Vorstände und Personalverantwortliche Ihre Führungskräfte häufig durch die Angabe eines Führungsanteils über die Bedeutung und den Aufwand ihrer Führungsfunktion. In Sparkassen und Banken findet man vielfach Führungsanteile im Vertrieb zwischen 4% und 5% pro zu führenden Mitarbeiter. Dies bedeutet z. B. bei 10 geführten Mitarbeitern, dass 50% der Arbeitszeit für Führung zu erübrigen ist. Allerdings gibt es diesbezüglich erhebliche Abweichungen, die vor allem von der Unternehmenskultur und dem Führungsverständnis der Vorstände abhängig sind. So gibt es eben auch im Banken- bzw. Sparkassenbereich Führungsanteile im Vertrieb von bis zu 10% pro Mitarbeiter. In diesem Fall hat die Führungskraft mit 10 Mitarbeitern ihre gesamte Arbeitszeit der Aufgabe „Führung" zu widmen. Die Führungskraft wird selbst nicht mehr im Verkauf mit eigenen Zielvorgaben tätig sein.

Diese steigenden Aufwendungen für Führung bedeuten mit zunehmender Gruppengröße — bis ca. 10–15 Mitarbeitern — in der Regel ein deutliches Anwachsen der Anzahl von Mitarbeitergesprächen, Zielvereinbarungsgesprächen, Teamsitzungen und Qualifizierungen am Arbeitsplatz (Coaching). Darüber hinausgehende Gruppengrößen sind ohne Unterstützung eines Stellvertreters oder durch flankierende Maßnahmen der Personalabteilung nicht mehr sinnvoll zu führen. Dabei lassen wir unberücksichtigt, dass auch die administrativen Aufwendungen (Personalplanung, Information, Controlling und Statistiken) mit der Gruppengröße steigen, allerdings nicht in dem gleichen außerordentlichen Maße wie die Aufgaben der Personalführung. Zusätzlich sollte bedacht werden, dass mit zunehmender Gruppengröße die Tendenz der Gruppe wächst, in informelle Untereinheiten zu zerfallen. Cliquenbildung ist für solche Situationen typisch, wobei das erschwerende Element vor allem in der ungesteuerten Dynamik einer solchen Gruppe liegt.

8.3.2   Die ideale Gruppengröße

In der Regel haben Sie kaum einen Einfluss auf die vorgefundenen Bedingungen. Ihre Teamgröße steht bei Ihrer Übernahme fest. Solange Sie Gruppengrößen vorfinden, die der magischen Zahl von „Sieben, plus oder minus zwei" Mitarbeitern entsprechen, also einer Führungsspanne zwischen 5 und 9, sollten Sie ohne größere Schwierigkeiten Ihre Gruppenaufgabe meistern können.

Die Magical Number des Kognitionsforschers George A. Miller

Die Bezeichnung „The Magical Number Seven, Plus or Minus Two" geht auf den US-amerikanischen Kognitionsforscher der Harvard Universität, George A. Miller, aus dem Jahre 1955 zurück. Er fand im Zusammenhang mit Forschungen zum Kurzzeitgedächtnis, dass die Kapazität kurzfristiger Behaltensleistungen auf sieben +/- zwei Einheiten (Buchstaben, Worte, Zahlen, Töne u. ä.) begrenzt zu sein scheint. Eine Erweiterung dieser Kapazität sei nur durch eine Gruppierung mehrerer Elemente möglich.

Wahrscheinlich bekannt ist Ihnen dieses Phänomen bei dem Versuch, sich Telefonnummern kurzfristig zu merken. Anstatt sich die Zahlenkolonne 0-3-0-2-4-7-2-2-1-6-3 einzeln zu einzuprägen, merken Sie sich besser die gruppierte Ordnung 030-24-722-163.

Auch wenn die von Miller gefundene magische Zahl weniger mit dem sozialen Phänomen der optimalen Gruppengröße zu tun hat, ist es zumindest interessant, dass Sie bei größeren Einheiten auf das gleiche Prinzip der Gruppierung zurückgreifen werden. Bei größeren Gruppen bietet sich nämlich das gleiche Vorgehen an. Wenn nicht schon aus der vorgefundenen Arbeitsteilung zwangsläufig sinnvoll, sollten Sie, wenn immer möglich, Ihre große Gruppe in kleinere Arbeitsteams unterteilen. Eine Teamsitzung mit 16 Personen dürfte relativ schwer zu leiten sein. Wenn Sie aber selbstständige Gruppenarbeit von Unterteams zu bestimmten Themengebieten einführen, werden Sie die Teamsitzung interessant und unter aktiven Einbezug jedes einzelnen Mitarbeiters gestalten können.

Auch im normalen Arbeitsalltag großer Arbeitsgruppen sind autonom und eigenverantwortlich organisierte Arbeitsteams eine sinnvolle Einrichtung, um dem Problem der Unübersichtlichkeit großer Einheiten geschickt zu begegnen. Allerdings findet man bei Strukturgrößen ab einer bestimmten Anzahl ohnehin arbeitsteilige Prozesse, nach denen Sie Ihr Team unterteilen können. Darüber hinaus bietet es sich bei größeren Einheiten an, einen Stellvertreter zu benennen, mit dem Sie sich die originären Führungsaufgaben teilen (z. B. Mitarbeitergespräche, Coachings, Dienstberatungen etc.). Oder, Sie delegieren Verantwortlichkeiten und Aufgabenbereiche an vertrauenswürdige Mitarbeiter Ihres Teams. „Teile und herrsche" könnte man sagen, obwohl wir dieses Prinzip hier tatsächlich zugunsten der Gesamtgruppe anwenden.

8.3.3   Leistungsvorteil von Gruppen

Moedes Untersuchungen zum Leistungsvorteil von Gruppen

Aus den Anfängen der psychologische Forschung zur optimalen Gruppengröße, die bis heute ihre Gültigkeit nicht verloren haben, ist ebenfalls bekannt, dass der Gruppenvorteil bei der Ausführung gleichartiger Tätigkeiten keinesfalls linear zunimmt. Es ergibt sich eher ein logarithmischer, asymptotischer Anstieg bezüglich jedes dazukommenden Gruppenmitgliedes. Der deutsche Psychologe Walther Moede hat bereits 1920 dramatisch einfache Untersuchungen zu diesem Phänomen durchgeführt, indem er bei einer wachsenden Anzahl von Personen die jeweilige Kraft ermittelte, die bei gleichzeitigem Ziehen an einem Seil zu verzeichnen waren.

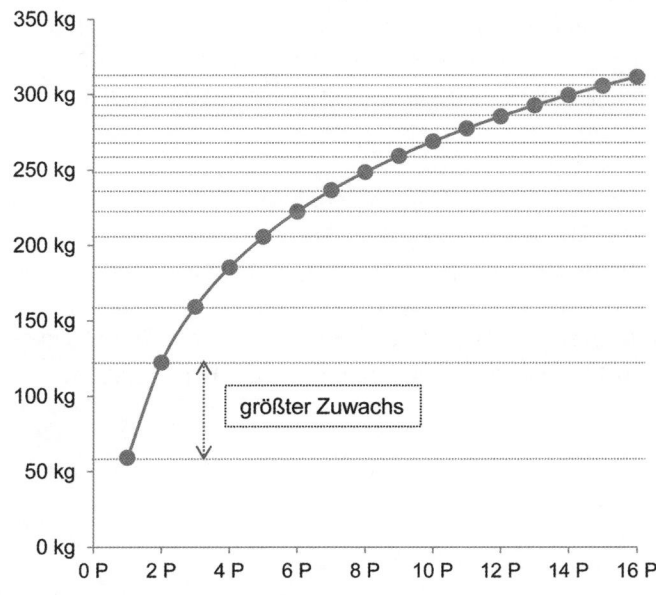

Abb. 27: Leistungsvorteil von Gruppen (nach Moede 1920)

Aus der Abb. 27 ist ersichtlich, dass die jeweils größten Zuwächse eher in kleinen Gruppengrößen auftraten. Zehn Personen schaffen eben mitnichten zehn Mal so viel, wie eine einzelne Person aufzuwenden vermag. Der mit jeder neu hinzukommenden Person wachsende Aufwand an Koordination und Organisation vernichtet quasi den rein rechnerisch zu ermittelnden Vorteil einer zusätzlichen Kraftanstrengung. Ab ca. sieben Personen ist der jeweils zu erwartende zusätzliche Nutzen verschwindend gering.

Würde man allerdings die Gruppenleistung wieder gruppieren, so erhalten wir auch hier einen ungeahnten Vorteil: Nach den vorliegen Daten erreichen sechs Personen ca. 220 Kg und zwölf Personen rund 290 Kg. Zwei Gruppen von je sechs Personen leisten indes 440 Kg. Genau dieses Prinzip wandte 1927 Otto Köhler an, wobei er bei gezielter Auswahl von Zweier- und Dreiergruppen sogar Leistungen fand, die größer waren als die Summe der Einzelleistungen, weil sich die Gruppenmitglieder gegenseitig anspornten und motivierten (Köhler 1927). In Gruppen können also Motivationsverluste ebenso auftreten wie Motivationsgewinne.

Auch in nachfolgenden Untersuchungen ist immer wieder das gleiche Prinzip aufgefunden worden. In vielfach gut untersuchten Problemlöse- und Entscheidungssituationen von Gruppen fand man optimale Gruppenstärken von ca. fünf Personen (Brandstätter 1989). In Diskussions- und Entscheidungsrunden dieser Größenordnung lassen sich leichter Kompromisse finden, die aktive Beteiligung jedes Einzelnen ist gegeben und der Moderationsaufwand hält sich in vertretbaren Grenzen. Gerade die Möglichkeit des einzelnen Mitarbeiters, sich an einer Diskussion seiner Gruppe tatsächlich aktiv zu beteiligen, ist ein nicht zu unterschätzender Faktor.

Wiederholt wurde in Untersuchungen nachgewiesen, dass schlichtweg die Länge der Gesamtredezeit eines Mitarbeiters deutlich mit seiner Zufriedenheit und dem Ausmaß seiner Zustimmung zum Gruppenergebnis korrelieren. Je mehr ich als Gruppenmitglied das Gefühl habe, zum Ergebnis beigetragen zu haben, um so eher werde ich das Ergebnis nach außen vertreten und umso zufriedener bin ich in meinem Team. Dieses Prinzip gilt generell für alle Gruppensituationen.

TIPP 18: Umgang mit großen Arbeitsgruppen

■ Bei Gruppengrößen über ca. zehn Mitarbeitern nimmt der Aufwand an Führung überproportional zu. Überdies besteht die Gefahr der Cliquenbildung und damit der Entstehung von Strukturen, die Sie schlecht steuern können. In diesem Fall sind folgende Vorgehensweisen ratsam:

■ Wenn immer möglich, bestimmen Sie einen Stellvertreter, mit dem Sie sich die Führungsaufgaben teilen. Eine Zwischenlösung stellen sogenannte Abwesenheitsvertreter dar, die zwar nicht die volle Personalverantwortung haben, aber durchaus Teamsitzungen und Mitarbeitergespräche bis hin zum Coaching am Arbeitsplatz übernehmen können. Dafür müssen Sie sie allerdings vorbereiten.

■ Qualifizierungsmaßnahmen vor Ort (Lernen am Arbeitsplatz, Coaching etc.) können auch durch das Unternehmen personell unterstützt werden. Informieren sie sich über diese Möglichkeiten, die Sie ungemein entlasten können.

■ Darüber hinaus etablieren Sie wechselnde, selbstständig arbeitende Untergruppen (sog. Teilautonome Arbeitsgruppen), indem Sie teilbare Arbeitsaufgaben durch die benannten Gruppen eigenverantwortlich bearbeiten lassen. Meist ergibt sich eine sinnvolle Aufgabenteilung durch die Tätigkeitsstruktur Ihres Bereiches von selbst.

■ In Teamsitzungen organisieren Sie möglichst Gruppenarbeit. Bereits Dreier-Teams können erstaunliches leisten und Ihnen die Moderation großer Gruppen erheblich vereinfachen. Wenn nicht anders möglich, müssen Sie das große Team teilen und zwei Veranstaltungen durchführen.

■ Denken Sie daran, dass die Zufriedenheit mit Gruppensitzungen in dem Maße zunimmt, wie der einzelnen Mitarbeiter sich in die Diskussion einbringen kann. Hat er dazu keine Möglichkeit, verlieren Sie diesen Mitarbeiter im Gruppenprozess.

■ Ferner sollten Sie sich zu Informationszwecken aller zur Verfügung stehenden Medien sinnvoll bedienen. Informationstafeln (Blackboards), Rundschreiben u. ä. können zumindest dazu dienen, die Informiertheit Ihrer Kollegen sicherzustellen.

8.4 Entwicklungsstand der Gruppe

Wie bereits erwähnt, ist Gruppe nicht gleich Gruppe. Ein wichtiges Kriterium für die Qualität Ihres Arbeitsteams ist der Reifegrad Ihrer Gruppe. 1965 entwickelte der US-amerikanische Psychologe Bruce W. Tuckman sein Phasenmodell für die Teamentwicklung (Tuckman 1965), das sozusagen den jeweiligen Entwicklungsstand eines Teams veranschaulicht. Wenn Sie es nicht bereits aus eigenem Erleben und Ihren Beobachtungen erschlossen haben, sollten Sie sich zunächst einen Überblick über die Teamsituation machen.

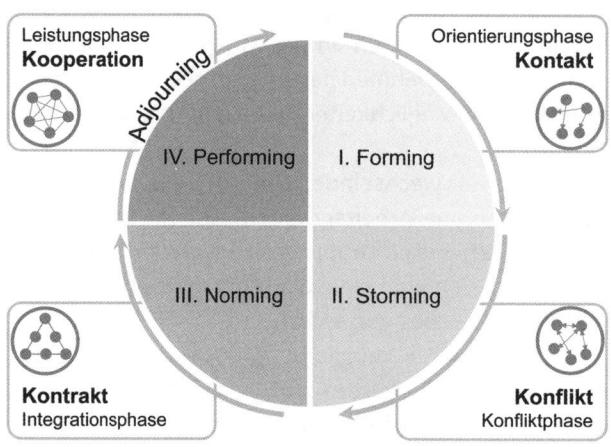

Abb. 28: Phasenmodell der Teamentwicklung

8.4.1 Phasen der Teamentwicklung

Phasen der Teamentwicklung nach Tuckman

Tuckman unterscheidet vier Phasen der Entwicklung von Teams, die er 1977 um eine fünfte Phase erweitert hat. Der Einfachheit halber gehen wir zunächst von einer neu zusammengestellten Gruppe aus, obwohl auch bereits bestehende Teams diese Phasen immer wieder neu durchlaufen können.

1. **Orientierungsphase** (Forming)
   Am Beginn jeder Gruppenbildung, sei es bei der Neuzusammenstellung eines Arbeitsteams oder — wenn auch abgeschwächt — beim Beginn von bereits etablierten Diskussionsrunden in Teammeetings oder Dienstberatungen, ist eine

Phase der noch vorsichtigen Kontaktaufnahme zu beobachten. Die Teammitglieder tasten sich behutsam ab, prüfen sich gegenseitig, wer welche Fähigkeiten besitzt und wer welche sozialen Positionen einnehmen wird. Sie suchen nach Orientierung bezüglich der Gruppenaufgabe, des Gruppenziels und des Vorgehens oder der Methode zur Erreichung der Ziele. Man hält sich noch mit eigenen Statements und Meinungen zurück, schließlich weiß man noch nicht, wie die Gruppe darauf reagieren wird. Gibt es einen nominalen Führer, so schaut man zunächst auf diesen und wartet gespannt ab.

2. **Konfliktphase** (Storming)

   In der Konfliktphase sind die Teammitglieder mutiger. Wenn sich nicht bereits die Führungskraft etabliert und für Ordnung und Klarheit der Funktionen und Verantwortungen gesorgt hat, handelt dies nun die Gruppe selbst aus. Es kommt zu Auseinandersetzungen um die Zielbildung, um das richtige Vorgehen und um bestimmte Positionen, die zu besetzen sind. Dabei steht allerdings noch nicht die sachlich vernünftige Vereinbarung im Vordergrund, sondern eher die Etablierung einer „Hackordnung" in der Gruppe. Eine gemeinsame Verantwortung für das Gruppenergebnis ist noch nicht gebildet worden.

3. **Integrationsphase** (Norming)

   Erst wenn die Konflikte in Phase 2 beigelegt wurden und jeder seine Position in der Gruppe gefunden hat, beginnen die Gruppenmitglieder gemeinsam Verantwortung zu übernehmen. Es werden nun Vereinbarungen bezüglich der Ziele und Regeln des Vorgehens verbindlich aufgestellt. Man beginnt sich in der Gruppe heimisch zu fühlen, gegenseitige Akzeptanz und Wertschätzung können sich entwickeln. Ein wichtiges Zeichen für diese Phase ist das Wirksamwerden von ungeschriebenen Normen und Regeln, die bei Nichtbefolgung auch sanktioniert werden. Man darf „aussprechen", unterbricht seine Kollegen nicht, kommt pünktlich zum Beginn der Meetings usw.

4. **Kooperationsphase** (Performing)

   Jetzt erst ist die Gruppe selbstständig arbeitsfähig. Die wichtigsten Kriterien entstehen: Leistungsnormen und eine klare Zielorientierung etablieren sich. Jedes Teammitglied weiß, dass sein Anteil zum Gesamtergebnis der Gruppe wichtig ist. Man spornt sich gegenseitig an, lässt sich auf sportlichen Wettstreit ein und „belohnt" team- und leistungsförderliches Verhalten. Das gemeinsam angestrebte Gruppenziel verbindet alle Aktivitäten.

5. **Auflösungsphase** (Adjourning)

   Wenn das Ziel letztlich erreicht ist oder aber Probleme und unlösbare Schwierigkeiten auftreten, droht die Gruppe auseinanderzufallen. Gerade nach erfolgreichem Abschluss eines schwierigen Auftrages, besteht die Gefahr, dass die Gruppe ohne eine neue Justierung bzw. Orientierung an Zusammenhalt und Leistungsbereitschaft verliert.

Nicht jede Phase muss in jedem Team ausdrücklich so ablaufen. Aber das Prinzip beansprucht eine gewisse Gültigkeit. Bevor eine Gruppe arbeitsfähig ist, müssen die sozialen Beziehungen geklärt sein. Auch können die einzelnen Phasen jeweils unterschiedlich lange andauern, bis ein Team schließlich arbeitsfähig ist. Bei Gruppen in der „Forschung und Entwicklung" sind Zeitspannen berichtet, die sich auf bis zu drei Jahren erstrecken können, bis die höchste Leistungsfähigkeit erreicht wurde (Ulich 2011).

Zunächst können Sie aus systematischer Beobachtung ableiten, wo sich Ihre Gruppe gerade befindet. (Weitere Diagnosemöglichkeiten entnehmen Sie bitte dem Meilenstein 11.6.1, „Teamdiagnose") Denken Sie daran, dass alle Phasen immer wieder durchlaufen werden können, wenn neue Teammitglieder hinzutreten oder etablierte Kollegen das Team verlassen. Eine solche Situation ist selbstverständlich auch gegeben bei einem Wechsel der Führungsfunktion. Sie sind der „Neue", der zunächst in das Team integriert werden muss. Man wird sich an Ihnen, dem Teamleader, neu orientieren und erwartet sogar, dass Sie Regeln und Normen teilweise infrage stellen und neu formulieren. Das bedeutet auch für Sie Konflikt- und Auseinandersetzungsbereitschaft. Es ist als ein selbstverständlicher Prozess in der Gruppe zu verstehen und hat zunächst nichts mit Ihnen persönlich zu tun. Lassen Sie ein Macht- oder Orientierungsvakuum entstehen, wird sich die Gruppe ohne Sie neu formieren. Allerdings sollten Sie dabei Vorsicht walten lassen und sich über die Normen und Regeln der Gruppe und über die Erwartungen, die die Gruppe an Sie hat, klar werden.

TIPP 19: Aufgaben im Prozess der Gruppenentwicklung

- Beobachten Sie Ihre neue Gruppe in Teamsituationen äußerst genau und stellen Sie fest, in welchem Stadium sich die Gruppe nach Ihrer Amtsübernahme befindet.
- Gehen Sie der Einfachheit halber zunächst davon aus, dass die Gruppe sich in den ersten Wochen wieder in der Orientierungsphase befindet und dann die weiteren Stadien durchläuft. Wie Sie diese Etappen als Führungskraft begleiten können, entnehmen Sie den folgenden Hinweisen:
  - Orientierungsphase (Forming)
    Kennenlernen fördern, sich vorstellen, Erwartungen und Befürchtungen äußern lassen, Orientierung bezüglich des Ziels und des Vorgehens geben, Offenheit und Vertrauen herstellen, Normen kennenlernen
  - Konfliktphase (Storming)
    Keine Diskussionen abbrechen, zur Klärung aufrufen, gegenteilige Meinungen nicht unterdrücken, eigene Positionen deutlich vertreten und ausdiskutieren, auch bei Widerstand
  - Integrationsphase (Norming)
    Vereinbarungen und Regeln des „Miteinander" treffen, Ziele neu definieren, Ansprüche an Leistungsfähig einführen, Normen der Gruppe veröffentlichen, Normen der Gruppe respektieren und selbst einhalten

- Kooperationsphase (Performing)
  Gruppe laufen lassen, Autonomie ermöglichen, Wertschätzung und Belohnung für Leistung, Sanktionierung von Abweichungen der Gruppennormen unterstützen, Wir-Gefühl stärken
- Auflösungsphase (Adjourning)
  Zeit lassen zur Neuorientierung, Rückschau halten, auf geleistete Arbeit zurückblicken, Stolz auf eigene Leistung herausfordern, neue Ziele und Herausforderungen definieren

8.5   Teamrollen und Teampositionen

Wenn Sie Ihr Team übernommen haben, werden Sie sehr schnell feststellen, wer mit wem besonders häufig kommuniziert, welche Kollegen gerne zusammenarbeiten oder auch das gleiche Hobby teilen, wer gerne das große Wort führt und die Gruppe vor Ihnen in Schutz nimmt, wer besondere Aufträge für die Gruppe übernimmt und wem man sich schließlich mit seinen Sorgen anvertraut. Wie bereits erwähnt, sorgt die Gruppe für sich und schafft sich informelle Rollen, die den Gruppenzusammenhalt und das Wir-Gefühl stärken. Neben der offiziellen Arbeits- und Funktionsstruktur gibt es also offenbar eine informelle Gruppenstruktur, die gleichwohl nicht so offen zutage liegt. Nur durch genaue Beobachtung der Mikropolitik Ihrer Gruppe werden Sie dieser Struktur gewahr.

Abb. 29: Der Konferenz-Zoo (aus Kelber 1977)

Die Karikatur der Abb. 29 macht auf ironische Weise deutlich, was Sie womöglich häufig in Sitzungen beobachten können (aus: „Wir machen mit", Arbeitsgemeinschaft der deutschen Schülervertretung 1954, Nr. 4, Koblenz). Derartige Verhaltensmuster in Diskussionsrunden etablieren über kurz oder lang Rollenmuster, die den jeweiligen Protagonisten zugeschrieben werden.

Wie bei der Behandlung des Themas der informellen Strukturen ist die Kenntnis der informellen Rollenverteilung deshalb so wichtig, weil sie die unterschwelligen Kräfteverhältnisse in Ihrem Team widerspiegelt.

Was sind aber Teamrollen? Wird einer Person unabhängig von deren formalen Position eine Rolle im Teamverband zugewiesen, sind damit bestimmte Erwartungen an Verhalten und Auftreten dieser Person geknüpft, die innerhalb des Teamverbandes gruppenstabilisierende Funktionen erfüllen. Diese zugewiesenen Rollen stellen eine „idealisierte, überprägnante Typisierungen" (Neuberger 2002, S. 316), eine besondere Eigenschaften hervorhebende, mehr oder weniger unpräzise Beschreibung des Verhaltens einer Person dar (Konradt & Kießling 2006).

Und obwohl es nun offiziell definierte Funktionen in Arbeitsgruppen gibt (z. B. Führungskraft, Stellvertreter, Vorarbeiter, Personal-, Material-, Lager- und Technikverantwortliche) schafft die Gruppe sich daneben ihre eigenen Rollen. Dies liegt daran, dass die in der Organisation zusammengefügte Gruppe mit ihren formellen Strukturen zunächst keine eigentliche Gruppe im sozialpsychologischen Sinne ist. „Es fehlt dafür eine auch die Beziehungsebene berührende Kommunikation, eine aus dieser Kommunikation erwachsende Rollendifferenzierung; es fehlen von der Gruppe selbst entwickelte Normen und Werte, und es fehlt schließlich das die Einzelnen zur Gruppe zusammenfügende Wir-Gefühl" (Schuler 1995, S. 322 f.). Aber auch die formal zusammengestellte Gruppe in einem Unternehmen wird diese informellen Normen, Strukturen und Rollen, die ihre Existenz sichern, mit der Zeit gesetzmäßig entwickeln, wenn bestimmte Rahmenbedingungen gegeben sind oder diese geschaffen werden.

Die Gruppe benötigt Sicherheit und muss ihr Überdauern (Überleben) gewährleisten. Sie braucht sozialen Austausch, also Kommunikation und Kontaktmöglichkeiten. Die Gruppe verlangt nach einem Sinn ihrer Existenz. Folglich sucht sie nach einer Aufgabe und nach einem hochbewerteten Ziel. Und schließlich muss das einzelne Gruppenmitglied sich im Gruppenverband akzeptiert und geborgen fühlen. Für diese gruppenstabilisierenden Funktionen schafft sie sich ihre Funktionsträger, oder eben „Rollen".

Alle diese Phänomene werden Sie in Ihrer Arbeitsgruppe, am Beginn Ihrer Tätigkeit vorfinden oder sich mit der Zeit entwickeln sehen. Es ist an Ihnen, diese Prozesse wahrzunehmen und Sie für sich und Ihre Aufgabe nutzbar zu machen. Verhindern können Sie diese Entwicklungen nicht. Ganz im Gegenteil, sie sind derart wichtig für ein gut funktionierendes Team, dass Sie sie unterstützen und fördern müssen. Die unterschiedlichen Rollen lassen sich dabei relativ leicht identifizieren.

8.5.1   Das Rangdynamisches Positionsmodell nach Schindler

Der österreichische Psychoanalytiker Raoul Schindler entwickelte 1955 sein Rangdynamisches Positionsmodell mit den Rollenbezeichnungen (Alpha, Beta, Gamma und Omega (α, β, γ, ω), mit welchem er gruppendynamische Phänomene und Befindlichkeiten in Beziehung zu externen Personen (G) darstellte (Schindler 1957). Die folgende Abbildung verdeutlicht die Rangpositionen in Anlehnung an die Originaldarstellung von Schindler.

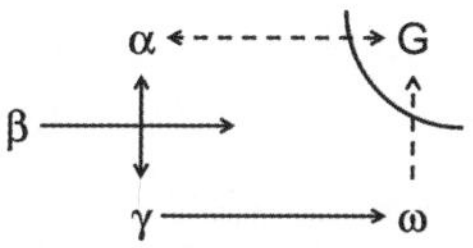

Abb. 30: Rangdynamisches Positionsmodell (nach Schindler 1957)

Die Alpha-Position

Stellen Sie sich vor, Sie unterbreiten Ihrem Team in einer Sitzung den Vorschlag zu einem bestimmten Vorgehen in einem laufenden Projekt. Kaum haben Sie Ihren Vorschlag erläutert, schauen alle Gruppenmitglieder wie auf Kommando in Richtung einer bestimmten Kollegin und warten gespannt ab, was sie davon hält. In der Folge ist vorstellbar, dass sich die besagte Kollegin stellvertretend für das gesamte Team mit Ihnen auseinandersetzt und das Team seinerseits erst hinter Ihrem Vorschlag steht, wenn die „Teamsprecherin" mit Ihnen eine Vorgehensweise vereinbart hat. Offenbar übernimmt die Kollegin die Rolle eines inoffiziellen Führers, der das Ver- und das Zutrauen ihrer Kollegen genießt. Für diese Position sind vielfältige Bezeichnungen gefunden worden. In der vergleichenden Verhaltensforschung an Tieren spricht man z. B. in diesem Zusammenhang auch von der Alpha-Position (vgl. „Alpha-Männchen").

Sie zeichnet sich durch eine besondere Autorität aus und übernimmt häufig die Funktion des Gegenparts zur offiziellen Führungsposition und vertritt die Gruppe auch nach außen. Die bezeichnete Alpha-Position kann durchaus auch mehrfach in größeren Gruppen vertreten sein und differenziert sich dann häufig in eine sachliche und eine soziale informelle Führerrolle. Hier entdecken Sie wieder die beiden essenziellen sozialpsychologischen Ebenen: Sache und Beziehung. Bemerkenswert ist, dass diese Position auch dann auftreten kann, wenn Sie als Führungskraft von der Gruppe uneingeschränkt akzeptiert werden. Entwickelt sie sich neben Ihnen, erhält dies Position ihre Macht von der Gruppe dadurch, dass sie das ausspricht und mit Ihnen aushandelt, was sich die übrigen Kollegen zwar denken, aber nicht auszusprechen wagen. Den Inhaber der Alpha-Position in der Gruppe gilt es für sich zu gewinnen. Binden Sie ihn ein und weisen Sie ihm anspruchsvolle Aufgaben zu.

Die Beta-Position

Um bei unserem Beispiel zu bleiben, stellen Sie sich weiter vor, dass Sie in der gleichen Gruppensituation noch einen Kollegen für Ihr Projekt werben wollen, der die wichtigen Aufgaben der computergestützten Dokumentation übernehmen soll und erneut alle Mitarbeiter unisono Kollegen X dafür als am geeignetsten befinden. Kollege X wiederum freut sich über die angetragene Verantwortung und willigt ohne weiteres ein. Auch hier hat die Gruppe sofort die informelle Rolle des Fachmanns oder des Spezialisten bemüht, der in der Sprache Schindlers die Position des Betas (β) einnimmt. Diese Positionen können natürlich ebenfalls mehrfach vertreten sein. Der Fachmann der Gruppe ist neutral, unabhängiger als der Alpha und legitimiert seine Position eher durch Leistung als durch Persönlichkeit. Er versteht sich nach Schindler oft gut mit Alpha, kann aber auch sehr schnell, ob seines Spezialwissens, zum Konkurrenten des Alphas avancieren. Mit dieser Position werden vor allem die Sachfunktionen bedient, die die Gruppe ihrem Ziel näher bringen. Allerdings gibt es auch Kommunikations- und Verhandlungsexperten in der Beta-Position, die damit auch die sozialen Belange der Gruppe aufgreifen. Der Beta unterstützt Sie in Ihrer Aufgabenerfüllung als Führungskraft. Weisen Sie ihm eigenständige Verantwortung für Spezialaufgaben zu.

Tab. 23: Rangpositionen in der Gruppendynamik

Positionen	Fragen zur Identifikation
Alpha (α)	▪ Wer repräsentiert die Gruppe nach außen? ▪ Wer formuliert Gruppenziele, die von anderen angenommen werden? ▪ Wer verhandelt am ehesten mit der Führungskraft? ▪ Wer genießt die größte Autorität in der Gruppe?
Gamma (γ)	▪ Wer zeigt häufig Zustimmung zu den Vorschlägen von Alpha? ▪ Wer identifiziert sich am meisten mit dem Alpha? ▪ Wer liefert klaglos unterstützende Zuarbeiten? ▪ Wer sorgt kümmert sich auch um eher unwesentliche Aufgaben?
Beta (β)	▪ Wer gibt am ehesten methodische Ratschläge und Hinweise? ▪ Wer argumentiert vorrangig rational aufgrund von Sachkenntnis? ▪ Wer kontaktiert Alpha am ehesten bei schwierigen Situationen? ▪ Wer nimmt zu Bezugssystemen außerhalb der Gruppe Kontakt auf?
Omega (ω)	▪ Wer wird am ehesten als „Sündenbock" betrachtet? ▪ Wer wird am ehesten als „Störung" erlebt? ▪ Wer wird als Hindernis für eine schnelle Lösung betrachtet? ▪ Wer reagiert am ehesten aggressiv gegen Alpha? ▪ Wer verbündet sich unter Umständen sogar mit dem Gegner?
Gegner (G)	▪ Wer von außen bedroht die Gruppe in ihrem Zusammenhalt? ▪ Welche sachlichen Faktoren stellen von außen eine Gefahr dar? ▪ Wogegen muss sich die Gruppe verbünden? ▪ Wer ist der äußere Widersacher?

Die Omega-Position

Nochmals zurück zu Beispiel der Teamsitzung: Sie suchen in der geschilderten Situation einen Mitarbeiter, der die eher unbeliebte Aufgabe der schriftlichen Protokollierung der Projektsitzungen übernehmen soll. Die Gruppe ist sich wieder sehr schnell einige, dass dies nur vom Außenseiter übernommen werden kann, der damit gleichzeitig noch „abgestraft" wird. Der Sündenbock oder Querulant, der Omega (ω) vereinigt die negativen Gefühle der Gruppe auf sich und stellt quasi den „inneren Feind" dar, gegen den sich die Gruppe verbündet. In besonderen Fällen koaliert er sogar mit dem „äußeren Feind" der Gruppe.

Diese Position muss nicht immer zu finden sein, obwohl der „Eigenbrötler", der gern in diese Rolle gesteckt wird, schon einigermaßen häufig auftaucht. Eine gute funktionierende Gruppe benötigt die Position des Omega nicht. Die Gruppe arbeitet sich an dieser Person gewissermaßen ab. Sie macht sich lustig über ihn, überträgt ihm unliebsame Aufgaben oder isoliert ihn gar. Der Omega gehört eigentlich nicht zur Gruppe. Er verletzt offenbar die Regeln und Normen der Gruppe, stört die Identität, aber sorgt dessen ungeachtet mit seiner Existenz für einen stärkeren Zusammenhalt der übrigen Teammitglieder. Der Frage, der Sie in diesen Fällen nachgehen sollten, ist die Frage nach dem Warum. Warum benötigt die Gruppe diesen isolierten Außenseiter? In der Regel spricht dessen Existenz für einen Mangel an zielorientierter Ausrichtung der Gruppe. Bei einer hinreichend großen Herausforderung wird die Gruppe auch den Außenseiter als wichtiges Gruppenmitglied benötigen und einbinden.

Die Gamma-Position

Die Gamma-Position erleben Sie dadurch, dass bei allen Ihren Bemühungen der Zusammenstellung Ihres Projektteams des obigen Beispiels, wahrscheinlich die Gammas sich bei jeder Aufgabenstellung gerne beteiligen. Sie dienen Ihnen in stiller Treue und wissen, wo anzupacken ist. Auf diese Teamarbeiter können Sie sich verlassen. Sie ziehen ihre Befriedigung aus der sozialen Dankbarkeit der Gruppenmitglieder.

Die G-Position

Auch die sogenannten **G-Positionen** (Gegner, äußerer Feind), die sowohl in sachlicher (ein hohes Ziel, eine große Herausforderung) als auch in personaler Form (der unliebsame Abteilungsleiter, die leistungsfähigere Nachbargruppe) auftreten können, sind für die Gruppe wichtig. Sie schweißen die Gruppe gewissermaßen zusammen und geben ihrem Handeln eine Richtung. Zum Beispiel kann die Gruppe ohne ein herausforderndes Ziel in ihrem Zusammenhalt äußerst gefährdet sein.

Um es noch einmal deutlich zu machen, alle diese Positionen sind kein Selbstzweck oder entstehen absichtsvoll. Sie differenzieren sich fast gesetzmäßig im Zuge der Gruppenentwicklung und dienen in erster Linie der Aufrechterhaltung des Gruppenzusammenhalts und damit der Existenz der Gruppe überhaupt. Keine Gruppe kann längere Zeit ohne eine derartige Struktur und Positionsbestimmung auskommen. Wird sie nicht durch den offiziell benannten „Führer" etabliert und unterstützt, schafft sich die Gruppe dieses Gerüst selbstständig. Aus der sozialpsychologischen Kleingruppenforschung ist bekannt, dass sich auch in zufällig zusammengestellten Gruppen selbstständig Führungspositionen herausbilden (vgl. Felfe 2009).

Für unser Anliegen ist es wichtig, dass Sie sich darüber im Klaren sein müssen, dass Sie vermutlich als neue Führungskraft zunächst eine G-Position einnehmen. Dies allerdings nur deshalb, weil Sie von außen in das Team hereinkommen und noch nicht dazugehören. Die erstrebenswerte Alpha-Position kann nur ein Mitglied der Gruppe selbst einnehmen, welches die Identität der Gruppe widerspiegelt. Erst wenn Sie dazu gehören, wird Ihnen die Alpha-Position nicht verwehrt, falls Sie sich im Interesse der Gruppe engagieren. Das muss dann nicht bedeuten, dass es keine weitere Alpha-Position in Ihrem Team geben wird. Wie wir vordem ausführten, können unterschiedliche Aspekte des Gruppengeschehens durch diese Positionen vertreten werden.

8.5.2   Das Teamrollenmodell nach Belbin

Es gibt zahlreiche weitere Rollenmodelle, von denen wir noch eines wegen seiner Bekanntheit vor allem im US-amerikanischen Raum herausgreifen wollen. Der Altphilologe Raymond Meredith Belbin entwickelte 1981 sein Teamrollenmodell, welches in erster Linie nach den wesentlichen Aufgabe, die in einer Gruppe zu erfüllen sind, konstruiert wurde. Auch im deutschsprachigen Raum ist dieses Modell recht verbreitet, nicht zuletzt deshalb, weil es einen relativ unkomplizierten Selbstcheck zur Definition der bevorzugten Teamrolle gibt. Allerdings wollen wir darauf hinweisen, dass dieses Instrument einer gewissenhaften psychometrischen Überprüfung nicht standhält (Konradt & Kießling 2006). Dennoch veranschaulicht dies Modell recht gut, welche Funktionen in einem gut funktionierenden Team gegeben sein sollten.

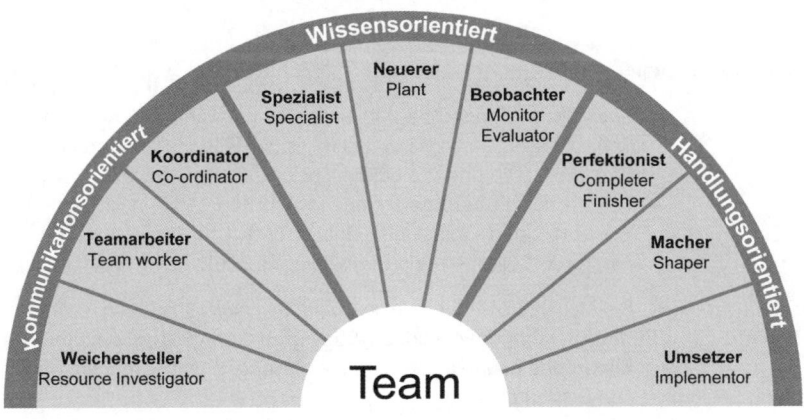

Abb. 31: Rollentypen (nach Belbin 1981)

Belbin unterscheidet dabei handlungs-, wissens- und kommunikationsorientierte Rollen. Auch hier finden wir wieder eine Differenzierung in Sach- und Beziehungsaufgaben.

Tab. 24: Rollentypen nach Belbin (zit. nach Belbin 1981)

Kommunikationsorientierte Rollen	
Koordinator (Beziehungsführer)	▪ Der Koordinator kontrolliert und führt das Team, erkennt schnell die jeweiligen Talente der Teammitglieder und setzt sie entsprechend ihren Fähigkeiten für das gemeinsame Ziel sachorientiert ein. ▪ Der Koordinator ist selbstsicher, vertrauensvoll; stellt schnell die individuellen Talente der Gruppenmitglieder fest, weiß Stärken zu nutzen, und verfügt über einen ausgeprägten Sinn für Ziele.
Teamarbeiter	▪ Der Teamarbeiter ist der interne Förderer und er unterstützt die Teammitglieder in ihren Stärken und kompensiert ihre Schwächen. Er verbessert die Kommunikation zwischen den Mitgliedern und fördert allgemein den Teamgeist. ▪ Der Teamarbeiter ist umgänglich; Er hat die Fähigkeit mit unterschiedlichen Situationen und Menschen fertig zu werden, fördert Teamgeist. Er wirkt vertrauensvoll und kommunikativ.
Weichensteller	▪ Der Wegbereiter ist der kreative Vermittler und Kommunikator, er erforscht und berichtet gerne über Ideen, Entwicklungen und Ressourcen außerhalb des Teams. Er knüpft externe Kontakte für das Team. ▪ Der Wegbereiter ist extrovertiert, begeistert, ist kommunikativ. Er stellt in- und externe Kontakte her, greift neue Ideen auf, reagiert auf Herausforderungen, verfügt über Verhandlungsgeschick.
Wissensorientierte Rollen	
Spezialist	▪ Spezialisten sind stolz auf ihre technischen Fähigkeiten und ihr Spezialwissen. Ihr primäres Ziel ist es, professionelle Standards durchzusetzen und das eigene Spezialgebiet zu fördern. ▪ Der Spezialist ist stolz auf seine Fähigkeiten und sein Fachwissen. Er ist oft Experte auf seinem Gebiet. Er tritt für Professionalität ein, fördert und verteidigt sein Spezialgebiet.
Neuerer/ Erfinder	▪ Der Neuerer/Erfinder ist eine Quelle origineller Lösungen, er liefert neue voranbringende Ideen, Strategien und Ansätze, aus denen die Gruppe neue Projekte, Problemlösungen und Vorgehensweisen entwickeln kann. ▪ Der Neuerer/Erfinden ist individualistisch, introvertiert, unorthodox, ernst, zudem genial, phantasievoll und verfügt über ein gutes Analysevermögen.

Beobachter	• Der Beobachter ist ein Problemanalytiker, der Controller im Team. Er untersucht Ideen und Vorschläge im Detail und wägt Pro und Kontra ab. Er bildet seine Meinungen langsam und gut durchdacht. Er ist der ideale Schiedsrichter. • Der Beobachter ist besonnen, strategisch, scharfsinnig. Er verfügt über Urteilsfähigkeit, Diskretion, Nüchternheit.
Handlungsorientierte Rollen	
Perfektionist	• Der Perfektionisten garantiert Sorgfalt und Termintreue, Sie sind dort unabkömmlich, wo Aufgaben ein hohes Maß an Genauigkeit und Konzentration verlangen. Sie sorgen für ein Gefühl der Dringlichkeit in allen Dingen und sind gut im Einhalten von Zeitplänen. • Der Perfektionist ist sorgfältig, ordentlich, gewissenhaft, vorsichtig; Er hat die Fähigkeit zur vollständigen Durchführung, zu Perfektionismus und Selbstbeherrschung.
Macher (Aufgabenführer)	• Macher sind gute Durchsetzer, weil sie etwas bewegen und mit Druck nach vorne bringen. Ihre Aufmerksamkeit gilt dem Setzten von Zielen und Schaffen von Prioritäten. Sie versuchen Diskussionen oder Aktivitäten eine bestimmte Struktur oder einen Rahmen aufzudrücken. Sie wollen Erfolg unter allen Umständen. • Der Macher ist dynamisch, aufgeschlossen, stark angespannt. Er verfügt über Antrieb, er bekämpft Trägheit und Ineffizienz, ist selbstzufrieden, übt Druck aus.
Umsetzer	• Der eher selten anzutreffende Umsetzer ist der gewissenhaft Ausführende, er setzt Konzepte und Pläne in praktische Abläufe um und führt verabschiedete Pläne systematisch und effizient aus. Er erledigt, was getan werden muss. Stellt eigene Interessen hinten an. • Der Umsetzer ist konservativ, pflichtbewusst, berechenbar. Er arbeitet hart, setzt Ideen in die Tat um, ist selbstdiszipliniert.

Belbin weist zu Recht darauf hin, dass jeder Mitarbeiter ein wertvolles Mitglied eines Team werden kann, wenn ihm nur die rechte Rolle, die passende Aufgabe zugewiesen wird. Das ist das Wesentliche, was wir diesem heuristischen Modell entnehmen können. Sie werden bei Ihrer Aufgabenerfüllung mit Ihrem Team neben einem Koordinator (Beziehungsführer) und Macher (Aufgabenführer) immer auch ausgewiesene Spezialisten, sorgfältige Perfektionisten, ideenreiche Neuerer und gewissenhafte Controller benötigen. Darüber hinaus brauchen Sie die unterstützenden Teamarbeiter und Umsetzer und die kommunikationsstarken Kontakter oder Weichensteller. Die Stärken jedes Mitarbeiters ausfindig zu machen und sie entsprechend ihrer Vorlieben und Kompetenzen gewinnbringend einzusetzen, obliegt Ihnen als Führungskraft.

> **TIPP 20: Umgang mit den zentralen informellen Rollen im Team**
>
> Zur Stabilisierung des Gruppenzusammenhalts und zur Erfüllung wesentlicher gruppendynamischer Funktionen (Sach- und Beziehungsfunktionen) etabliert die Gruppe informelle Rollen:
>
> - Beobachten Sie die Gruppe in typischen Teamsituationen (Gruppendiskussionen, Dienstberatungen, aber auch in Pausen etc.) und klären Sie, welche informellen Rollen im Ihrem Team existieren.
> - Identifizieren Sie Alpha-Positionen (Koordinatoren und Macher) in Ihrer Arbeitsgruppe. Wer sind die starken Persönlichkeiten, die die Gruppe hinter sich haben. Klären Sie die Gründe für die starke „Machtposition" dieser Personen.
> - Da die Alpha-Positionen („informelle Teamsprecher") in der Regel ihre Macht dadurch erhalten, weil sie den Mut aufbringen, die Interessen der Gruppe gegenüber der offiziellen Führungskraft und gegenüber äußeren Instanzen selbstbewusst zu vertreten, sollten Sie die anderen Gruppenmitglieder (die schweigende Mehrheit) befähigen, ihre Interessen auch Ihnen gegenüber zu artikulieren. Machen Sie den Gamma- und Beta-Positionen (Teamarbeiter und Spezialisten) Mut und geben Sie Ihnen die Möglichkeit, sich Ihnen auch in heiklen Fragen anzuvertrauen. Dadurch kanalisieren den Einfluss der Alpha-Positionen.
> - Dessen ungeachtet sollten Sie den Alpha auf Ihre Seite ziehen. Machen Sie sich diese Personen nicht zum Gegner, sondern binden Sie sie ein. Übertragen Sie ihnen Verantwortung und halten Sie engen Kontakt. Auch damit neutralisieren Sie einen möglichen starken Widersacher.
> - Die Teamrollen nach Belbin sollten Ihnen die Möglichkeit eröffnen, Ihren Kollegen sinnvolle und ziel- bzw. teamförderliche Aufgaben zu übertragen. Stärken haben alle Ihre Mitarbeiter. Wenn Sie sie zum Nutzen des Teams einsetzen können, stärken Sie auch die Positionen nicht so extravertierter Personen.

8.6 Gruppen- und Beziehungsstrukturen

Die bereits angesprochenen informellen Gruppenstrukturen zeigen sich in erster Linie in den kommunikativen und kooperativen Beziehungen der Mitarbeiter Ihres Teams. Dabei spielen natürlich die sich daraus ergebenden Teamrollen oder Teampositionen der einzelnen Kollegen eine wesentliche Rolle.

Wen Ihrer Kollegen bittet man gern um fachliche Hilfe, z. B. wenn ein wichtiger Kunde erwartet wird oder ein schwieriges Projekt abzuschließen ist? Wem vertrauen sich Ihre Mitarbeiter an, wenn sie private oder dienstliche Sorgen haben?

Mit wem gehen Ihre Kollegen gerne zu Betriebsfeiern bzw. zu anderen geselligen Anlässen und wer sorgt im Team für eine entspannte und heitere Atmosphäre, wenn die Stimmung mal nicht so gut ist? Alle die sich dadurch ergebenden Beziehungsgeflechte sind für ein funktionierendes Team zunächst unentbehrlich. Und da diese ohnehin existieren oder sich im Laufe der Zeit hoffentlich entwickeln, sollten Sie diese Strukturen kennen und unterstützen, schließlich können Sie nicht all diese Aufgaben selbst übernehmen.

Umgekehrt, zeigen sich aber auch Nicht-Beziehungen. Wer wird z. B. bei allen privaten Angelegenheiten außen vor gelassen? Mit wem will niemand gerne zusammenarbeiten? Wem vertraut man sich lieber nicht an, weil es morgen u. U. die ganze Abteilung weiß. Selbst diese eher weniger erwünschten Anti-Beziehungen haben im System der Gruppe eine Funktion. Diese zu kennen und gegebenenfalls positiv zu beeinflussen, sollten Sie sich auf Ihre Agenda setzen.

8.6.1 Das Partnerwahlverfahren nach Moreno

Diese zunächst unsichtbaren Strukturen sichtbar zu machen, gestattet eine Technik, die als „soziometrischen Methode" (Soziogramm) durch Jacob Levy Moreno, einem österreichisch-amerikanischer Arzt, Psychiater und Soziologe in den 1930er Jahren bekannt wurde (Moreno 1934). Dabei wird die Verteilung von sogenannten Vorzugs- oder Partnerwahlen in einer Gruppe ermittelt, wonach jedes Gruppenmitglied für eine bevorstehende Aufgabe einen oder mehrere Partner auswählen kann. Ein kleines Beispiel soll Ihnen deutlich machen, wie diese Methode in der Praxis funktioniert.

Der bereits oft zitierte Forscher Peter R. Hofstätter hat in den 1950er Jahren seine Studenten eines Feriensemesters an der Catholic University in Washington D.C. kurz vor den bevorstehenden Prüfungen folgende Aufgabe vorgelegt. Da er seine Studenten paarweise prüfen wollte, schlug er ihnen vor, sich aus den übrigen Kommilitonen jeweils drei auszuwählen, mit denen sie zusammen die Prüfung bewältigen wollten. Selbstverständlich sollten jeweils beide Studenten der letztlich zusammengestellten Paare die gleiche Note erhalten. Nach der erfolgten Auswahl brach er das Experiment ab und veröffentlichte seinen nun doch überraschten Teilnehmern die methodischen Hintergründe des Experiments. Interessanterweise korrelierte die Anzahl der von jedem einzelnen Studenten erhaltenen Wahlen mit der nachfolgenden Prüfungsnote. D. h., die Studenten, die von ihren Kommilitonen am häufigsten gewählt wurden, erhielten tatsächlich die bessseren Prüfungsnoten. Die Kommilitone hatten offenbar recht „klug" ausgewählt (zit. nach Hofstätter 1957/71).

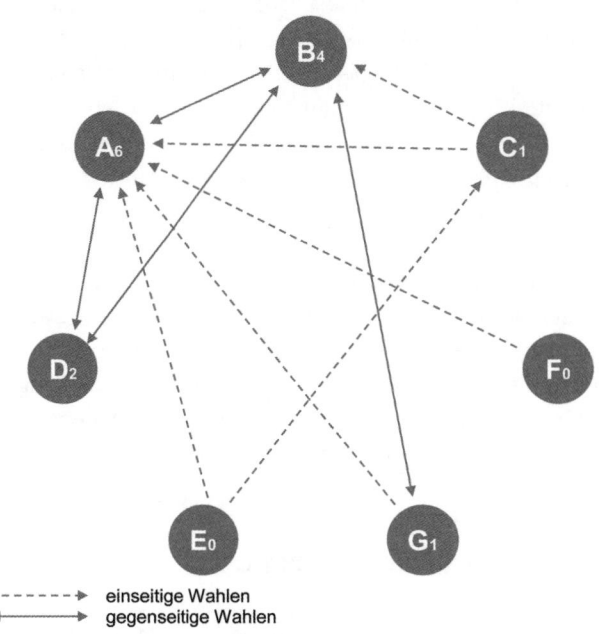

einseitige Wahlen
gegenseitige Wahlen

Abb. 32: Soziogramm (Leistungsparameter)

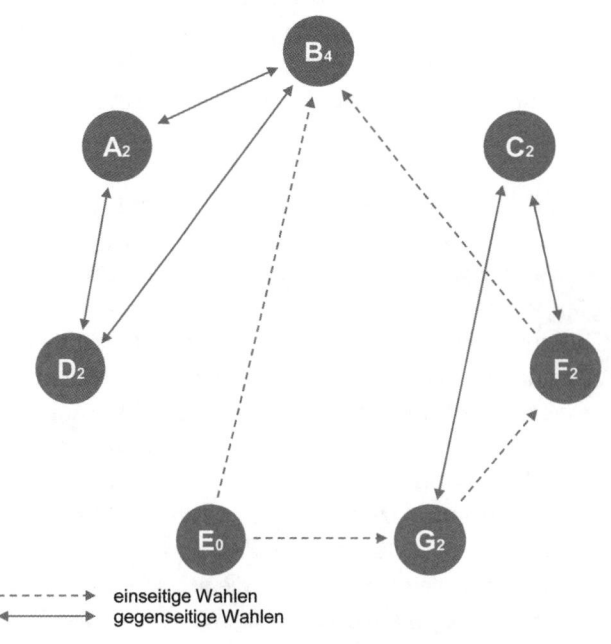

einseitige Wahlen
gegenseitige Wahlen

Abb. 33: Soziogramm (Beziehungsparameter)

Die Darstellung der beiden Abbildungen verdeutlicht sinngemäß die erhaltenen Resultate des beschriebenen Experiments. Der Einfachheit halber, haben wir die Zahl der Wahlen auf zwei reduziert. Auffällig ist, dass die Auswahl sich auf zwei Personen zu konzentrieren scheint. Person (A) erhält sechs Stimmen und Person (B) erhält vier Stimmen. Eine einzige Person, nämlich (F) wird kein einziges Mal gewählt. Es ist leicht die Beziehung zu den gerade dargestellten Rollen oder Teampositionen herzustellen, wonach die Personen (A) und (B) Alpha-Positionen einnehmen, die Person (F), da offensichtlich von der Gruppe isoliert, eine Omega-Position zugewiesen wird. Deutlich zeigen sich aber auch andere Interaktions- oder Beziehungsmuster. So stellt sich die Dreier-Gruppe (A), (B) und (D) offenbar anhand der Bevorzugungsstrukturen als eine eigene Untergruppe im Soziogramm dar, was durch die jeweils gegenseitigen Wahlen deutlich wird.

Fragen auf der Sachebene

Diese in der Abbildung (Soziogramm, Leistungsparameter) deutlich werdenden Interaktionsmuster sind für den oben beschriebenen Typ an Vorzugswahlen repräsentativ. Bei Fragen nach Leistungsparametern der Gruppe, also Kriterien, die sich auf der Sachebene abspielen, finden wir häufig eine hohe Zentralität: Viele Personen wählen eine oder wenige einzelne Personen in die bevorzugte Position. Andererseits ist der Zusammenhalt der Gruppe in diesem Parameter (Kohäsion), gemessen an der Anzahl gegenseitiger Wahlen (drei gegenseitige Wahlen), eher gering.

Fragen auf der Beziehungsebene

Ein ganz anderes Bild ergibt sich, wenn Sie z. B. fragen würden, „Wer möchte mit wem den nächsten Betriebsausflug gemeinsam organisieren und vorbereiten". Oder Sie stellen die Aufgabe, „Suchen sie sich einen Partner, mit welchem sie gemeinsam ihre persönliche Arbeitszufriedenheit im Team diskutieren". Bei diesem Typus von Wahlen wird eher die Beziehungsebene in der Interaktion angesprochen. Hier erhält man Muster, die typischerweise der Abbildung (Soziogramm, Beziehungsparameter) entsprechen, mit einer geringeren Zentralität (Person B erhält nur vier Wahlen), aber mit einer größeren Anzahl von gegenseitigen Wahlen (in unserem Beispiel sind es fünf), die einem stärkeren Zusammenhalt der Gruppe entsprechen. Außerdem werden nun zwei Untergruppen sichtbar (A, B, D bzw. C, F, G), die offenbar enge Beziehungen unterhalten. Auf dieser Ebene isoliert, scheint nun die Person (E).

Solche Strukturdiagramme machen sehr schön die informellen Beziehungen und Rollenpositionen in Ihrem Team sichtbar. Sie können sie für Ihre Zwecke nutzen oder unerwünschten Relationen entgegenwirken. Allerdings sollte man äußerst behutsam mit diesem Instrument umgehen. Obwohl Sie eigentlich durch ein Soziogramm nur sichtbar machen, was in der Gruppe existiert und wirkt, ist von einer Veröffentlichung solcher Strukturdiagramme ohne professionelle Unterstützung abzuraten. Die Gruppe weiß zwar unterschwellig, wer die Favoriten oder wer die isolierten Personen sind, verdrängt aber auch gerne die unangenehmen Konsequenzen, die z. B. mit einer öffentlichen Diskussion verbunden sind. Es hängt sehr vom Reifegrad Ihres Teams ab, ob Sie derartige Konstellation offen besprechen können. Wenn Sie dies tun, dann im Rahmen eines begleiteten Teamentwicklungsprozesses oder eines Teamtrainings (siehe Meilenstein 11).

Aber Sie müssen nicht ganz darauf verzichten, wenn Sie Ihre Gruppe eine Zeitlang genau beobachten, können Sie dies auch ohne die Beteiligung der Gruppe für sich veranschaulichen. Wie in Abb. 34 (Münz-Soziogramm) ersichtlich, reicht dazu eine Handvoll Münzen. Die Größe der Münzen symbolisiert die Einflussstärke der jeweiligen Personen, Lage und Nähe können Untergruppen deutlich machen. So erhalten Sie zumindest ein anschauliches „Bild" Ihrer Gruppe mit den latenten Strukturen.

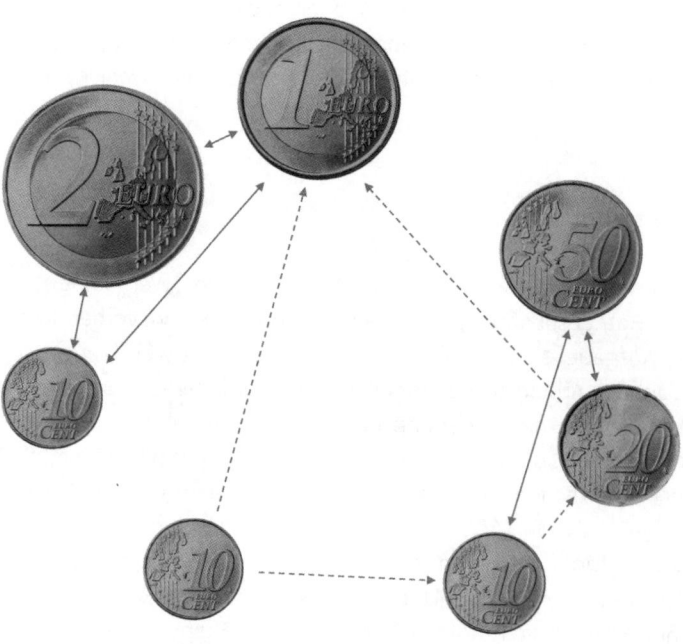

Abb. 34: Münz-Soziogramm

8.6.2 Das Divergenztheorem – Tüchtigkeits- und Beliebtheitsführer

Im Zusammenhang mit den beschriebenen Vorzugswahlen fand man ein Phänomen, das als Divergenztheorem in die Forschungsliteratur eingegangen ist. An der Harvard Universität beobachtete man dazu systematisch in den 1950er Jahren zufällig zusammengestellte Diskussionsrunden. In einem 12-klassigen Kategoriensystem wurden dazu alle kommunikativen Kontakte, die von einer Person ausgingen oder die sie jeweils erhalten hatte, registriert. Darüber hinaus mussten die Versuchspersonen bewerten, 1. welche Personen die besten Einfalle zur Diskussion einbrachten, 2. wer ihrer Meinung nach, die Führung übernommen hatte und 3. welche Personen ihnen am sympathischsten waren. Im Ergebnis hatte man also fünf Rangreihen (1. Kontakte vergeben, 2. Kontakte erhalten, 3. Einfälle, 4. Führung und 5. Sympathie) zu vergleichen.

Es stellte sich dabei heraus, dass lediglich in acht von 100 Sitzungen eine einzige Person in allen betrachteten Kategorien erste Rangplätze belegte. Viel eher ergab sich, dass sich jeweils zwei Personen die Spitzenpositionen teilten, wobei die eine eher in den objektiven Leistungsparametern und die andere eher in der Sympathiebewertung vorne lag. Während in den ersten Sitzungen diese Differenzierung noch nicht so deutlich war, entwickelte sie sich mit zunehmender Dauer der Untersuchungen zu einem Stereotyp. Im Laufe der Beobachtungen über 100 Sitzungen differenzierten sich so jeweils ein „Tüchtigkeitsführer" und ein „Beliebtheitsführer" (Bales & Slater 1969, zit. nach Hofstätter 1957/71). Diese typische Teilung als Erfüllung notwendiger Gruppenfunktionen haben wir bereits bei der Erläuterung der beiden Alpha-Teamrollen festgestellt.

Bemerkenswert ist die Tatsache, dass es sich dabei offenbar um ein „Führungs-Duo" handelt, welches außerordentlich eng miteinander kooperiert. In 51% der Sitzungen wurde beobachtet, dass der „tüchtige" Führer dem „beliebten" häufiger zustimmte als allen anderen Gruppenmitgliedern und umgekehrt (65%). Offenbar finden zwischen diesen beiden Positionen keine Machtkämpfe statt, da die Betätigungsfelder für beide Seiten akzeptiert (Sach- und Beziehungsebene) und klar abgesteckt sind.

Selbstverständlich gibt es zahllose Zwischenstufen dieser Differenzierung in Abhängigkeit von der Aufgabenstellung. In gemeinnützigen Organisationen oder auch in Kirchenverbänden, wo das angestrebte Ziel gleichsam das gemeinsame Miteinander, also die Gestaltung einer bestimmten Werten gehorchenden Beziehung zwischen den Mitgliedern ist, fallen beide Funktionen (Aufgabenführung und Beziehungsführung) häufig zusammen (vgl. Witte & Ardelt 1989).

Interessant ist allerdings auch der historische Rekurs auf die traditionellen Rollen in Staat und Gesellschaft. So finden wir zu allen Zeiten und in fast allen Kulturen die Trennung der Ämter in: Präsident und Kanzler, König und Ministerpräsident, Häuptling und Medizinmann (vgl. Hofstätter 1957/71).

TIPP 21: Umgang mit Gruppenstrukturen

Verschaffen Sie sich einen Überblick über die vorherrschenden Beziehungsstrukturen in Ihrem Arbeitsteam:

- Welche Binnenstrukturierung hat sich Ihre Gruppe geschaffen. Gibt es Cliquen oder Untereinheiten, die den Gruppenzusammenhalt gefährden können?
- Wie stabil oder zeitlich wechselnd sind diese Beziehungen ausgeprägt?
- Werden die wesentlichen sozialen Gruppenfunktionen durch die Beziehungsstrukturen unterstützt? Gibt es z. B. Vertrauenspersonen oder fachliche Experten, die von allen Gruppenmitgliedern geschätzt und bei Bedarf in Anspruch genommen werden können?
- Welche Position nehmen Sie in dieser Konstellation ein oder übergeht man Sie?
- Nutzen Sie genaue Beobachtungen der täglichen Interaktionen zwischen Ihren Gruppenmitgliedern und das Münz-Soziogramm zur Veranschaulichung dieser Beziehungsnetzwerke.
- Bei Entwicklungsproblemen Ihres Teams, ist der Einsatz von Teamentwicklungsmaßnahmen (Teamtraining etc.) unter Verwendung soziometrischer Verfahren zu empfehlen. Dabei sollten Sie sich professionell begleiten lassen.

8.7 Gruppenzusammenhalt (Kohäsion)

Worauf Sie im Besonderen bei der Entwicklung Ihrer Gruppen achten sollten, ist die Ausbildung eines Wir-Gefühls, das Entstehen eines starken Gruppenzusammenhalts. Fühlen sich die Mitglieder in ihrer Gruppe wohl und identifizieren sie sich mit der Gruppe, ihren Zielen und Werten, sprechen wir von einer starken Gruppenkohäsion. In gleichem Maße entwickeln sich damit Gruppennormen, die das Zusammengehörigkeitsgefühl noch verstärken. Jedes Verhalten einzelner Gruppenmitglieder, das den Gruppenzusammenhalt gefährdet, wird durch die Gruppe negativ sanktioniert.

Insofern hängt es in erheblichem Maße von der Qualität der Ziele und Werte einer Gruppe ab, welche Normen sich entwickeln und ob diese Ihren Leistungsanspruch als Führungskraft unterstützen. Das Phänomen des Gruppenzusammenhalts ist zunächst wert- und leistungsneutral. Sind sich die Gruppenmitglieder in ihren Normen z. B. darin einig, das besonders ausgeprägtes Leistungsstreben den Gruppenfrieden eher gefährdet, wirkt ein hoher Gruppenzusammenhalt Ihren Absichten genau entgegen. Derartige Phänomene finden sich häufig bei der Einführung von Zielvereinbarungs- und Bonisystemen. Andererseits fördert eine hohe Kohäsion, wenn sich Leistung als Norm in der Gruppe etabliert hat, in beträchtlichem Maße den Output einer Einheit. Ihre Aufmerksamkeit muss also auf zweierlei Dinge ausgerichtet sein. Auf der einen Seite müssen Sie Bedingungen schaffen, die der Entwicklung Ihrer Gruppe und damit der Ausbildung eines hohen Gruppenzusammenhalts dienen, andererseits müssen Sie als akzeptiertes Gruppenmitglied Normen und Regeln mitgestalten, die Ihren unternehmerischen Zielen zuträglich sind.

8.7.1 Wirkfaktoren des Gruppenzusammenhalts

Der Gruppenzusammenhalt wird dabei unter anderem wesentlich von drei Mechanismen begünstigt. Zum einen durch die Häufigkeit der Kontakte zwischen den Gruppenmitgliedern, der wahrgenommenen Ähnlichkeit zwischen ihnen und dem Vorhandensein einer äußeren Bedrohung", wobei letztere als Bedingung im übertragenen Wortsinn zu verstehen ist.

- Wesentlich für den Zusammenhalt Ihrer Gruppe ist die Ermöglichung intensiver **Kontakte**. Die im Unternehmen vorgesehene Zusammenarbeit, die Verantwortlichkeit zur wechselseitigen Information (Reporting, Berichte), die räumliche Nähe, die für Arbeitseinheiten und Bereiche vorgesehen ist, erhöhen die Wahrscheinlichkeit derartiger Kontakte und damit den Gruppenzusammenhalt (vgl. Rosenstiel 1995). Fehlen diese Kontaktmöglichkeiten oder werden sie womöglich durch die Organisationsstruktur behindert, gefährdet dies den Gruppenzusammenhalt und die Leistungsfähigkeit Ihrer Gruppe. Kommunikations- und Kooperationsbarrieren innerhalb eines Teams werden z. B. häufig allein dadurch geschaffen, das die Mitarbeiter zweier Untergruppen (z. B. Kundenberater und Servicekräfte der Zweigstelle einer Bank) räumlich getrennt voneinander arbeiten müssen, obwohl es eigentlich eine Notwendigkeit zur Kooperation gibt.
- Eine „**äußere Bedrohung**" kann sich aus dem Wettbewerb zwischen unterschiedlichen organisatorischen Gruppen ergeben (Rankinglisten), aus einer besonderen Herausforderung für die Gruppe, durch hohe Zielvorgaben oder aber auch durch besondere Belastungssituationen für die Arbeitsgruppe (z. B. gleichzeitiger Ausfall vieler Kollegen, Personalengpässe allgemein, Abwicklung oder Zusammenlegung von Unternehmensbereichen usw.). Bekannt ist z. B. das Phänomen, wonach Gruppen, die gerade einen Personalengpass zu bewältigen haben, häufig besser kooperieren, und dabei jedes einzelne Teammitglied viel

eher bereit ist, „über den eigenen Tellerrand" hinauszusehen und zusätzliche Aufgaben zu übernehmen. Der Gruppenzusammenhalt ist stärker geworden.

- Darüber hinaus bestimmt die wahrgenommene **Ähnlichkeit** der Gruppenmitglieder den Prozess der Gruppenbildung. Der Volksmund kennt die Weisheit: „Gleich und Gleich gesellt sich gern". Die sozialpsychologische Kleingruppenforschung beweist, dass die wahrgenommene Ähnlichkeit eines Partners in Bezug auf die ausgeführten Arbeitsinhalte, die zentralen Einstellungen, die angestrebten Ziele und übergreifende Wertorientierungen, den Wunsch nach Kontakt, Nähe und die Entwicklung gegenseitiger Sympathien begünstigen. Allein die Ausführung gleicher Tätigkeiten, das Erleben gleicher besonders förderlicher oder beeinträchtigender Arbeitsbedingungen oder die Vollziehung gleicher, eigentlicher zufälliger Rituale, z. B. zur gleichen Zeit in der Kantine zu Mittagessen, erzeugt die Wahrnehmung von Ähnlichkeit, Gemeinschaft und Sympathie.

8.7.2 Positive Bedingungen der Gruppenbildung

Lutz von Rosenstiel (ebd.) formuliert organisationale Bedingungen, die diese Prozesse der Gruppenbildung im Unternehmen positiv beeinflussen:

- Schaffung der räumliche Nähe der Gruppenmitglieder,
- Möglichkeiten der unmittelbaren Kommunikation (z. B. durch Dämpfung des Lärms im Arbeitsraum, durch Stellung der Arbeitsplätze zueinander, durch Bereitstellen von Möglichkeiten informeller Kommunikation (Teeküche, Kantine, „Kommunikationsecken"),
- Formalisieren von Kommunikationsmöglichkeiten (Arbeits- oder Abteilungsbesprechungen, regelmäßige Projektsitzungen, außerdienstliche Teamevents),
- Erhaltung von persönlichen Kommunikationskanälen; D. h. verhindern, dass Kommunikation nur noch über elektronische Medien erfolgt,
- Schaffen kleinerer Arbeitseinheiten, damit die Möglichkeit gewährleistet bleibt, dass jeder mit jedem unmittelbar Kontakt aufnimmt,
- Verflechtung der Arbeitsaufgaben, dass durch Kooperation gemeinsame Erfolgserlebnisse ermöglicht werden (z. B. durch Delegation von Aufgaben an wechselnde Zweierteams Ihrer Gruppe).
- Zusammensetzung der Mitglieder einer Arbeitseinheit in der Form, dass sie sich sowohl fachlich ergänzen, als auch als einander ähnlich erleben und Sympathie füreinander empfinden.
- Herausfordernde Ziele und Aufgabenstellungen, die die Gruppe eigenständig zu bewältigen haben.

8.7.3 Kommunikationsstrukturen

Auch die Art der Gestaltung der formalen kommunikativen Prozesse beeinflusst die Leistungsfähigkeit, Zufriedenheit und mithin den Gruppenzusammenhalt maßgeblich.

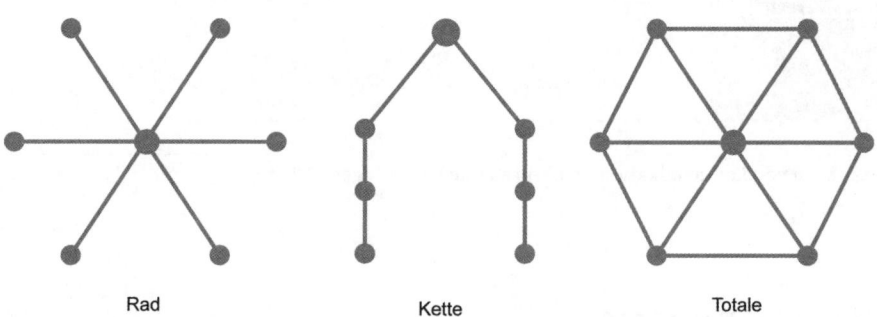

Rad   Kette   Totale

Abb. 35: Formale Kommunikationsstrukturen (Bavelas 1953; Leavitt 1951)

Dabei wird vor allem der Grad der Zentralität der formalen Kommunikationsstrukturen als Unterscheidungskriterium angegeben. Wie leicht aus der Abb. 35 zu ersehen ist, bildet das „Rad" die Kommunikationsstruktur ab, bei der die Zentralität am deutlichsten ausgeprägt ist. Alle kommunikativen Akte laufen über den Leiter in der Mitte der Figur (größerer Kreis), Kommunikation untereinander ist nicht möglich. Hohe Zentralisation in diesem Sinne wirkt sich bei einfach strukturierten Aufgaben und kürzeren Zeiträumen positiv auf die Gruppenleistung aus! Allerdings bleibt die Zufriedenheit der einzelnen auf der Stecke. Diese Form manifestiert Macht- und Einflussstrukturen.

Die „Kette" ist schwerfällig, lässt aber zumindest alternative Kommunikationswege zu.

Und bei der dezentral strukturierten „Totale" existieren keine vorgeschriebenen Kommunikationswege. Hohe Dezentralisation beeinflusst positiv die Zufriedenheit in der Gruppe und die Leistungserbringung bei komplexen Aufgaben (Shaw 1964). Zentrale Personen haben in der Regel ein höheres Ausmaß an Zufriedenheit als periphere. Insofern müssen Sie die Kommunikationsstrukturen den entsprechenden Aufgabenstellungen anpassen. Sind Sie häufig gezwungen, „zentral" zu kommunizieren (z. B. in Callcentern) müssen Sie das Bedürfnis nach Kontakt und Abstimmung durch Teamsitzungen und Gruppendiskussionen kompensieren.

Kommunikation / Aufgabe	Zentral (Rad)	Dezentral (Totale)
Komplex	geringe Leistung geringe Zufriedenheit	hohe Leistung hohe Zufriedenheit
Einfach	hohe Leistung geringe Zufriedenheit	geringe Leistung hohe Zufriedenheit

Abb. 36: Auswirkungen von Kommunikationsstrukturen (nach Nerdinger 2011)

8.8 Gruppennormen

Je stärker der Gruppenzusammenhalt, umso eher etablieren sich gruppenbindende Normen und Regeln des Umgangs. Diese regulieren die Verhaltensweisen der einzelnen Gruppenmitglieder derart, dass sie ihr Denken und Handeln sozusagen standardisieren oder eben normieren. Jede Norm stellt damit eine Aufforderung dar, sich in ganz bestimmter Art und Weise zu verhalten, also Handlungen explizit auszuführen oder sie zu unterlassen. Verstößt ein Gruppenmitglied gegen diese Regeln, wird es von der Gruppe „bestraft", hält es sich an daran, erfährt es sozialen Zuspruch und Bestätigung. Dies betrifft allerdings nur Verhaltensbereiche, die in der Gruppe von wesentlichem Interesse sind, andere unwichtige Bereiche bleiben davon unberührt.

So kann es durchaus vorkommen, dass es in einer Gruppe außerordentlich wichtig ist, in Belastungssituationen einander zu helfen und zuzupacken, während es scheinbar niemanden kümmert, wie es der einzelne mit der Ordnung und Aufgeräumtheit am Arbeitsplatz hält. So kann ein Verstoß im ersten Fall, die soziale Isolation desjenigen bedeutet, der sich herausredet und nicht mit anpackt, während es Verstöße im zweiten Fall überhaupt nicht gibt. Diese „ungeschriebenen Gesetze" stabilisieren das Gruppengefüge und genügen bestimmten Funktionen, die Nerdinger (2011) treffend beschrieben hat:

- Orientierungsfunktion: Normen geben in unsicheren und sich wiederholenden Situationen Hinweise, wie der Einzelne sich verhalten soll.
- Selektionsfunktion: Aus der prinzipiell unendlich großen Vielfalt von Verhaltensmöglichkeiten wählen Normen einige aus, die in bestimmten Situationen als sinnvoll erlebt werden.

- Stabilisierungsfunktion: Durch Normen wird das Verhalten der Gruppenmitglieder stabil, sie sind Voraussetzung dafür, dass man in einer gegebenen Situation auf ein bestimmtes Verhalten der anderen vertrauen kann.
- Koordinationsfunktion: Durch Normen wird das Handeln der Mitglieder einer Gruppe aufeinander abgestimmt.
- Prognosefunktion: Normen machen Verhalten der anderen Gruppenmitglieder berechenbar. Damit ermöglichen Normen die Vorhersage, welches Verhalten in einer bestimmten Situation am wahrscheinlichsten auftreten wird (Nerdinger 2011, S. 98).

Tab. 25: Beispiele von Gruppennormen

Positionen	Fragen zur Identifikation
Beziehungsnormen	- Wer spricht mit wem? Wer wird um Rat gefragt? - Wer gibt Anordnungen? - Wer wird gemieden oder übergangen?
Kommunikationsnormen	- Wie häufig wird überhaupt kommuniziert? - Welche Themen werden übergangen bzw. tabuisiert? - Wie sachlich müssen Äußerungen sein? - Welcher Sprache (Jargon) bedient sich die Gruppe?
Bedürfnisnormen	- Werden Wünsche und Anliegen offen geäußert? - Dürfen Wünsche anderer zurückgewiesen werden? - Wird der Wunsch nach Wertschätzung deutlich? - Wird der Wunsch nach Autonomie respektiert?
Gefühlsnormen	- Dürfen Gefühle (Freude) offen gezeigt werden? - Darf Zuneigung und Abneigung offen gezeigt werden? - Darf Langeweile oder Frustration ausgedrückt werden?
Sanktionsnormen	- Wie wird in der Gruppe belohnt? - Wie wird in der Gruppe bestraft?
Arbeitsnormen	- Wie wird mit der Arbeitszeit umgegangen? - Wie wird mit Ressourcen und Arbeitsmitteln umgegangen? - Welche Leistungsnormen hat die Gruppe entwickelt? - Darf über Mehr- oder Minderleister gesprochen werden?

Die Identifikation der in der Gruppe herrschenden Normen ist für Sie als Führungskraft wesentlich. Sie werden recht schnell nach Ihrem Einstieg die ersten Regeln der Gruppe kennenlernen, nämlich, wie geht man mit Neuankömmlingen um. Geht man offen auf Sie zu, lädt man Sie auch zu informellen Treffen der Gruppe ein, berichtet man Ihnen offenherzig über Sorgen und Probleme oder wird Ihnen das Hineinkommen in die Gruppe erschwert. Wie wir bereits ausgeführt haben, müssen Sie sich zunächst in die Gruppe integrieren, bevor Sie damit beginnen können, Normen in Ihrem Sinne anzupassen.

8.8.1 Die Führungskraft: Prototyp der Gruppennorm

Wenn Sie Einfluss als Führungskraft auf Ihr Team gewinnen wollen, müssen Sie sich zunächst in den Gruppenverband integrieren. Das bedeutet, dass Sie Einfluss und Macht in der Gruppe nur gewinnen, wenn es Ihnen gelingt, als prototypischer Vertreter der Interessen und Ziele der Gruppe wahrgenommen zu werden. Dazu müssen Sie wissen, was Ihre Gruppe schätzt, was ihr wichtig ist und was ihre Identität ausmacht. Führungskräfte sind demnach dann effektiver, wenn sie diese Gruppenidentität in der Wahrnehmung der Gruppenmitglieder am deutlichsten entgegenkommen (Knippenberg 2011). Der neue „Bandenchef" sollte eben schon dem typischen Bild, das die Gruppe von einer derartigen Position entwickelt hat, entsprechen. Und er sollte gleichzeitig die Normen und Gesetze des Teams am deutlichsten repräsentieren.

In die aktuelle Forschung ist dieses Phänomen als „Leader Group Prototypicality" eingegangen. Dabei wurden zahlreiche Belege dafür gefunden, dass die Wirksamkeit einer Führungskraft gerade von der Einnahme dieser identitätsstiftenden Position in der Gruppe abhängt. So sind entsprechende Teams leistungsfähiger, kreativer, nehmen ihre Führungskraft als erfolgreicher wahr, billigen eher ihren Führungsanspruch, zeigen eine höhere Arbeitszufriedenheit, unterstützen eher organisatorische Veränderungsprozesse im Unternehmen und zeigen eine größere Neigung zur Kooperation und zusätzlichem Engagement (vgl. Knippenberg 2011).

Mérei's Untersuchungen zur Übernahme von Führung

Sehr plausible sozialpsychologische Untersuchungen aus dem Jahre 1949 kommen in einem gänzlich anderen sozialen Kontext zu ganz ähnlichen Resultaten. Der ungarische Kinderpsychologe Ferenc Mérei ließ dazu Kindergarten- bzw. Hortkinder zwischen 4 bis 11 Jahren über zwei Wochen lang beobachten. Danach wurden einige Kinder nach besonderer Homogenität (Temperament, Entwicklungsstand etc.) in Kleingruppen von jeweils 3 bis 6 Kindern aufgeteilt und weiterhin im gemeinsamen Spiel beobachtet. Nach einer weiteren Woche hatten sich bereits Normen und Regeln (z. B. Sitzordnung, Spielzeugverteilung, Wir-Gefühl, gemeinsame Sprache usw.) in den Kleingruppen herausgebildet. Dann ging man dazu über, in die bereits gut etablierten Kleingruppen jeweils ein älteres Kind einzuordnen, welches sich in der ursprünglichen Beobachtung als besonders temperamentvoll, selbstbewusst und rechthaberisch gezeigt hatte. Die erwarteten Ergebnisse, dass nämlich das neu hinzukommende, selbstbewusste Kind die Führungsposition übernehmen würde, konnten bestätigt werden, allerdings auf eine nicht zu vermutende Weise. Natürlich versuchten die Neuankömmlinge in gewohnter Manier die Gruppe in die Hand zu nehmen. Allerdings waren diese Bemühungen nicht von Erfolg gekrönt. Nach Abschluss der ersten Spielphasen standen die künftigen Meinungsmacher isoliert und von der Gruppe abgelehnt allein da. Dann änderten sie überraschenderweise ihre Strategie. Sie beobachteten zunächst sehr genau, was in der Gruppe vor sich geht, welchen Spielregeln sich die Gruppe unterwarf, und begannen dann, sich diese Regeln und die anderen Gruppenmitglieder zum Vorbild zu nehmen. Sie, die vorher als Vorbild für andere galten, ahmten nun plötzlich die anderen Kinder nach und übernahmen damit unwissentlich die Normen und Gesetze der neuen Gruppe. Noch überraschender war, dass sie dazu nicht einmal darauf zu verzichten brauchten, weiterhin Anweisungen und Kommandos zu erteilen. Allerdings war der Inhalt nun ein anderer. Jetzt schrieben sie den anderen Kindern das vor, was diese ohnehin zu tun beabsichtigten. Kommandos wie z. B. „Das ist dein Stuhl, du setzt dich jetzt da hin!" wurden bereitwillig befolgt. Der neue prototypische Vertreter der Gruppennormen übernahm die Funktion des Anwalts der Gruppe und setzte sich in der Folge als „Bestimmer" durch. Mérei bemerkt dazu, „Es kommt so zu der merkwürdigen Situation, in der ein Befehlshaber nachahmt, während die Vorbilder den Weisungen ihres Nachahmers Folge leisten" (Mérei 1949, zit nach Hoffstätter 1971, S. 146).

TIPP 22: Integration der Führungskraft in das Team

- Um ein Teil Ihres neuen Arbeitsteams zu werden, ist es wichtig, sich über die Gruppennormen und die Bedürfnisse Ihrer Gruppe zu informieren. Ergründen Sie dazu, was Ihrer Gruppe wichtig ist, welche Spielregeln und Umgangsformen sie entwickelt hat und welche sozialen Rituale Ihr Team pflegt.
- Klären Sie frühzeitig, welche Erwartungen Ihr Team an die Führungsposition hat. Welche Aufgaben hat Ihr Vorgänger übernommen oder delegiert. Vertreten Sie Ihr Team nach außen konsequent und übernehmen Sie auch Verantwortung für Dinge, die nicht gut gelaufen sind. Stellen Sie sich gegebenenfalls vor Ihr Team.
- Ohne auf Ihre tonangebende Orientierungsfunktion in den Anfangsphasen der Gruppenentwicklung verzichten zu müssen, übernehmen Sie die akzeptablen Teile der Gruppenrituale und vertreten diese überzeugend. Wenn Sie ihnen dann später als störend in Erscheinung treten sollten, haben Sie immer noch die Möglichkeit diese gemeinsam mit Ihrem Team anzupassen.

8.8.2   Leistungsnormen: Tendenz zur Mitte

Eine ganz entscheidende Norm, an der Sie nicht vorbeigehen können, ist die Leistungsnorm. Also, wie geht die Gruppe mit dem Thema Leistungserbringung um. Stellt gute Leistung für alle Kollegen einen gleichermaßen hohen Wert dar, werden die Leistungsträger wertgeschätzt und die Leistungsverweigerer vorangetrieben, oder entdecken Sie, dass dieses Thema eher tabuisiert wird.

Bereits in 1930er Jahren wurden in diesem Zusammenhang in Felduntersuchungen Probleme der Produktivität und der Kündigungsraten analysiert. Die Untersuchungen wurden zwischen 1924 und 1932 in einem Werk der Western-Electric Company in Hawthorne durchgeführt und sind seither als Hawthorne-Studien bekannt (Roethlisberger & Dickson 1939). Dabei beobachtete man z. B. die Arbeitsleistung von nach Akkord arbeitenden Gruppen. Entsprechend der unterschiedlichen Geschicklichkeit, des Tempos und des Fleißes produzierten die einzelnen Arbeiter in gleichen Arbeitszeiten unterschiedlich viel. Sehr bald konnte beobachtet werden, dass sich bezüglich der erbrachten Arbeitsergebnisse eine Gruppennorm etablierte, auf die die einzelnen Leistungen konvergierten. Wichen Gruppenmitglieder von dieser Norm ab, wurden sie von den übrigen zunächst kaum wahrnehmbar, in der Folge jedoch durch verbale und auch handfeste Ermahnungen an die Gruppennorm erinnert. Sowohl der Leistungsträger als auch der Leistungsversager wurden gleichermaßen in die Norm-Schranken verwiesen. So kam es z. B. zu dem bekannten Phänomen der „Leistungsrestriktion", d. h. zu verminderter Leistung bei Personen, die auch als „Normbrecher" bezeichnet werden. Der ausgeübte Gruppendruck veranlasste die Normabweichler, ihre Leistung der etablierten Gruppennorm anzupassen (vgl. Rosenstiel 1995).

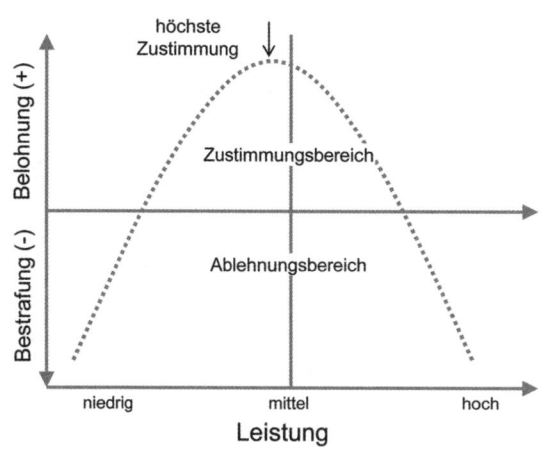

Abb. 37: Leistungsnormen in Gruppen

Aus Abb. 37 ist das jeweilige Belohnungs- und Bestrafungspotenzial für die erbrachte Leistung abgebildet. Deutlich wird, dass eben nicht die höchste Leistung am meisten von der Gruppe gewürdigt und geschätzt wird, sondern ein für alle Gruppenmitglieder leichter zu erreichender Gruppendurchschnitt. Diese Punkt der höchsten Zustimmung liegt häufig im Bereich des geometrischen Mittels, was jeweils knapp unter dem arithmetischem Mittelwert zu liegen pflegt (Hofstätter 1957/71). Jede Abweichung davon, nach oben oder nach unten, bedroht den Gruppenfrieden und den Gruppenzusammenhalt. Insofern ist vielfach eine positive Korrelation zwischen Normbeachtung und Gruppenkohäsion nachgewiesen worden (vgl. Irle 1975). In homogenen, hochkohärenten Gruppen wirken diese Normanpassungen umso stärker. Andererseits ist die Streuweite der unterschiedlichen Leistungen nicht so groß. Dies scheint dann auch der einzige Weg als Führungskraft zu sein, mit diesem missliebigen Umstand umzugehen. Schließlich ist es nicht gerade wünschenswert, wenn Ihre Leistungsträger diskriminiert werden.

Genau diese Probleme zeigen sich bei allen Boni- oder finanziellen Erfolgssystemen. Auch wenn die Autoren dieses Buches ausdrücklich Zielvereinbarungssysteme und finanzielle Erfolgsbeteiligungen befürworten, sollte man doch nicht die psychosozialen Probleme verkennen, die damit einhergehen. Häufig sind im Umgang damit zwei Tendenzen zu beobachten. Auf der einen Seite werden bei den häufig anzutreffenden subjektiven Bewertungssystemen anlässlich der Verteilung der jährlichen Erfolgsbeteiligung die Führungskräfte überfordert. Ergebnis ist eine Differenzierung, die man kaum als solche bezeichnen kann. Gleichmacherei und Vermeidung von Auseinandersetzung sind die Folgen. Hier verfällt bereits die Führungskraft — als Gruppenmitglied — der Gruppennorm. Existieren aber andererseits objektive Leistungskennziffern aus der Produktion oder dem Verkauf, funktioniert eine angemessene Leistungshonorierung nur, wenn die Leistungsbreite der Gruppe nicht zu stark ist, also hinsichtlich der Leistung eine eher homogene Gruppe existiert. Ist die Leistung sehr heterogen verteilt, wird es bei solchen Systemen immer Gewinner und Verlierer geben. Die Folge sind die bezeichneten Phänomene der Leistungsrestriktion oder des Zerfalls der Gruppe als Gesamtheit.

8.8.3 Gruppendruck

Da wir eingangs formuliert haben, dass die Entstehung von Gruppennormen die Verhaltensweisen der Mitglieder der Gruppe gleichsam kanalisieren und damit den Gruppenzusammenhalt verstärken, ergibt sich zwangsläufig, dass die Varianz unterschiedlicher Verhaltensweisen und Meinungen in der gut entwickelten Gruppe abnimmt. Dieses Phänomen wird als Gruppendruck oder als Konformität bezeichnet. Ähnlich wie bei der Leistungsnorm werden sich die Gruppenmitglieder gerade in unsicheren Situationen der Meinung einer Mehrheit der Gemeinschaft anschließen.

Die Macht der Gruppe: Informationaler sozialer Einfluss

Der türkischstämmige, 1944 in die USA emigrierte Sozialpsychologe Muzafer Sherif führte 1935/36 seine bekannten Untersuchungen zur Entstehung sozialer Normen durch. Dazu verwendete er ein seit langem bekanntes Phänomen, den sogenannten autokinetischen Effekt. Projiziert man einer Versuchsperson einen statischen Lichtpunkt an die Wand eines völlig abgedunkelten Raumes, scheint sich dieser Lichtpunkt aufgrund der unwillkürlichen Augenbewegungen (Nystagmus) für die Versuchspersonen tatsächlich hin und her zu bewegen. In der dunklen Umgebung gibt es keine Referenz zur Widerlegung oder Bestätigung der Bewegungswahrnehmung.

In dem Originalexperiment hatten die Versuchspersonen zunächst in über 100 Einzelversuchen ihre Bewegungsschätzungen mitzuteilen. Jede einzelne Versuchsperson entwickelte dabei relativ schnell eine individuelle Norm. Bei der einen Versuchsperson bewegte sich der an sich statische Lichtpunkt im Mittel um z. B. 2 cm, bei einer anderen Versuchsperson um 20 cm. Anschließend wurde das Experiment in Gruppenversuchen mit jeweils drei weiteren Personen wiederholt, bei denen jede Versuchsperson ihre jeweiligen Schätzungen laut ausrufen musste. In jeder Gruppe entwickelte sich infolge des Gruppendrucks eine eigenständige Gruppennorm, die die anfänglich stark unterschiedlichen Einzelurteile nivellierte. Die beobachtete Konvergenz zu einer gemeinsamen Gruppennorm (jetzt z. B. 8 cm) entsprach jeweils dem geometrischen Mittel der Einzelurteile. Selbst bei Umkehrung des Versuchsablaufes, wobei zunächst die Gruppenversuche durchgeführt wurden, blieb der Effekt des Konformitätsdrucks bei den nun nachfolgenden Einzelversuchen erhalten (Sherif 1935).

> **!** **WICHTIG: Informationaler und normativer sozialer Einfluss**
>
> Die Bezeichnung „**Informationaler sozialer Einfluss**" für derartige Phänomene der Konformität bezieht sich auf unsichere Situationen, in denen ein Informationsdefizit existiert, das durch die Übernahme der Einstellungen und Verhaltensweisen der anderen Gruppenmitglieder ausgeglichen wird. Beispielsweise neigen Menschen in chaotischen, unsicheren und unklaren Situationslagen zur unreflektierten Übernahme einer vorherrschenden Meinung. Die Meinungskonformität beseitigt die individuelle Unsicherheit und erzeugt darüber hinaus ein Gefühl der Zugehörigkeit zur Gruppe. Je homogener und akzeptierter die Gruppe, um so wahrscheinlicher ist der Einfluss des Konformitätsdrucks.
> Im Gegensatz dazu bezieht sich der „**Normative soziale Einfluss**" auf den Druck der sozialen Umwelt selbst, etwa wenn Menschen einem bestimmten Schönheitsideal ihrer Bezugsgruppe entsprechen wollen („Schlankheitswahn") oder Einzelmeinungen in einer Gruppe eher zurückgehalten werden, weil man die Furcht hat, als Außenseiter zu gelten oder aus der Gruppe ausgeschlossen zu werden.

Die Macht der Gruppe: Normativer sozialer Einfluss

Der berühmte Sozialpsychologe Salomon E. Asch, 1907 in Warschau geboren und 1920 in die Vereinigten Staaten emigriert, beeinflusste mit seinen Forschungen entscheidend die nachfolgenden Arbeiten von Stanley Milgram (Autoritätsgehorsam; Milgram-Experimente) und Philip Zimbardo (Stanford-Gefängnis-Experiment), die ebenfalls den Phänomenen konformen Verhaltens in Gruppen gewidmet waren.

In Asch's Untersuchungen aus dem Jahre 1951 waren die Versuchspersonen aufgefordert, die Längen von Linien miteinander zu vergleichen. Dazu wurde ihnen jeweils eine Karte mit einer Linie dargeboten, gefolgt von einer zweiten Karte mit drei Vergleichslinien. Die Aufgabe der Versuchspersonen bestand darin, aus den drei Vergleichslinien diejenige auszuwählen, die mit der ersten Linie in der Länge übereinstimmte (Asch 1952). Der Schwierigkeitsgrad der Aufgaben (Unterschiedlichkeit der Längen) war dabei so gewählt, dass im Einzelversuch nur in einem von zehn Fällen eine falsche Antwort gegeben wurde.

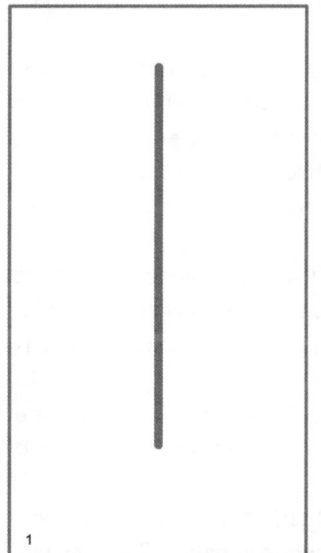 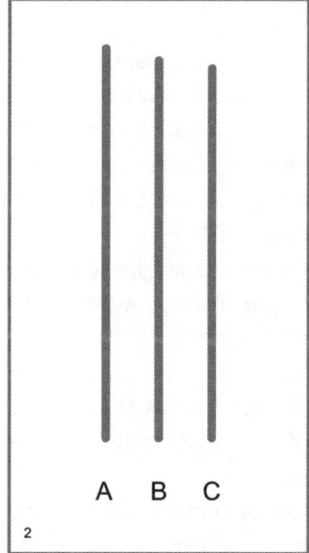

A   B   C

Abb. 38: Linienvergleich aus den Experimenten von S. Asch (1952)

Die über einhundert Versuchspersonen wurden anschließend mit fünf bis sieben weiteren Teilnehmern in einer Gruppe zusammengefasst. Dabei setzte sich allerdings die mehrheitsbildende Gruppe aus durch den Versuchsleiter instruierten Verbündeten zusammen, die absichtsvoll unrichtige Urteile in Anwesenheit der einzig

„naiven" Versuchsperson abgeben sollten. Diese durch den Gruppendruck initiierte Irritation führte die „naive" Versuchsperson zur Abgabe ebenfalls falscher Urteile. Dabei reichten bereits kleine Gruppengrößen aus, um die Fehlerhäufigkeit der Urteile der Zielpersonen auf über 33% anwachsen zu lassen. Die Aufforderung an nur einen der instruierten Verbündeten des Versuchsleiters, ebenfalls „richtige" Urteile abzugeben, bewirkte eine Reduktion der Fehlerhäufigkeit der „naiven" Versuchsperson auf über die Hälfte. Das bedeutet, dass, wenn man sich in einer Gruppe gegen eine Mehrheit „Andersdenkender" zu behaupten sucht, das „Mitziehen" eines einzigen Partners bereits ausreicht, um die Kraft zu finden, seine eigene, gegensätzliche Meinung zu vertreten. Sehr eigenständige, kreative Persönlichkeiten neigen weitaus weniger dazu, dem Konformitätsdruck nachzugeben.

TIPP 23: Umgang mit unerwünschten Normen (z. B.: Leistungsnormen)

Gut etablierte Gruppennormen sind Zeichen eines funktionierenden Teams, wenn auch damit nicht nur Vorteile verbunden sind (siehe Leistungsnormen).

- Unterstützen Sie die Meinungsvielfalt in Ihrer Gruppe, in dem Sie darauf achten, dass alle Mitarbeiter z. B. in Teamsitzungen zu Wort kommen. Dadurch können Sie den negativen Auswirkungen des Gruppendrucks entgegenwirken.
- Sorgen Sie dafür, dass Leistungsunterschiede in Ihrer Gruppe nach und nach reduziert werden (Personalentwicklung und Qualifikation). Damit können Sie dem Phänomen der „Tendenz zur Mitte" sinnvoll begegnen.
- Überzeugen Sie die Leistungsträger zur fachlichen Unterstützung der schwächeren Kollegen. Machen Sie sie für die Leistungsentwicklung dieser Kollegen mit verantwortlich.
- Übertragen Sie andererseits an die schwächeren Teammitglieder Aufgaben, die die Leistungsträger in ihrer Arbeit unterstützen. So sorgen Sie dafür, dass auch die unterstützenden Kollegen an den Erfolgen der Starken partizipieren können.
- Vor allem, Enttabuisieren Sie das Thema Leistung. Entwickeln Sie die Gruppe dahin, dass eine offene Aussprache zu diesem Thema keine Gewinner und Verlierer zurücklässt.
- Wenn Sie sich als Gruppenmitglied etabliert haben, können Sie auch damit beginnen, missliebige Normen zu verändern. Gehen Sie dabei allerdings behutsam vor und seien Sie der erste, der diese „neuen" Normen vorlebt.
- Zur Veränderung von Einstellungen sind die nachfolgenden Hinweise des Exkurses hilfreich.

8.9 Exkurs: Einstellungsänderung

Bei der Absicht, die innere Einstellung Ihrer Mitarbeiter zu ändern, z. B. von Normen, muss bestimmten Regeln Genüge getan werden, sonst erreichen Sie womöglich das genaue Gegenteil der angestrebten Einstellungsänderung. Aus der Theorie der „sozialen Urteilsbildung" sind uns bereits wichtige Mechanismen bekannt (Sherif & Hovland 1961; Sherif, Sherif u.a. 1965; Cranach, Irle u.a. 1965).

Sie müssen dabei beachten, dass Ihre Mitarbeiter nicht das heraushören, was Sie womöglich tatsächlich gemeint haben. Denn sie unterstellen Ihnen bestimmte Absichten und Motive.

- Assimilationsbereich
  In einem sehr engen, um den zu ändernden Standpunkt liegenden Bereich werden andere Aussagen als mit der eigenen Einstellung identisch wahrgenommen. Sie werden assimiliert (Assimilationsbereich = gestrichelter Kasten, s. Abb. 39).
- Akzeptanzbereich
  In einem darum liegenden Bereich werden beeinflussende Aussagen zwar als von der eigenen Einstellung abweichend, aber doch als ähnlich wahrgenommen. Diese Aussagen werden akzeptiert, sie können zu einer Beeinflussung der Person führen. Die Person ändert ihre Einstellung in Richtung der erwünschten Haltung. Dieser Bereich wird als Akzeptanzbereich bezeichnet.
- Ablehnungsbereich oder Kontrastbereich
  Weiter entfernt vom eigenen Standpunkt finden wir den Ablehnungsbereich oder Kontrastbereich. Die dort wahrgenommenen Aussagen werden hinsichtlich ihres Standpunktes als noch weiter vom eigenen Standpunkt wahrgenommen, als sie es in Wirklichkeit sind. Sie werden „kontrastiert", und sie werden abgelehnt. Eine Einstellungsänderung in Richtung des Standpunktes der Botschaft ist nicht zu erwarten.
- Bumerang-Effekt
  Bei extremer Abweichung vom Standpunkt der zu beeinflussenden Person, ist sogar ein Bumerang-Effekt (Cranach, Irle u.a. 1965) zu erwarten, D. h. eine Einstellungsänderung in die entgegengesetzte Richtung. Die unerwünschte Haltung wird damit noch verstärkt.

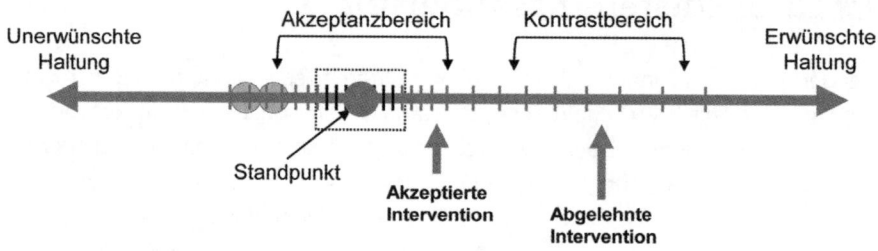

Abb. 39: Einstellungsänderung

Alle Botschaften, die die Einstellung einer anderen Person verändern sollen, werden also subjektiv interpretiert, vor allem bezüglich der Einstellung und der Persönlichkeit desjenigen, der die eigene Haltung verändern will. Aus dem eigenen Erleben sind derartige Mechanismen recht gut bekannt. Wie argumentieren Sie, wenn Sie z. B. jemanden davon überzeugen wollen, das Rauchen aufzugeben? Argumentieren Sie mit ihm aus der Position des militanten Nichtrauchers werden Sie vermutlich weniger Chancen haben, als wenn Sie dies aus der Position eines Exrauchers versuchen. Dem Lehrer und den Eltern werden andere Absichten und Motive unterstellt, als dem Freund oder einem Bekannten, der die gleichen, exakt identischen Versuche unternimmt, Ihre Einstellung zu verändern. Die Haltungen und Argumente des Lehrers werden kontrastiert, die des Freundes assimiliert und akzeptiert.

An dieser Feststellung ändern auch die Versuche nichts, durch abschreckende Bilder oder Warnhinweise auf den Zigarettenpackungen den Rauchkonsum einzudämmen. Sie bewirken eher eine Stigmatisierung der Gruppe der Raucher. Nach einschlägigen Statistiken rauchten in Kannada in den ersten sieben Jahren nach Einführung der Warnhinweise lediglich rund 7% der Befragten weniger (Health Canada, 2009, zit. nach Schaller, Mons u.a. 2009). Allerdings werden gut gemeinte Aufhörtipps auf Zigarettenpackungen als deutliche Unterstützung für den Rauchstopp angesehen. Sie ermutigen zusätzlich, tatsächlich das Rauchen aufzugeben (Pötschke-Langer & Schulze 2005).

▶ **BEISPIEL: Versuch der Einstellungsänderung**

Ein anderes Beispiel aus dem Vertrieb: Stellen Sie sich vor, Sie haben die Absicht, da Ihre Verkaufszahlen unbefriedigend sind, Ihre Mitarbeiter davon zu überzeugen, künftig auch an ausgewählten Abenden zwischen 18:00 und 20:00 Uhr zusätzlich wichtige Kunden anzurufen, um mit Ihnen Termine zu vereinbaren. In diesen Zeiten sind Ihre Kunden in der Regel abends gut zu erreichen. Dies stellt für alle Kollegen eine Neuerung dar, obzwar sie sich selbstverständlich Überstunden anrechnen können. Wie können Sie nun Ihre Mitarbeiter von dieser „neuen Norm" überzeugen? Wenn Sie das bisherige befolgen, werden Sie zwei Dinge tun.

1. Sie werden sich Ihren Mitarbeitern ähnlicher machen, Sie werden sich Ihnen annähern. So können Sie sich ihnen gegenüber z. B. offenbaren, dass Sie an ihrer Stelle auch keine große Lust hätten, nun auch noch die Abende zu opfern und es für Sie ebenfalls eine große Überwindung bedeutet. Sie zeigen also Verständnis für die Position Ihrer Mitarbeiter und assimilieren sich gleichermaßen mit ihnen. Andererseits werden Sie Ihre Argumente und Vorschläge so wählen, dass Ihre Mitarbeiter Ihnen ähnlicher werden. Sie werden also um Verständnis für Ihre Position werben. Sie werden Argumente nutzen, die jeder Ihrer Mitarbeiter nachvollziehen und für sich assimilieren kann. Sie werden auf die bescheidenen Verkaufsergebnisse hinweisen, die sie als Gruppe in der Außenwirkung schlecht dastehen lassen. Sie werden vermutlich auf die Erfolge, die die Maßnahme verspricht, hinweisen, die schließlich jedem Einzelnen zugutekommen.

2. Sie werden schrittweise vorgehen, um Ihre Mitarbeiter zu einer Einstellungsänderung zu bewegen. Sie nutzen also keine Argumente, die die Haltungen Ihrer Mitarbeiter kontrastieren, also so weit entfernt von deren Akzeptanzbereich liegen, dass Sie womöglich einen Bumerang-Effekt bewirken und telefonische Kundenakquise als ein ohnehin untaugliches Mittel eingeschätzt wird. Sie werden daher vermutlich nun nicht gerade den Freitagabend vorschlagen, oder andeuten, dass dieses Vorgehen für alle Zeiten fortbestehen wird. Sie werden empfehlen, dass Ihre Gruppe zunächst mit einem Abend in der Woche beginnen wird, z. B. am Donnerstag, um zu testen, wie erfolgversprechend das Vorgehen ist. Und Sie werden selbstverständlich dabei sein und Ihre Mitarbeiter unterstützen (Ähnlichkeitsargument). Allerdings können Sie die Maßnahme auch schlichtweg anordnen, aber wir hoffen, es ist deutlich geworden, dass es uns daran hier nicht gelegen war.

TIPP 24: Genereller Umgang mit Gruppenzusammenhalt und -normen

- Gruppennormen und Gruppenzusammenhalt sind essentiell für den Gruppenbestand
  - Entsprechen die Gruppennormen aus Sicht Ihrer Führungsfunktion Ihrem sozialen und sachlich begründeten Anspruch nach Leistung und Zielerfüllung, werden sie Sie in Ihrer Arbeit unterstützen. Dazu müssen Sie diese Normen und den Grad des Gruppenzusammenhalts identifizieren.
  - Die Existenz von Gruppennormen beobachten Sie am einfachsten über die Checkliste der Identifikationsmöglichkeiten aus Tab. 25.
  - Bewerten Sie die identifizierten Normen, inwieweit diese Sie bei Ihrer Aufgabenerfüllung unterstützen oder behindern.
  - Fördern Sie die Entwicklung von sachlich begründeten Gruppennormen und machen Sie sie öffentlich. Dazu kann man diese durchaus als gemeinsame Statements der Gruppe an einer „Wandzeitung" dokumentieren. Lassen Sie jeden Aussage mit „Wir sorgen dafür, dass ..." beginnen. Damit machen Sie den Anspruchscharakter der Norm deutlich.
  - Entsprechen Sie selbst, so weit wie möglich, den von Ihnen akzeptierten Normen und Regeln Ihrer Gruppe und leben Sie sie vor. Sie werden damit zum Teil der Gruppe.
  - Wenn Sie Normen der Gruppe verändern wollen, können Sie dies nur aus der Position eines Teils der Gruppe angehen. Dazu sollten Sie die Werte und Haltungen Ihrer Gruppenmitglieder kennen und verstehen.
- Das Verändern von Einstellungen und Haltungen der Mitarbeiter ist die Königsdisziplin der Führung.
  - Bei Einstellungsänderungen achten Sie auf die beschriebenen Assimilations- und Kontrasteffekte. Nur aus einer Position der „Ähnlichkeit" gegenüber den Gruppenmitgliedern können Sie überzeugend argumentieren.
  - Dazu ist es unumgänglich, Verständnis für gegenteilige Einstellungen und Haltungen zu zeigen. Dies fällt nicht schwer, wenn Sie sich in die Mitarbeiter hineinversetzen.
  - Verständnis heißt dabei nicht Akzeptanz oder Befürwortung, sondern bedeutet in erster Linie Respekt und Achtung vor einer anderen Meinung zu haben. Bevor Sie eine andere Haltung ändern können, müssen Sie sie respektieren.

8.10 Zusammenfassung

- Eine Arbeitsgruppe ist eine zweckbestimmte Zusammenstellung einer Anzahl im bestimmten Maße charakterisierter Personen, die über längere Zeit zur Erfüllung einer Aufgabenstellung in direktem Kontakt stehen, wobei sich Strukturen und Rollen differenzieren, gemeinsame Normen und Regeln entwickeln und ein Zusammengehörigkeitsgefühl entsteht.

- Nach dem Zweck unterscheiden wir in erster Linie formelle, absichtsvoll zusammengestellte, und informelle, eher spontan entstehende Gruppen.

- Die Mitglieder einer Gruppe bestimmen durch ihre spezifischen Merkmale (z. B. Kultureller Hintergrund, Familienstand Ausbildung, Qualifikation, Wissen, Verhalten, Gewohnheiten) in erheblichem Maße das erforderliche Führungsverhalten. Das Wissen um diese Merkmale ist für den Führungserfolg ausschlaggebend.

- Die Gruppengröße hat Einfluss auf die sich entwickelnden Kommunikations- und Kooperationsstrukturen, auf die Rollendifferenzierung und auf den Gruppenzusammenhalt. Mit steigender Gruppengröße sinken in der Regel der Gruppenzusammenhalt und die Zufriedenheit mit der Gruppenmitgliedschaft, der Koordinations- und Organisationsaufwand nimmt dagegen zu. Die ideale Gruppengröße bewegt sich zwischen sieben plus/minus zwei Mitgliedern.

- Für größere Gruppen empfiehlt sich die Einsetzung eines Stellvertreters, die Etablierung von selbstständig arbeitenden Untergruppen und die Organisation von Gruppenarbeit.

- Gruppen unterscheiden sich durch den jeweiligen Stand der Gruppenentwicklung. Dabei durchlaufen Gruppen in der Regel unterschiedliche Phasen: Orientierungsphase, Konfliktphase, Integrationsphase, Kooperations- resp. Leistungsphase und ggf. Auflösungsphase. Die Aufgabe der Führungskraft besteht darin, die Entwicklung der Gruppe in Richtung der Kooperations- oder Leistungsphase zu unterstützen.

- Die Gruppe schafft sich im Zuge ihrer Entwicklung informelle Beziehungs- und Kommunikationsstrukturen, die den Gruppenzusammenhalt, die Kooperation und das Wir-Gefühl stärken. Neben der offiziellen Arbeits- und Funktionsstruktur gibt es eine informelle Gruppenstruktur, wobei sich bestimmte Teamrollen herausbilden.

  - Teamrollen stellen eine „idealisierte, überprägnante Typisierungen", eine mehr oder weniger unpräzise Beschreibung des Verhaltens einer Person dar, die jeweils eine besondere Eigenschaften hervorheben. Damit sind bestimmte Erwartungen an das Verhalten dieser Person geknüpft, die innerhalb des Teamverbandes gruppenstabilisierend wirken.

- Teamrollen erfüllen bestimmte Aufgaben oder Funktionen im Teamverband. Sie beziehen sich z. B. auf die informelle Leitung einer Gruppe, auf die Befriedigung sozialer Bedürfnisse (Zusammenhalt, Sicherheit, Klima), auf die Übernahmen bestimmter Expertenfunktionen oder auch, in der Rolle des „Sündenbocks", auf die Stärkung des Zusammenhalts des Gruppenkerns.
  - Die erfolgreiche Führungskraft identifiziert die informellen Rollen und Funktionen und bindet sie in die Aufgabenerfüllung des Teams zielorientiert ein.
- Wesentlich für die Qualität der Zusammenarbeit einer Gruppe ist der Gruppenzusammenhalt, auch Kohäsion genannt. Der Gruppenzusammenhalt wird dabei u.a. von drei Mechanismen begünstigt: Durch die Häufigkeit der Kontakte zwischen den Gruppenmitgliedern, der wahrgenommenen Ähnlichkeit zwischen ihnen und dem Vorhandensein einer äußeren Bedrohung" (z. B. hohe Ziele).
  - Die Entwicklung eines starken Gruppenzusammenhalts wird u.a. unterstützt durch die Schaffung von räumlicher Nähe der Gruppenmitglieder, durch häufige, direkte Kommunikationsmöglichkeiten, durch das Kooperieren in kleineren Arbeitseinheiten, durch die Verflechtung von Arbeitsaufgaben und durch herausfordernde Ziele und Aufgabenstellungen.
- Mit zunehmender Entwicklung einer Gruppe entstehen Gruppennormen, die das Verhalten der Gruppenmitglieder durch informelle Verhaltensregeln standardisieren. Verstößt ein Gruppenmitglied gegen diese internen Normen oder Regeln, wird es von der Gruppe sanktioniert, hält es sich an daran, erfährt es sozialen Zuspruch und Bestätigung. Gruppennormen sind notwendig, um den Gruppenzusammenhalt und die Arbeitsfähigkeit der Gruppe aufrechtzuerhalten.
  - Führungskräfte sind vor allem dann effektiv, wenn sie diese Normen und Gesetze des Teams am deutlichsten repräsentieren. Derart geführte Teams sind leistungsfähiger, kreativer, nehmen ihre Führungskraft als erfolgreicher wahr, billigen eher ihren Führungsanspruch, zeigen eine höhere Arbeitszufriedenheit, unterstützen eher organisatorische Veränderungsprozesse im Unternehmen und zeigen eine größere Neigung zur Kooperation und zusätzlichem Engagement.
- Negative Konsequenzen eines hohen Gruppenzusammenhalts und der Existenz von Gruppennormen beziehen sich auf die Phänomene des Gruppen- und Konformitätsdrucks bzw. der „Tendenz zur Mitte". Die Gruppe ist dadurch bestrebt, den Gruppenzusammenhalt aufrechtzuerhalten, indem sie z. B. diejenigen Verhaltensweisen und Meinungen unterstützt, die dem Gruppendurchschnitt am ehesten entsprechen (z. B. Leistungsnormen).
  - Um als Teil der Gruppe akzeptiert zu werden, passen sich die Gruppenmitglieder der Mehrheit der Gruppenmeinungen und Gruppenverhaltensweisen an. Damit werden eine konstruktive Meinungsvielfalt, Kreativität und hohes Leistungsstreben erschwert.

- Führungskräfte haben in diesem Zusammenhang die Aufgabe, wünschenswerte Gruppennormen vorzuleben, die Entwicklung von Meinungsvielfalt und Leistungsbreite im Team voranzutreiben und die gegenseitige Unterstützungsbereitschaft zwischen starken und schwachen Teammitglieder zu befördern.
- Bei der gezielten Beeinflussung von unerwünschten Normen und Einstellungen der Gruppe sind Argumentationen, die jeweils im Akzeptanzbereich der Zielpersonen liegen am effektivsten.

Meilenstein 9: Persönlichkeit führt

Kapitelübersicht

- Die Persönlichkeit der Führungskraft" ist nicht zu unterschätzen

- Persönlichkeitsmerkmale und Führungserfolg

- Auf den Führungs-Stil kommt es an

- Transformationale und transaktionale Führung

- Führungsethik — ein Schlagwort?

- Selbstführung: Erfolge planen, Motivierung sichern und Emotionen steuern

Nach allem, was wir heute über gelungene Führung und erfolgreiche Führungs-kräfte wissen, gibt es drei wesentliche Elemente, die den unmittelbaren Führungs-prozess beeinflussen (s. Abb. 40).

Da ist zum einen die Führungskraft selbst — als Person mit bestimmten Werthal-tungen, Motiven, Zielvorstellungen, mit ihrem fachlichen Wissen, ihren Fähigkeiten und natürlich ihrem Führungsstil.

Auf der anderen Seite haben wir das Team, die Gruppe als sozialpsychologisches Phänomen (s. „Teamanalyse", Meilenstein 8) mit jeweils sehr unterschiedlichen Mit-arbeitern, die ebenso wie die Führungskraft mit vielfältigen Persönlichkeitsmerkma-len ausgestattet sind. Wie wir bereits gesehen haben, zeichnet sich das Team durch einen jeweils spezifischen Reifegrad aus (s. „Reifegrade von Mitarbeitern", Meilen-stein 1 und 12). Sie können einem „reifen", gut entwickelten Team mit leistungs-fähigen und hochmotivierten Mitarbeitern begegnen, oder Sie haben es mit dem genauen Gegenteil zu tun. Sie müssen also einerseits das Team als Gesamtheit, als Gruppe führen und steuern (s. „Teamführung", Meilenstein 11) und andererseits je-den einzelnen Mitarbeiter sehr individuell (s. „Mitarbeiterführung", Meilenstein 10).

Schließlich entscheidet noch die Situation, der Komplexitätsgrad, die Schwierigkeit einer Aufgabenstellung, mit den unterschiedlichen Notwendigkeiten des Eingrei-fens als Führungskraft über die Art und Weise Ihres Führungshandelns (s. Meilen-stein 12, „Situationen beherrschen").

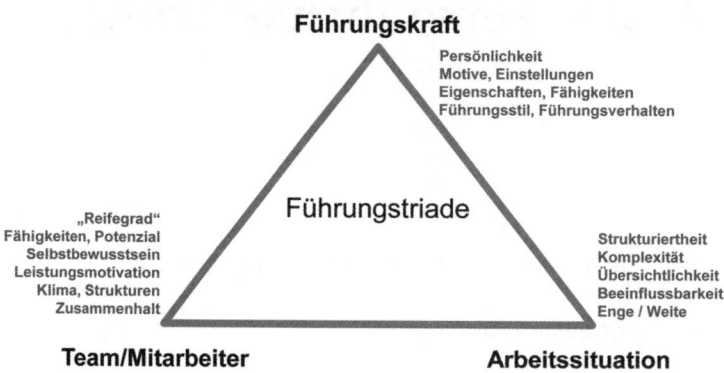

Führungskraft

Persönlichkeit
Motive, Einstellungen
Eigenschaften, Fähigkeiten
Führungsstil, Führungsverhalten

Führungstriade

„Reifegrad"
Fähigkeiten, Potenzial
Selbstbewusstsein
Leistungsmotivation
Klima, Strukturen
Zusammenhalt

Strukturiertheit
Komplexität
Übersichtlichkeit
Beeinflussbarkeit
Enge / Weite

Team/Mitarbeiter   **Arbeitssituation**

Abb. 40: Wesentliche Elemente im Führungsprozess

Wir wollen uns in diesem Meilenstein zunächst mit Ihnen und Ihrer Persönlichkeit als Führungskraft beschäftigen.

9.1   Die Persönlichkeit der Führungskraft

Aus dem von David McClelland entwickelten allgemeinen Persönlichkeitsmodell (s. Abb. 41) ergibt sich, dass der Kern einer Persönlichkeit aus Ihren Motiven und Persönlichkeitseigenschaften gebildet wird. Zu den persönlichkeitsbildenden Motiven gehören z. B. die bereits erwähnten Grundmotive des Menschen wie Macht- resp. Einflussmotivation, Anschlussmotivation und Leistungsmotivation (s. Meilenstein 2).

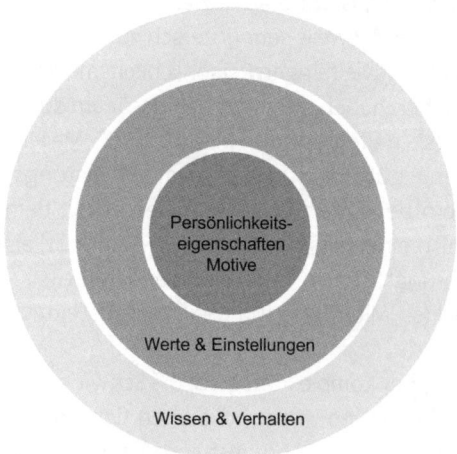

Persönlichkeits-
eigenschaften
Motive

Werte & Einstellungen

Wissen & Verhalten

Abb. 41: Persönlichkeitsmodell (nach McClelland 1987)

Mit dem Begriff Persönlichkeitseigenschaften sind zeitstabile Wesenszüge Ihrer Persönlichkeit gemeint, die Ihr Verhalten bestimmen. Eine leistungsorientierte, selbstbewusste und hartarbeitende Persönlichkeit wird z. B. anders als Führungskraft in Erscheinung treten als eine eher zurückhaltende, ruhige und ordnungsliebende Person. Das bedeutet, dass Ihre Persönlichkeitsmerkmale bis zu einem bestimmten Punkt Ihr Führungsverhalten vorgeben.

Selbstverständlich sind Sie darauf nicht festgelegt, da sich diese Eigenschaften im Laufe Ihres Lebens und Ihrer gemachten Erfahrungen verändern. Nur ist davon auszugehen, dass diese bis zu einem bestimmten Grad eben doch genetisch erworben sind.

Bei den Temperamentseigenschaften des Charakters ist sehr wahrscheinlich ebenfalls davon auszugehen, dass sie von der genetischen Disposition abhängig sind (vgl. Kagan 2007). Ein bestimmtes Temperament zu haben, bedeutet in einer spezifischen Art und Weise auf bestimmte äußere Reize zu reagieren, also besonders stark oder eher weniger erregbar zu sein. So macht es einigen Menschen z. B. überhaupt nichts aus, bei Arbeiten, die eigentlich eine gewisse Konzentration voraussetzen, nebenbei noch Musik zu hören. Manche Personen benötigen regelrecht eine zusätzliche Aktivierung, um arbeitsfähig zu sein. Andere wieder geraten dabei völlig aus dem Konzept und müssten Ihre Arbeit unterbrechen. Eine sehr temperamentvolle, leicht erregbare Führungskraft kann z. B. ihren Mitarbeitern in erheblichem Maße zusetzen.

Derartige Persönlichkeitsmerkmale begleiten einen Menschen sein gesamtes Leben lang. Allerdings, was er letztlich daraus macht, welchen Charakter er ausbildet und welches Verhalten sich draus formt, liegt wesentlich in seiner eigenen Verantwortung (Schwartz, Kunwar u.a. 2010). Wenn Sie also eine eher ängstliche, übervorsichtige Persönlichkeit sind, wird sich dies in Ihrem konkreten Führungsverhalten zeigen. Allerdings können Sie lernen, dies zu kompensieren und zu verändern.

Persönlichkeitseigenschaften und Erfolg

Schon 1948 stellte Ralph Melvin Stogdill von der Ohio State University aus 124 Studien der vorangegangene 40 Jahre (1904–1947) Persönlichkeitseigenschaften zusammen, die den Erfolg einer Führungskraft ausmachen sollten. Er musste feststellen, dass diese allein offenbar nicht den Führungserfolg zuverlässig voraussagten, obwohl einige von ihnen hohe Zusammenhänge zum Führungserfolg aufwiesen (z. B. Redegewandtheit, Entschlossenheit, Initiative, Selbstvertrauen und Schulleistung). Auch die spezifische Führungssituation, das unmittelbare Umfeld, in dem Führung stattfindet, hat eine wichtige Bedeutung. 1974 wiederholte er seine Untersuchungen mit 163 neueren Eigenschaftsstudien und veröffentlichte eine Liste von Eigenschaften, die wohl doch maßgeblich für den Führungserfolg sind, darunter solche wie Risikobereitschaft, Ehrgeiz, Beharrlichkeit, Selbstvertrauen, Stresstoleranz und Frustrationstoleranz (die Fähigkeit mit Enttäuschungen umzugehen) (vgl. Stogdill 1948; 1974).

Das Fünf-Faktoren-Modell

Das bekannteste moderne diagnostische System zur Erfassung zentraler Persönlichkeitseigenschaften ist das sogenannte Big-Five- oder Fünf-Faktoren-Modell. Danach prägen insbesondere folgende Eigenschaften den Kern der Persönlichkeit (Borkenau & Ostendorf 1993; Hogan, Curphy u.a. 1994):

1. **Openness to Experience** (Offenheit für Erfahrung)
   Erfahrungsoffene Menschen zeigen: Hohe Wertschätzung für neue Erfahrungen und Abwechslung, Wissbegierde, Kreativität, Phantasie, Unabhängigkeit im Urteil, vielfältige kulturelle Interessen, Interesse für öffentliche Ereignisse.
2. **Conscientiousness** (Gewissenhaftigkeit)
   Gewissenhafte Menschen zeigen: Ordnungsliebe, Zuverlässigkeit, Anstrengungsbereitschaft, Pünktlichkeit, Disziplin, Ehrgeiz.
3. **Extraversion** (Extraversion)
   Extravertierte Menschen zeigen: Geselligkeit, Aktivität, Gesprächigkeit, Personen-Orientierung, Herzlichkeit, Optimismus, Heiterkeit, Empfänglichkeit für Anregungen und Aufregungen aber auch Überzeugungskraft und Durchsetzungsfähigkeit.
4. **Agreeableness** (Verträglichkeit)
   Verträgliche Menschen zeigen: Altruismus, Mitgefühl, Verständnis, Wohlwollen, Vertrauen, Kooperativität, Nachgiebigkeit, starkes Harmoniebedürfnis und Kompromissbereitschaft.
5. **Neuroticism** (Emotionale Stabilität)
   Emotional stabile bzw. labile zeigen: Nervosität, Ängstlichkeit, Traurigkeit, Unsicherheit, Verlegenheit, Gesundheitssorgen, Neigung zu unrealistischen Ideen, geringe Bedürfniskontrolle, unangemessene Reaktionen auf Stress.

Man geht davon aus, dass diese Kerndimensionen zum Teil angeboren sind. Es ist also nicht alles verloren und Sie haben die Chance Ihr Profil zu optimieren. Zu fragen ist nun aber, gibt es tatsächlich Zusammenhänge zum Führungserfolg. Dass diese Dimensionen Einfluss auf unser Verhalten haben, sollte klar geworden sein.

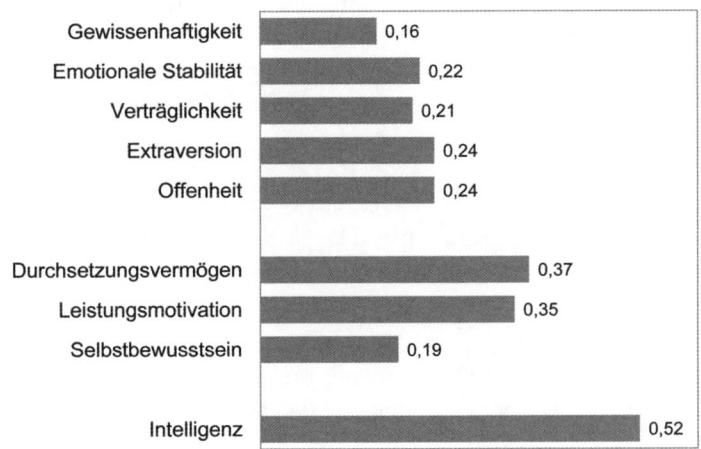

Abb. 42: Persönlichkeitsmerkmale und Führungserfolg (vgl. Felfe 2009)

Wie aus Abb. 42 ersichtlich, gibt es bei allen Dimensionen des Big-Five-Modells signifikante Zusammenhänge (hier: Korrelationen[1]) zum Führungserfolg (Judge, Bono u.a. 2002). Ergänzt wurde die Übersicht durch den Einbezug von Intelligenz, Durchsetzungsvermögen, Leistungsmotivation und Selbstbewusstsein, die ebenfalls, z. T. erstaunlich hohe Zusammenhänge zum Führungserfolg offenbaren.

Intelligenten, durchsetzungsstarken, extravertierten, leistungsmotivierten und erfahrungsoffenen Persönlichkeiten scheint es demnach leichter zu fallen, in ihrer Rolle als Führungskraft erfolgreich zu agieren.

Wenn man sich die verhaltensorientierten Auswahlverfahren für Führungskräfte (s. Meilenstein 3) näher besieht, wird deutlich, dass jene Personen auch eher die Chance haben, durch das Bestehen derartiger Verfahren in eine Führungsfunktion zu gelangen.

---

[1] Korrelationen sind statistisch-mathematische Maßzahlen, die den Zusammenhang zwischen zwei oder mehreren Merkmalen beschreiben. Zwischen diesen Merkmalen braucht es dabei keine kausale Beziehung, im Sinne von Ursache und Wirkung, zu geben. Korrelationen können Werte zwischen –1 (negativer Zusammenhang), 0 (kein Zusammenhang) und 1 (starker Zusammenhang) annehmen. In den Sozialwissenschaften und bei großen Stichproben häufig anzutreffen, stellen bereits geringe Korrelationen signifikante Zusammenhänge dar.

Angesichts dieser Ergebnisse könnten nun die eher zurückhaltenden und ruhigen Leser unter Ihnen eventuell etwas verstimmt sein, da Ihre Chancen offenbar nicht zum Besten stehen. Allerdings sollte es Ihnen Mut machen, dass die obigen Zusammenhänge alle Möglichkeiten offen lassen, etwaige Schwächen erfolgreich zu kompensieren.

- Denn Grundmotive und Persönlichkeitseigenschaften von Führungskräften erklären eben nicht den gesamten Führungserfolg. Sie sind zwar die Basis Ihrer Persönlichkeit, aber Ihr letztendliches Verhalten bestimmen noch eine Reihe anderer Faktoren.
- Hinzukommen, wie wir gleich sehen werden, genauso wichtige Einstellungen bzw. Haltungen, das Fach- und Führungswissen und letztlich Ihre Fähigkeit, eine tragfähige arbeitsförderliche Beziehung zu Ihren Mitarbeiter aufzubauen (der mittlere und äußere Kreis Persönlichkeitsmodell nach McClelland, s. oben).

Aus diesen Elementen leitet sich gewissermaßen ein durchgehend sichtbarer Verhaltensstil ab, eine bevorzugte bzw. vorherrschende Art und Weise des Handelns in unterschiedlichen Situationen, was wir in der Führungsforschung als „Führungsstil" kennzeichnen.

TIPP 25: Persönlichkeitseigenschaften und Führung

- Ihr Persönlichkeit, mit den unterschiedlichen Ausprägungen Ihrer Eigenschaften und Ihre Grundmotive stellen eine wichtige Basis für Ihre Funktion als Führungskraft dar. Auch wenn diese allein nicht Ihren Erfolg ausmachen, sollten Sie sie kennen und ggf. kompensieren. Identifizieren Ihre Stärken und möglichen Schwächen und arbeiten Sie daran.
  - Setzen Sie sich zunächst mit Ihrem persönlichen Eigenschaftsprofil auseinander. Nutzen Sie dazu den „Selbstcheck in Anlehnung an das Fünf-Faktoren-Modell" (siehe Arbeitshilfen online im Internet).
  - Holen Sie sich zu den zentralen Persönlichkeitseigenschaften einer Führungskraft Feedback von Kollegen und Freunden ein.
  - Ohne auf jeden Einzelfall eingehen zu können, ist es von Vorteil in den Dimensionen Emotionale Stabilität und Offenheit für neue Erfahrungen hohe Werte zu besitzen. Sie sollten emotional eher stabil, wenig irritierbar und selbstsicher agieren. Darüber hinaus ist Neugier, Offenheit für andere Vorgehensweisen und Verfahren für die Leitung eines Teams unentbehrlich.
  - Ihre „Verträglichkeit", also Ihr soziales Ausgleichs- oder Harmoniepotenzial sollten sich eher in den mittleren Ausprägungen bewegen. Ein Zuviel davon nimmt Ihnen die Bereitschaft, sich auseinanderzusetzen und Ihren Zielen treu zu bleiben. Ein Zuwenig lässt Sie leicht mit anderen Menschen aneinandergeraten.

- Obwohl die Extraversionsdimension oder das Durchsetzungsvermögen die höchsten Zusammenhänge zum Führungserfolg aufwiesen, ist es nicht einfach, eine eindeutige Empfehlung auszusprechen. Zwar ist es notwendig, auf Menschen zuzugehen, aufgeschlossen zu sein und sich durchzusetzen, allerdings hängt es sehr von der Aufgabenstellung und Ihren Mitarbeitern selbst ab. Bei sachbearbeitende Tätigkeiten ist es nicht unbedingt erforderlich, seinen Mitarbeitern modellgebend vorauszueilen, wie dies z. B. bei Führungskräften im Verkauf oder der Kundenbetreuung zu erwarten ist. Hier wäre eher eine höhere Gewissenhaftigkeit wünschenswert, die beim Umgang mit Menschen nicht ganz so hoch ausgeprägt sein muss.

9.2   Der Stil der Führungskraft

Eingeleitet wurde die psychologische Erforschung von Führungsstilen in den 1930er Jahren von dem aus Deutschland emigrierten Gestaltpsychologen Kurt Lewin mit jüdischer Abstammung, der u. a. an der „Child Welfare Research Station" der Universität von Iowa (USA) arbeitete und die weitere Führungsforschung maßgeblich beeinflusste.

Lewins Iowa-Studien

Seine politisch motivierten Laboruntersuchungen (auch bekannt als „Iowa-Studien") unterschiedlicher Erziehungsstile an US-amerikanischen Jugendlichen mündeten in die Unterscheidung zwischen drei Führungsstilen: demokratisch, autoritär und laissez-faire, wobei letzterer in der Bedeutung von „Nichteinmischen" oder „Laufen lassen" zu verstehen ist (Lewin, Lippitt u.a. 1939). Die Effektivität und damit den Führungserfolg maß Lewin an dem Kriterium Gruppenleistung und Gruppenklima. Ergebnis seiner Untersuchungen war, dass die Mehrzahl der Schüler mit dem demokratischen Führungsstil zufriedener war und sich eine entspannte, freundschaftlichere Atmosphäre aufbaute. In den autoritär geführten Gruppen dagegen entwickelte sich ein aggressives Klima mit hohen sozialen Spannungen und Tendenzen zur Feindseligkeit. Bei Anwesenheit des Erziehers waren die Leistung und die Arbeitsintensität in den autoritär geführten Gruppen kurzfristig höher. War der Leiter jedoch abwesend, kam es zu Arbeitsunterbrechungen. Dagegen führte die Abwesenheit des Leiters in den demokratisch geführten Gruppen zu keinem Leistungsabfall (s. untenstehende Tabelle: „Führungsstile nach Kurt Lewin").

Insgesamt entwickelte sich hier ein höheres Interesse an der Arbeitsaufgabe. So wurden Informationen auch bei Abwesenheit der Leitung weitergegeben und die Aufgaben kreativer angegangen.

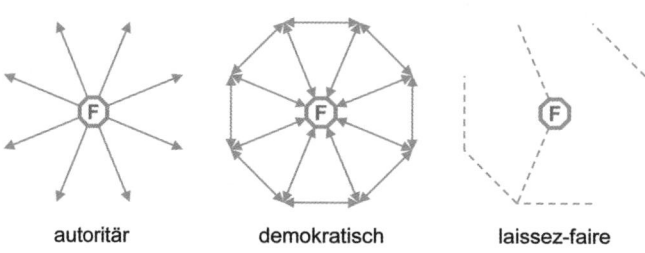

| autoritär | demokratisch | laissez-faire |

Abb. 43: Führungsstile nach Lewin (nach Wunderer & Grunwald 1980)

Letztlich haben wir es hier, je nachdem welcher Führungsstil bei den „Führern" gefunden wurde, mit unterschiedlichen Einstellungen und Haltung zu den „Geführten" zu tun, d. h., es existiert ein jeweils anderes Führungsverständnis und ein anderes Menschenbild (s. „Hypothesen, (Vor)urteile und Menschenbilder" in Meilenstein 1).

Tab. 26: Führungsstile nach Kurt Lewin (nach Felfe 2009)

Autoritär	Laissez-faire	Demokratisch
Verhalten		
▪ Strikte Anweisungen und Kontrolle; ▪ Leiter entscheidet allein; ▪ wenig Kommunikation zwischen Gruppenmitgliedern	▪ Verzicht auf Leitung: Passivität ▪ Unverbindlichkeit ▪ Nachgiebigkeit ▪ Leitung hält sich aus Gruppenprozessen heraus	▪ gemeinsame Beratung und Entscheidungen ▪ Verantwortung und Kompetenz der Gruppe wird gestärkt
Leitlinien		
▪ „Teile und herrsche" ▪ „Vertrauen ist gut, Kontrolle ist besser" ▪ „Befehl und Gehorsam"	▪ „laufen lassen" ▪ „das wird sich schon regeln"	▪ Vertrauen in und Unterstützung der Mitarbeiter steigern Motivation und Leistung
Werte		
▪ Ordnung und Disziplin ▪ Unterordnung und Anpassung	▪ Vermeintliche Werte: Freiheit und Individualität	▪ Demokratie, Gleichheit ▪ Selbstbestimmung ▪ Individualität

Autoritär	Laissez-faire	Demokratisch
Leistung		
<ul><li>Leistung kurzfristig hoch, langfristig droht Abfall insbes. bei nachlassender Kontrolle</li><li>bei komplexen Problemen ineffizient</li><li>bei Gruppenmitgliedern entstehen Resignation und Passivität bzw. Aggression</li></ul>	<ul><li>Ratlosigkeit und Unsicherheit bei den Geführten</li><li>Regression und Verwahrlosung</li><li>Schuldgefühle und Wunsch nach autoritärer Leitung</li><li>Cliquenbildung und Zerfall</li></ul>	<ul><li>hohe Leistung und Bestand</li><li>kann zeitweilig auch ohne Leitung arbeiten</li><li>Vorstufe zu Selbst-organisation</li></ul>

Lewins Begrifflichkeit erfuhr im Laufe der Zeit einige Veränderungen, so ist z. B. der demokratische oder autoritäre Führungsstil als Begriff nicht mehr üblich. Allerdings bleiben die Grundaussagen und die Gegenüberstellung von zwei grundlegenden Verhaltensausrichtungen, die in der Folge eher mit

- *direktiv* versus *non-direktiv* oder
- *aufgabenorientiert* versus mitarbeiter*orientiert*

umschrieben wurden, erhalten.

Exkurs: Max Webers Herrschaftstypen

Bereits 1922 hatte sich der deutsche Jurist, Nationalökonom und Sozio-loge Max Weber in seinem postum veröffentlichten „Grundriss der Sozialöko-nomik" mit Macht- und Herrschaftsfragen auseinandergesetzt (Weber 1922). Die „Drei reinen Typen legitimer Herrschaft" sind nach Weber rationalen, tra-ditionalen und charismatischen Charakters. Dabei beruht die rationale Herr-schaft auf den Glauben an die Rechtmäßigkeit und die Legalität der gesetzlich verankerten Ordnung. Daraus resultiert ein **bürokratischer,** an Richtlinien und Verordnungen gebundener Führungsstil. Die traditionelle Herrschaft gründet sich auf den Alltagsglauben an die Heiligkeit einer geltenden Tradition. Damit ist ein **autokratischer** oder **patriarchalischer** Führungsstil mit unumschränk-ter Machtfülle verbunden. Schließlich beruht die charismatische Herrschaft auf die Hingabe an die Heldenkraft oder die Vorbildlichkeit einer Person. Daraus wurde in der Folge der charismatische Führungsstil abgeleitet.

Fasst man die Ansätze von Weber und Lewin nach den Dimensionen direktiv versus non-direktiv und aufgaben- versus mitarbeiterorientiert zusammen, entsteht die Zuordnung der folgenden Abbildung. Danach ist der autokratische Führungsstil durch ein auf die Aufgabe konzentriertes direktes Anweisen geprägt. Der Patriarchalische Führungsstil ist ebenso direktiv, verbindet aber seine Lenkung mit Wertschätzung und Respekt gegenüber den Geführten. Der demokratische Führungsstil gewährt den Geführten weitgehende Handlungs- und Entscheidungsfreiheit und konzentriert sich auf die Beziehung. Der laissez-faire Führungsstil vernachlässigt beide Dimensionen und überlässt die Mitarbeiter sich selbst.

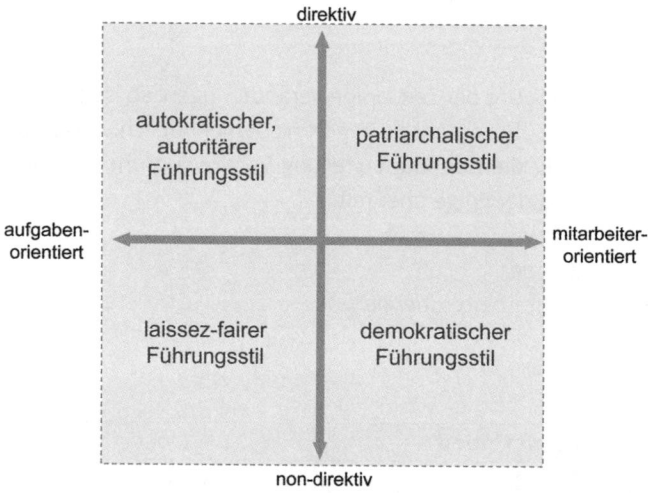

Abb. 44: Einordnung der Führungsstile (nach Kurt Lewin und Max Weber)

Auch wenn die folgenden Forschungsansätze aufgrund anderer Grundprämissen erfolgten, fand man bis zum heutigen Tag immer wieder die zwei erwähnten fundamentalen Verhaltensausrichtungen Aufgaben- bzw. Mitarbeiterorientierung (s. Meilenstein 1).

Diese beiden Verhaltenskategorien sind uns zudem bereits aus der Behandlung der Gruppenphänomene unter dem Schlagwort „**Divergenztheorem**" bekannt geworden. So etabliert die Gruppe in ihren internen Strukturen recht eigenständig jeweils einen „**Tüchtigkeitsführer**" und einen „**Beliebtheitsführer**". Die Führungskraft hat also, wenn sie erfolgreich sein will, beiden Ansprüchen, dem Leistungs- und dem Beziehungsbedürfnis der Gruppe gerecht zu werden (s. „Divergenztheorem", Meilenstein 8).

Ohio-Studien

In den sogenannten Ohio-Studien (Ohio-State-University) zeigte sich, dass sich Führungsverhalten in zwei vorwiegenden Verhaltensorientierungen

- „initiating of structure" (Aufgabenorientierung) und
- „consideration" (Mitarbeiterorientierung)

aufsplittete (Fleishman 1953). Durch ein Fragebogeninstrumente (LBDQ, Leader Behavior Description Questionnaire) wurden die jeweiligen Verhaltensausprägungen in neun Dimensionen erfasst (z. B.: Initiative, Dominanz, Kommunikation, Anerkennung, Organisation und Repräsentation). Da die beiden Verhaltensausrichtungen als voneinander unabhängig betrachtet wurden, konnten Führungskräfte demnach sowohl aufgaben- als auch mitarbeiterorientiert agieren.

Tab. 27: Führungsstile aus den Ohio-Studien

Mitarbeiterorientierte Führung	Aufgabenorientierte Führung
• Achtet auf das Wohl der Geführten.	• Herrscht mit eiserner Hand.
• Bemüht sich um ein gutes Verhältnis zu seinen Unterstellten.	• Achtet darauf, dass alle Geführten die volle Arbeitskraft einsetzen.
• Steht den Geführten in persönlichen Fragen zur Seite.	• Stachelt durch Druck und Manipulation zu besonderer Anstrengung an.
• Behandelt alle Unterstellten gleich.	• Verlangt von langsamen oder leistungsschwachen Geführten, sich mehr anzustrengen.
• Unterstützt die Geführten bei ihren Aufgaben.	• Legt besonderen Wert auf die Arbeitsmenge.
• Erleichtert den Geführten unbefangen und frei zu reden.	• Tadelt mangelhafte Arbeit.
• Setzt sich für die Geführten ein.	• Besteht darauf, dass alles so gemacht wird, wie er es sich vorstellt.
• Lässt andere so arbeiten, wie sie es für richtig halten.	

Als Effizienzmaße verwendeten die Forscher die Zufriedenheit der Mitarbeiter, gemessen an der Beschwerde- bzw. Fluktuationsrate, und die Effektivität in der Zusammenarbeit (Fleishman & Harris 1962).

So nimmt die Beschwerderate über den Vorgesetzten mit steigendem Ausmaß seiner Mitarbeiterorientierung ab und mit dessen steigender Aufgabenorientierung zu (s. Abb. 45). Leistungsunterschiede zwischen den beiden Verhaltensausrichtungen ließen sich nicht eindeutig nachweisen.

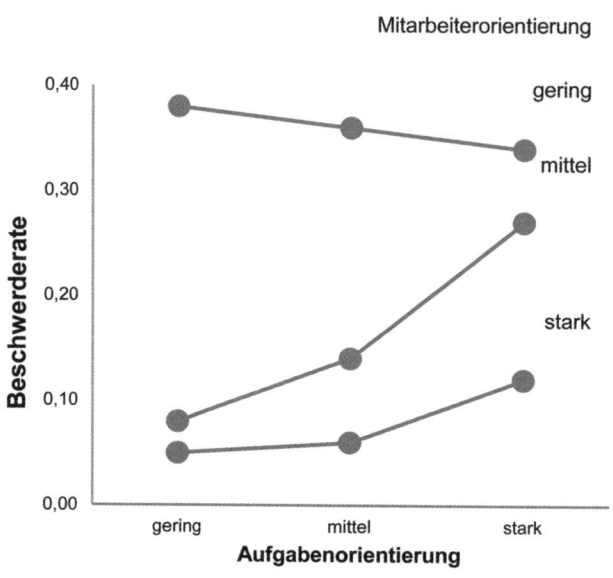

Abb. 45: Beschwerderaten als Funktion des Führungsstils

Michigan Leadership Studies

Zu ähnlichen Befunden wie in den Ohio-Studien kam auch eine Forschergruppe an der Michigan Universität, die als „Michigan Leadership Studies" bekannt wurden (Likert 1961). Sie unterschieden in der gleichen Weise zwischen

- Mitarbeiterorientierung und
- Produktionsorientierung.

Ähnlich wie bei dem Partizipationsansatz von Tannenbaum und Schmidt (1958) gingen sie aber von einer einzigen Dimension des Führungsverhaltens mit zwei Endpunkten aus. Führungskräfte unterschieden sich demnach dadurch, dass sie entweder aufgaben- oder mitarbeiterorientiert bzw. direktiv oder partizipativ führten (s. „Delegationskontinuum von Tannenbaum", Meilenstein 1).

Blake und Moutons Managerial Grid System

1964 haben die Psychologen und Managementtrainer Robert R. Blake und Jane Mouton im Rahmen eines Führungstrainings für das Unternehmen Exxon Mobil das „Managerial Grid System" entworfen (Blake & Mouton 1964). Sie schließen an die Studien der Ohio-Gruppe an. Wobei Ihre beiden Dimensionen („concern for people" und „concern for production") ähnlich einem Koordinatensystem ein 9-stufiges Verhaltensgitter aufspannen, in dem sich jeder individuelle Stil ablesen lässt. Ein 9/9 Führungsstil (Teammanagement) ist durch hohe Ausprägungen auf beiden Dimensionen gekennzeichnet, während 9/1 eine hohe Aufgabenorientierung und 1/9 eine hohe Mitarbeiterorientierung bedeuten. Von den Begründern empfohlen wird der 9/9 Führungsstil, d. h., eine gleichermaßen hohe Ausprägung in beiden Dimensionen. Mit dem Grid-Ansatz ergibt sich die Möglichkeit einer systematischen Entwicklung durch Training und Coaching. Zur Identifizierung Ihres bevorzugten Führungsstils haben Sie bei den Arbeitshilfen online zu diesem Buch die Möglichkeit eines Selbsttests nach den Verhaltensdimensionen von Blake & Mouton.

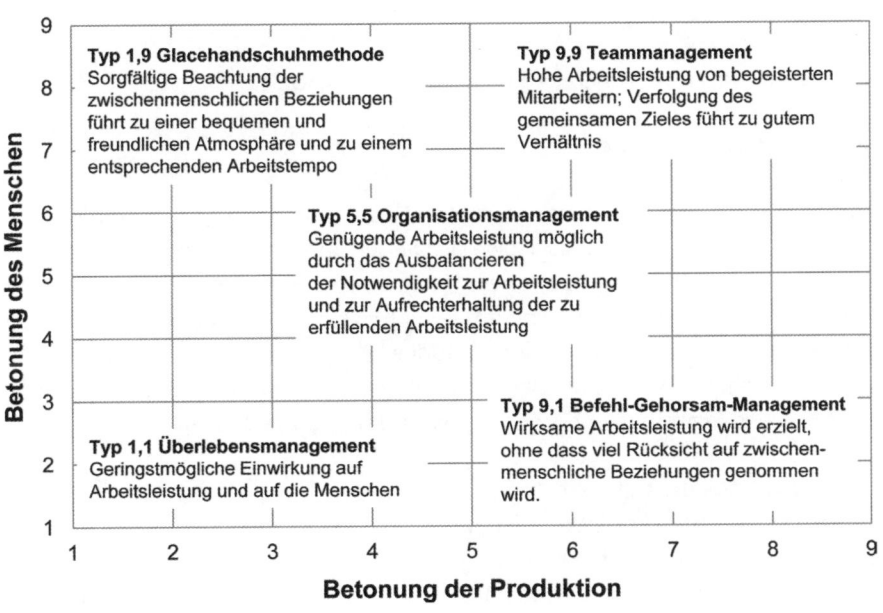

Abb. 46: Führungsstile nach dem Managerial Grid System

Zusammenfassung: Zwei unterschiedliche Einstellungs- und Verhaltensmuster

Zusammenfassend kann man feststellen, dass all diesen Ansätzen eines gemeinsam ist: Sie beziehen sich auf zwei unterschiedliche Einstellungs- und Verhaltensmuster bezüglich der Konzentration auf

- den Menschen (Beziehung) und/oder
- die Organisation (Aufgabe).

Unterschiede bestehen vor allem in der jeweiligen Unabhängigkeit der beiden Dimensionen (s. Abb. 47).

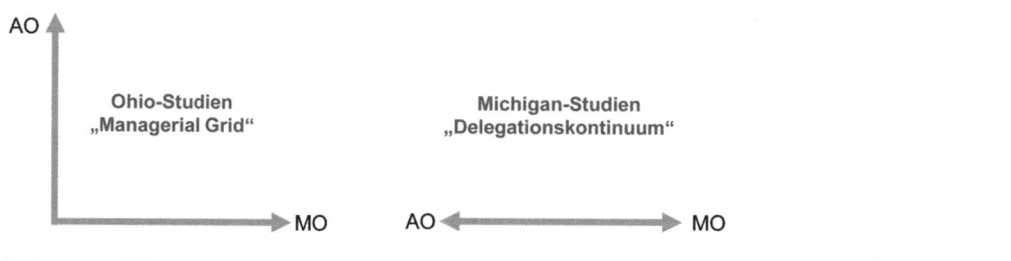

Abb. 47: Vergleich der Führungsstil-Ansätze

Zu fragen bleibt, welches dieser generellen Einstellungsmuster einen deutlicheren Zusammenhang zum Führungserfolg nachweisen kann. Unter der bemerkenswerten Überschrift: „The forgotten ones?" widmete sich eine Forschergruppe um Timothy A. Judge im Jahre 2004 erneut der Überprüfung der Wirksamkeit der beiden „vergessen geglaubten" Dimensionen (Judge, Piccolo u.a. 2004). Unter anderem wurden Zusammenhänge zum Gesamtführungserfolg, zur Leistung der Führungskraft und des Teams und zur Arbeits- bzw. Führungszufriedenheit ermittelt.

Wie aus Abb. 48 deutlich wird, zeigen beide Dimensionen klare Zusammenhänge zu den untersuchten Erfolgskriterien, wenn auch die Beziehungen zur Mitarbeiterorientierung regelmäßig höher ausfallen. Wie nicht anders zu erwarten, ist besonders die hohe, fast ideale Korrelation zur Zufriedenheit mit der Führungskraft auffällig. Andererseits sind die Zusammenhänge zur Leistung, sowohl bezogen auf die Führungskraft als auch auf das Team eher gering, und dies für beide Führungsdimensionen. Offenbar wird der Erfolg auch durch andere Faktoren bestimmt (Technik, Material, Markt).

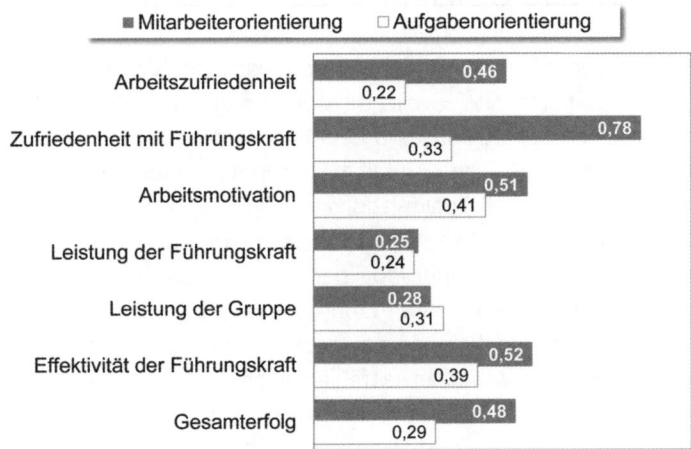

Abb. 48: Führungsstil und Führungserfolg (vgl. Felfe 2009)

Insofern bleibt die Frage offen, was letztlich den Ausschlag gibt, wobei zu betonen ist, dass auch die beiden Dimensionen selbst miteinander in Zusammenhang stehen (Wegge & Rosenstiel 2004). Das heißt aber, dass in der Mehrzahl der Fälle eine hohe Aufgabenorientierung mit einer ebenso hohen Mitarbeiterorientierung einhergeht. Eine erfolgreiche Führungskraft muss eben beides beherrschen und sich um beides kümmern. Scheitern wird sie, wenn entweder die Zielverfolgung oder die Mitarbeiterfürsorge zu kurz kommt. Es kommt darauf an, beide Haltungen oder Verhaltensausrichtungen sinnvoll aufeinander abzustimmen.

! **WICHTIG: Mittel zum Zweck**

Auch wenn wir eingangs nicht müde wurden zu betonen, dass Sie sich in erster Linie auf die Aufgaben und Ziele Ihrer Organisationseinheit zu konzentrieren haben, stellt dies nun keinen Widerspruch dar. Was wir Ihnen deutlich zu machen suchten, ist die Tatsache, dass Ihr Erfolg als Führungskraft vom Erfolg Ihrer Organisationseinheit abhängt (Zweck). Kein anderes Kriterium wird letztlich in Ihrem Unternehmen zählen. Wie Sie diesen Erfolg herstellen, ist die andere Seite der Medaille. Und in dieser Hinsicht müssen Sie sich auf Ihre Mitarbeiter beziehen, sie motivieren, hinter ihnen stehen, sie anleiten und unterstützen, ihnen Freiräume und Entwicklung ermöglichen und sie als Partner in Ihrer gemeinsamen Aufgabe sehen (Mittel).

Hiermit deutet sich bereits, wenn wir uns auf die gesellschaftliche Entwicklung insgesamt beziehen, ein verändertes Verständnis im Verhältnis zwischen Führungskräften und Mitarbeitern an. Die starren hierarchiebedingten Rangunterschiede verblassen zunehmend. Heute begegnen sich moderne Führungskräfte mit Ihren Mitarbeitern auf gleicher Augenhöhe.

9.2.1 Transformationale und transaktionale Führung

Seit wenigstens zwei Jahrzehnten hat sich das Führungsverständnis grundlegend gewandelt. Durchgesetzt hat sich mittlerweile, dass der Erfolg einer Organisation in entscheidendem Maße von der Qualität und dem Engagement der Mitarbeiter bestimmt wird. Dieser auch als „Human Capital" bezeichnete Faktor wird immer bedeutsamer. Der Leistungsstand, der Qualifikationsgrad und das Engagement der Mitarbeiter haben sich enorm entwickelt. Damit einhergehend stiegen auch die Ansprüche der Kunden nach flexiblen, individualisierten Dienstleistungen. Durch die Globalisierung und die zunehmende Vernetzung der internationalen Arbeitsmärkte haben Mitarbeiter heute die Wahl, dort zu arbeiten, wo sie die besten Arbeitsbedingungen vorfinden, ihre Arbeitsmarktfähigkeit optimal entwickeln und erhalten können und natürlich wo es für sie am einträglichsten ist. Die Entwicklung zu flacheren Hierarchien und der enorme technische Fortschritt unterstützten dies zusätzlich (vgl. Nerdinger 2003; Blickle & Schneider 2010; Felfe 2005) .

Vor diesem Hintergrund ändern sich die Anforderungen an Mitarbeiter und Führungskräfte gleichermaßen. Verlangt werden heute mehr denn je Selbständigkeit, Eigenverantwortung, Flexibilität sowie Veränderungs- und Lernbereitschaft. Insbesondere die Führungskräfte müssen sich als Gestalter dieses Wandels bewähren. Dazu müssen sie der zunehmenden Selbstständigkeit und der gewachsenen Leistungsfähigkeit der Mitarbeiter Rechnung tragen. War noch vor Jahrzehnten eher ein straffer und anweisender Führungsstil gefragt, der davon ausging, „Ich" als Führungskraft habe das Wissen und die Macht, „Du" als Mitarbeiter hast zu folgen, ist das „Folgen" der Mitarbeiter heute in anderer Art und Weise herzustellen.

Mit Visionen führen — transformationale Führung

Immer wichtiger wird dabei, dass Führungskräfte in der Lage sind, ihren Mitarbeitern einen Sinn ihrer Aufgaben zu vermitteln. Nicht mehr die vorbehaltslose Ausführung von Anweisungen ist maßgeblich, sondern das Verfolgen von über die unmittelbare Tätigkeit hinausgehenden langfristigen Zielen und Visionen. Der Mitarbeiter wird also als Partner wahrgenommen und quasi in seinem Eigeninteresse motiviert, Ziele und Anforderungen zu erfüllen (vgl. Bono & Judge 2004).

Dieses neue erfolgversprechende Führungsverständnis wird als „Transformationale Führung" bezeichnet, und bedeutet für die Führungskraft, die Ziele der Organisation in die Werte und Interessenlagen der Geführten zu transformieren (Bass 1985). An die Stelle kurzfristiger Zielverfolgung treten langfristige, übergeordnete Werte und Ideale (s. auch „Selbstverständnis von Führung", Meilenstein 2).

Dazu sollte die Führungskraft als Vorbild agieren, weil nichts wirksamer ist, als mit gutem Beispiel voranzugehen und das vorzuleben, was man von seinen Mitarbeitern erwartet. Dies schafft Vertrauen und Zutrauen bei den Mitarbeitern, dokumentiert Ehrlichkeit und Fairness und nicht zuletzt das Gefühl eines glaubwürdigen partnerschaftlichen Miteinanders. Versteht es die Führungskraft darüber hinaus, Ihre Mitarbeiter zu begeistern, anzuspornen und mitzureißen, zeigt sie selbst Spaß an der Arbeit, ist hochmotiviert und vom Erreichen der gesetzten Ziele überzeugt, werden ihr die Mitarbeiter bereitwilliger folgen.

Auch dem wachsenden Autonomiebestreben der Mitarbeiter sollte die Führungskraft entgegenkommen und durch geschickte intellektuelle Stimulierung die kreativen und kognitiven Leistungsmöglichkeiten der Mitarbeiter fördern. Dabei bleibt es wichtig, Führung als individuelle Aufgabe zu verstehen, die jeden einzelnen Mitarbeiter befähigt, die steigenden Anforderungen zu bewältigen.

Tab. 28: Wesentliche Faktoren transformationaler Führung

- **Vorbildfunktion und Glaubwürdigkeit** (Idealized Influence)
  - handelt in einer Weise, die bei mir Respekt erzeugt.
  - stellt eigene Interessen zurück, wenn es um das Wohl der Gruppe geht.
  - spricht über ihre wichtigsten Überzeugungen und Werte.
  - berücksichtigt moralische und ethische Konsequenzen von Entscheidungen.

- **Motivation durch begeisternde Ziele und Visionen** (Inspirational Motivation)
  - äußert sich optimistisch über die Zukunft, dass die Ziele erreicht werden.
  - spricht mit Begeisterung über das, was erreicht werden soll.

- **Anregung zu kreativem und unabhängigen Denken** (Intellectual Stimulation)
  - schlägt neue Wege vor, wie Aufgaben bearbeitet werden können.
  - bringt mich dazu, Probleme aus verschiedenen Blickwinkeln zu betrachten.

- **Individuelle Förderung** (Individualized Consideration)
  - erkennt meine individuellen Bedürfnisse, Fähigkeiten und Ziele.
  - verbringt Zeit mit Führung und damit, den Mitarbeitern etwas beizubringen.

- **Ausstrahlung und emotionale Bindung** (Charisma)
  - vermag mich durch ihre Persönlichkeit zu beeindrucken und zu faszinieren.
  - ist für mich so wichtig, dass ich den Kontakt zu ihr suche/pflege.

Tab. 28 veranschaulicht die wesentlichen Faktoren der transformationalen Führung anhand ausgewählter Fragen eines für diese Zwecke entwickelten Fragebogeninstruments (MLQ: Multifactor Leadership Questionnaire), das auf den bereits erwähnten Bernard M. Bass aus Mitte der 1990er Jahre zurückgeht. Bernard M. Bass war Professor an der School of Management an der Binghamton University in Binghamton im Staat New York.

Interessant ist die zuletzt dargestellte Dimension der obigen Tabelle, die auf die charismatische Ausstrahlung der Führungspersönlichkeit abzielt (Felfe 2006a). Nach diesem Ansatz soll es gerade charismatischen Persönlichkeiten gelingen, ihre Mitarbeiter für sich zu „vereinnahmen", sie zu inspirieren und verstärkt emotional zu binden. Allerdings hängt dies, wie alle anderen Facetten auch, sehr von den persönlichen Wahrnehmungen und Eigenschaften der geführten Mitarbeiter selbst ab. Nicht jeder Mitarbeiter lässt sich durch Ausstrahlung, innere Stärke, Selbstbewusstsein und überzeugendes Auftreten beeindrucken. Durch Untersuchungen ist allerdings bekannt, dass es nicht so ist, dass sich vor allem eher unsichere Mitarbeiter mit einem geringen Selbstwert an transformationalen Führungskräften orientieren, um etwa ihre eigenen Defizite zu kompensieren (Felfe & Schyns 2006; 2010). Im Gegenteil, gerade die starken selbstbewussten Mitarbeiter lassen sich durch charismatische Führungskräfte inspirieren.

Positive Auswirkungen transformationaler Führung

Bislang vorliegende Untersuchungsergebnisse zur Wirkung der transformationalen Führung legen nahe, dass von einem positiven Einfluss auf

- subjektive Erfolgskriterien (Zufriedenheit, Bindung von Mitarbeitern an das Unternehmen) und
- objektive Erfolgskriterien (z. B. Verkaufszahlen) ausgegangen werden kann.

Darüber hinaus gibt es positive Auswirkungen auf die Entwicklung der Autonomie der Geführten, auf die Kompetenzentwicklung, den empfundenen Entscheidungsspielraum und die Gerechtigkeitswahrnehmung der Mitarbeiter. Und es konnten positive Effekte auf die Rezeption der Arbeitsinhalte, der Identifikation der Mitarbeiter mit ihren Zielen und auch auf den Gruppenzusammenhalt im Team nachgewiesen werden. Transformationale Führungen kann damit als wichtiger Erfolgsfaktor betrachtet werden (vgl. Felfe 2009; 2006a; 2006b).

Auch erfreuliche Zusammenhänge zur Arbeitszufriedenheit und zum Gesundheitserleben der Mitarbeiter sind in Untersuchungen gefunden worden. Mitarbeiter, die hoch transformational geführt werden, artikulieren eine deutlich höhere Arbeitszufriedenheit als niedrig transformational geführte. Umgekehrt sind die Verhältnisse entsprechend beim Stresserleben. Je höher das Ausmaß transformationaler Führung umso geringer das Stresserleben (Felfe 2006a).

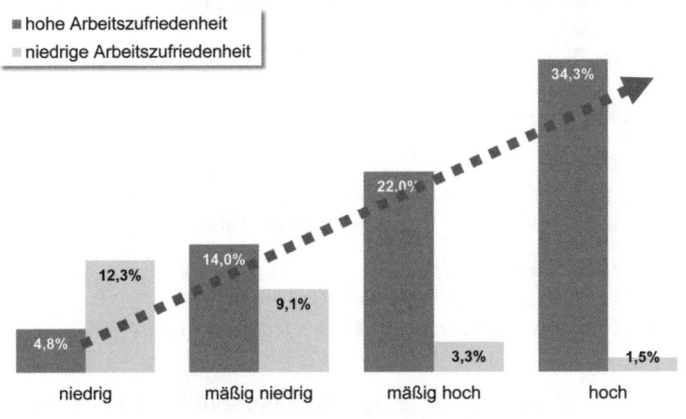

Abb. 49: Transformationale Führung und Arbeitszufriedenheit (Felfe 2006a)

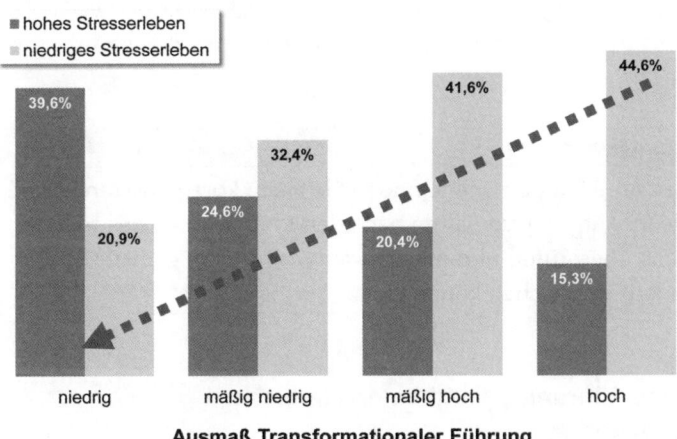

Abb. 50: Transformationale Führung und Stresserleben (Felfe 2006a)

Fairer Austauschprozess — transaktionale Führung

Der Vollständigkeit halber sei erwähnt, dass der Ansatz von Bass durch eine weitere Dimension des Führungsverhaltens ergänzt wird. Diese wird als „transaktionale Führung" bezeichnet und beinhaltet die Vereinbarung von konkreten Zielen, die Anerkennung und Wertschätzung für bisher gezeigte Leistungen und ein rechtzeitiges Reagieren auf Fehler und Abweichungen.

Tab. 29: Wesentliche Faktoren Transaktionaler Führung

- Leistungsorientierte Belohnung
  - zeigt Zufriedenheit, wenn andere die Erwartungen erfüllen.
  - macht deutlich, wer für bestimmte Leistungen verantwortlich ist.

- Führung durch aktive Kontrolle
  - kümmert sich in erster Linie um Fehler und Beschwerden.
  - konzentriert seine Aufmerksamkeit auf die Behebung von Fehlern.

- Führung durch Eingreifen im Ausnahmefall
  - wartet bis etwas schief gegangen ist, bevor sie etwas unternimmt.
  - gibt zu verstehen, wenn alles läuft, braucht nicht eingegriffen zu werden.

Beide Führungsstile sind nicht als Alternative zu verstehen, sondern als sich jeweils ergänzende Dimensionen. Die transaktionale Führung wird als fairer Austauschprozess zwischen Führer und Geführtem verstanden. Die Mitarbeiter erhalten Wertschätzung und Belohnungen für erreichte Ziele und das Einhalten von organisationalen Regeln. Daher kann transaktionale Führung als Ausgangspunkt für die transformationale gelten: Werden die Austauschbeziehungen fair und verlässlich gestaltet, führt dies zu gegenseitigem Vertrauen und zur Entwicklung transformationaler Führungsbeziehungen (Avolio 2000).

ARBEITSHILFE
ONLINE

Selbstcheck: Führungsverhalten

Im Internet bei den Arbeitshilfen online finden Sie einen kurzgefassten Selbstcheck, an dem Sie Ihr Führungsverhalten nach den Dimensionen des transformationalen Führens überprüfen und mit den Antworten von ca. 9.000 Untersuchungsteilnehmern vergleichen können.

Fünf grundlegende Führungspraktiken erfolgreicher transformationaler Leader

Die beiden Bestsellerautoren („The Leadership Challenge", 1987) James Kouzes und Barry Posner befragten in den 1980er Jahren 1300 Führungskräfte und schlugen fünf grundlegende Führungspraktiken erfolgreicher transformationaler Leader vor (Kouzes & Posner 1987; Kouzes & Posner 2002).

1. **Model the way** (Mit gutem Beispiel vorangehen): Die Führungskräfte gehen als Vorbild voran; bleiben sich selbst treu, verhalten sich konsistent zu den von ihnen vorgegebenen Werten; stellen sicher, dass die Mitarbeiter sich an vereinbarten Standards orientieren;

2. **Inspire a shared vision** (Zu einer gemeinsamen Vision inspirieren): Die Führungskräfte entwickeln eine gemeinsame Vision und ein überzeugendes Bild von der Zukunft, zeigen ihren Mitarbeitern, wie sie ihre Träume verwirklichen können; sprechen mit Begeisterungen von der Wichtigkeit der gemeinsamen Tätigkeit;
3. **Challenge the process** (Das Bestehende herausfordern): Die Führungskräfte zeigen Bereitschaft zu Innovationen, nehmen Herausforderungen an; ermutigen Mitarbeiter neue Wege zu gehen; setzen Ziele und Meilensteine; experimentieren und gehen Risiken ein;
4. **Enable others to act** (Andere zum Handeln befähigen): Die Führungskräfte entwickeln eine kooperative Beziehung zu den Geführten; lassen den Geführten Wahlfreiheiten im Handeln; unterstützen deren Entscheidungen; behandeln jeden Mitarbeiter mit Würde und Respekt;
5. **Encourage the heart** (Das Herz ansprechen): Die Führungskräfte loben die Geführten; zeigen aufrichtige Wertschätzung; zeigen Vertrauen in die Fähigkeiten der Mitarbeiter; feiern Erfolge, unterstützen das Commitment für gemeinsame Werte.

Diese Führungspraktiken sind nach Kouzes und Posner von jeder Führungskraft erlernbar und beruhen nicht auf unveränderlichen Persönlichkeitseigenschaften des Führenden.

Zusammenfassend ist festzustellen, dass Führungsstile als generelle Einstellungs- und Verhaltensmuster im Führungsprozess wert- und nutzenorientierte Vorgaben oder Empfehlungen für erfolgversprechendes Führungsverhalten sind. Sie können durch Training, Coaching und andere Personalentwicklungsmaßnahmen durch die Führungskräfte gelernt werden. Wie erwähnt, ist dazu eine bestimmte Einstellung und Haltung gegenüber den Mitarbeitern und der eigene Aufgabenstellung notwendig. Aber die Entscheidung darüber liegt weitgehend in Ihren eigenen Händen. Dazu gehört auch, sich seiner Werte, Überzeugungen und moralischen Standards als Führungskraft bewusst zu sein und zu werden.

9.2.2 Führung und Moral

In engem Zusammenhang zur transformationalen und charismatischen Führung wird aktuell ein lange wenig bearbeitetes Gebiet in der Führungsforschung aufgegriffen. Die Rede ist von der Führungsethik oder dem Einbezug von ethischen Grundsätzen in den Führungsprozess. „Erfolgreiche Führung ist nicht notwendigerweise gleichbedeutend mit ethischer Führung. Vielmehr ist davon auszugehen: Führung kann hocheffizient — und zugleich ethisch absolut verwerflich sein!" (Weibler & Kuhn 2012, S. 13).

Dabei sollte es um eine entsprechende „Kooperationsphilosophie" (Wunderer 1997) gehen, wie sie z. B. im kategorischen Imperativ von Immanuel Kant seinen Ausdruck findet:

„Handle so, dass die Maxime deines Willens jederzeit zugleich als Prinzip einer allgemeinen Gesetzgebung gelten könne!"

„Wie Du mir, so ich Dir!" könnte man verkürzt formulieren, wenn man dabei einmal einen positiven Erstimpuls Ihres Gegenübers voraussetzt. Führung sollte bestimmten moralischen Normativen genügen, ohne die eine zufriedenstellende Beziehung langfristig nicht funktionieren kann. Wunderer spricht gemäß seiner Definition von Führung auch von einem „Verhaltensprinzip der Wechselseitigkeit" (ebd.).

Besonders wegen der im angelsächsischen Raum verbreiteten eher pragmatischen Sichtweise, werden Ethikthemen auch in Zusammenhang mit der Führungsproblematik dort weit häufiger diskutiert als hierzulande. Dabei liegt dem moralischen Anspruch eher ein besonderes Verständnis von der Beziehung zwischen Führer und Geführtem zugrunde. Diese Beziehungen werden häufig als soziale Austauschprozesse verstanden. „Vorgesetzte müssen mit ihr (der Moral, A. d. V.) rechnen, damit sie ihre Interessen durchsetzen können; Wohlbefinden wird gegen Leistung getauscht und Führungsethik wird zum Instrument ökonomischer Motivation" (Jäger 2002, S. 67). Dennoch verdient die häufige Thematisierung ethischer Maßstäbe im Führungsverhalten Beachtung und Anerkennung.

Die beiden US-amerikanischen Professoren für „Business Ethics" und „Study of Ethics and Human Values" Al Gini und Ronald M. Green beschreiben in Ihrem 2013 veröffentlichten Buch „10 virtues of outstanding leaders" ausgewählte Führungspersönlichkeiten aus Wirtschaft und Politik (z. B. Steve Jobs „Apple", Martin Luther King u. a.) und extrahieren aus ihren umfangreichen Untersuchungen eine Liste von zehn zeitgemäßen, fundamentalen Tugenden (Gini & Green 2013).

Tab. 30: Tugenden von herausragenden „Führern"

1	deep honesty	tiefe Ehrlichkeit
2	moral courage	Zivilcourage
3	moral vision	moralische Vision
4	compassion and care	Mitgefühl und Fürsorge
5	fairness	Fairness; Gerechtigkeit
6	intellectual excellence	intellektuelle Exzellenz
7	creative thinking	kreatives Denken
8	aesthetic sensitivity	ästhetische Sensibilität
9	good timing	gutes Timing
10	deep selflessness	hohe Selbstlosigkeit

Der bereits zitierte James Kouzes kommentiert die Ergebnisse und die Bemühungen der beiden Autoren äußerst beeindruckend (aus Gini & Green 2013):

„Alle Programme, um Führungskräfte zu entwickeln, alle Kurse und Seminare, alle Bücher und Kassetten, alle Blogs und Websites mit Tipps und Techniken sind bedeutungslos, wenn die Menschen, die zu folgen gezwungen sind, nicht den Menschen vertrauen und glauben können, denen sie folgen sollen. In einer Zeit, in der alles Machbare möglich scheint, ist es wichtig, dass sich jede Führungskraft und jeder Führungstrainer die Botschaft von Gini und Green zu Herzen nimmt. Es ist wichtig, nicht nur für ihren persönlichen Erfolg, es ist wichtig für die langfristige (Über)-Lebensfähigkeit unserer Gesellschaft." (Ü. d. V.)

Auch wenn wir im deutschsprachigen Raum vielleicht nicht ganz so pathetisch klingende Werte (s. Tab. 30) formulieren würden, entsprechen sie doch genau dem, was wir bereits unter dem Begriff der transformationalen Führung beschrieben haben.

So wurde durch zahlreiche Untersuchungen mittlerweile belegt, dass Persönlichkeitseigenschaften wie z. B. Integrität, Ehrlichkeit und Vertrauenswürdigkeit einen maßgeblichen Einfluss auf die Wahrnehmung der Effektivität und Wirksamkeit von Führungskräften haben (Kouzes & Posner 1993; Den Hartog, House u.a. 1999). Auf diese Forschungen aufbauend interessierte sich Linda K. Treviño (Professorin für Organisationspsychologie und Ethik an der Pennsylvania State University) für die Frage, was ethische Führung für die unmittelbar betroffenen Mitarbeiter und Kollegen tatsächlich bedeutet. Dazu bat sie 20 hochrangige Führungskräfte und

Meilenstein 9: Persönlichkeit führt

20 Ethik/Compliance Beauftragte unterschiedlicher Industrieunternehmen wesentliche Persönlichkeitseigenschaften, Verhaltensweisen, Motive und Haltungen von
ihrer Meinung nach ethisch handelnden Führungskräften aufzuzählen, zu denen
sie einen persönlichen Kontakt hatten.

Ethische Führer sind demnach ehrlich, vertrauenswürdig, gerecht bzw. fair, prinzi-
piengeleitete Entscheider, die sich um die ihnen anvertrauten Menschen und um
gesellschaftliche Belange kümmern und die sich sowohl im dienstlichen als auch
privaten Umfeld gleichermaßen ethisch verhalten. Diese Charakterisierung durch
Persönlichkeitseigenschaften und Charakterzügen kennzeichnete Treviño innerhalb des Konzepts der „Ethischen Führung" als Aspekt der „moralischen Person"
(moral person).

Der zweite Aspekt wird von Treviño und ihren Mitarbeitern als Aspekt des „moralischen Managers" bezeichnet, der unter anderem gekennzeichnet ist durch proaktive Einflussnahme auf ethisches bzw. unethisches Verhalten der unterstellten
Mitarbeiter/innen, bewusstes Ansprechen ethischer Werte und Ziele, Vorleben eines
Rollenvorbildes für ethisches Verhalten und die Belohnung ethischen bzw. Sanktionierung unethischen Verhaltens (Treviño, Brown u.a. 2003; Brown & Treviño 2006).

Während also die „moralische Person" lediglich durch ihr ethisches Vorbild Wirkung
auf die Mitarbeiter ausübt, macht der „moralische Manager" seine ethischen Prinzipien zu einem Teil seiner Führungsagenda, indem er aktiv und zielgerichtet ethische Werte und Botschaften kommuniziert, ethisches Verhalten seiner Mitarbeiter
einfordert und sie für deren Einhaltung in die Verantwortung nimmt. Dieser explizit
sichtbare und erlebbare Einsatz des „moralischen Managers" transformiert Ethik
und Moral zu einer „Führungsbotschaft" (zit. nach Brown & Treviño 2006).

Praktische Umsetzung finden derartige Wertvorstellungen häufig in den „Unter-
nehmensverfassungen", oder gebräuchlicher ausgedrückt, in den Unternehmenswerten und Führungsleitlinien vor allem größerer Organisationen. Die Autoren
selbst waren häufige Begleiter bei der Einführung von Unternehmensleitlinien für
Führung und Zusammenarbeit und könnten ausführlich über die Chancen und Risiken, die damit verbunden sind, berichten. Sie selbst haben vielleicht auch bereits
Erfahrungen im Umgang mit derartigen Verhaltensrichtlinien gemacht und festgestellt, dass der Wert vor allem darin besteht, für sein eigenes Führungsverhalten eine Orientierung und Bestätigung zu erfahren. Voraussetzung dafür ist, dass
das Leitliniensystem durch die potentielle Beteiligung aller Organisationsmitglieder
aufgestellt wurde und auch tatsächlich gelebt wird. Wichtig für Sie ist, dass Sie sich
über das Zustandekommen und die Begründungszusammenhänge der einzelnen
Aussagen oder Anforderungen informieren. Nur dadurch werden Sie verstehen,
welche Bedeutung und welcher Anspruch mit den einzelnen Leitsätzen in Ihrem
Unternehmen verbunden sind.

▶ **BEISPIEL 1: Führungsleitlinie**

Führen in unserem Unternehmen heißt: Vorbild zu sein!

Kommentar und Erläuterung

Für die Akzeptanz als Führungskraft ist kompetentes, glaubwürdiges und nachvollziehbares Verhalten notwendig. So bieten unsere Führungskräfte wichtige Orientierungen für das Verhalten der Mitarbeiter und setzen damit Maßstäbe für das tägliche Miteinander, das durch Verantwortung und Initiative geprägt ist.

Dies erreichen wir, indem unsere ...

- Führungskräfte nur das fordern, was sie selbst vorleben!
- Führungskräfte soziale Kompetenz, partnerschaftliches Handeln und fachliche Qualifikation in sich vereinen.
- Führungskräfte so führen, wie sie selbst geführt werden möchten.
- Kritik keine Einbahnstraße ist. Das Einfordern konstruktiver Kritik ist für unsere Führungskräfte selbstverständlich. Hier liegen Chancen für Entwicklungen.

▶ **BEISPIEL 2: Führungsleitlinie**

Anspruchsvolle Ziele sind für uns eine Herausforderung

Kommentar und Erläuterung

Ziele geben unserem Handeln Orientierung und machen Erfolg messbar. Ziele sind ein unverzichtbares Führungsinstrument. Zur Sicherung unserer Marktführerschaft setzen wir uns ehrgeizige Ziele.

Dies erreichen wir, indem ...

- Führungskräfte und Mitarbeiter sich mit den Zielen identifizieren und loyal hinter den eingeschlagenen Strategien stehen.
- messbare persönliche Ziele abgeleitet und gemeinsam vereinbart werden.
- faire und regelmäßige Kontrollen der Führungskraft und dem Mitarbeiter helfen, die vereinbarten Ziele zu erreichen.
- wir gemeinsam realistische Maßnahmen zur Zielerreichung erarbeiten, insbesondere wenn die Zielerreichung gefährdet ist.

Wie erwähnt, werden Ihnen zumeist die Führungsgrundsätze Ihres Hauses in die Hand gegeben und erläutert (s. „Wege in die Führungsposition", Meilenstein 3). Sollten keine Führungsleitlinien in Ihrem Unternehmen existieren, können Sie aber auch in Ihrem neuen Team gemeinsam die Regeln des Umgangs miteinander definieren. Jede Seite (Führungskraft und Mitarbeiter) kann dabei Erwartungen und Wünsche aber auch Zusicherungen und Versprechungen ausdrücken, die schriftlich fixiert werden und von Zeit zu Zeit auch überprüft.

TIPP 26: Persönlichkeit und Führungsstil

Der Führungsstil ist das sichtbare Zeichen Ihres Führungsverhaltens für Mitarbeiter, Kollegen und Vorgesetzte. Er kennzeichnet Ihre bevorzugten Einstellungs- und Verhaltensmuster im Umgang mit Ihren Mitarbeiten. Auch hier ist es ratsam, sich über seinen Stil bewusst zu sein und zu überprüfen, ob er Ihren Gegebenheiten angemessen ist.

■ Führungskräfte sind Beziehungsmanager, die Menschen in einer Aufgabe zu Zielen zu führen haben. Andererseits sind Sie Planer, Organisator und Controller des Erfolges. Insofern müssen Sie auf der gesamten Klaviatur des Führungsverhaltens spielen. Sowohl Aufgaben- als auch Beziehungsorientierung sind wichtige Ausrichtungen.

■ Als moderne Führungskraft sollten Sie Vorbild für Ihre Mitarbeiter sein, Werte und Arbeitshaltungen glaubwürdig vorleben, begeisternden und inspirierenden Zukunftsvisionen und Ziele mit Ihren Mitarbeitern entwickeln und die Mitarbeiter im Sinne einer engen Bindung emotional ansprechen.

■ Darüber hinaus ist Führung immer „individuelle" mitarbeiterbezogene Förderung und Entwicklung. Ermöglichen Sie Ihren Mitarbeitern durch kreative, intellektuelle Stimulation und dem Gewähren eines angemessenen Handlungsspielraumes ein Höchstmaß an Eigeninitiative und Eigenverantwortung.

■ Das Erreichen der organisationalen Ziele bleibt dessen ungeachtet der wesentliche Focus Ihrer Aufgabe. Ihr persönlicher Erfolg wird am Erfolg Ihrer Organisationseinheit gemessen. Kontrollieren Sie die Abläufe, die gesetzten Standards und die Zielerreichung konsequent und verantwortungsbewusst.

■ Überprüfen Sie Ihren Führungsstil anhand der Checkliste im Internet bei den Arbeitshilfen online („Selbstcheck zur Transformationalen Führung"). Setzen Sie sich mit Ihrem Ergebnis auseinander und überlegen Sie, wo Sie Veränderungen vornehmen sollten.

■ Prüfen Sie darüber hinaus Ihre ethischen Standards. Was wollen Sie Ihren Mitarbeitern vorleben und was erwarten Sie von ihnen. Authentizität und Glaubwürdigkeit sind wichtige Werte einer modernen Führungskraft. Setzen Sie sich mit den Führungsstandards Ihres Unternehmens auseinander und leben Sie sie Ihren Mitarbeiter vor. Leiten Sie daraus die für Ihre Organisationseinheit geltenden Standards ab.

9.3   Führung und Selbst-Führung

Fredmund Malik betont *„Beginnen muss man bei sich selbst. Wer sich nicht selbst führen kann, wird niemals andere führen können."* (zit. nach Schönhals 2006). Dieser Erkenntnis ist leicht zuzustimmen, insbesondere deshalb, weil es im Kern um den gleichen Sachverhalt geht. Es geht darum, Menschen zu befähigen, ein (selbst-) gesetztes Ziel zu erreichen. Man könnte die Aussage also auch umkehren: *Wer keine Menschen führen kann, kann sich auch selbst nicht führen!*

Transformational Führung und Selbstmanagement

Die Frage ist also, kann man die Prinzipien der Führung von Menschen, wie wir sie gerade kenngelernt haben (Persönlichkeitsmerkmale und Führungsstile) auch auf sich selbst anwenden? Kann man sich also selbst z. B. transformational führen? Wenn man den Versuch unternimmt, die Faktoren des transformationalen und transaktionalen Führens auf die Selbst-Führung zu übertragen, kommt man zu einer Liste an Eigenschaften und Methoden, die erstaunlicherweise fast alle Grundsätze des Selbstmanagements treffen (s. Tab. 31). Natürlich soll Ihnen damit nur verdeutlicht werden, wenn Sie transformational führen wollen, müssen Sie damit bei sich selbst beginnen.

Selbstmanagement wird dabei verstanden als Fähigkeit, die eigene persönliche und berufliche Entwicklung durch eine effektive Selbststeuerung zu gestalten. Dazu gehören Kompetenzen und Prozesse, wie z. B. die eigene Motivierung, die langfristige Zielsetzung, die strategische Planung und operative Arbeitsorganisation, ein adäquates Selbstbild (Stärken und Schwächen), „Lebenslanges Lernen" und alle Prozesse der emotionalen selbstgesteuerten Verhaltensregulation (s. „Selbstregulation", Meilenstein 2).

Tab. 31: Selbstführung als Transformationale Führung

Transformationale Führung	Selbstführung
Vorbildfunktion und Glaubwürdigkeit (Idealized Influence)	Hingabe an die Sache, Fokussierung auf übergreifende gesellschaftliche Ziele; sich selbst nicht zu wichtig nehmen, gemäß seiner Werte handeln
Motivation durch begeisternde Ziele und Visionen (Inspirational Motivation)	eigene Ziele und Visionen entwickeln, optimistisch an die Erreichung seiner Ziele glauben, sich selbst motivieren, begeistert von den eig. Zielen
Anregung zu kreativem und unabhängigen Denken (Intellectual Stimulation)	eigene Fähigkeiten und Kenntnisse erweitern, neugierig, kreativ und offen für neue Aufgaben, nicht festgelegt, experimentierfreudig
Individuelle Förderung (Individualized Consideration)	kennt eigene Stärken und Schwächen, entwickelt sich weiter, setzt sich Entwicklungsziele, konzentriert sich auf Stärken und Erfolge
Leistungsorientierte Belohnung (Contingent Reward)	ist zufrieden und stolz auf das Erreichte, setzt sich selbst Anreize für Herausforderungen, belohnt sich für Erfolge, weiß, was dafür zu tun ist
Führung durch aktive Kontrolle (Management by Exception)	kontrolliert seine Arbeit systematisch, zeigt Selbstdisziplin, hat systematisches Zeitmanagement, organisiert seine Aufgaben effektiv
Ausstrahlung und emotionale Bindung (Charisma)	achtet sich selbst, ist stolz und selbstbewusst, ist sich seiner sicher, ist präsent, respektiert Umgangsnormen, zeigt Ehrgefühl und Würde

All Aspekte der transformationalen und transaktionalen Führung sind in der Tabelle auf das Thema „Selbstführung" anwendbar. Insofern kann man gefahrlos eine generelle Übertragung vornehmen. Da die Liste für sich selbst spricht, wollen wir nur einige Beispiele herauszugreifen. So kann man offensichtlich nicht für Visionen und Ziele in seinem Team sorgen, wenn Sie diese nicht für sich selbst, für Ihr Leben entwickelt haben. Ebenso wenig können Sie die individuelle Entwicklung und Qualifikation Ihrer Mitarbeiter vorantreiben, wenn Sie selbst aufgehört haben, zu lernen und sich zu weiterzuentwickeln. Und in punkto Glaubwürdigkeit und persönlicher Integrität werden diese Haltungen kaum bei Ihren Mitarbeitern Eindruck hinterlassen, wenn Sie nicht selbst Ihren Werten und Überzeugungen treu bleiben und entsprechend handeln.

Aber lassen Sie uns systematisch nach den Funktionen des Selbstmanagements vorgehen und zunächst Ihre Lebensziele und grundlegenden Motive behandeln.

9.3.1 Ziele und Erfolge langfristig planen

● **TIPP 27: Ziel- und Erfolgsplanung**

Für ein erfolgreiches Selbstmanagement ist die Planung Ihrer Ziele und Erfolge unentbehrlich:

- Werden Sie sich über Ihre Lebensmotive (s. „Motivatoren", Meilenstein 2) und Ihre grundlegenden Werte und Absichten klar. Leiten Sie daraus die wichtigsten beruflichen und privaten Langfristziele ab. Was wollen Sie bis zu welchem Lebensalter erreicht haben? Binden Sie Ihre Familie und Ihre Partner in diesen Prozess ein.
- Setzen Sie Prioritäten und erstellen Sie eine Rangfolge Ihrer Langfristziele. Formulieren Sie Teilziele bzw. Meilensteine und fixieren Sie ebenfalls Errei- chungstermine. Überprüfen Sie dies regelmäßig. Wenn sich Ihre Prioritäten verändern sollten — was durchaus vorkommen kann — passen Sie Ihre Pla- nung dementsprechend an.
- Überlegen Sie, welche Fähigkeiten und Fertigkeiten Sie benötigen werden, um Ihre Ziele zu erreichen. Stellen Sie sich Ihr persönliches Stärken-Schwä- chen-Profil auf. Klären Sie, wie Sie daran arbeiten wollen und in welchen Etappen. Arbeiten Sie daran kontinuierlich und konsequent. Überprüfen Sie Ihr eigenes Anforderungsprofil von Zeit zu Zeit.
- Nehmen Sie sich für jedes Jahr (oder Quartal) ein wichtiges Teilziel vor, wel- ches Sie Ihren Haupt- bzw. Langfristzielen näher bringt (z. B. Qualifikatio- nen, Networking, Projekte usw.).
- Vernachlässigen Sie — auch in Ihrem Arbeitsalltag — nicht die Aktivitäten, die Sie Ihren Langfristzielen näher bringen. Was haben Sie heute dafür getan? Orientieren Sie sich am Pareto-Prinzip (s. unten). Vereinbaren Sie dazu Termine mit sich selbst, z. B. für B-Aufgaben.

9.3.2 Arbeitsaufgaben effektiv organisieren

Peter Ferdinand Drucker, der in Wien geborene, bekannte US-amerikanische Öko- nom und Managementautor, formulierte:

„Effectiveness is the foundation of success — efficiency is a minimum condition for survival after success has been achieved. Efficiency is concerned with doing things right. Effectiveness is doing the right things." (Drucker 1986, S. 36).

Unterscheidung zwischen Effektivität und Effizienz

Geläufiger ist die Formulierung: „Es ist besser die richtige Arbeit zu tun, als eine Arbeit nur richtig zu tun". Sich der Unterscheidung zwischen Effektivität und Effizienz des eigenen Handelns bewusst zu sein, ist ein Erfolgsrezept. Verlieren Sie sich nicht in der Perfektionierung von Handlungsroutinen, die Sie eigentlich auch delegieren könnten. Die Gestaltung Ihrer Powerpoint-Folien, so sehr Ihnen diese auch am Herzen liegen, können Ihre Mitarbeiter für Sie übernehmen. Auch wenn „Dinge richtig zu machen" nicht unnötig ist, sollten Sie sich erst dann damit befassen, wenn Sie auf dem richtigen Wege zu Ihrem Ziel sind. Die „Dinge richtig zu machen" ist eine Selbstverständlichkeit. Die richtigen Dinge anzugehen, ist der Erfolgsgarant für Sie. Das heißt, Sie sollten Ihre Ziele und die daraus abgeleiteten Aufgaben und Maßnahmen priorisieren. Diese sind immer dann für Sie wirklich wichtig, wenn sie Sie Ihren Zielen näher bringen (vgl. Eisenhower-Prinzip, Meilenstein 4). Insofern sind die Aufgaben, die Sie sich vornehmen, daraufhin zu prüfen, welcher Wirkungsgrad Ihnen bezüglich Ihrer Zielerfüllung zugrunde liegt.

Das Pareto-Prinzip

Vilfredo Pareto (1848–1923), ein italienischer Ingenieur und Ökonom untersuchte im 19. Jahrhundert die Verteilung des Reichtums in England und stellte fest, dass ca. 20 % der Familien ca. 80 % des Vermögens besitzen. In der Folge ging seine Entdeckung als „Pareto-Prinzip" in zahlreichen Fachdisziplinen ein. Es ist nicht alles gleichermaßen wichtig und wirksam. Mit 20% des eingebrachten Aufwandes werden häufig 80% des Ergebnisses erzielt, und umgekehrt. So wird manchmal viel Aufwand betrieben, um ein eher schmales Ergebnis zu erreichen. Einzelne Fehler haben andererseits oft große Wirkungen. Mit tatsächlich nur wenigen Aufgaben, denen Sie sich am Tag widmen, erzeugen Sie den eigentlichen Mehrwert.

Abb. 51: Pareto-Prinzip (20-80-Regel)

Überlegen Sie einmal, welche Tätigkeiten an einem normalen Arbeitstag tatsächlich gewinnbringend für Ihr Unternehmen und für Sie selbst sind und wie viel Zeit Sie mit offensichtlich weniger bedeutsamen Tätigkeiten verbringen. Dennoch läuft das Geschäft und Sie sind erfolgreich. Es ist eben ein universelles Verteilungsprinzip, dass Sie nicht ändern werden. Nur können Sie es möglichst nutzbringend für sich selbst anwenden.

TIPP 28: Zeitmanagement und Arbeitsorganisation

Es gibt umfangreiche Literatur zum Thema Zeitmanagement und Arbeitsorganisation (Seiwert 1984; 2009; Forsyth 1998), so dass wir die wichtigsten Erkenntnisse zusammen fassen wollen:

1. Reservieren Sie sich zu Beginn jedes Arbeitstages einen Teil für vorbereitende, planerische Arbeiten! Ordnen Sie Ihre Aufgaben nach Dringlichkeit und Wichtigkeit (Prioritäten-Setzung nach dem „Eisenhower-Prinzip", s. Meilenstein 4).
2. Versuchen Sie Ihren Arbeitstag frei von Störungen und ungeplanten Ereignissen zu halten (spontane Telefonate, unangemeldeten Besucher, nicht geplante Meetings usw.)! Dazu ist es hilfreich, zu registrieren, wer Sie mit welchen wiederkehrenden Problemen häufig „belästigt". Klären Sie diese Dinge. Sie haben das Recht, sich für wichtige Tätigkeiten sogenannte „Stille Stunden" zu revieren. In diesen Zeiten müssen Sie sich grundsätzlich von Störungen frei halten.
3. Identifizieren Sie sogenannte „Zeitfresser" und eliminieren Sie sie. Sie müssen nicht überall dabei sein und bei jedem Thema mitreden wollen. Sie müssen nicht immer über alle Details informiert sein, alle Probleme sofort aufgreifen, alles spontan und nebenbei erledigen, für alle ansprechbar sein und alle Ablenkungen dankbar aufgreifen. Dies raubt Ihnen die Kraft, um sich auf das wirklich wichtige zu konzentrieren.
4. Verplanen Sie nicht Ihre gesamte Zeit, sondern lassen Sie sich Puffer, dass Sie auch auf akute Probleme und A-Aufgaben reagieren können! Lassen Sie sich auch Zeit für wichtige soziale Kontakte zu Mitarbeitern, Kollegen und Vorgesetzten.
5. Delegieren Sie soweit wie möglich nach dem Grundsatz: Alles was meine Mitarbeiter in Anbetracht ihrer Fähigkeiten für mich erledigen können, gebe ich ab. Sie konzentrieren sich auf die 20% Ihrer Aufgaben mit dem größten Effekt (s. Pareto-Prinzip).
6. Bemühen Sie sich, jeden Vorgang nur einmal und dann abschließend zu bearbeiten! Dies gilt natürlich nur für die Erledigung von kurzfristig tatsächlich zu bewältigenden Aufgaben (Korrespondenz, Statistiken, Ablage usw.) Wenn es nicht anders möglich ist, arbeiten Sie mit Wiedervorlagen.

7. Größere, Konzentration und Kompetenz erfordernde Schwerpunktaufgaben sollten Sie möglichst früh angehen. Für Sie belastende oder unangenehme Aufgaben portionieren Sie in kleinere Teilaufgaben (sogenannte Salami-Taktik). So ermöglichen Sie sich einen optimistischeren Start.

8. Sitzungen und Meetings berufen Sie nur ein, wenn diese tatsächlich eine Gruppe zur deren Lösung verlangen. Dazu gehören Problem- und Kreativlösungen, Informationsteilung, Ziel- und Ablaufgestaltung etc. Setzen Sie sich Zeitlimits für Besprechungen und Mitarbeiter, und Kundengespräche!

9. Grundsatz der Planung und Organisation ist das Prinzip der Schriftlichkeit. Nutzen Sie elektronische und herkömmliche Medien der Aufgabenplanung und Terminierung, die den Nachweis zulassen, was Sie sich vorgenommen, erreicht und nicht erreicht haben. Nur so können Sie sich Rechenschaft ablegen.

10. Klären Sie auch, für was Sie nicht zuständig sein können oder wollen. Sie müssen „Nein-Sagen" und sich distanzieren können. Nur derjenige, der Ziele und Aufgaben geplant hat, hat die Kraft zum „Nein-Sagen"! Sie müssen es nicht allen recht machen!

9.3.3 Selbstmotivierung sicherstellen

Kennen Sie den Zustand? Sie können es morgens kaum abwarten, aufzustehen und an die Arbeit zu gehen. Sie bewältigen Ihr Aufgabenpensum den ganzen Tag über mit Aufmerksamkeit, guter Laune und Hingabe. Sie sind hochmotiviert, können sich konzentrieren und haben sogar noch Zeit für ein nettes Gespräch mit den Kollegen. „Es läuft sozusagen wie geschmiert"!

Das Flow-Konzept

Dieser Zustand wird auch als „Flow" bezeichnet und geht auf den aus Ungarn stammenden, inzwischen emeritierten Professor für Psychologie an der University of Chicago Mihaly Csikszentmihalyi zurück. Er entdeckte 1965 bei seinen Kreativitätsstudien an Künstlern (Maler, Bildhauer), dass diese ohne große Mühe stundenlang tätig sein konnten, und erst von ihren Arbeiten abließen, wenn sie diese fertiggestellt hatten. Er entdeckte damit zunächst nichts weiter als die sogenannte „intrinsische" Motivation, also die hohe Motiviertheit, die allein aus der Ausführung und der Funktionsfreude an einer Tätigkeit erwächst. In später durchgeführten Untersuchungen an Sportlern, Schachmeistern, Lehrern, Ärzten und Komponisten berichteten die Befragten, zumeist mit gleichlautenden Beschreibungen, über einen tiefbefriedigenden Zustand der Harmonie zwischen Interesse, Aufmerksamkeit und Beschäftigung, den Csikszentmihalyi mit „Flow" (im Fluss sein) umschrieb. Man kann diesen Zustand auch als Schaffensrausch kennzeichnen.

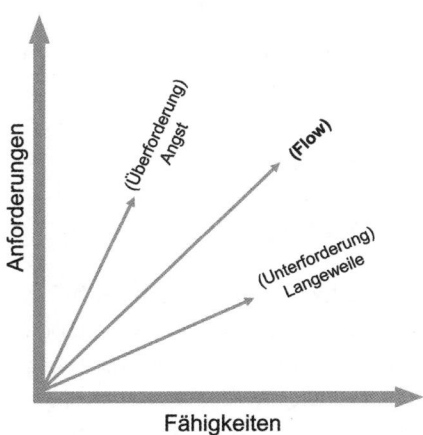

Abb. 52: „Flow"-Konzept (nach Csikszentmihalyi 1985; 1991)

In der Folge wurde dieses Konzept auf das Motivationsthema angewendet und beschreibt die Balance zwischen Anforderung und Fähigkeit (s. Abb. 52). In einem Zustand der Ausgeglichenheit zwischen Tätigkeitsanforderung und Befähigung wird ein Höchstmaß an Leistungsfähigkeit und energetischer Effizienz erzielt, d. h. das Verhältnis zwischen energetischem Aufwand (in Ermüdung ausgedrückt) und Nutzen sind optimal ausbalanciert, vorausgesetzt die Anforderung ist hoch motivierend und/oder selbstgewählt. Ist dieses Gleichgewicht gestört, erwächst daraus entweder Langeweile oder Angst und eine Tendenz des Rückzugs. Dies erleben Sie, um auf unser eingangs gewähltes Beispiel zurückzukommen, immer dann, wenn Sie sich zur Arbeit aus dem Bett quälen müssen und nach bereits kurzer Zeit „erschlagen", d. h., erschöpft und müde sind.

Was bedeutet dies für unser Thema Selbstmanagement? In Anlehnung an das Flow-Konzept sollten Sie berücksichtigen, dass Sie langfristig nur erfolgreich werden können, wenn Sie Ihr Aufgabenfeld so gewählt haben, dass eine Deckung zu Ihren grundlegenden Motiven und Interessen existiert. Ein fachspezifisches Interesse und eine dadurch ausgelöste motivierte und intensive Beschäftigung mit einem Tätigkeitsbereich gewährleistet Befähigung und unter Umstände auch Meisterschaft. Allerdings eben auch — das sollte an dieser Stelle nicht übersehen werden — Anstrengungsbereitschaft und durchaus Entbehrungen. In Anlehnung an Reinhard K. Sprenger sind folgende Praxishinweise außerordentlich beachtenswert (Sprenger 2011).

TIPP 29: Motivationssteuerung — Selbstmotivation

Das Flow-Konzept macht deutlich, wie es Ihnen besonders gut gelingen kann, sich selbst zu motivieren und dadurch Höchstleistung zu erreichen.

1. Entdecken Sie sich selbst. Was sind Ihre Stärken und Schwächen? Was können Sie besonders gut? In welchen Tätigkeiten gehen Sie auf? Was interessiert und motiviert Sie am meisten? Sind der Führungsalltag und das Fachgebiet, auf dem Sie tätig sind, die Bereiche, die Ihren Befähigungen und Motivlagen wirklichen entsprechen?

2. Die Verantwortlichkeit für Ihre Leistungsbereitschaft liegt demnach bei Ihnen. Wählen Sie klug und verantwortlich für welche Themen Sie sich darüber hinaus engagieren. Denken Sie daran: „Ich muss", erzeugt Halbherzigkeit und Mittelmaß. Das heißt aber nicht, dass Sie sich nicht anzustrengen brauchen. Schwierigkeiten und Durststecken gehören dazu. Nur die grundsätzliche Übereinstimmung zwischen Interesse und Tätigkeit sollte gegeben sein. Dem Erfolg geht der Spaß voraus.

3. Gehen Sie immer davon aus, dass Sie Ihre Situation frei gewählt haben. Love it, change it, or leave it, heißt die Devise. Klagen Sie nicht täglich über Ihre Arbeitsbedingungen, über Ihren Job und über Ihre Kollegen. Keine Arbeitssituation ist immer perfekt. Wenn Sie es jedoch wirklich nicht ertragen sollten, handeln Sie schnell und konsequent. Bisweilen lohnt sich der Aufwand an Energie und Stress tatsächlich nicht. Dann müssen Sie sich erneut entscheiden und aktiv werden. Egal was Sie tun, Sie werden immer den Preis dafür bezahlen.

4. Gehen Sie grundsätzlich optimistisch an Ihre Aufgaben. Der Erfolg stellt sich leichter ein, wenn Sie an ihn glauben. Vertrauen Sie Ihren Fähigkeiten und Kompetenzen (Selbstwirksamkeitserwartung). Sie haben schließlich in der Vergangenheit auch erfolgreich agieren können. Dennoch schätzen Sie realistisch ihre Fähigkeiten ein und überfordern Sie sich nicht auf Dauer.

5. Belohnen Sie sich für Erreichtes und für Erfolge. Gewöhnen Sie Ihre Persönlichkeit daran, dass sich Erfolge lohnen und sich auszahlen. Sie haben es verdient, sich nach besonderen Leistungen zu belohnen.

6. Denken Sie an den Ausgleich zwischen Körper und Seele. Nehmen Sie zur Kenntnis, was Ihr Körper und Ihr Geist zur Entspannung und zum „Auftanken" benötigen. Betätigen Sie sich regelmäßig körperlich aktiv. Suchen Sie Ruhe und Entspannung durch geistige Anregung, sei es durch ein Theaterbesuch, ein gutes Buch oder Ihre Lieblingsmusik.

9.3.4   Eigene Emotionen steuern

Der US-amerikanische Psychologe und Journalist Daniel Goleman hat mit seinem Buch „Emotionale Intelligenz" dieses Konzept Mitte der 1990 Jahre äußerst populär gemacht (Goleman 1996). Die Unterscheidung mehrerer Intelligenzbereiche geht allerdings viel weiter zurück und steht in Verbindung mit der Entwicklung intelligenzdiagnostischer Verfahren. Daher rührt auch der Begriff der „Sozialen Intelligenz". Letztlich geht es aber bei beiden Begriffen (Emotionale und Soziale Intelligenz oder Kompetenz) immer um zwei ineinander verschränkte Sachverhalte, nämlich um das „Verstehen" und „Beeinflussen" von sowohl eigenen als auch fremden Gefühlen, was sich letztlich in einem angemessenen und wirksamen Sozialverhalten äußert. Versucht man beide Sachverhalte zur Verdeutlichung schematisch gegenüberzustellen, ergibt sich das Bild der unten stehenden Tabelle (s. Tab. 32).

Die Selbststeuerung bezieht sich dabei auf das Verstehen und die Beeinflussung eigener Emotionen, die der Fremdsteuerung auf das Verstehen und Beeinflussen fremder Gefühle. Kompetenzen der Fremdsteuerung (soziale Kompetenzen) benötigen Sie demzufolge zur Steuerung des Verhaltens Ihrer Mitarbeiter, Kompetenzen der Selbststeuerung (emotionale Kompetenzen), um sich selbst als Führungskraft zu führen. Für die sozialen Kompetenzen ist anzumerken, dass Sie diese Fähigkeiten insbesondere dazu benötigen, um mitarbeiter- oder personenorientiert zu führen, wie Sie beim Thema „Führungsstile" bereits gesehen haben.

Wie Sie der Tabelle entnehmen können, sind auch die Bereiche der Selbstregulation, die bereits im Meilenstein 2 unter dem Stichwort „Selbstwirksamkeit" behandelt wurden, hier vertreten.

Tab. 32: Emotionale und Soziale Intelligenz

	Verstehen	Beeinflussen
Selbststeuerung	■ Selbstwahrnehmung, -erkenntnis ■ Selbstwirksamkeitsüberzeugung ■ Selbstvertrauen, -bewusstsein ■ Selbstwertgefühl ■ Eigenmotivation	■ Emotionskontrolle ■ Selbstbeherrschung ■ Selbstmotivation ■ Selbststeuerung, -disziplin ■ Verhaltenskontrolle
Fremdsteuerung	■ Empathie ■ Einfühlungsvermögen ■ Menschenkenntnis ■ Vertrauen, Zutrauen ■ Soziale Wahrnehmung	■ Motivation, Kommunikation ■ Überzeugen, Argumentation ■ Durchsetzungsfähigkeit ■ Entscheidungsfähigkeit ■ Konfliktfähigkeit

Emotionale Kompetenz bedeutet demnach vor allem, die eigenen Gefühle und Antriebe (Motivationen) wahrnehmen zu können, positive als auch negative Beeinflussungsfaktoren zu kennen, sich der Stabilität bzw. Labilität dieser bewusst zu sein und letztlich diese Gegebenheiten zu kontrollieren und gezielt zu steuern. Beispielsweise sollte eine leicht erregbar Führungskraft zunächst wissen, dass sie relativ leicht auf beeinträchtigende Außenreize reagiert. Sie sollte ausfindig machen, in welchen Situationen dies besonders leicht geschieht. Und, sie sollte in der Lage sein, das Auftreten und die negative Wirkung auf ihr Verhalten zu steuern, ggf. zu unterbinden.

Albert Ellis Rational-Emotive Verhaltenstherapie

Leichter gesagt, als getan, werden Sie denken! Es würde den Umfang dieses Buches sprengen, auf jede einzelne Reaktionsweise detailliert einzugehen. Allerdings hat der Psychologe Albert Ellis 1965 mit seiner „Rational-Emotiven Verhaltenstherapie" (REVT) ein allgemeingültiges Modell zur Emotionskontrolle entwickelt, welches wegen seiner rational-kognitiven Grundlagen große Verbreitung gefunden hat, und welches wir Ihnen deshalb ausführlicher vorstellen wollen (Ellis 1977).

Um für das genannte Beispiel eine Lösung anzubieten, wäre der betreffenden Führungskraft zu raten, tatsächlich genau zu eruieren, wann sie im Besonderen zu derartigen Reaktionen neigt, welche Hintergrundbedürfnisse oder Hintergrundmotivationen verletzt werden und warum dies für sie eine so starke Bedeutung und emotionale Auswirkung hat. Im Rahmen der o. g. kognitiven Verhaltenstherapie lernen z. B. auffällige Verkehrsteilnehmer, wie sie Ihre Emotionen im Straßenverkehr besser kontrollieren können. Dabei erfahren sie, zwischen angemessenen und unangemessenen (selbstschädigenden) emotionalen Reaktionsweisen zu unterschieden und deren Bedeutsamkeit zu relativieren.

In der Regel neigen insbesondere eher selbstunsichere Persönlichkeiten zu derart überschießenden emotionalen Reaktionen. Es ist schließlich kein Zeichen von Selbstbewusstsein, die Türen hinter sich zuzuschlagen und laut zu werden. Albert Ellis geht in seiner „kognitiven Verhaltenstherapie" davon aus, dass vor allem diese Menschen dazu neigen, ein starres (irrationales) Werte- und Normsystem aufzubauen, welches von allen Personen (von der eigenen und von anderen) bestimmte Verhaltensweisen in bestimmten Situationen fordert. Verhalten sich Menschen nicht entsprechend dieser normativen Vorgaben, sind negative Gefühle (Wut, Verbitterung) und inadäquate, zumeist selbstschädigende Verhaltensweisen (Abreagieren oder Vermeiden) die Konsequenz. Albert Ellis bezeichnete die damit im Zusammenhang stehenden Gedankenwelt als „irrational beliefs" (s. Tab. 33).

Tab. 33: Irrationale Gedanken (nach Ellis 1977)

1. Von fast jeder wichtigen Bezugsperson anerkannt oder gemocht zu werden.

2. Nur wertvoll zu sein, wenn man in jeder Hinsicht kompetent, tüchtig und leistungsfähig sei.

3. Man sei in jeder Beziehung abhängig von dem Verhalten anderer Personen.

4. Andere Menschen seien für das eigene (negative) Gefühlsleben verantwortlich.

5. Bestimmte Menschen seien schlecht und moralisch verdorben; sie verdienen Strafe.

6. Es sei schrecklich und katastrophal, wenn die Dinge nicht so sind, wie man sie gerne hätte.

7. Negative Gefühle seien durch äußere Umstände bedingt und nicht selbst beeinflussbar.

8. Es sei leichter, Schwierigkeiten und Verantwortung zu vermeiden, als sich ihnen zu stellen.

9. Die eigene Vergangenheit bestimme gegenwärtiges Verhalten und sei schicksalhaft.

10. Es gäbe für jede Situation eine richtige, perfekte Lösung, anderenfalls sei es schrecklich.

Beispielsweise gehören dazu solche inneren Formulierungen, wie:

- „So darf man nicht mit mir umgehen."
- „Entweder schaffe ich das jetzt, oder alles ist aus."
- „Ohne Geld bin ich ein Nichts."
- „Ich fordere von anderen, dass Sie genauso so exakt sind wie ich."
- „Das schaff' ich sowieso nicht, also brauch ich mich gar nicht erst anzustrengen und lass es lieber gleich."

Ellis umschrieb diese zwanghaften Einstellungen und inneren Selbstgespräche sehr pointiert als „Muss"-turbationen, und zielte damit auf die Haltung des „So-Sein-Müssens" der Umwelt und der in ihr lebenden Personen ab (Ellis & Grieger 1979).

In seinem ABC-Modell geht Ellis zunächst davon aus, dass Personen auf bestimmte zumeist äußere Reize treffen (Activating event). Dies kann beispielsweise ein Mitarbeiter sein, der wiederholt zu spät zu einer Sitzung kommt. Daran anschließend finden die inneren emotionalen Bewertungen aufgrund der inneren Überzeugungen (beliefs) statt. Diese können nun angemessen oder unangemessen sein, je nachdem welchen Glaubensgrundsätzen die betreffende Person unterliegt. In unserem Beispiel könnte dies für den Fall des zu spät kommenden Mitarbeiters bedeuten, dass Sie (die Führungskraft) sich persönlich angegriffen fühlen, weil der betreffende Kollege dies ja bereits wiederholt getan hat. Sie fühlen sich missachtet, beleidigt, halten ihn für unfähig, einfachste Normen des Zusammenlebens einzuhalten, und denken, „so etwas macht der nicht noch einmal mit mir". Vielleicht überlegen Sie sogar, „dass habe ich jetzt davon, dass ich immer so nachgiebig bin. Hätte ich mir bloß nicht diesen Job andrehen lassen".

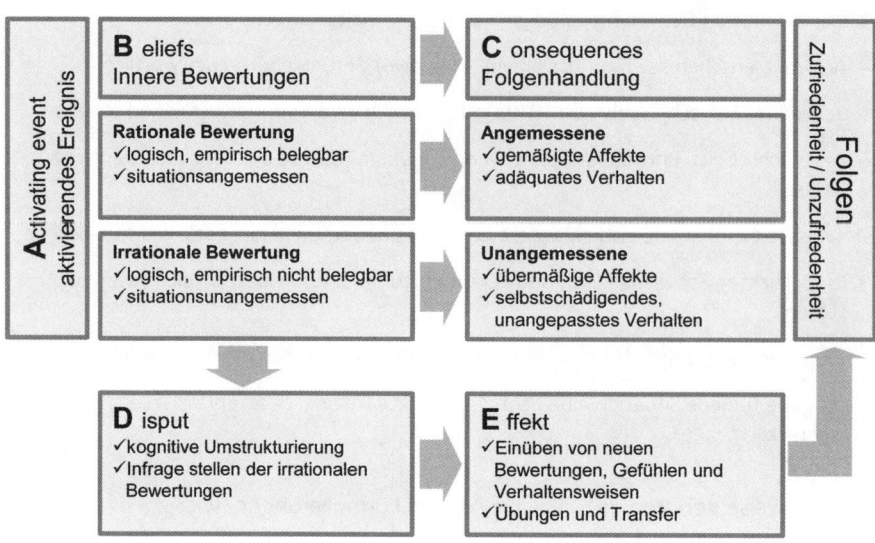

Abb. 53: ABC-DE Modell der kognitiven Verhaltenstherapie

Im dritten Block folgen die sich daraus ergebenden angemessenen oder unangemessenen Verhaltensweisen (consequences). In unserem Beispiel könnte dies heißen, dass Sie den betreffenden Mitarbeiter lautstark vor dem gesamten Team kritisieren und die Sitzung mit der Bemerkung für beendet erklären, „wir können gerne weitermachen, wenn alle Kollegen endlich gelernt haben, simpelste Umgangsformen zu respektieren". Was sind die Folgen? Sie werden den ganzen Tag unzufrieden sein, haben Ihre Aufgaben im Team nicht erledigen können, werden die Sitzung überdies wiederholen müssen, und was Ihre Mitarbeiter angesichts Ihrer Entgleisung über Sie denken mögen, überlassen wir Ihrer Phantasie. Genau dies sind selbstschädigende Verhaltensweisen, die einzig aus der inneren (unrealistischen) Bewertung einer Situation erwachsen sind.

Allerdings laufen diese internen Prozesse, über lange Zeit antrainiert und angewöhnt, im Millisekundenbereich ab, so dass ein steuerndes Eingreifen kaum möglich erscheint. Irrtum, es ist nämlich durchaus möglich, diesen Kreislauf zu unterbrechen. Zunächst muss man aber verstehen und einsehen, dass nicht der äußere Reiz (z. B. der Mitarbeiter) für Ihre Reaktionen und Ihr Handeln verantwortlich ist.

Nicht die Umwelt ist schuld daran, wie Sie reagieren und fühlen. Sie sind es, der in der Bewertungsphase eine unangemessene, überzogene Einschätzung vornimmt, die die folgenden Handlungen auslösen. Eine andere Führungskraft würde durchaus anders fühlen und reagieren. Die interne Bewertung äußerer, aber auch innerer Reize oder Ereignisse ist letztlich der Ausgangspunkt Ihres Handelns. Sind Sie in der Lage diese Bewertungen zu verändern, damit aber auch Abschied von einigen „irrationalen Ansprüchen" zu nehmen, werden Sie derartige Verhaltensweisen vermeiden können.

Ellis schlägt für den Disput (Bearbeitung der zentralen Annahmen) drei Fragenkomplexe vor, um die internen Bewertungen zu korrigieren und realistisch zu formulieren. Daran anschließend werden alternative, effektivere Verhaltensweisen besprochen und trainiert (Effekt). Lassen Sie uns zunächst auf die 3 Fragenkomplexe eingehen

1. Fragen nach empirischen Beweisen:

- Was ist der Beweis?
- Stimmt das wirklich?

Wenn Sie also etwas daran ändern wollen, sollten Sie sich zunächst fragen, warum Ihre Annahmen über die Einstellungen Ihres Mitarbeiters eigentlich berechtigt sind. Welche tatsächlichen Belege oder Beweise gibt es dafür? Will er Sie tatsächlich beleidigen, achtet er Sie nicht, kann er sich nicht sozial angemessen verhalten, sind Sie wirklich zu nachgiebig und bewältigen Sie Ihren Job tatsächlich nicht? Alle diese Fragen wurden im obigen Beispiel negativ und damit unrealistisch beantwortet und führten zu der geschilderten negativen Verhaltensweise. Würden Sie diese positiv bewerten, wäre Ihr Verhalten ein anderes. Ihr Mitarbeiter kann nämlich für sein Verhalten ganz andere Bewegründe und Ursachen gehabt haben. Und Ihre Befähigung für Ihre Führungsaufgaben sollten Sie nicht daraus ableiten, ob Ihre Mitarbeiter pünktlich zu einer Sitzung erscheinen.

2. Fragen nach einer realistischen Neubewertung der Konsequenzen:

- Wie schlimm würde das sein...?
- Was würde geschehen, wenn...?

Der zweite Fragenkomplex beschäftigt sich mit den Konsequenzen. Was ist eigentlich so unannehmbar an den Verhaltensweisen des Mitarbeiters, dass Sie derartig überreagieren? Was ist so schlimm daran, und was gefährdet es tatsächlich, wenn ein Mitarbeiter nicht pünktlich ist? Was bedeutet dies z. B. für Ihre Führungsbefähigung? Sie sehen, wie sich durch diese Fragestellungen Ihr Verhalten als plötzlich völlig überzogen und übertrieben darstellt. Selbst die Fragen danach, was eigentlich so schrecklich daran wäre, wenn Ihre Überzeugungen womöglich zuträfen. Was wäre so unerträglich, wenn einige Mitarbeiter tatsächlich Ihr Bestehen auf Ordnung und Pünktlichkeit nicht so ernst nähmen. Letztlich kann dies für Ihr Ziel, die Organisationseinheit erfolgreich zu machen, ziemlich irrelevant sein.

3. Fragen nach den Folgenbewertungen:

- Wie werden sie sich fühlen, solange sie das glauben?
- Lohnt sich das Risiko? Nutzt Ihnen diese Überzeugung?

Im dritten Komplex geht es darum zu fragen, ob sich Ihr gezeigtes Verhalten faktisch gelohnt hat. Was haben Sie wirklich erreicht? Was nutzen Ihnen letztlich Ihre überzogenen Überzeugungen und Ihr selbstschädigendes Verhalten in praxi? Die Antwort lautet selbstverständlich: Nichts! Ergänzend wird gefragt, welche Konsequenzen es haben dürfte, wenn Sie Ihre Überzeugungen und Verhaltensweisen nicht überdenken und ändern? Hier wird auf die langfristigen negativen Folgen verwiesen, die eine Umstrukturierung Ihrer inneren Haltungen notwendig erscheinen lassen.

Schließlich beschäftigt sich Ellis nicht nur mit der inneren Bewertung von Ereignissen und dessen angemessenen Umdeutung, sondern macht im Block „E" deutlich, dass eine aktive Veränderung der beeinträchtigenden Umweltsituation zur effektiven Steuerung eigener Emotionen dazugehört. Das bedeutet für unser Beispiel, dass Sie selbstverständlich dem betreffenden Mitarbeiter als Führungskraft zu verstehen geben, dass sein Verhalten unangemessen und veränderungsnotwendig ist. Ein klares Feedback mit der Formulierung eindeutiger Erwartungen bezüglich seines Verhaltens und gegebenenfalls die Ankündigung von negativen Konsequenzen sind auch in dieser Situation unverzichtbar. Nur, die emotionale Reaktion wird eine andere sein, wenn es Ihnen vorher gelungen ist, „durchzuatmen" und Ihre Emotionen auf ein handlungsfähiges Niveau zu reduzieren. Die notwendige Souveränität, über die Sie als Führungskraft verfügen sollten, erlangen sie gerade durch ein ausgeglichenes und selbstgesteuertes Verhalten: „In der Ruhe liegt die Kraft"!

Als Führungskraft sollten Sie in der Lage sein, Ihre Emotionen unter Kontrolle zu haben. Sie sind nicht nur diesbezüglich ein Modell und Vorbild für Ihre Mitarbeiter. Sie schaffen damit auch Normen für ein soziales Miteinander. Ein Ausleben und Abreagieren negativer Emotionen ist generell unangebracht und für eine Führungskraft quasi ein Tabu. Das bedeutet nun aber nicht, dass Sie emotionslos zu sein haben. Ein adäquates Ausdrücken von Enttäuschung, Missfallen und Ärger (und selbstverständlich von Freunde, Begeisterung usw.) sind durchaus angebracht und zulässig.

Es ist sogar notwendig, um Ihren Mitarbeiter deutlich erlebbar Ihr Befinden mitzuteilen. Ein wirklich nachzuvollziehendes kritisches Feedback an Ihre Mitarbeiter, sollte von entsprechenden Emotionen begleitet sein.

TIPP 30: Emotionssteuerung — Selbstregulation

Die Steuerung der eignen Emotionen ist nicht nur für den Umgang mit Ihren Mitarbeitern wichtig. Auch für die eigene Motivierung ist die Wahrnehmung und Beeinflussung Ihrer Emotionen wesentlich.

- Sie haben das Recht, Emotionen und Gefühle in Ihrer Funktion als Führungskraft adäquat auszudrücken. Es unterstützt Sie bei positivem und kritischem Feedback und bringt Sie Ihren Mitarbeitern menschlich näher.
- Sorgen Sie auch dafür, dass Sie nicht auf Ihren Emotionen „sitzen bleiben". Ein rechtzeitiges, sozial angemessenes Ausdrücken von Enttäuschung und Ärger verhindert einen Emotionsstau, der sich umso stärker irgendwann bahnbricht, je länger Sie ihn unterdrücken. Auf die Angemessenheit des Ausdrückens von Gefühlen kommt es an.
- Das Abreagieren und Ausleben negativer Emotionen ist ein Tabu für Führungskräfte. Kontrollieren Sie derartige Gefühle und Handlungsweisen und hinterfragen Sie dessen Nutzen (s. REVT).
- Beeinflussen Sie Ihre Gefühle und Stimmungen proaktiv. Das heißt, schaffen Sie sich Arbeitsbedingungen und ein soziales Umfeld, in welchem Sie sich wohlfühlen. Es schafft eine Ausgangsbasis, um auch mit negativen Ereignissen besser umgehen zu können.
- Sorgen Sie schließlich für einen umfassenden Ausgleich zwischen Körper und Geist. Ein sportlicher Wettkampf (auch mit sich selbst) ist in seiner Wirkung genauso entspannend wie ein Gang in die Sauna oder in die Oper.

9.4 Zusammenfassung

- Gelungene Führung wird im Wesentlichen von drei Elementen beeinflusst. Dazu gehören die Persönlichkeit der Führungskraft und deren vorherrschender Verhaltens- oder Verfahrensstil, die Charakteristika des Teams und jedes einzelnen Mitarbeiters und die jeweilige Aufgabensituation, in der Führung vollzogen wird.
- Zahlreiche Forschungsergebnisse sprechen dafür, dass bestimmte Persönlichkeitseigenschaften der Führungskraft im besonderen Maße deren Führungserfolg positiv beeinflussen.

- Danach gelingt es intelligenten, extravertierten, durchsetzungsstarken, leistungsmotivierten und erfahrungsoffenen Persönlichkeiten leichter, in ihrer Rolle als Führungskraft erfolgreich zu agieren.
- Daneben spielen die Einstellungen und Haltungen der Führungskraft, das Fach- und Führungswissen und letztlich die Fähigkeit, eine tragfähige arbeitsförderliche Beziehung zu den Geführten aufzubauen, eine wesentliche Rolle.

- Als Führungsstil bezeichnen wir eine durchgehend sichtbare Verfahrensweise der Führungskraft, eine bevorzugte bzw. vorherrschende Haltung im Denken und Handeln, die sich auch in unterschiedlichen Situationen durchsetzt.
  - Für die unterschiedlichen Führungsstile sind je nach Forschungsrichtung diverse Begriffe eingeführt worden. Generell unterscheidet man einen auf gabenorientierten und einen mitarbeiterorientierten Führungsstil.
  - Dabei bedeutet Aufgabenorientierung Konzentration auf die Sache, die Ziele und die Arbeitsaufgaben. Mitarbeiterorientierung bedeutet Konzentration auf die Mitarbeiter und die Beziehung zu ihnen.
  - Für den aufgabenorientierten Führungsstil findet man auch Bezeichnungen, wie sachorientiert, autoritär, autokratisch, bürokratisch, direktiv oder restriktiv etc.
  - Für den mitarbeiterorientierten Führungsstil werden auch Begriffe, wie beziehungsorientiert, demokratisch, kooperativ oder unterstützend verwendet.
  - Beide Führungsstile sind je nach Forschungsausrichtung entweder ein- oder zweidimensional bzw. als voneinander abhängig oder unabhängig zu verstehen. Die eindimensionale Sichtweise postuliert ein Entweder-Oder. Bei der zweidimensionalen Sichtweise sind jeweils unterschiedliche Ausprägungen in beiden Dimensionen zulässig. Eine Führungskraft kann also sowohl hoch aufgabenorientiert als auch hoch mitarbeiterorientiert führen.
  - Beide Führungsstile korrespondieren mit sowohl Leistungs- als auch mit Motivations- und Zufriedenheitsparametern der Mitarbeiter, wobei der mitarbeiterorientierter Führungsstil stärkere Zusammenhänge zeigt. Generell sollte eine Führungskraft beide Führungsstile beherrschen.
- Mit den veränderten Markterfordernissen und einem Wechsel im Verständnis des Verhältnisses zwischen Führern und Geführten werden heute mehr Selbstständigkeit, Eigenverantwortung, Flexibilität sowie Veränderungs- und Lernbereitschaft von den Mitarbeitern verlangt. Diesen neuen Rahmenbedingungen genügend haben sich modernere Führungsstile herausgebildet.
  - In der **transformationalen Führung** wirkt die Führungskraft als Vorbild und überzeugt durch Glaubwürdigkeit und inspirierende Motivation. Sie regt ihre Mitarbeiter zu kreativem, unabhängigem Denken an. Sie kennt die Bedürfnisse und Fähigkeiten ihrer Mitarbeiter und fördert jeden Mitarbeiter individuell. Und sie schafft durch ihre Persönlichkeit und ihre Ausstrahlung eine enge persönliche Bindung zu ihren Mitarbeitern.

- Transformationale Führung bewirkt ein hohes Maß an Arbeitszufriedenheit und reduziert arbeitsbedingtes Stresserleben bei den Geführten.
- Als ergänzender Führungsstil beinhaltet die **transaktionale Führung** die Vereinbarung von konkreten Zielen, die Anerkennung und Wertschätzung für bisher gezeigte Leistungen und ein rechtzeitiges Reagieren auf Fehler und Abweichungen.
- Führungsstile als generelle Einstellungs- und Verhaltensmuster im Führungsprozess stellen wert- und nutzenorientierte Vorgaben oder Empfehlungen für erfolgversprechendes Führungsverhalten dar. Sie können durch Training, Coaching und andere Maßnahmen durch die Führungskräfte erlernt werden.
- Erfolgreiche Führung genügt moralischen Normativen, ohne die eine zufriedenstellende Beziehung langfristig nicht aufrechterhalten werden kann. Ethische Führer sind demnach ehrlich, vertrauenswürdig, gerecht bzw. fair, die sich um die ihnen anvertrauten Menschen und um gesellschaftliche Belange kümmern und die sich sowohl im dienstlichen als auch privaten Umfeld gleichermaßen ethisch verhalten.
- Darüber hinaus nehmen sie proaktive auf ethisches bzw. unethisches Verhalten der unterstellten Mitarbeiter Einfluss, sprechen ethische Werte und Ziele bewusstes an, wirken als Rollenvorbild für ethisches Verhalten und setzten Belohnungen und Sanktionierung ethischen bzw. unethischen Verhaltens gezielt ein.
- Erfolgreiche Führungskräfte haben ein vorbildliches Selbstmanagement. Sie sorgen für die eigene Motivierung und langfristige Zielsetzungen. Sie verfügen über eine effektive strategische Planung und eine effiziente Arbeitsorganisation mit zielorientierten Prioritäten. Sie besitzen ein adäquates Selbstbild bezüglich ihrer Stärken und Schwächen und leiten daraus Veränderungsnotwendigkeiten ab. Sie beherrschen alle Prozesse der emotionalen selbstgesteuerten Verhaltensregulation.

10 Meilenstein 10: Mitarbeiter erfolgreich führen

Kapitelübersicht

- Führungsaufgaben planen

- Mitarbeiter herausfordern und anspruchsvolle Ziele setzen

- Aufgaben delegieren, Verantwortung zuweisen

- Mitarbeiter motivieren und Vorbild sein

- Mitarbeiter entwickeln, trainieren

- Mitarbeiter coachen

10.1 Führungsaufgaben planen

Um Ihre Führungsaufgabe gut zu planen, klären Sie zunächst, wie in Ihrem Unternehmen geführt wird. Welche Führungsinstrumente stellt das Unternehmen bzw. die Personalabteilung zur Verfügung? Dabei kann es sich um Führungsgrundsätze handeln, aber auch um Leitfäden und Vorlagen für Mitarbeitergespräche, Budgetplanungsinstrumente und Zielvereinbarungen usw. (s. Checkliste 2, Meilenstein 1).

Machen Sie sich mit den Regularien und Terminen für die Durchführung bestimmter Führungsaufgaben im Unternehmen vertraut. Zielvereinbarungsgespräche werden z. B. gewöhnlich nach Feststellung des Betriebsergebnisses durchgeführt. In diesen Gesprächen werden die Ergebnisse der Zielerfüllung des vergangenen Jahres und die Zielplanung und -vereinbarung für das laufende Jahr besprochen. Vor allem in großen Unternehmen müssen die einzelnen Maßnahmen aufeinander abgestimmt sein. Zu diesem Zweck bedienen sich einige Unternehmen sogenannter **Führungskalender**, in denen für jede Führungskraft festgelegt ist, welche übergreifenden Führungsaktivitäten durchzuführen sind (s. Abb. 54).

Funktion	Vorstand	Bereichs leiter	Abteilungs leiter	Gruppen leiter
Mitarbeiter Führungsspanne	*BL (5)*	*AL (ca. 5)*	*GL(ca. 3-5)*	*MA (3-15)*
Beurteilungsgespräch	1 x in 3 Jahren	1 x in 3 Jahren	1 x in 3 Jahren	1 x in 3 Jahren
Führungsfeedback	1 x in 3 Jahren	1 x in 3 Jahren	1 x in 3 Jahren	1 x in 3 Jahren
Jahreszielmeeting	2 x im Jahr	2 x im Jahr	2 x im Jahr	2 x im Jahr
Jahreszielgespräch	2 x im Jahr	2 x im Jahr	2 x im Jahr	2 x im Jahr
Informationssitzung	1 x im Monat	1 x im Monat	1 x im Monat	1 x im Monat
Vertriebssitzung	1 x im Monat	1 x im Monat	1 x im Monat	1 x im Monat
Wochen-Kick-Off		1 x in der Woche	1 x in der Woche	1 x in der Woche
Einzelgespräch	1 x im Jahr	1 x im Quartal	1 x im Quartal	1 x im Quartal
Coaching		1 x im Quartal	1 x im Quartal	1 x im Quartal
Vorort-Besuche (angemeldet)		1 x im Quartal	1 x im Quartal	1 x im Quartal
Vorort-Besuche (unangemeldet)		1 x jährlich	1 x jährlich	1 x jährlich

Abb. 54: Führungskalender zur Abstimmung der Führungsaufgaben

In diesem Führungskalender sind die einzelnen Aktivitäten je Führungskraft, die diese jeweils mit ihrem Team oder jedem einzelnen Mitarbeiter durchzuführen hat, aufgelistet. Zusätzlich wird fixiert, was unter den einzelnen Maßnahmen zu verstehen ist. Dabei geht es um die Themen und Fragen, die wir in der folgenden Liste notiert haben.

Tab. 34: Weitere Inhalte des Führungskalenders

Definition der Maßnahme	Was ist das?
▪ Ziel	Was soll erreicht werden?
▪ Inhalt	Was muss bearbeitet werden?
▪ Teilnehmer	Wer nimmt an der Maßnahme teil?
▪ Häufigkeit	Wie oft in einer bestimmten Zeitspanne?
▪ Zeitdauer	Wie lange dauert eine Aktivität?
▪ Ablauf	Wie läuft es ab?
▪ Ideen, Tipps	Was sollten Sie beachten?
▪ Hilfsmittel	Checklisten, Protokolle, Vorlagen

▶ **BEISPIEL: Beurteilungsgespräch**

Definition: Das Beurteilungsgespräch wird als Mitarbeitergespräch zur Beurteilung der Leistungsentwicklung des Mitarbeiters in den letzten drei Jahren definiert. Es dient der Diskussion der zukünftigen Entwicklungsmöglichkeiten im Unternehmen und einer Verständigung auf unterstützende Personalentwicklungsmaßnahmen.

Ziel: Der Mitarbeiter kennt seine Stärken, Schwächen und Potenziale, ist sich seiner Leistungsmöglichkeiten bewusst, setzt sich mittelfristige berufliche Ziele und erhält angemessene Unterstützungsmaßnahmen.

Inhalt: Leistungsbeurteilung, Stärken, Schwächen, Entwicklungspotenziale und Entwicklungsziele, Unterstützung- und Qualifizierungsmaßnahmen, langfristige Perspektive

Beurteilungsgespräche und Führungsfeedbacks (Einschätzung des Führungsverhaltens durch die Mitarbeiter) fallen z. B. alle drei Jahre an. Jahreszielmeetings und Jahreszielgespräche mit jedem Mitarbeiter sind zweimal jährlich durchzuführen (inklusive zur Jahresmitte als Meilensteine). Die monatlichen oder wöchentlichen Aktivitäten sind jeweils für das Team (weiß hervorgehoben) und die einzelnen Mitarbeiter (wieder grau unterlegt) einzuplanen. Die Übersicht der Tabelle stellt natürlich nur ein praktisches Beispiel dar, die konkrete Situation in Ihrem Haus sollten Sie vorab natürlich in Erfahrung bringen.

Diese Kalender sind zunächst nur Vorgaben für die einzelnen Aktivitäten, die Sie in Ihren persönlichen Terminkalender übertragen. Da heute fast alle Unternehmen auf elektronische Kalender zurückgreifen, sind diese Termine vorteilhafterweise auch für Ihre Mitarbeiter einsehbar. Je höher Sie in der Hierarchie stehen, umso langfristiger müssen Sie Ihre Führungsplanung vornehmen. Wie aus dem Beispiel der Tabelle ersichtlich, kommen für einen Bereichsleiter leicht über 100 Termine nur aus den zu planenden Führungsaktivitäten zusammen. Auf seiner Ebene muss er diese Termine bereits zum Anfang des Jahres terminieren, da noch zahlreiche andere Verpflichtungen auf ihn warten. Ein Gruppenleiter mit 6 Mitarbeitern, hat ebenso ca. 100 Führungsaktivitäten zu bewältigen. Hier reicht es aus, wenn Ihre Mitarbeiter jeweils für das nächste Quartal über Ihre z. B. Gesprächstermine informiert sind.

Es ist wichtig, dass Sie sich von Beginn klar darüber werden, welcher Aufwand auf Sie zukommt. Insofern ist eine rechtzeitige terminliche Fixierung unumgänglich. Ansonsten geschieht das, was häufig zu beobachten ist, dass gerade die Führungsaufgaben mit den eigenen Mitarbeitern zugunsten anderer geplanter Termine hinten anstehen müssen, verschoben werden oder gar wegfallen. Sollten solche Instrumente nicht in Ihrem Hause zur Verfügung stehen, kommen Sie nicht umhin, selber Ihre Planungen vorzunehmen.

Die Behandlung der nun folgenden Themenschwerpunkte richtet sich nach den „Aufgaben einer Führungskraft", die wir bereits im Meilenstein 1 eingeführt hatten.

10.2 Ziele vereinbaren und kontrollieren

Peter Drucker hat mit seinem Buch „Management — Tasks, Responsibilities, Practices" von 1954 vermutlich das sehr erfolgreiche Managementkonzept „Management by Objectives (MbO)" begründet. In der Folge gab es eine Inflation von wohlklingenden Managementansätzen, die den Zweck verfolgten, Führungskräften mittels der Betonung eines Führungsprinzips das Führungshandeln zu erleichtern.

Tab. 35: Beispiele von „Management by ..." Konzepten

Aufgabenorientierte Konzepte	Führen durch ...
■ Management by Decision-Rules	Vorgabe von Entscheidungsregeln
■ Management by Crises	bewusstes Herbeiführen von Krisen
■ Management by Exception	Eingreifen im Ausnahmefall
■ Management by Objektives	Zielvereinbarung und Zielverfolgung
■ Management by Results	Ergebnisorientierung
■ Management by Systems	Vorgabe von Mess- und Stellgrößen

Mitarbeiterorientierte Konzepte	Führen durch ...
▪ Management by Communication	vielseitigen Informationsaustausch
▪ Management by Motivation	Autonomie und Selbstkontrolle
▪ Management by Delegation	verstärkte Delegation
▪ Management by Participation	Einbindung in die Zielprozess

Verursacht durch die teilweise einförmige Vielfalt derartiger Konzepte, gab es dann auch sehr schnell humorvolle Nachahmungen, wie z. B. das Management by Champignon. Die Erläuterung dazu lautete dann „Die Mitarbeiter im Dunkeln lassen, gelegentlich mit Mist bestreuen und wenn sich ein heller Kopf zeigt: abschneiden!". Oder auch das Management by Helikopter, das erklärt wurde mit „Über allen schweben, von Zeit zu Zeit auf den Boden kommen, viel Staub aufwirbeln und dann wieder ab nach oben".

Management by Objectives

Wirklich erfolgreich durchgesetzt hat sich vor allem das „Management by Objectives (MbO)", also das Vereinbaren von Zielen und die nachhaltige Zielverfolgung. Ohne eigene und den Mitarbeitern übertragene Ziele ist ein erfolgreiches Führen schlechterdings nicht vorstellbar. Dabei wollen wir zunächst einmal außeracht lassen, ob die Ziele mit dem Mitarbeiter vereinbart, oder von oben festgelegt werden. In jedem Fall fruchtbarer ist allerdings, die individuellen Ziele gemeinsam mit dem Mitarbeiter festzulegen (vgl. Thom & Ritz 2008).

10.2.1 Was sind Zielvereinbarungen?

Zielvereinbarungen sind zwischen Mitarbeiter und Führungskraft gemeinsam vereinbarte, auf einen erwünschten Soll-Zustand der Tätigkeit des Mitarbeiter ausgerichtete, für einen bestimmten Zeitraum verbindlich festgelegte, konkret messbare Arbeitsresultate, die in knapper schriftlicher Form festgehalten werden.

Insgesamt sollten mit jedem Mitarbeiter zwischen zwei und fünf Ziele vereinbart werden. Vereinbaren Sie lediglich ein Ziel, stellt das für den Mitarbeiter ein insgesamt zu großes Risiko der Zielerfüllung dar. Auf der anderen Seite widerspricht eine höhere Anzahl an Zielen dem Gedanken der Orientierung und Konzentration auf die dem Unternehmen wichtigen Zielkategorien.

Die Ziele können untereinander gewichtet werden. In jedem Fall sollten dem Mitarbeiter zu jedem Ziel die entsprechenden Kompetenzen und Verantwortungen mit übertragen werden. Ziele zu vereinbaren heißt, Verantwortung mit Maß abzugeben.

Zeitraum einer Zielvereinbarungsperiode ist zumeist das laufende Geschäftsjahr des Unternehmens, oder ein Kalenderjahr. Für diesen Zeitraum werden mit dem Mitarbeiter die entsprechenden individuellen Ziele vereinbart und abgerechnet.

10.2.2 Welche Arten von Zielen gibt es?

Die Geschäftsführung legt bereits zu Beginn des Jahres, also der Bewertungsperiode die relevanten Unternehmensziele mit entsprechenden Messkriterien fest. Diese dienen als Grundlage für das kaskadenförmige Herunterbrechen und Ableiten der individuellen Ziele.

Ziele können sowohl aus den Linienfunktionen, d. h. aus den Tagesaufgaben oder dem Tagesgeschäft des Mitarbeiters resultieren, als auch Sonderaufgaben oder Projektaufgaben betreffen. Darüber hinaus können sich die Ziele sowohl auf quantitative (i. d. R. Leistungsziele) als auf qualitative Kriterien (i. d. R. Verhaltensziele) beziehen.

Typische aus der Balanced-Scorecard (s. Abb. 21) abgeleitete Zielarten sind:

- finanzielle Kenngrößen wie Umsatz, Gewinn, Kosteneinsparung, Deckungsbeitrag, ...
- Innovations-Ziele wie interne Prozessoptimierung, Qualität, Produktoptimierung, ...
- Kundenziele wie (Kundenzufriedenheit, ...) oder
- Ziele der individuellen Kompetenzentwicklung wie z. B. das Erlernen einer neuen Sprache, Einarbeitung in ein System, ... (s. auch die Beispiele für Zielarten bei den Arbeitshilfen online)

Zu jedem Ziel gehört die Benennung der konkreten Kriterien, an denen die Zielerreichung gemessen werden soll. Ziele der individuellen Kompetenzentwicklung (Entwicklungsziele des Mitarbeiters) sollen dabei so formuliert sein, dass die Erfüllung des Ziels an der Übernahme einer neuen oder erweiterten Aufgabe gemessen werden kann, die die Kompetenzerweiterung des Mitarbeiters erst notwendig machte.

Bei der Vereinbarung der Ziele können drei wesentliche Elemente die Schwierigkeit oder den Anspruchsgrad beeinflussen: Qualität (z. B. Fehlervermeidung) und Quantität (z. B. Menge), Zeitdauer und Terminsetzungen und die zur Verfügung gestellte Ressourcen (z. B. Budget): Wie viel und was soll in welcher Zeit mit welchem Aufwand erreicht werden?

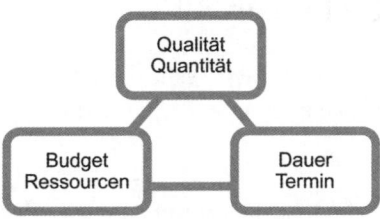

Abb. 55: Balance-Dreieck bei der Zielvereinbarung

10.2.3   Was sind Kriterien „guter" Ziele?

Gute Ziele genügen sogenannten Gütekriterien (s. Abb. 56). So ist z. B. wichtig, dass die übertragenen Ziele konkret auf den jeweiligen Mitarbeiter und damit auf seinen tatsächlichen individuellen Einflussbereich zugeschnitten sind. Kann der Mitarbeiter die Rahmenbedingungen nur schwer oder gar nicht beeinflussen, wird er kaum Motivation entwickeln können, seine Ziele auch zu verfolgen. Wenn er also in seiner Zielerfüllung z. B. von der Zulieferung anderer Abteilungen oder Kollegen abhängig ist, und diese liefern verzögert oder gar nicht, wird er seine Zielerreichung gefährdet sehen. Insofern sollten Ziele im Einflussbereich des Mitarbeiters liegen.

S	specific	■ auf die Möglichkeiten des Mitarbeiters zugeschnitten
M	measurable	■ konkret und messbar durch quantitative Maßstäbe
A	attainable	■ für den Mitarbeiter erreichbar
R	relevant	■ bedeutsam für den Unternehmenserfolg
T	time-bound	■ zeitlich fixiert mit Zwischenterminen
P	positive	■ positiv ausgerichtet (nicht nur Fehlervermeidung)
U	understood	■ in der Notwendigkeit und Bedeutung verstanden
R	relevant	■ für den Mitarbeiter bedeutsam
E	ethical	■ moralisch unbedenklich
C	challenging	■ herausfordernd und anspruchsvoll
L	legal	■ rechtlich unbedenklich, widerspruchsfrei
E	environmentally sound	■ umweltunbedenklich, umweltfreundlich
A	agreed	■ vereinbart; weder aufgezwungen noch abgetrotzt
R	recorded	■ schriftlich fixiert und dokumentiert

Abb. 56: Kriterien „guter" Ziele (nach Whitmore 2006)

10.2.4 Wann finden Zielvereinbarungsgespräche statt?

Das Zielvereinbarungsgespräch sollte im Prozessablauf nach Festlegung der Unternehmensziele durch die Geschäftsführung ca. im ersten Quartal des laufenden Geschäftsjahres stattfinden.

Sinnvoll ist ein Zwischen- oder Meilensteingespräch mit dem Mitarbeiter. Der Termin dafür ist verbindlich mit dem Mitarbeiter zu vereinbaren.

Darüber hinaus sollten Gespräche mit dem Mitarbeiter im Hinblick auf den Zielerreichungsprozess immer dann geführt werden, wenn es von einer der beiden Seiten (Mitarbeiter/Vorgesetzter) als notwendig erachtet wird oder eine deutliche Gefährdung der Zielerreichung zu befürchten ist.

10.2.5 Wie wird die Zielerreichung festgestellt?

Die Zielerreichung wird im Gespräch zur Bewertung der Zielerfüllung mit dem Mitarbeiter gemeinsam besprochen. Grundlage der Bewertung sind die tatsächlich erreichten Werte der den Zielen zugrundeliegenden Messgrößen bzw. die Erreichung von zuvor definierten Stufen der Erfüllung, z. B. bei qualitativen Zielen.

Da die Feststellung des Grades der Zielerfüllung weitgehend unabhängig von subjektiven Bewertungen erfolgen sollte, hängt die Qualität der Einigung über die Ergebnisfeststellung zwischen Führungskraft und Mitarbeiter in erster Linie von der Güte der getroffenen Zielvereinbarungen selbst ab.

Bei den Arbeitshilfen online finden sie ausgewählte Checklisten zur Durchführung von Zielvereinbarungs-Jahresgesprächen, zur Gestaltung der Gespräche und Tipps zur Vorbereitung und Auswertung von Zielvereinbarungen.

Ziele herunterbrechen

Wie erwähnt, werden die Ziele kaskadenförmig von der Geschäftsführung beginnend bis zu den einzelnen Mitarbeitern schrittweise heruntergebrochen. Allerdings ist dieser Prozess nicht einseitig zu verstehen, viel eher nähert man sich in einem iterativen, wechselseitigen Verfahren zwischen Zielvorgaben und Zielvorschlägen den letztlich fixierten Zielgrößen. D. h., nach Vorlage der zentralen Unternehmenskenngrößen unterbreitet die nächste Hierarchieebene, z. B. jeder Unternehmensbereich, entsprechende Zielvorschläge an die Unternehmensführung, die aus der

Diskussion mit den Abteilungen, Gruppen und den einzelnen Mitarbeitern entstanden sind. Nur so werden eine umfassende Partizipation aller Unternehmensbereiche und eine hohe Motiviertheit der Belegschaft sichergestellt.

Tab. 36: Vorteile des Systems „Führen durch Ziele" für ...

Unternehmen	Führungskräfte	Mitarbeiter
▪ bessere Koordination und Abstimmung zwischen den Unternehmensbereichen	▪ weniger Kontrolle durch Delegation von Verantwortung und Kompetenz	▪ stärkere Einbindung in das Unternehmen und seine Ziele
▪ höhere Identifikation mit den Unternehmenszielen	▪ mehr Zeit für Führung und Personalentwicklung (Coaching)	▪ aktive Mitbestimmung der Ziele und damit des Sinngehaltes der Tätigkeit
▪ höhere Motivation und Zielorientierung der Mitarbeiter	▪ mehr Konzentration auf das gemeinsame Ziel des gesamten Teams	▪ größerer Handlungs- und Entscheidungsspielraum im Alltagsgeschäft
▪ bessere Nutzung des Innovationspotenzials der Mitarbeiter	▪ klarere Struktur der Aufgabenverteilung	▪ mehr Eigenverantwortung durch Selbstverpflichtung, weniger Kontrolle
▪ Bündelung der Kräfte durch Steuerung	▪ systematischere Erfolgskontrolle und Steuerung	▪ größere Motiviertheit und höheres Commitment

Wir möchten zu diesem Thema abschließend noch einmal betonen, dass der große Wert eines so verstandenen Zielsystems vor allem in der Delegation von Verantwortung und Kompetenz zu sehen ist. Die Führungskräfte vereinbaren nicht nur einzelne Ziele mit Ihren Mitarbeitern, sondern übertragen für einen festgelegten Zeitraum ganze Aufgabenbereiche mit den entsprechenden Verantwortlichkeiten und Entscheidungsbefugnissen. Nur so entsteht Selbstverantwortung und Engagement bei den Mitarbeitern. So vereinbaren Sie z. B. mit einem Mitarbeiter nicht nur das Ziel, „Verringerung der Ausfall- und Stillstandszeiten der Anlage um 5%", sondern Sie übertragen ihm damit gleichzeitig Ressourcen und Befugnisse, darauf auch wirklich Einfluss nehmen zu können. So hat er dann z. B. auch die Möglichkeit, die Wartungsintervalle selbst festzulegen, Zulieferer ggf. zu wechseln oder auch die an der Anlage tätigen Mitarbeiter anzuleiten und zu schulen. Ähnliche Prinzipien sind generell auch bei dem Führungsthema Delegation wirksam und zu beachten.

10.3 Aufgaben delegieren, Verantwortung zuweisen

Ein wesentlicher Bestandteil Ihrer Führungsaufgaben besteht in der Organisation und Zuweisung von Aufgaben und Verantwortlichkeiten an Ihre Mitarbeiter. Diese können Sie dauerhaft oder zeitweise übertragen.

Durch die zeitweise Übertragung von Aufgaben an Mitarbeiter entlasten Sie sich als Führungskraft und gewinnen Zeit für Ihre eigentlichen Führungsaufgaben, entwickeln zudem die Fähigkeiten Ihrer Mitarbeiter gezielt weiter und Sie schaffen darüber hinaus eine erhöhte Motivation. Allerdings nur dann, wenn Sie dabei Regeln beachten: Delegation kann und muss nämlich mehr sein, als nur das „Loswerden" missliebiger Tätigkeiten. Zu einer sinnvollen Delegation gehört die Klärung einiger Fragen, die wir in der folgenden Übersicht aufgelistet haben.

Was?	■ Was genau soll übertragen werden? Welches Ergebnis wird erwartet?
Wer?	■ Wer ist der richtige Mitarbeiter? (Kenntnisse und Fähigkeiten)
Warum?	■ Welchem Zweck dient die Aufgabe? (Zielsetzung, Motivation)
Wie?	■ Welche Richtlinien und Verfahren sollen angewandt werden?
Womit?	■ Welche Ressourcen und Hilfsmittel werden benötigt?
Wann?	■ Wann soll die Aufgabe abgeschlossen sein? (Zwischentermine)

Abb. 57: Fragen zur Delegation von Aufgaben und Verantwortung

Falls Sie eine verantwortungsvolle Delegation in Erwägung ziehen, ist insbesondere die Frage nach dem „Warum" genau zu beantworten. Sollen alle positiven Wirkungen, die mit einer Delegation verbunden sein können, ausgenutzt werden, empfiehlt es sich immer darauf abzuzielen, den Mitarbeiter mit der Maßnahme weiterzuentwickeln, besonders herauszufordern und zu motivieren.

Lew Wygotskis Zone der nächsten Entwicklung

Dazu müssen Sie genaue Kenntnis über die Fähigkeiten, Interessen und spezifischen Motivationen des Mitarbeiters haben. Am erfolgreichsten sind übertragene Aufgaben jeweils dann, wenn sie in der sogenannten „Zone der nächsten Entwicklung" liegen (Wygotski 1932, 2005).

Lew Wygotski, ein russischer Entwicklungspsychologe, entdeckte bei der Untersuchung von Lernprozessen an Kindern, dass sich diese am ehesten weiterentwickeln, wenn der Schwierigkeitsgrad der Aufgaben so gewählt wird, dass er gerade etwas über dem Niveau liegt, welches die Kinder ohnehin bewältigen können. Liegt er zu hoch, scheitern sie, liegt er zu niedrig, ist weder Motivation noch Entwicklung zu erwarten. Genau in diesem dazwischenliegenden Bereich, den er als „Zone der nächsten Entwicklung" umschrieb, sind übertragene Aufgabenstellungen am förderlichsten .

Das Yerkes-Dodson-Gesetz vom mittleren Erregungsniveau

Aus dem Yerkes-Dodson-Gesetz wissen wir, dass ein mittleres Erregungsniveau, auch als „Arousal" bezeichnet, die besten Voraussetzungen für eine optimale Leistung bietet. Ist der Grad der Aktivierung stärkerer oder schwächerer nimmt die Leistungsfähigkeit ab. Es ist demnach offensichtlich nicht ratsam, vor einer schweren Prüfung zu viel Angst zu haben, allerdings zu wenig Respekt davor, ist genauso wenig empfehlenswert. Dieses Gesetz wurde von den US-amerikanischen Psychologen, Robert Yerkes und John D. Dodson, 1906 formuliert und zuerst in Experiment an Tieren nachgewiesen, später aber auf den Menschen übertragen (vgl. Schrader 2008). In Folgeuntersuchungen entdeckte man, dass dies für leichte Aufgaben nur eingeschränkt gültig ist, und diese sogar erst bei einer deutlichen Aktivierung besonders erfolgreich bewältigt werden.

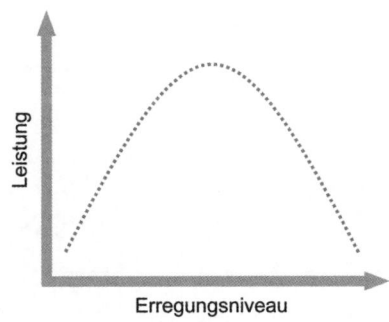

Abb. 58: Yerkes–Dodson Gesetz (nach Yerkes & Dodson 1908)

Demnach sollten Anforderungen so ausgewählt werden, dass der Grad der inneren Aktivierung, ausgelöst durch eine spezifische Anspannung oder Aufgeregtheit, in einem mittleren Bereich liegt (s. auch „Flow", Meilenstein 9.) Sind Aufgaben zu schwierig, überfordern sie häufig und werden fehlerhaft ausgeführt. Sind Aufgaben zu einfach, werden sie unzureichend motiviert, also halbherzig ausgeführt.

Werden z. B. ängstliche Mitarbeiter einfach auf die besondere Wichtigkeit oder Bedeutung einer übertragenen Aufgabenstellung hingewiesen, versagen Sie häufiger als wenn Sie dies gegenüber einer angstfreien, selbstbewussten Person tun würden (Hofstätter & Tack 1967). Angst oder Stress bei der Aufgabenausführung ist kein guter Begleiter.

Auch der Zusammenhang zwischen Motivation, Aufgabenschwierigkeit und Leistungserbringung unterstützt und ergänzt diese Befunde (vgl. Atkinson & Feather 1966). So fand man bei der Untersuchung der beiden bereits erwähnten Faktoren „Hoffnung auf Erfolg" und „Angst vor Misserfolg" (s. Misserfolgsmotivation, Meilenstein 2), dass man Mitarbeiter offensichtlich nicht grundsätzlich durch besonders betonte Erfolgsaussichten oder gar durch die Androhung von negativen Konsequenzen zu Höchstleistungen führen kann. Vor allem bei schwierigen Aufgabenstellungen führt ein zu hoher Motivationsdruck zu Stress und damit zu geringeren Leistungen (s. Abb. 59).

Schwere Aufgaben werden besser bewältigt in einer eher entspannten, fast spielerischen Situation, die Kreativität und Neugier möglich macht. Mittelschwere und leichte Probleme verlangen zwar eine gewisse Motivierung, werden aber bei einer übersteigerten Motivation auch nicht gut bewältigt (zit. nach Hofstätter 1971).

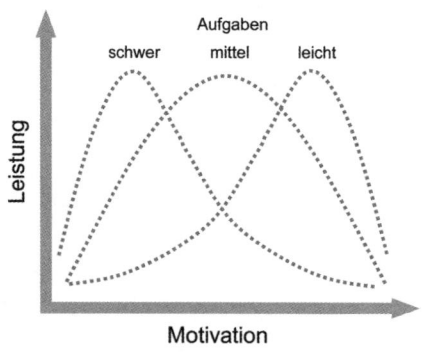

Abb. 59: Motivation, Aufgabenschwierigkeit und Leistung

Darüber hinaus sollten die übertragenen Aufgaben folgenden, aus der Arbeitspsychologie stammenden persönlichkeitsförderlichen Ansprüchen genügen (vgl. Ulich 2005):

- Vollständigkeit: planenden, ausführenden und kontrollierenden Elemente
- Soziale Interaktion: Bewältigung an Kooperation gebunden
- Autonomie: Handlungs- und Entscheidungsspielräume

- Entwicklung: Nutzen vorhandener und Entwicklung neuer Fähigkeiten
- Zeitelastizität: Zeitpuffer für Planung und Ausführung, stressfreie Regulierbarkeit
- Sinnhaftigkeit: über den eigenen Bereich hinausgehend Nutzbarkeit und Bedeutung (s. auch „Kriterien für menschengerechte Arbeitsaufgaben" in Meilenstein 12).

Wir hoffen, dass Sie immer noch bereit sind, Aufgaben abzugeben und zu delegieren. Es kann gewinnbringend für Sie und Ihre Mitarbeiter sein. Es ist immer hilfreich, sich in einem ausführlichen Gespräch mit dem Mitarbeitern zu versichern, dass Sie auf dem richtigen Weg sind. Können Sie davon ausgehen, dass der Mitarbeiter Ihrem Anliegen bereitwillig zustimmt, ist die halbe Arbeit bereits getan. Dennoch sollten Sie sich an den unten stehenden Delegationsregeln orientieren.

TIPP 31: Regeln einer gelungenen Delegation

- Delegieren Sie ganzheitliche, vollständige Aufgaben, nicht nur Teiltätigkeiten
- Erklären Sie das Warum, den Sinn und die Bedeutung der Aufgabe
- Ermöglichen oder ermuntern Sie zur Kooperation im Team
- Delegieren Sie Verantwortung und Entscheidungsbefugnisse gleichermaßen
- Vereinbaren Sie erreichbare Termine und Zwischenkontrollen
- Formulieren Sie klare Aufgabenstellung mit Zielen und Erfolgskriterien
- Delegieren Sie eindeutig und vermeiden Sie Doppeldelegationen
- Ermuntern Sie bei Fragen und Problemen zur sofortigen Rücksprache
- Vermeiden Sie spätere Rückdelegationen
- Geben Sie Freiräume und ermuntern Sie zu individuellen Problemlösungen
- Vermeiden Sie ein zu schnelles Eingreifen bei einem drohenden Scheitern
- Suchen Sie die „richtigen" Aufgaben für die „richtigen" Mitarbeiter aus
- Delegieren Sie jeweils anspruchsvolle, motivierenden Aufgaben
- Vermeiden Sie Stress und Versagensängste
- Stehen Sie für vereinbarte Konsultationen zur Verfügung

10.4 Mitarbeiter motivieren, Vorbild sein

Wie wir aus der transformationalen Führungstheorie (s. Meilenstein 9) gelernt haben, gehört eine glaubwürdige und inspirierende Motivierung Ihrer Mitarbeiter zu Ihrem Geschäft. Auch aus den Hinweisen zur Delegation und zum Management by Ojectives (Zielvereinbarung) wurde deutlich, dass es ohne eine gezielte, klug gesetzte Motivation offenbar nicht geht. Zahlreiche Forschungsarbeiten haben sich bereits seit Jahrzehnten diesem Thema gewidmet.

Dabei geht es nicht vordergründig darum, dass Sie für die Motiviertheit Ihrer Mitarbeiter verantwortlich sind, Sie also für dessen Leistungs- und Anstrengungsbereitschaft Sorge zu tragen haben. Das sicher nicht, dafür sollte zunächst jeder Mitarbeiter selbst die Verantwortung übernehmen (Sprenger 2011). Aber danach zu suchen, wie Sie Ihre Mitarbeiter quasi über sich selbst hinausführen können, ihre besonderen Befähigungen, Interessen und spezifischen Begeisterungen zu entdecken, und ihnen zu ermöglichen, genau dies in ihrem Arbeitsalltag voll zu entfalten und damit Höchstleistung zu ermöglichen, sollte in Ihrem Selbstverständnis als Führungskraft einen wichtigen Platz einnehmen. Dabei ist es häufig noch nicht einmal der unzureichende Ansporn selbst, der Höchstleistungen verhindert, sondern die Menge an unterschiedlichsten Demotivierungen, die dem Mitarbeiter tagtäglich im Unternehmen begegnen. Sei es, dass die neue Bürosoftware nicht richtig läuft und niemand weiß, wie man sie zu bedienen hat, oder dass die notwendigen Zuarbeiten einer anderen Abteilung wieder auf sich warten lassen, oder dass die Führungskraft die Kundentermine wieder so eng gestaffelt hat, dass kaum die Zeit zu einer sorgfältigen Nacharbeit bleibt. All dies könnte man schlichtweg vermeiden, wenn nur jeder seine Arbeit abgestimmt und sorgfältig erledigen würde, mithin die jeweiligen arbeitsorganisatorischen Bedingungen optimal gestaltet wären.

Herzbergs Hygienefaktoren und Motivatoren

Frederick Irving Herzberg (US-amerikanischer Arbeitswissenschaftler und klinischer Psychologie) stellte 1959 seine bekannte „Zwei-Faktoren-Theorie" der Motivation auf und fand anhand von Interviewstudien an Ingenieuren und Buchhaltern aus Industrieunternehmen der Region Pittsburgh heraus, dass es offensichtlich zwei Arten von Arbeitsbedingungen in den Unternehmen gab, die sehr unterschiedliche Auswirkungen auf die Zufriedenheit und Motiviertheit der Mitarbeiter hatten (Herzberg, Mausner u.a. 1959).

Auf der einen Seite gab es Merkmale der Arbeitsumgebung (sog. Kontextfaktoren), die lediglich Unzufriedenheit auslösten oder vermieden, in Abhängigkeit davon, ob sie vorhanden waren und nicht. Zu einer extra Anstrengung oder besonderen Zufriedenheit führten diese Faktoren, auch wenn sie verfügbar waren, jedoch nicht. Herzberg nannte diese Faktoren „Hygienefaktoren" und verdeutlichte damit, dass es sich offenbar um Arbeitsgegebenheiten handelte, die selbstverständlicher Weise vorhanden sind und häufig gar nicht bemerkt werden, oder aber nach kurzer Zeit ihre Wirkung verloren hatten. Überlegen Sie einmal, wie lange Sie eine Gehaltserhöhung spürbar bemerken und dafür dankbar sind. Oder denken Sie an

Ihr neu eingerichtetes Büro mit allen technischen Finessen oder den neuen Dienstwagen. Wie lange werden Sie sich darüber freuen? Oder haben Sie es jemals bemerkt, dass gerade Ihr Team und Ihr Vorgesetzter etwas ganz besonderes sind, weil die Beziehung zu den Teamkollegen hervorragend funktioniert und Ihr Chef einfach eine Koryphäe auf seinem Gebiet ist. Nein, Sie gewöhnen sich sehr schnell an derartige Bedingungen und es würde Ihnen erst auffallen, wenn Sie sie nicht mehr hätten oder der Kollege von nebenan oder aus einer anderen Firma ständig darüber berichtet, wie toll es bei ihnen ist. Im sozialen Vergleich mit anderen Arbeits- und Lebensumwelten würde es Ihnen wieder gegenwärtig werden.

Auf der anderen Seite fand Herzberg die sogenannten „Motivatoren", Merkmale der Arbeitsinhalte (sog. Kontentfaktoren), deren Nichtvorhandensein keine besondere Unzufriedenheit auslöste, aber dafür eine gesteigerte Zufriedenheit und Motiviertheit, wenn sie denn gegeben waren. Sie sind eher latent unzufrieden, wenn Sie keine Anerkennung von Ihrem Vorgesetzten bekommen, sie kaum eine Weiterbildung erhalten oder seit Jahren nie eine besondere Herausforderung in Ihrem Job angetragen bekommen haben. Ihre Motivation jedoch ist schlicht im Keller. Geschieht es aber dann tatsächlich, laufen Sie zur Hochform auf und strengen sich über alle Maßen an. Genau das war der motivierende Effekt, den Herzberg beobachten konnte.

Tab. 37: Zwei-Faktoren-Theorie der Motivation nach Frederick Herzberg

Hygienefaktoren	Motivatoren
Firmenpolitik, Verwaltung	Erfolgserlebnisse, Leistungen
Kompetenz der Vorgesetzten	Anerkennung, Wertschätzung
Beziehungen zum Vorgesetzten	Spaß an der Arbeit selbst
Arbeitsbedingungen	übertragene Verantwortung
Einkommen, Gehalt	Leistungsfortschritte
Beziehungen zu den Kollegen	Persönliche Entwicklung

Das heißt aber auch, dass Zufriedenheit und Motivation nicht auf einem Kontinuum liegen, sondern unabhängig voneinander sind (s. Abb. 60). Eine Erfüllung der selbstverständlichen Erwartungen (Hygienefaktoren) bedeutet noch lange nicht motiviert zu sein, und eine besondere Anstrengung kann auch vor dem Hintergrund einer generell unzufriedenen Arbeitssituation erbracht werden; dies allerdings nicht lange. Optimale Hygienfaktoren garantieren eben nicht allein eine hohe Leistungsbereitschaft. Sie sind zwar selbstverständliche Voraussetzung, aber um Mitarbeiter zur Aktivierung zusätzlicher Anstrengungsbereitschaft zu bewegen, müssen weitere Bedingungen erfüllt sein. Die besten Ergebnisse erzielten Sie jeweils, wenn Sie beide Faktoren gleichermaßen berücksichtigen (grau unterlegter Quadrant).

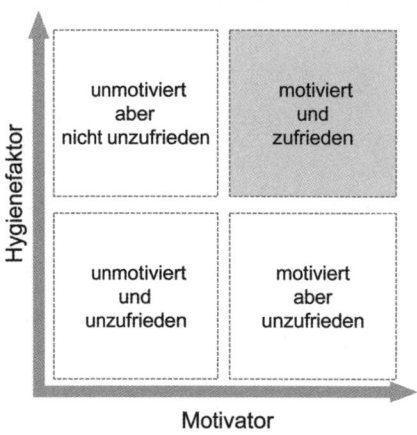

Abb. 60: Die vier Quadranten des Zwei-Faktoren-Modells

Und wie Sie sehen, haben Sie Glück. Die Beeinflussung der Motivatoren haben Sie fast ausschließlich in Ihrer Hand. Es ist an Ihnen, Ihren Mitarbeitern, Erfolgserlebnisse, persönliche Entwicklung, berufliche Herausforderungen, Verantwortung, Anerkennung und Wertschätzung zu ermöglichen oder entgegenzubringen. Die Hygienefaktoren können Sie nicht immer selbst gestalten, aber der Unterschied in der Führungsqualität liegt eben nicht darin begründet, und darum geht es uns schließlich hier.

Maslows Hierarchie der Bedürfnisse

Abraham Maslow — auch ursprünglich klinischer Psychologe wie Herzberg — entwickelte bereits 1943 ersten Ansätze zu seiner Theorie der „Hierarchie der Bedürfnisse", welche einen starken Einfluss auf die Motivationsforschung genommen hat (Maslow 1954). In seinem Modell unterscheidet Maslow zwischen Defizit- und Wachstumsbedürfnissen, die sich in einer bestimmten hierarchischen Ordnung während der Lebensspanne herausbilden. Zu den Defizitbedürfnissen zählte er physiologische Bedürfnisse sowie Sicherheits- und soziale Bedürfnisse). Zu den Wachstumsbedürfnissen zählt er das Bedürfnis nach Wertschätzung und Selbstverwirklichung. Maslow geht davon aus, dass der Mensch grundsätzlich nach Wachstum und Selbstverwirklichung strebt. Im Laufe der Entwicklung ist nur ein nicht (voll) befriedigtes Bedürfnis motivierend und handlungsauslösend. Ein nächsthöheres Bedürfnis kann nur dann aktiviert werden, wenn das hierarchisch darunter liegende befriedigt ist! Berthold Brecht formulierte in der Dreigroschenoper konkret: „Erst kommt das Fressen, dann die Moral"!

Tab. 38: Motivationsarten nach Maslow

Defizitmotive ...	Wachstumsmotive ...
lösen im Sinne von Regelkreismechanismen bei Sollwertabweichungen Aktivitäten aus, die den ursprünglichen Zustand wieder herstellen.	lösen durch ständig neue Zielbildungen, Erhöhung des Anspruchsniveaus, der Entwicklung und des Strebens nach Wachstum Aktivitäten aus.
Physiologische Bedürfnisse: • Ernährung, Sexualität Sicherheitsbedürfnisse: • Vermeidung von Gefahren, Existenzsicherung Soziale Bedürfnisse: • Partnerschaft, Familien, soziale Identität	Wertschätzung und Anerkennung: • Ansehen, Leistung, • Status, Karriere Selbstverwirklichung: • Weisheit, Lebensentwürfe, Unabhängigkeit, Kreativität, • Transzendenz

So ist z. B. leicht nachzuvollziehen, dass ein Mitarbeiter, der gerade eine Trennung und damit den Verlust der familiären Einbindung erfährt, sich zunächst auf die Bewältigung und Neuordnung dieses Lebensbereiches konzentriert. Ebenso verständlich ist, dass ein Mitarbeiter, der niemals Anerkennung und Wertschätzung für seine Arbeit erfahren hat, kaum jemals seine ganzen Fähigkeiten und kreativen Möglichkeiten ausloten wird.

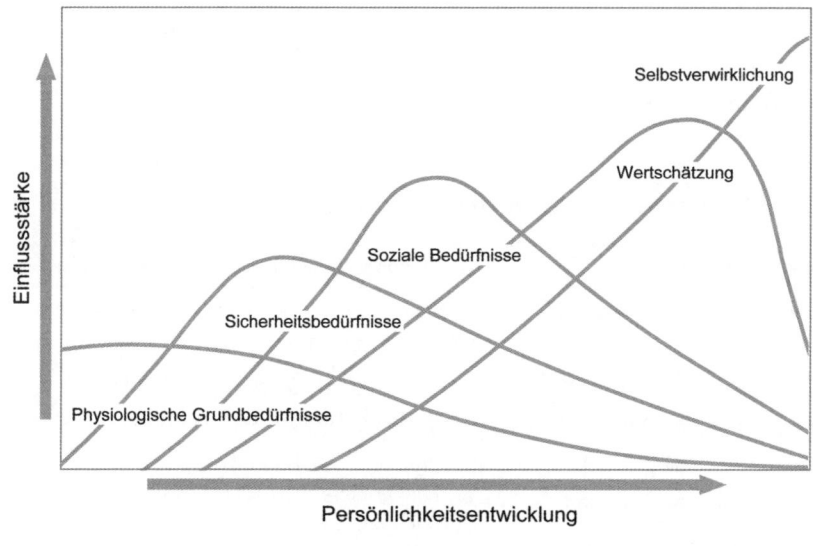

Abb. 61: Maslows Hierarchie der Bedürfnisse (1954)

Maslows Ansatz ist ganzheitlich ausgerichtet: Für Sie als Führungskraft bedeutet das, Motivation und Anstrengungsbereitschaft Ihrer Mitarbeiter immer vor dem Hintergrund der gesamten Persönlichkeit und des gesamten Arbeits- und Lebensumfelds zu sehen. Leistungseinbußen und aktuell mangelnde Arbeitshaltungen können bestimmte Ursachen haben, die eben nicht aus der Arbeitssituation herzuleiten sind. Dazu müssen Sie aber Ihre Mitarbeiter kennen, persönliche Nähe bis zu einem bestimmten Punkt zulassen, und vor allem sich dafür interessieren, was den Mitarbeiter bewegt, was ihn antreibt und was ihn behindert. Ferner lehrt uns das Modell von Maslow, dass Motivation nur individuell wirkt. Jeder Mensch steht in ganz unterschiedlichen Lebens- und Entwicklungsphasen, die sehr unterschiedliche Anforderungen und Bedürfnisse mit sich bringen. Nicht umsonst widmet sich das Personalmanagement immer mehr dem Thema der „lebensphasenorientierten Personalentwicklung", dem Thema Life-Work-Balance und der „familienbewussten Führung" (vgl. Bundesministerium für Wirtschaft und Technologie 2001).

Extrinsische und intrinsische Quellen der Motivation

Bekannter dürfte die Unterscheidung von Motivationsarten sein, die nach den Quellen oder dem Ursprung einer Handlung fragen. Externale Steuerung oder extrinsische Motivation bedeutet, dass die Wahrscheinlichkeit der Handlungsausführung von einer zu erwartenden Belohnung oder Bestrafung abhängt. Die Quelle der Motivation liegt außerhalb der Person. Internal gesteuert oder intrinsisch heißt, dass die Person aus eigenem, innerem Antrieb aktiv wird, weil die Ausführung einer Handlung, z. B. eine sportliche Betätigung oder das Lösen von Problemaufgaben, mit Freunde oder sogenannter „Funktionslust" verbunden ist (s. Tab. 39). Das bedeutet, dass internal motivierte Handlungen selbstständig und bereitwilliger ausgeführt werden, während external motivierte Handlungen einer kontinuierlichen äußeren Kontrolle bedürfen, um überhaupt ausgeführt zu werden.

Tab. 39: Extrinsische und intrinsische Motivationsquellen

Extrinsische Motive ...	Intrinsische Motive ...
lösen durch externe Reize (Belohnung, Strafe) durch die Folgen einer Tätigkeit oder den Begleitumständen Handlungen aus.	lösen durch die Arbeit, die Tätigkeit selbst Handlungen aus.
Beispiele für extrinsische Motive:	**Beispiele für intrinsische Motive:**
Vergütung, Status, Rang, Ansehen, Lob, Macht, Karriere	Problemlösen, Forschen, Perfektionieren, Funktionieren, Ausführen (Musizieren, Rechnen, Sport etc.)

Daraus ergeben sich zunächst einige trivial anmutende Schlussfolgerungen:

- Veranlassen Sie eine Handlung oder setzten Sie ein Ziel, das der Mitarbeiter bereitwillig akzeptiert, wird er das gewünschte Verhalten wahrscheinlicher zeigen!
- Setzt der Mitarbeiter sich selbst das Ziel, werden das Engagement und die Anstrengungsbereitschaft größer sein.
- Veranlassen Sie eine Handlung oder setzten Sie ein Ziel, das dem Mitarbeiter wiederstrebt oder das ihm egal ist, wird er das gewünschte Verhalten nicht zeigen und vermeiden!
- Verstärken Sie die externe Kontrolle (Belohnung oder Bestrafung), wird der Mitarbeiter mit größerer Wahrscheinlichkeit ein Verhalten zeigen, welches der Bestrafung entgeht und die Belohnung anstrebt.
- Jeder Mensch zeigt im höheren Maße das Verhalten, von dem er glaubt, dass er dafür belohnt wird!
- Jeder Mensch zeigt im geringeren Maße das Verhalten, von dem er glaubt, dass er dafür bestraft wird!

Interne Kontrolle

Die Ausführung internal gesteuerte Tätigkeiten ist mit größerem Engagement, höherer Arbeitszufriedenheit, einer Steigerung der Quantität und Qualität der Arbeitsleistung, mit spontanen und kreativen Leistungen über das normale Maß hinaus und einer Verringerung der Fluktuation und Abwesenheitsrate verbunden (vgl. Katz & Kahn 1978; Hackman & Oldham 1980). D. h., es ist jedem Fall erstrebenswert, als Führungskraft — soweit irgend möglich — für eine selbstgesteuerte Motivierung Ihrer Mitarbeiter zu sorgen. Um diese ansprechen zu können, benötigen Sie wieder die Kenntnisse über die Leistungsmöglichkeiten und Leistungsbedürfnisse der einzelnen Mitarbeiter.

Hackman und Oldham „Job Characteristics Modell"

Das „Job Characteristics Model" von J. Richard Hackman und Greg R. Oldham (1980) macht deutlich, was Sie als Führungskraft darüber hinaus unternehmen können, um eine hohe intrinsische Motivation, eine hohe Arbeitszufriedenheit, vorbildliche Arbeitshaltungen und eine hohe Qualität der Arbeitsleistung zu erreichen. Dazu entwickelten die Forscher die sogenannte **Motivationspotenzial-Formel**, wobei unter dem Motivationspotenzial (MPS) das Ausmaß an Motivation verstanden wird, welches die Mitarbeiter aus ihrer Tätigkeit potenziell ziehen können. Dabei

bedeuten: AV= Aufgabenvielfalt, AG= Aufgabenganzheitlichkeit, AB= Aufgabenbe-
deutung, AU= Autonomie und FB= Feedback.

$$MPS = \frac{AV + AG + AB}{3} \times AU \times FB$$

Abb. 62: Motivationspotenzial-Formel (Hackman & Oldham 1980)

Um das in einer Tätigkeit liegende Motivationspotenzial auszuschöpfen, ist es
wichtig, die jeweiligen Anforderungen vielfältig und abwechslungsreich zu gestalten, die Aufgaben vollständig und ganzheitlich zu delegieren, die Bedeutung der
Tätigkeit hervorzuheben, Verantwortung und Kompetenz an den Mitarbeiter abzugeben und regelmäßiges, zeitnahes und ergebnisbezogenes Feedback zu geben
(s. Delegation und Zielvereinbarung, in diesem Meilenstein). Dadurch sollte der Mitarbeiter eine hohe Bedeutsamkeit oder Wichtigkeit seiner Aufgabe erleben können,
er sollte das Gefühl haben, für sein Arbeitsergebnis selbst verantwortlich zu sein.
Und er sollte jederzeit wissen, wie seine erbrachten Arbeitsergebnisse bewertet
werden. Die zu erwartenden positiven Auswirkungen eines derart ausgeschöpften
Motivationspotenzials zeigen sich u.a. in einer hohen Arbeitszufriedenheit und in
einer höheren Qualität der Arbeitsleistungen (s. unten stehende Abbildung).

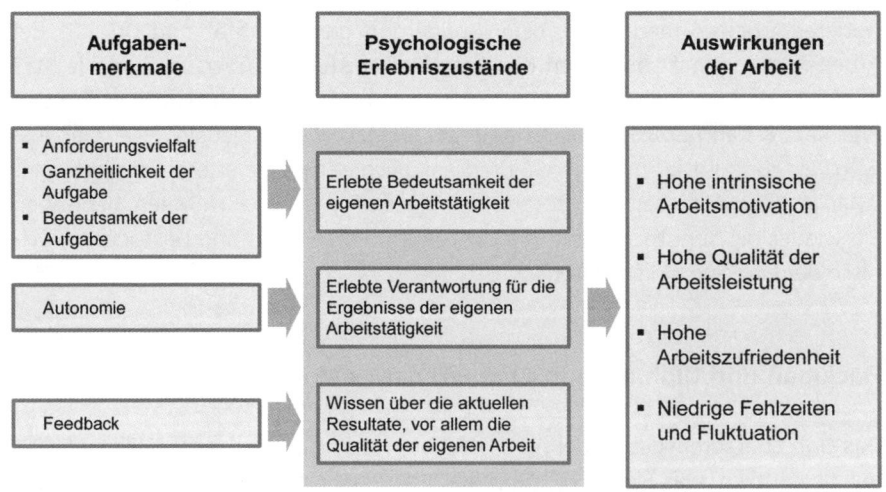

Abb. 63: Das „Job Characteristics Model" (Hackman & Oldham 1980)

Externe Kontrolle

Der Einsatz von positiven oder negativen Kontrollmechanismen in der Führungsarbeit ist nicht grundsätzlich schädlich. Wie wir an den obigen Aussagen gesehen haben, verstärken oder minimieren sie das Ausführen erwünschter oder unerwünschter Verhaltensweisen. Wenn z. B. das Arbeitszeitregime nicht angeordnet wäre, das Veruntreuen von Arbeits- oder Geldmitteln oder das Nichteinhalten von Arbeitsschutzbestimmungen nicht sanktioniert würden, wäre eine funktionierende Organisation kaum aufrechtzuerhalten. Schließlich sind auch die Vergütung selbst oder der Einsatz von Leistungslohn nichts anderes als externe Kontrollmechanismen zur Verhaltensregulierung.

Wie diese Beispiele aber zeigen, wird die externe Verhaltenssteuerung (durch negative Sanktionierung) vor allem zur Vermeidung von unerwünschtem Verhalten eingesetzt. Nicht umsonst wird z. B. auch das Verhalten im Straßenverkehr durch derartige Sanktionssysteme reguliert (Punktesystem). Externe Kontrolle beeinflusst Verhalten in der Regel schnell und verlässlich, aber es bedarf einer hohen, fortgesetzten Kontrolle und beeinträchtigt auf der anderen Seite das Ausmaß an Eigenverantwortung und Selbststeuerung! Fallen die Kontrollmechanismen plötzlich weg, taucht das unerwünschte Verhalten relativ schnell wieder auf.

Die Förderung und Unterstützung von erwünschtem Verhalten (z. B. höhere Arbeitsleitung, höhere Qualität und Kreativität, konstruktive Arbeitshaltungen und soziale Einstellungen) durch positive Sanktionierung ist weitaus schwieriger sicherzustellen. Zwar wird belohntes Verhalten (z. B. durch Leistungslohn, Lob, Anerkennung, Beförderung) wahrscheinlicher ausgeführt, allerdings wird es ja gerade eingesetzt, um andere wirksame Motivatoren, die dem erwünschten Verhalten entgegenstehen, in Schach zu halten. So müssen positiven Sanktionen antreten gegen: attraktive Alternativen (Sport, Hobby), Bequemlichkeit, Müßiggang, „Schonhaltungen", Angst vor Misserfolgen und auch Angst vor sozialer Differenzierung im Team. So hat z. B. individueller Leistungslohn nur dann eine Chance, wenn er an die individuellen Ziele des Mitarbeiters anknüpft, der organisatorische Rahmen der Leistungsbringung Selbstverwirklichung und -bestimmung zulässt und die Befriedigung sozialer Kontakte innerhalb der Arbeitsgruppe nicht gefährdet wird (vgl. Katz & Kahn 1978). Dabei sind aber bereits schon intrinsische Motivatoren im Spiel.

Insofern machen externe Kontrollmechanismen vor allem zur Einhaltung normadäquater Arbeitshaltungen und Verhaltensweisen nur Sinn, wenn sie sich auf klare, eindeutig fixierte Regeln stützen können und damit kontrollierbar werden. Erwünschte Verhaltensweisen, die über das Normalmaß hinausgehen und zusätzliche Motivation und Anstrengungsbereitschaft freisetzen sollen, sind durch die

Aktivierung intrinsischer Motivationsquellen effektiver zu steuern. Zudem haben externe Motivationsversuche den großen Nachteil, dem Mitarbeiter die Selbstverantwortung für sein Handeln und die Ergebnisse seiner Arbeit zu entziehen. Verantwortlich ist nun nämlich der Sanktionsgeber, also Sie als Führungskraft.

„Erwartung-mal-Wert" oder die Kalkulation des Erfolges

Bezüglich der behandelten externen Motivationsquellen muss an dieser Stelle auf das „Erwartung-mal-Wert Modell" des bereits erwähnten Victor H. Vroom (1964) hingewiesen werden, nachdem der Mensch als „Nutzenmaximierer" vor allem jene Handlungen ausführt, deren Ergebnisse für ihn einen hohen Wert (auch Valenz) haben und die er mit der größten Erfolgswahrscheinlichkeit auch erreichen kann. Dies entspricht in etwa dem bekannten Prinzip, wonach der Spatz in der Hand besser als die Taube auf dem Dach sei. In der ausführlicher Darstellung des Erwartung-mal-Wert Models (Valenz-Instrumentalitäts-Erwartungs-Theorie, abgekürzt VIE-Theorie) wird von Vroom neben der Valenz (Ergebniswert) und der Erwartung (Ergebniswahrscheinlichkeit) auch die Instrumentalität (Wert der Ergebnisfolgen) berücksichtigt.

Motivation = f (Valenz × Instrumentalität × Erwartung)

Abb. 64: Valenz-Instrumentalitäts-Erwartungs-Theorie

- **Valenz**: Die Valenz betrifft die Bedeutung oder den persönlicher Wert einer in Aussicht gestellten Belohnung für eine Person (z. B. eine Beförderung oder Höhergruppierung).
- **Instrumentalität**: Die Instrumentalität ist die Gesamtheit aller (positiven oder negativen) Folgenbewertungen einer Belohnung (z. B. höheres Einkommen, höherer Einfluss, aber auch weniger Zeit für Familie und Hobbies).
- **Erwartung**: Die Erwartung bezieht sich auf die interne Kalkulation von zwei unterschiedlichen Zusammenhängen.
  - **Handlungs-Ergebnis-Zusammenhang:** Sind die persönlichen Fähigkeiten zureichend, um die Voraussetzungen einer Belohnung tatsächlich zu erreichen?
  - **Ergebnis-Folge-Zusammenhang**: Führt eine Erfüllung der Voraussetzungen tatsächlich dann zu einer Belohnung?

Diese drei Faktoren sind multiplikativ miteinander verknüpft. D. h., ist nur einer dieser Faktoren gleich Null oder gar negativ, wird die daraus resultierende Motivation, ein bestimmtes Ziel durch Anstrengung zu erreichen, ebenfalls gleich Null sein oder sogar gegenteilige Wirkung haben.

So wird z. B. ein Mitarbeiter nur dann zu einer erhöhten Anstrengung motiviert sein, wenn das angestrebte Handlungsergebnis selbst für ihn einen hohen Befriedigungswert aufweist (Valenz). Dabei wird allerdings dieser Befriedungswert durch die unterschiedlichen positiv oder negativ bewerteten Handlungsfolgen beeinflusst (Instrumentalität). Eine Beförderung z. B. zieht nicht nur ein höheres Einkommen und einen höheren Status nach sich, sonder u. U. auch weniger Freizeit und einen insgesamt höheren Arbeitsaufwand. Darüber hinaus wird sich der Mitarbeiter nur anstrengen, wenn er eine hohe Wahrscheinlichkeit darin sieht, dass seine Fähigkeiten (z. B. Wissen, Know-how und Belastbarkeit) ausreichen werden, dass angestrebte Ziel auch zu erreichen (Handlungs-Ergebnis-Zusammenhang). Und er muss schließlich darauf vertrauen können (Ergebnis-Folgen-Zusammenhang), dass der vom Unternehmen bekundete Zusammenhang zwischen Leistung und Belohnung (hier: Beförderung) tatsächlich auch vorhanden ist, und nicht etwa andere Zusammenhänge erfolgversprechender sind (z. B. weil man eine besonders enge Beziehung zum Vorgesetzten hat).

Für Sie als Führungskraft bedeutet dies:

Tab. 40: Führungsaufgaben bei betrieblichen Motivationssystemen

Valenz und Instrumentalität erhöhen:	▪ Kenntnis der individuelle Präferenzen hinsichtlich der Ausgestaltung von Belohnungsfaktoren (Beförderung, Prämienhöhe, Zeitpunkt der Gewährung, Kombination von Einzel- und Teamprämiensystem usw.).
	▪ Erwägung anderer Motivationsfaktoren, wie z. B. Incentives, Erfolgs- oder Kapitalbeteiligungen, oder auch immaterielle Anreize.
Erwartung erhöhen (Erreichbarkeit):	▪ Übertragung oder Vereinbarung von „erreichbaren" Ziele und Aufgaben.
	▪ Kontinuierliches Zwischenfeedback und regelmäßige Zielstandskontrollen.
	▪ Entwicklung der Leistungsfähigkeit und Unterstützung des Mitarbeiters.
Erwartung erhöhen (Verlässlichkeit)	▪ Transparente und nachvollziehbare Kopplung von Leistung und Belohnung (eindeutiges Zielsystem, nachvollziehbare Stufen der leistungsorientierten Vergütung).
	▪ Regelmäßiges Feedback über den Stand der Erfüllung.
	▪ Für alle Organisationsmitglieder gleichermaßen gültiges System (Fairness, Gerechtigkeit).

Aus dem Ansatz der „Grundmotive des Menschen" nach McClelland (McClelland & Burnham 1976), auf das wir bereits im Meilenstein 2 eingegangen sind, bleibt bezüglich der Berücksichtigung des sozialen Motivs der „Anschlussmotivation" zu ergänzen:

Tab. 41: Soziale Komponenten betrieblicher Motivationssysteme

Sozialen Kontakt erhöhen:	■ Bedürfnis nach Zugehörigkeit zum Bestandteil einer Gruppe sichern
	■ Zielerreichung an gemeinsame Aufgaben knüpfen (Kombination aus Einzel- und Teamprämien)
	■ ein interaktionsorientiertes Klima fördern (konfliktarmes Belohnungssystem etablieren)
	■ Vertrauen, zwischenmenschliche Beziehungen und gegenseitige Akzeptanz fördern

TIPP 32: Grundsätze und Regeln für eine gelungene Motivation

Beachten Sie folgende Grundsätze:
Nur hochmotivierte Mitarbeiter werden hochgesteckte Ziele und Ergebnisse erreichen. Als Führungskraft haben Sie einen erheblichen Anteil daran, leistungsfördernde und motivationssteigernde Arbeitsbedingungen zu gestalten.

■ Sorgen Sie zunächst im Arbeitsumfeld der Mitarbeiter für moderne, arbeitsförderliche Bedingungen, die den aktuellen Standards Ihrer Branche entsprechen. Sie müssen nicht mehr bieten als üblich, aber auch nicht weniger. Dies schafft Unzufriedenheit und beeinträchtigt die Arbeitsleistungen.

■ Dies betrifft auch das soziale Klima und das Verhältnis zwischen den Mitarbeitern Ihres Teams untereinander und auch zu Ihnen als Führungskraft. Sorgen Sie für ein spannungsfreies, konfliktarmes und interaktionsorientiertes Klima in Ihrer Gruppe.

■ Dabei haben Sie als Führungskraft einige Möglichkeiten: Nutzen Sie „Jobrotation" (wechselnde Funktionsverantwortung), ermöglichen Sie Teamarbeit, regelmäßige Informations- und Diskussionsforen und führen Sie regelmäßige Teamsitzungen (Dienstberatungen) durch.

Aktivieren Sie vor allem interne Motivationsquellen:

■ Sorgen Sie besonders für eine breite Anforderungsvielfalt und Ganzheitlichkeit der übertragenen Aufgaben. Dies ermöglicht Freude an der Arbeit selbst, am eigenständigen Gestalten und Entwickeln.

■ Erhöhen Sie die Wichtigkeit und Bedeutsamkeit der Tätigkeiten Ihrer Mitarbeiter durch eine hohe Autonomie und Selbstverantwortung.

■ Lassen Sie Ihnen Freiräume, um kreativ nach eigenen Lösungen zu suchen.

- Geben Sie regelmäßig Feedback zu den Leistungsergebnissen, um so den Anspruch und die Leistungsorientierung zu entwickeln.
- Übertragen Sie Aufgaben, die von einer hohen Erfolgswahrscheinlichkeit begleitet sind. Erzielte Erfolge sind tragfähige intrinsische Motivatoren für zukünftige Aufgabenstellungen.
- Übertragen Sie herausfordernde Aufgaben (s. Delegation), die den Mitarbeitern anspornen und stolz machen. Nichts wirkt mehr, als wenn der Mitarbeiter erlebt, dass Sie ihm eine wichtige, komplexe Aufgabe anvertrauen, weil Sie ihn für befähigt halten, diese erfolgreich zu bewältigen.
- Nutzen Sie den Antrieb zur persönlichen Entwicklung Ihrer Mitarbeiter. Qualifikationen, Weiter- und Aufstiegsfortbildungen, die bewusst und mit Bedacht eingesetzt werden, sind beeindruckende Motivationsquellen für entsprechend interessierte Mitarbeiter.
- Anerkennung und Wertschätzung durch die Führungskraft erhöhen das Commitment (emotionale Bindung) und knüpfen an das soziale „Anschlussmotiv" an. Nutzen Sie verstärkt auch diese Form der Motivierung.

Setzten Sie externe Motivatoren geschickt ein:

- Nutzen Sie positive und negative Sanktionen zur Steuerung normadäquater Arbeitshaltungen und Verhaltensweisen, die gleichzeitig als Gruppenregeln dienen können.
- Schaffen Sie eindeutige und für jedes Gruppenmitglied verständliche und nachvollziehbare Regeln, die leicht zu kontrollieren sind.
- Minimieren Sie Ihren Aufwand der Kontrolle durch Übertragung von Aufgabenbereichen mit Selbstkontrolle.
- Wenn Sie erreichte Arbeitsleistungen belohnen wollen, überlegen Sie, welche Belohnungen oder Würdigungen die einzelnen Mitarbeiter besonders ansprechen könnten.
- Allerdings können externe Motivatoren auch mit Risiken verbunden sein. Die Mitarbeiter können sich daran gewöhnen und nur noch dann wirklich aktiv werden, wenn sie eine zusätzliche Belohnung erwarten. „Belohnen" Sie nach erfolgter besonderer Leistung „intermittierend", D. h., nicht immer, sondern „ausnahmsweise" und unregelmäßig. Dies hat eine größere motivationale Kraft und reduziert die Gewöhnung daran. (Ausnahmsweise sind auch angekündigte Belohnungen statthaft, wenn Sie z. B. sagen: „Wenn ihr das heute noch fertig bekommt, schmeiße ich eine Runde!")
- Bei der individuellen leistungslohnabhängigen Motivierung beachten Sie die Hinweise zum „Erwartung-mal-Wert Modell" (s. „Erwartung-mal-Wert" oder die Kalkulation des Erfolges).

TIPP 33: Feedback, Feedback und noch einmal Feedback

- Persönliche Wertschätzung und regelmäßige Feedbacks zur Beeinflussung der Arbeitsleistungen und Arbeitshaltungen sind nach wie vor die einfachsten und wirksamsten Mittel der Motivierung und Orientierung Ihrer Mitarbeiter.

- Feedback heißt, dem Mitarbeiter sachlich begründete Rückmeldungen zu einer erbrachten Leistung zu geben. Es soll den Mitarbeiter motivieren, seine Stärken auszubauen und mögliche Schwächen gezielt zu bearbeiten. Darüber hinaus dient es der Entwicklung der Selbstreflektionsfähigkeit, damit einer besseren Selbststeuerung des Verhaltens und vor allem der positiven Motivierung!

- Feedback wirkt am besten, wenn Sie ...

  - Ihren Mitarbeiter ermutigen, es sich selbst zu geben; beginnen Sie immer mit der Frage, nicht mit der Antwort: z. B. „Na, wie ist es denn nun gelaufen, Ihr Projekt"?

  - Feedback direkt und unmittelbar nach erbrachter Leistung aussprechen.

  - die positiven Aspekte sowohl am Anfang als auch am Ende Ihres Feedbacks platzieren (Sandwich-Technik); der positive Abschluss ist das Wichtigste!

  - nicht beschreiben, was Ihnen missfallen hat, sondern was Sie sich in Bezug auf das zukünftige Verhalten des Mitarbeiters wünschen; Sie sprechen dann positive Dinge an und können Ihre Tipps und Vorschläge anbringen.

  - nicht werten, interpretieren, vermuten oder gar Vorwürfe bezüglich der Absichten und Motive des Mitarbeiters formulieren; jeder Mensch beginnt sich zu rechtfertigen und zu verteidigen, wenn ihm etwas unterstellt wird.

  - soziale Vergleiche, wie „Sie sind mein bester Mitarbeiter." oder „Im Vergleich zu Frau X stehen Sie hinten an." vermeiden. Wenn sich dies in Ihrem Team herumspricht, blühen die Phantasien, was die Führungskraft wohl über mich im Feedback an einen Dritten gesagt hat. Wenn Sie dennoch mit Vergleichen arbeiten wollen, beschreiben Sie den besten Mitarbeiter in seinem Verhalten und nutzen dies als Rollenmuster oder Vorbild ohne Namen zu nennen.

  - sich ein Feedback auf Ihr Feedback einholen; stellen Sie sicher, dass der Mitarbeiter Ihr Feedback verstanden und angenommen hat, anderenfalls müssen Sie solange weiterarbeiten, bis Ihnen ein positiver Ausklang gelungen ist.

10.5 Mitarbeiter fördern, entwickeln, coachen

Wie Sie aus der Planung Ihrer Führungsaufgaben ersehen konnten, nimmt das Thema der Entwicklung und Förderung Ihrer Mitarbeiter einen relativ großen Umfang ein. Da Sie die Aufgabe haben, Ihre Mitarbeiter zum Erfolg zuführen, müssen Sie sie dazu befähigen. Wenn Ihr Unternehmen bisher gut gearbeitet hat, ist davon auszugehen, dass zunächst der richtige Mitarbeiter auf der jeweils für ihn richtigen Stelle eingesetzt wurde. Dennoch wird es in Anbetracht der sich entwickelnden Markt- und Kundenanforderungen immer genügend Anlass geben, die Fähigkeiten Ihrer Mitarbeiter entsprechend der Erfordernisse anzupassen.

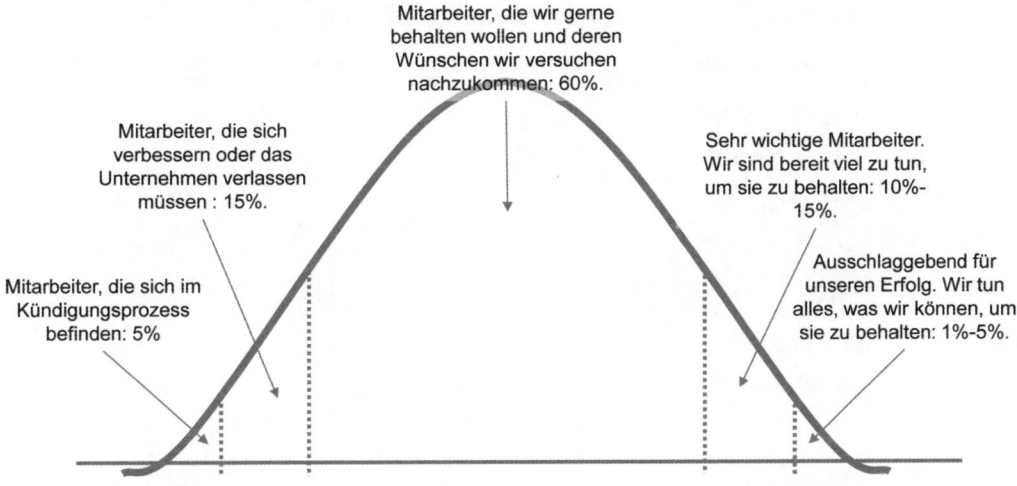

Abb. 65: Überblick über die Verteilung der Mitarbeiter

Von Jack Welch (von 1981 bis 2001 CEO von General Electric) stammt die bekannte „70-20-10"-Regel, die besagt, dass in einem Unternehmen ca. 20% der Mitarbeiter zu den „Stars" gehören. 70% der Beschäftigten sollten gefordert und gefördert werden, und auf die schwächsten 10% könnte man getrost verzichten. Insofern macht der größte Teil Ihrer Mitarbeiter einen guten Job und sollte im Zentrum Ihre Förderungsbemühungen stehen.

10.5.1 Entwicklungsstand der Mitarbeiter feststellen

Deshalb ist es zum Anfang Ihrer Tätigkeit außerordentlich ratsam, dass Sie sich einen dezidierten Überblick über die Leistungsmöglichkeiten, also über das Können Ihrer einzelnen Mitarbeiter verschaffen. Auch wenn Ihr Unternehmen über keine Skill-Datenbank verfügt, ist es relativ simple, sich einen Übersichtsbogen zu erstellen. Dabei müssen Sie zunächst alle für die Tätigkeiten Ihrer Mitarbeiter relevanten Kenntnisse, Fähigkeiten und Kompetenzen erfassen.

Tab. 42: Planung der Entwicklung anhand eines Fähigkeitschecks

Soll-Ist-Profil	Mitarbeiter			Name:		
Fähigkeitsbereich	Kenntnisstand			Priorität	Dauer	[x]
Produktkenntnisse	↓	↔	↑			
Systemarchitekturen						
Systemintegration						
Marktkenntnisse						
IT Dienstleistung,						
Banken						
Programmiersprachen						
Delphi Lotus						
Notes Script						
Datenbanksysteme						
Lotus Notes						
MS SQL Server						
Verkaufsfähigkeiten						
Abschlusssicherheit						
Einwandbehandlung						

Soll-Ist-Profil	Mitarbeiter	Name:		
Fähigkeitsbereich	Kenntnisstand	Priorität	Dauer	[x]
Schlüsselqualifikationen				
Sozialkompetenz				
Medienkompetenz				
Sprachen				
Deutsch				
Englisch				

Anschließend übergeben Sie den Erfassungsbogen den einzelnen Mitarbeitern und bitten sie, den Bogen Ihren aktuellen Fähigkeiten entsprechend auszufüllen. In einem gemeinsamen Gespräch klären Sie anschließend, welche Bereiche den aktuellen Anforderungen genügen und wo Handlungsbedarf ist. Vereinbaren Sie mit Ihren Mitarbeitern dann, in welchem Zeitraum und durch welche Maßnahmen die betreffenden Fähigkeiten entwickelt werden sollen. Diese Prozedur sollten Sie zu jeweils zu Jahresbeginn fortführen und so die jährlichen Entwicklungsschwerpunkte für jeden Mitarbeiter bestimmen. Ausgangspunkt dürfte dann der jeweilige Stand der Zielerfüllungen des Mitarbeiters sein. Ein Beispiel finden Sie in Tab. 42, das Sie leicht für Ihre Zwecke anpassen können.

Zur genauen Identifizierung des gegenwärtigen Leistungsstandes Ihrer Mitarbeiter empfiehlt sich der Einsatz des Leistungs-Potenzial Portfolios, wie Sie es in Abb. 66 und 67 dargestellt sehen. Jedem Mitarbeiter Ihres Teams wird in dem System ein Platz zugewiesen, in Abhängigkeit davon, wie die aktuelle Leistungsfähigkeit eingeschätzt wird, z. B. bewertet nach dem Stand der Zielerfüllung, und wie Sie die zukünftigen Entwicklungsaussichten resp. Potenziale (mögliche zukünftige Leistungserbringung) des Mitarbeiters bewerten. Zur Einschätzung des zukünftigen Potenzials erfolgt eine Bewertung auf den Dimensionen: Leistungswillen (Ehrgeiz), intellektuelle Befähigung, Lernbereitschaft, Kreativität, Belastbarkeit (Stressresistenz) und Veränderungsbereitschaft (Flexibilität). Schätzen Sie einen Mitarbeiter auf den genannten Dimensionen hoch ein, können Sie davon ausgehen, dass er noch über beträchtliches Potenzial „nach oben" verfügt.

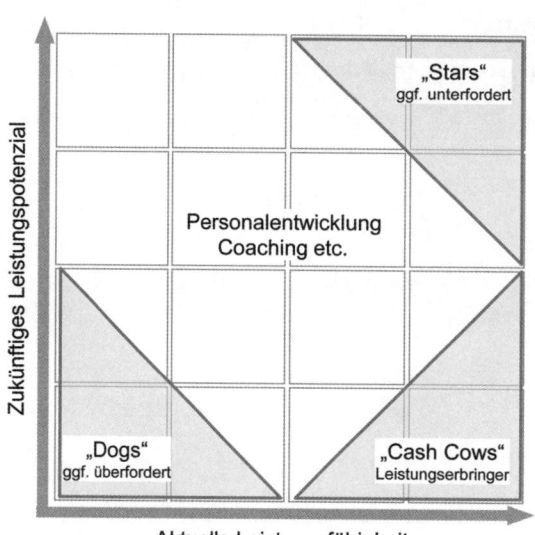

Abb. 66: Leistungs-Potenzial Portfolio

- Mitarbeiter, die in der oberen, rechten Ecke des Systems eingeordnet werden, gehören zu den aktuellen Topleistern und verfügen darüber hinaus über ein beträchtliches Entwicklungspotenzial. Es besteht die Gefahr der Unterforderung bezüglich der Aufgabenfelder und Herausforderungen, die Sie dem Mitarbeiter in Ihrer Arbeitsgruppe bieten können. Zu überdenken ist die Übertragung zusätzlicher Verantwortung (z. B. Stellvertreter) oder die Umsetzung in eine andere Funktion, womöglich nicht mehr in Ihrem Team. Finden Sie heraus, welche Vorstellungen der Kollege bezüglich seiner weiteren beruflichen Entwicklung hat und unterstützen Sie ihn dabei, unabhängig davon, ob es Ihrer Gruppe zugutekommen wird. Vorrang haben in jedem Fall die Entwicklungsmöglichkeiten und -absichten des Mitarbeiters und eine adäquate Stellenbesetzung im Sinne Ihres Unternehmens.

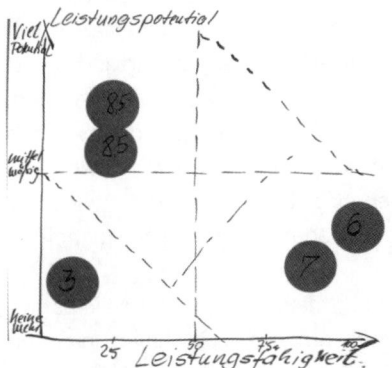

Abb. 67: Beispiel einer Leistungs-Potenzial Portfolio

- Mitarbeiter in der unteren, rechten Ecke sind die aktuellen Leistungserbringer in Ihrem Team (Cashcows). Sie leisten wertvolle Arbeit und schaffen den maximalen Output für Ihre Gruppe. Sie stehen meist in der Mitte oder in der zweiten Hälfte Ihres beruflichen Werdegangs, haben ihre Position gefunden und verfügen kaum mehr über Potenzial für eine weitere berufliche Entwicklung. Diese Mitarbeiter sind vor allen Dingen zu motivieren und wie „Goldstaub" zu behandeln. Sie werden zwar keine anderen oder höherwertige Aufgaben übernehmen, aber sie legen die Basis Ihres Erfolges. Dennoch können Sie sie für Ihre Personalentwicklungsnahmen mit anderen Kollegen als Partner nutzen. Sie können als Lern-Mentoren fungieren, sie können Ihr Coaching mit anderen Kollegen unterstützen oder als Vorbilder in Hospitationen dienen.
- Mitarbeiter in der linken, unteren Ecke sind die „Sorgenkinder", die es wohl in jedem Bereich gibt. Sie stehen meist am Ende Ihrer beruflichen Entwicklung oder haben bereits „innerlich gekündigt". Sie erbringen kaum Leistung und eine mögliche Entwicklung ist nicht in Sicht. Entweder nutzten Sie sie für Unterstützungsaufgaben in der Zusammenarbeit mit Ihren Leistungsträgern oder man muss sich darüber Gedanken machen, ihnen andere Funktionsbeiche außerhalb Ihres Teams zuzuweisen.
- Alle anderen Positionen im Portfolio lassen eine erfolgreiche Personalentwicklung vor Ort sinnvoll erscheinen. In Abb. 67 sehen Sie ein typisches Beispiel aus der Praxis. Zusätzlich haben die Führungskräfte in diesem Beispiel jedem Mitarbeiter einen Motivationswert zwischen 1 und 10 zugewiesen, der sehr schön mit der jeweiligen Position korreliert. Selbstverständlich wird die Führungskraft Ihre Bemühungen auf die beiden Mitarbeiter mit den Motivationswerten 8,5 konzentrieren.

Zusammenfassend bedeutet das: als Führungskraft kümmern Sie sich um die Leistungsentwicklung jedes Mitarbeiters, egal wo Sie ihn in unserem Schema einordnen. Wie die obigen Beschreibungen deutlich gemacht haben, erfährt jeder Mitarbeiter eine ganz spezifische Unterstützung. Personalentwicklungsmaßnahmen, im Sinne einer durch die Führungskraft gesteuerten Qualifizierung vor Ort werden Sie vor allem für die Mitarbeiter planen und umsetzen, die über das notwendige Potenzial dazu verfügen. Nur dies sichert Ihnen eine rasche positive Entwicklung des gesamten Teams, welche sich letztlich in messbaren Erfolgen widerspiegelt.

Beim Vereinbaren der entsprechenden Entwicklungsmaßnahmen sollten Sie darauf Wert legen, sich selbst soweit wie möglich zu entlasten. Alle Maßnahmen, in denen der Mitarbeiter selbst oder zusammen mit den Kollegen aus dem Team aktiv wird, sind zu favorisieren.

ARBEITSHILFE
ONLINE

Checkliste 13: Entwicklungsmaßnahmen am Arbeitsplatz	
Lernstrategien und Lernmethoden...	**[x]**
Lehrgespräch, Fachvortrag, Input	
Abfragendes Gespräch (Kontrolle)	
Gemeinsames Erarbeiten eines Themas	
Arbeit an Fallbeispiele aus der Praxis	
Vormachen, Zeigen, Vorführen	
Zielvereinbarungen mit Termin	
Nachbearbeitung von Fachseminaren	
Selbststudium bzw. Hausaufgaben	
Computerprogramme, Lernsoftware	
Teamarbeit bzw. Gruppenarbeit (mehrere Kollegen)	
Hospitation bei Kollegen	
Rollenspiele (Perspektivwechsel)	
Vorträge ausarbeiten lassen	
Praxiserfahrung sammeln	
Lehrprobe, Test (Kontrolle)	
Feedbackgespräch	
Coaching	

10.5.2   Zur Entwicklung motivieren

Der US-amerikanische Managementtrainer Robert Dilts (Dilts 1993) entwickelte in Anlehnung an Albert Banduras „Sozialer Lerntheorie" (Bandura 1977b) ein Lernstadienmodell, das häufig im Bereich der neurolinguistischen Programmierung (NLP-Trainingskonzept) zur Anwendung kommt.

Dilts Lernstadienmodell

Albert Bandura ging davon aus, das je nach erreichtem Lernzustand bestimmte Verhaltensweisen nicht mehr „bewusstseinspflichtig" sind. D. h., sie laufen automatisch ab, ohne das wir besondere Aufmerksamkeit darauf verwenden müssen. So merkt häufig der professionelle Autofahrer, dass er hunderte Kilometer auf der Autobahn zurückgelegt hat, ohne sich daran erinnern zu können, was in der verstrichenen Zeit geschehen ist. Alle gut beherrschten Tätigkeiten laufen in dieser Form ab. Robert Dilts bezeichnet dieses Lernstadium auch als Stufe der „unbewussten Kompetenz".

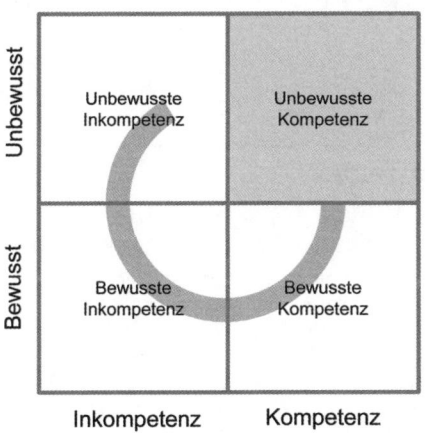

Abb. 68: Lernstadienmodell (nach Dilts 1993)

Um dort hinzugelangen, müssen allerdings vorher andere Stadien durchlaufen werden. Wichtig und Voraussetzung für die Initiierung eines Lernprozesses ist vor allem das Sich-**Bewusstmachen** der fehlenden Fähigkeiten. Ein Mitarbeiter, der noch nie von Ihnen aufgefordert wurde, z. B. ein Verkaufscoaching mit einem schwächeren Kollegen durchzuführen, befindet sich noch im Stadium der „unbewussten Inkompetenz". Sprechen Sie ihn jedoch daraufhin an, werden Sie an seinen Reaktionen sehr schnell feststellen, dass er nun plötzlich in das Stadium der „bewussten Inkompetenz" gelangt ist. Ihm wird bewusst, was er alles noch nicht beherrscht, um diesen Auftrag erfolgreich zu erfüllen. D. h., bevor Sie die Motivation zum Lernen und zur Entwicklung von einem Mitarbeiter erwarten können, müssen Sie ihm seine aktuelle Leistungsfähigkeit vor Augen führen und sichtbar machen, was auf dem Weg zu einem erfolgreicheren Agieren fehlt. Erst dann ist ein zielgerichtetes Lernen möglich. Wie Sie gesehen haben, ist dies immer durch Feedbackprozesse und die Übertragung von neuen Herausforderungen möglich.

Irgendwann werden Sie den Mitarbeiter soweit in seiner Entwicklung unterstützt haben, dass er sich nun im Stadium der „bewussten Kompetenz" befindet. Er beherrscht zwar das „neue" Verhalten, aber es ist noch nicht automatisiert. D. h., kleinste Störungen und unerwartete Unterbrechungen können das gelernte Verhalten wieder behindern. Denken Sie nur an Ihre erste selbstständige Autofahrt nach der bestandenen Prüfung. Alle auszuführenden Einzelhandlungen verlangten noch Ihre vollste Konzentration. Störungen in dieser Phase unterbrechen die noch nicht „eingeschliffenen" Abläufe. Sie fühlen sich noch unsicher und Ihnen unterlaufen unnötige Fehler. Insofern sind Ihre Entwicklungsbemühungen noch nicht abgeschlossen. Erst wenn der Mitarbeiter auf der Stufe der „unbewussten Kompetenz" angelangt ist, haben Sie Ihre Entwicklungsaufgabe erfolgreich abgeschlossen. Dazu muss der Mitarbeiter häufig die Gelegenheit haben, das neu erlernte Wissen und Verhalten anzuwenden und zu trainieren.

10.5.3   Exkurs: Coaching von Mitarbeitern

Eine der erfolgreichsten Methoden des Lernens und der Verhaltensentwicklung am Arbeitsplatz ist das Coaching, weshalb wir auf dieses Thema — wenigstens im Überblick — eingehen wollen.

Interaktiv und zielgerichtetes Coaching

Coaching wird verstanden als eine interaktive, personenzentrierte Lern- und Entwicklungsmethode, bei dem der Coach — in unserem Fall die Führungskraft — den Mitarbeiter in einer für ihn typische Arbeitssituation (z. B. Verkaufs-, Kundengespräch, Sachbearbeitung, Problemlösesituation) zielgerichtet beobachtet und anschließend das gezeigte Verhalten und die erzielten Ergebnisse gemeinsam mit dem Mitarbeiter auswertet. In der Auswertung geht es dann darum, alternative, effektivere und erfolgreichere Verhaltensweisen zu erarbeiten und in einem nächsten Schritt auszuprobieren.

- „Zielgerichtet" bedeutet, dass der Mitarbeiter im Vorfeld der beobachteten Situation gemeinsam mit der Führungskraft die Ziele und den sogenannten „Beobachtungsauftrag" für die Führungskraft festlegt.
- „Interaktiv" heißt, dass in der Auswertung Coach und Mitarbeiter gleichermaßen gefordert sind und auf gleicher „Augenhöhe" zusammenarbeiten. Dem Mitarbeiter werden keine Lösungen für mögliche Veränderungsnotwendigkeiten angeboten, sondern er wird ermutigt, eigene Lösungen zu entwickeln.

Die Verantwortung für den Lernprozess soll beim Mitarbeiter bleiben, da dies, wie wir am Thema Delegation und Motivation bereits gesehen haben, ein höheres Engagement bewirkt. Die Führungskraft fungiert in diesem Prozess als Impulsgeber und schafft Bedingungen für ein angstfreies Lernen. Sie steht im Bedarfsfall in der aktuellen Situation als Helfer und Unterstützer zur Verfügung. In der folgenden Tabelle sind die unterschiedlichen Sichtweisen oder Schwerpunkte von Führungskraft und Coach bei der Entwicklung von Mitarbeitern verdeutlicht.

Tab. 43: Unterschiedliche Sichtweisen bei der Entwicklung von Mitarbeitern

Schwerpunkte der Führungskraft (klassisches Führungsverständnis)	Schwerpunkt des Coaches (modernes Führungsverständnis)
■ Augenmerk auf Ziele und Ergebnisse	■ Augenmerk auf Prozesse und Vorgehen
■ Suche nach optimalen Lösungen	■ Suche nach alternativen Lösungen
■ Konzentration auf Fähigkeiten	■ Konzentration auf Potenziale
■ Vermeiden von Fehlern	■ Lernen aus Fehlern
■ Konzentration auf Schwächen	■ Konzentration auf Stärken
■ Konzentration auf Steuerung	■ Konzentration auf Selbst-Steuerung
■ Übernehmen von Verantwortung	■ Übertragen von Selbst-Verantwortung
■ Sicherstellen von Motivation	■ Ermöglichen von Selbst-Motivation
■ Vertrauen gewähren	■ Selbstvertrauen stärken

Um Ihnen einen Eindruck zu gewähren, wie Coaching innerhalb der Entwicklung Ihrer Mitarbeiter eingesetzt werden kann, stellen wir Ihnen in der folgende Tabelle (s. Tab. 44) das generelle Vorgehen bei einem Coaching vor. In Tab. 45 sehen Sie den exemplarischen Ablauf eines typischen Vorgesprächs zum Coaching bei einem beobachteten Kundengespräch und Tab. 46 zeigt das Auswertungsgespräch durch den Coach nach der Beobachtungsphase. Im Internet, bei den Arbeitshilfen online finden Sie Vorlagen zu Coachingplänen, Coachingprotokollen und Feedbackhinweise für die Führungskraft als Coach.

Tab. 44: Ablauf eines Coaching-Prozesses

(1) Gespräch zur Planung des Coachingprozess

- Orientierung im Rahmen des Jahres-Zielgesprächs oder eines Mitarbeitergesprächs.
- Motivation und Einstellung des Mitarbeiters zum Coaching prüfen und sicherstellen.
- Welche positiven oder negativen Erfahrungen hat er bereits mit Coaching gemacht?
- Ziele und Anliegen des Coachings klären; ggf. Erläuterungen zum Coaching geben.
- IST-Analyse zum Stand des Mitarbeiters klären (Fähigkeitscheck).
- Ziele, Maßnahmen, Zeitplan und Zielkriterien für das Coaching definieren.

(2) Vorgespräch unmittelbar vor einer Coachingeinheit

- Motivation und Einstellung des Mitarbeiters prüfen und sicherstellen.
- Coaching-/Beobachtungsauftrag besprechen.
- Inhaltliche und fachliche Aspekte klären.
- Gesprächsziele des Mitarbeiters besprechen.
- Organisatorisches besprechen. (z. B. Rolle des Coachs vor dem Kunden)

(3) Beobachtungsphase

- Notizen und Aufzeichnungen
- Checklisten und Beobachtungsbögen

(4) Vorbereitung auf das Auswertungsgespräch

- Wichtige Formulierungen und Zitate
- Stärken und Schwächen des Gesprächs
- Alternative Vorgehenseisen und Empfehlungen, Ideen

(5) Auswertungsgespräch

- Selbstreflexion des Mitarbeiters ermöglichen
- Feedback des Coachs; Sichtweise des Coaches
- Alternative Vorgehensweisen entwickeln
- Vereinbarungen für den nächsten Schritt treffen

(6) Die Nachbereitung

- Coaching-Protokoll
- Weitere Maßnahmen

Tab. 45: Ablauf eines Vorgesprächs zum Coaching (Kundensituation)

(1) Motivation und Einstellung prüfen und sicher stellen

- Wie geht es Ihnen so kurz vor dem Coaching?
- Welche Fragen haben Sie noch? Was müssen wir noch klären?
- Arbeitsfähigkeit sicherstellen! (motivational und inhaltlich)

(2) Ziel und Anliegen des Coachings klären

- Wo stehen wir jetzt in der Qualifizierung? (Coaching-Plan, Coaching-Protokolle)
- Welche Funktion hat das Coaching zu diesem Zeitpunkt?
- Was hatten wir uns für den heutigen Termin vorgenommen?
- Was erwarten Coach und Mitarbeiter vom Coaching?

(3) Beobachtungsauftrag besprechen und fixieren

- Was gelingt Ihnen bisher schon sehr gut? Woran müssen wir arbeiten?
- Worauf soll ich achten? Was erwarten Sie von mir?
- Was wollen Sie sich fürs Coaching vornehmen? (inhaltlich)
- Beispiel: Abschluss, Cross-Selling, Ansprache, Small talk, Empfehlung

(4) Organisatorisches besprechen und fixieren

- Sitzordnung, räumliche Position klären; Vorstellung, Rolle des Coaches (GSL)
- Hilfe durch Coach in der Situation; Verhalten bei Beratungsfehlern
- Notizen, Mitschriften erläutern

(5) Inhaltliche, fachliche Aspekte klären

- Welchen Kunden erwarten wir? Was wissen wir bereits über den Kunden?
- Was erwarten Sie vom Kunden? Wie wird er sich verhalten?
- Welche Wünsche, Bedarfe hat der Kunde?
- Was müssen wir zum Produkt klären?
- Wie wollen Sie vorgehen?
- Was ist ihr verkäuferische Ziel in der Kundensituation?

(6) Motivation und Einstellung prüfen

- Sind Sie jetzt gut vorbereitet?
- Gibt es noch Fragen?

Tab. 46: Ablauf einer Coaching-Einheit (Coaching eines Kundengesprächs)

(1) Einstieg und Gesprächseröffnung

- Wie geht es Ihnen jetzt? Wie haben Sie das Gespräch empfunden?
- Wie erfolgreich waren Sie? Haben Sie Ihre Ziele erreicht?
- So habe ich die Situation erlebt? Mir ist aufgefallen, dass ...

(2) Selbsteinschätzung der Gesamtsituation

- Wo sehen Sie Ihre Stärken in dem Gespräch? Womit, wodurch waren Sie erfolgreich?
- Was ist Ihnen besonders gut gelungen? Womit sind Sie zufrieden?
- Womit sind Sie selbst unzufrieden? Wo fühlten Sie sich unsicher?
- Wo sehen Sie Optimierungsmöglichkeiten? Was würden Sie das nächste Mal anders machen?
- So habe ich die Situation erlebt? Mir ist aufgefallen, dass ...

(3) Bearbeiten der einzelnen Phasen des Gesprächs

- Was ist in dieser Phase geschehen? (Gemeinsames Erinnern ...)
- Was lief in der Phase gut? Wo waren Sie sich unsicher?
- Was würden Sie beim nächsten Mal anders machen?
- Welche Alternativen gibt es? Wie kann man noch vorgehen?
- Was hätte (noch) zum Erfolg geführt?
- So habe ich die Situation erlebt? Mir ist aufgefallen, dass ...
- Motivation und Lernbereitschaft sichern. Motivieren und Bestätigen!

(4) Zusammenfassung

- Gemeinsam das Analysierte zusammenfassen!
- Erfolgsfaktoren und Entwicklungsfelder gemeinsam definieren!
- Coach kann sein Feedback zusammenfassend wiederholen!

(5) Zielvereinbarung

- Was nehmen wir uns für die nächste Runde / Gespräch vor?
- Was können wir festhalten/zusammenfassen? (Coaching-Protokoll und Coaching-Plan)
- Mit welchen Maßnahmen wollen Sie das umsetzen?
- Woran wollen Sie dann den Erfolg festmachen?

(6) Reflektion zum Gespräch
▪ Wie geht es Ihnen jetzt insgesamt nach dem Coaching?
▪ Was war für Sie hilfreich? Was war weniger hilfreich?
▪ Sind wir auf dem richtigen Weg? Konnten Sie etwas Neues erfahren?
▪ Wie fanden Sie unser Auswertungsgespräch?

10.6 Zusammenfassung

- Für eine erfolgreiche Führung von Mitarbeitern ist eine sorgfältige Planung aller Führungsaktivitäten (z. B. Teamsitzungen, Mitarbeitergespräche) empfehlenswert. Dafür hat sich das Instrument des Führungskalenders als nützlich erwiesen. Mit dem Führungskalender werden die durchzuführenden Führungsaktivitäten des laufenden Jahres bezüglich der gesamten Gruppe und jedes einzelnen Mitarbeiters abgestimmt. Mitarbeiter und Führungskräfte sind somit im Vorfeld informiert, wann welche Maßnahmen zu erwarten sind.
- Das Konzept des „Führens mit Zielen" (Managment by Objectives) hat sich als wirkungsvolles Führungsinstrument durchgesetzt.
  - Zielvereinbarungen sind zwischen Mitarbeiter und Führungskraft gemeinsam vereinbarte, auf einen erwünschten Soll-Zustand der Tätigkeit ausgerichtete, für einen bestimmten Zeitraum verbindlich festgelegte, konkret messbare Arbeitsresultate, die in knapper schriftlicher Form dokumentiert werden.
  - In den jährlichen Zielvereinbarungen werden die Mitarbeiter- bzw. Teamziele jedes Bereiches, beginnend mit der obersten Hierarchieebene, nach unten heruntergebrochen. Der kaskadenförmige Zielfindungsprozess beginnt mit der Kommunikation der Zielkriterien auf Ebene des Gesamtunternehmens. Diese werden im nächsten Schritt in Bereichs-, Gruppen- und Mitarbeiterziele übersetzt.
  - Die Ziele lassen sich aus den vier Aspekten der Balanced-Scorecard ableiten (finanzielle Kenngrößen, Optimierungen interner Prozesse, Kunden-, bzw. Marktziele, Ziele der individuellen Kompetenzentwicklung).
  - Darüber hinaus können bei der Übertragung von Zielen drei Charakteristika der Arbeitsaufgabe systematisch variiert werden: die Quantität (Arbeitsmenge), die Qualität (Arbeitssorgfalt, Fehlertoleranz) und die zur Erfüllung der Aufgabe notwendigen Ressourcen (Zeit, Arbeitsmittel). Wie viel und was soll in welcher Zeit mit welchem Aufwand erreicht werden?

- Ein wesentlicher Bestandteil des Führungsprozesses besteht in der Delegation von Aufgaben, D. h., in der Zuweisung von Aufgaben, Kompetenzen und Verantwortlichkeiten. Diese können je nach Zweck dauerhaft oder zeitweise übertragen werden.
  - Am produktivsten sind die übertragenen Aufgaben jeweils dann, wenn sie in der sogenannten „Zone der nächsten Entwicklung" des Mitarbeiters liegen. D. h., die Aufgaben haben einen Schwierigkeitsgrad, welcher zur erfolgreichen Bewältigung der Aufgabe eine zusätzliche Entwicklung des Mitarbeiters erfordert.
  - Ferner ist zu empfehlen, bei einer Aufgabendelegation gleichzeitig die notwendigen Entscheidungskompetenzen und die Verantwortung zu übertragen. In diesem Fall spricht man von einer vollständigen Delegation.
  - Die besten Voraussetzungen für eine optimale Leistung bietet ein mittlerer Erregungsgrad bei der Aufgabenbewältigung (Aktivierung oder auch Aufgeregtheit). Ist der Grad der Aktivierung stärkerer oder schwächerer, nimmt die Leistungsfähigkeit ab. Demnach sollten Anforderungen so ausgewählt werden, dass der Grad der inneren Aktivierung, ausgelöst durch eine spezifische Anspannung oder Aufgeregtheit, in einem mittleren Bereich liegt.
- Mitarbeiter benötigen Motivation. Am nachhaltigsten wirken intrinsische Motivatoren, wie z. B. besondere Erfolge und Herausforderungen, Spaß an der Arbeit selbst, gesteigerte Verantwortung, persönliche Entwicklung usw. Auch extrinsische Motivatoren, wie z. B. Anerkennung und Wertschätzung für geleistete Arbeit, Aufstiegsmöglichkeiten und leistungsorientierte Belohnungssysteme können die Produktivität erhöhen.
  - Um das Motivationspotenzial einer Aufgabe auszuschöpfen, ist es nach dem „Job Characteristics Modell" wichtig, die jeweiligen Anforderungen vielfältig und abwechslungsreich zu gestalten, die Aufgaben vollständig und ganzheitlich zu delegieren, die Bedeutung der Tätigkeit hervorzuheben, Verantwortung und Kompetenz an den Mitarbeiter abzugeben und regelmäßiges, zeitnahes und ergebnisbezogenes Feedback zu geben.
  - Eine optimale Motivierung zur Durchführung einer Aufgabe hängt von weiteren innerpsychischen Mechanismen ab. Um sich z. B. zur Erreichung eines Ziels besonders anzustrengen, ist nach dem Erwartung-mal-Wert Modell zu berücksichtigen, dass nicht nur die Konsequenzen einer Zielerreichung für den Mitarbeiter bedeutsam oder erstrebenswert sein müssen, sondern darüber hinaus muss die berechtigte Erwartung bestehen, dass das angestrebte Ziel mit den eigenen Fähigkeiten erreichbar ist und bei Zielerreichung auch die erhofften Konsequenzen eintreten. Steht eines dieser Elemente infrage, wird die daraus resultierende Motivation entsprechend geringer sein.

- Die Förderung und Entwicklung der Mitarbeiter nimmt im Aufgabenspektrum der Führungskraft einen wichtigen Platz ein. Um die Mitarbeiter gezielt zu fördern, ist der jeweilige Leistungsstand alljährlich festzustellen und die aktuellen Entwicklungsziele zu bestimmen. Bei der gemeinsamen Festlegung der Entwicklungsmaßnahmen sollte der aktuelle Leistungsstand und das zukünftige Leistungspotenzial des Mitarbeiters berücksichtigt werden.
- Neben zahlreichen anderen Entwicklungsmaßnahmen hat sich das Lernen am Arbeitsplatz als besonders produktiv herausgestellt. Es fördert die Eigeninitiative der Mitarbeiter und belässt sie in ihrem Arbeitsumfeld. Dabei spielt das Coaching durch die Führungskraft eine herausragende Rolle.
  - Coaching ist eine interaktive, personenzentrierte Lern- und Entwicklungsmethode, bei dem die Führungskraft den Mitarbeiter in einer für ihn typischen Arbeitssituation zielgerichtet beobachtet und anschließend das gezeigte Verhalten und die erzielten Ergebnisse gemeinsam mit dem Mitarbeiter auswertet. In der Auswertung werden gemeinsam alternative, effektivere bzw. erfolgreichere Verhaltensweisen erarbeitet und in einem nächsten Schritt ausprobiert.
  - Die Verantwortung für den Lernprozess soll beim Mitarbeiter bleiben. Die Führungskraft fungiert in diesem Prozess als Impulsgeber und schafft Bedingungen für ein angstfreies Lernen. Sie steht im Bedarfsfall in der aktuellen Situation als Helfer und Unterstützer zur Verfügung.

11 Meilenstein 11: Teams erfolgreich führen

Kapitelübersicht

- Aufgaben- und Beziehungsorientierung in der Teamarbeit

- Das Team-Dreieck

- Vor- und Nachteile von Gruppenarbeit

- Bedingungen für eine erfolgreiche Teamarbeit

- Gruppenarbeitstechniken gekonnt einsetzen

- Qualität der Zusammenarbeit diagnostizieren

- Teamentwicklung: Zusammenhalt und Leistung fördern

11.1 Die Gruppe lernt laufen

Im Meilenstein 8 („Teamanalyse") haben Sie bereits viel über die Mechanismen und Phänomen in Gruppen erfahren. In diesem Kapitel soll es uns darum gehen, wie Sie Ihr Arbeitsteam in wichtigen Situationen Ihres Führungsalltags steuern können. Zunächst einmal tauchen wieder die zwei Dimensionen des Führungsverhaltens auf, die uns bereits bei den Führungsstilen begegnet sind. Arbeitet eine Gruppe auf beiden Dimensionen gleichzeitig optimal, wird sie „produktiv" sein und ein bestmögliches Arbeitsergebnis erzielen (s. Abb. 69). Sie wird dabei sowohl engagiert und kooperativ als auch konstruktiv und zielorientiert agieren. Dies ist der wünschenswerte Zustand, den Sie anstreben sollten und der Ihrer Führung und Steuerung bedarf (vgl. West 1994).

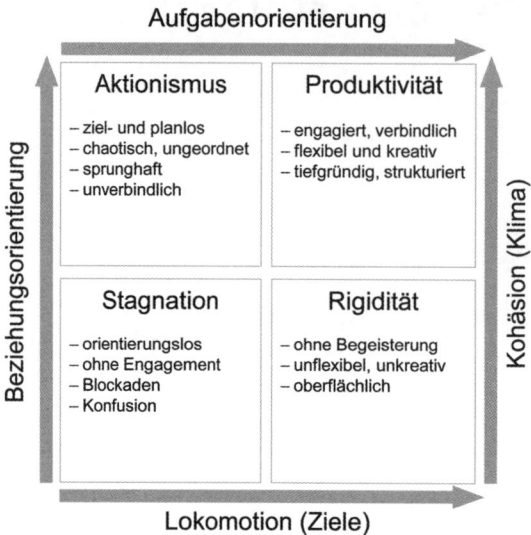

Abb. 69: Aufgaben- und Beziehungsorientierung in der Teamarbeit

Lassen Sie die Gruppe ohne Steuerung laufen, kann es in Abhängigkeit von dem Entwicklungsstand der Gruppe dazu führen, dass sie bei der Aufgabenerfüllung „stagniert". Sie ist orientierungs- und ziellos und die Gruppenmitglieder werden sich vermutlich in diesem Zustand wenig engagieren und gegenseitig unterstützten. Betonen Sie lediglich die Aufgabe und vernachlässigen dabei den Beziehungsaspekt, wird die Gruppe voraussichtlich zwar arbeiten, aber eher „rigide" und mit wenig Engagement ihre gesetztes Ziel verfolgen. Hochleistung und ein optimales Arbeitsergebnis sind in diesem Zustand nicht zu erwarten. Legen Sie allerdings zu viel Wert auf das Gruppenklima und eine gute Stimmung und verlieren dabei die Strukturierung und Zielorientierung aus dem Auge, wird die Gruppenarbeit ziel- und planlos in „Aktionismus" ausarten.

Ähnlich unserer Schlussfolgerungen bei der Bearbeitung der Führungsstile, wird auch hier bei der Teamarbeit offensichtlich, dass Sie beide Ausrichtungen gleichermaßen beachten müssen. Eine von Ihnen gut entwickelte Gruppe kann ihren Weg zwar auch allein finden, allerdings wird sie dann ebenso diese beiden Aspekte zu berücksichtigen haben. Haben Sie in dieser Beziehung bisher gut gearbeitet, bedarf es Ihrer Steuerung u. U. nicht mehr. Dies wäre die größte Auszeichnung für Ihr Führungsverhalten. Die Qualität Ihrer Arbeit ist sehr gut daran zu bemessen, wie die „Gruppe läuft", wenn die Führungskraft nicht anwesend ist. Bis dahin ist der Weg allerdings manchmal steinig und lang.

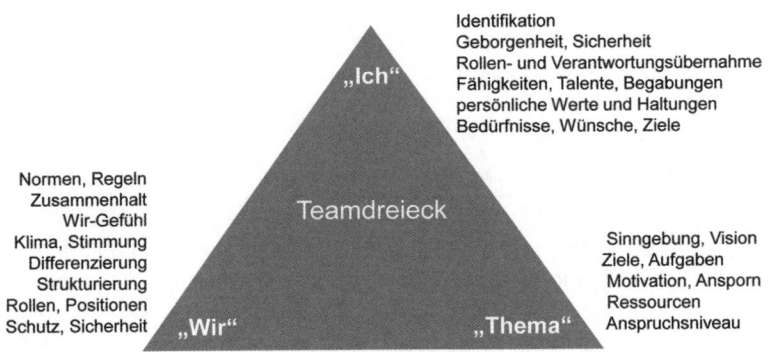

Abb. 70: Themenzentrierte Interaktion (TZI); Team-Dreieck (nach Cohn 1975)

Ein sehr interessantes Modell, welches Ihnen Ihre Aufgaben und Verantwortungen bei der Steuerung von Teamarbeit und bei der Entwicklung Ihrer Gruppe insgesamt nahe bringt, ist das sogenannte „Teamdreieck". Das Modell wurde aus der Themenzentrierte Interaktion (TZI), einem Konzept zur Arbeit in Gruppen, Mitte der 1950er Jahre von der US-amerikanische Psychoanalytikerin und Psychologin, Ruth Cohn, entwickelt. Danach sind drei Aspekte ausschlaggebend, die Sie als Gruppenleiter in der Balance halten sollten.

Die Aspekte „Wir" und „Thema" stimmen überein mit den beiden Führungsausrichtungen Beziehungs- und Aufgabenorientierung. Ohne ein erreichbares und herausforderndes Ziel, eingebettet in eine sinngebende Vision für Ihr Team („Thema"), wird Ihre Gruppe auseinanderfallen. Es ist sozusagen die Ultima Ratio der Gruppenarbeit schlechthin. Bezeichnender Weise gehen viele private Partnerschaften auseinander, wenn der Eigenheimbau vollendet oder die Kinder das elterliche Heim (Phänomen des „leeren Nests") verlassen haben. Die gemeinsame Aufgabe ist abgeschlossen und eine neue muss erst gefunden und entwickelt werden.

Ist auf der anderen Seite („Wir") die Gruppe noch keine wirkliche Gruppe, haben sich noch keine Normen und Umgangsregeln entwickelt, ist ein Gruppenzusammenhalt (Kohäsion) und ein Wir-Gefühl noch nicht entstanden oder fehlt es noch an Strukturen und Rollen, ist eine effektive Arbeitsweise kaum möglich. Wie wir bereits ausführten, besteht Ihre Aufgabe darin, diese sich ohnehin ausbildenden Phänomen zu unterstützen und deren Entwicklung zu beschleunigen. Dass sich beide bisher genannten Aspekte — „Wir" und „Thema" — jedoch ergänzen und gegenseitig beeinflussen, wird z. B. daran deutlich, dass eine besondere Herausforderung, ein anspruchsvolles Ziel oder eine arbeitsreiche und anstrengenden Phase das Team quasi zusammenschweißen können. Wir betonen dabei das „können", denn es ist durchaus möglich, dass ein Team auch daran zerbricht. Wenn es dazu kommt, liegt es regelmäßig daran, dass die Gruppe in Ihrem Bestand noch nicht genügend gefestigt war. Sie müssen beide Elemente ausbalancieren, so dass ein effektives Arbeiten möglich wird. Dazu gehört auch der dritte Aspekt des Teamdreiecks.

Eine Gruppe besteht aus einzelnen Persönlichkeiten („Ich"), die zumeist einen guten Grund haben, warum sie sich einer Gruppe anschließen. Bei unserer Arbeitsgruppe besteht dieser Grund selbstredend zunächst darin, dass Ihre Mitarbeiter eine Arbeitsstelle gesucht und in Ihrem Team gefunden haben. Allerdings wirken hier genau die gleichen Prozesse, als wenn Ihre Kollegen völlig „freiwillig" zu Ihnen gekommen wären. Jedes einzelne Gruppenmitglied erwartet in einer Gruppe die Befriedigung grundlegender Bedürfnisse. Bietet die Gruppe dem Einzelnen nicht die Möglichkeit, seine persönlichen Ziele und Erwartungen zu befriedigen, bietet sie ihm keine Geborgenheit, keine Sicherheit und keinen Schutz, schafft sie ihm keinen Raum, seine Fähigkeiten und Talente in die Gruppe einzubringen und damit einen geachteten und wichtigen Platz in der Gruppe einzunehmen, ist dieses Gruppenmitglied für die Gruppe verloren. Es zieht sich zurück, geht in die „innere Emigration" oder aber es begehrt auf und versucht sich auf Kosten der anderen Gruppenmitglieder mit seinen Interessen durchzusetzen.

Diese drei Elemente auszubalancieren, in der Schwebe zu halten, weder das eine noch das andere zu kurz kommen zu lassen, ist die anspruchsvolle Aufgabe eines Gruppenleiters. Lassen Sie dem Einzelnen zu viel Spielraum, wird der Gruppenzusammenhalt gefährdet. Geben Sie ihm zu wenige, wird er Ihnen als Gruppenmitglied entgleiten. Überbetonen Sie das „Thema", indem Sie ein nicht erreichbares Ziel oder eine nicht lösbare Aufgabe vorgeben, wird die Gruppe daran scheitern und Schaden nehmen. Schaffen Sie eine zu geringe Orientierung, z. B. durch ein zu wenig forderndes Ziel, wird der Gruppenzusammenhalt gefährdet und die Gruppe verliert sich. Letztlich ist auch ein Zuviel oder Zuwenig an Gruppenklima schädlich (s. Abb. 71). Fehlt der aufgabenbezogene sportliche Wettstreit zwischen den Teammitgliedern, ist man sich sozusagen in seinem entspannten Miteinander selbst genug und vernachlässigt die Leistungsdimension, fehlt also eine produktive soziale Spannung, wird die Gruppe keine befriedigenden Ergebnisse erzielen. Ist die Spannung zu groß, gibt es Auseinandersetzungen und Konflikte, dann geht der notwendige Gruppenzusammenhalt verloren und die Gruppe kommt erst gar nicht dazu, Arbeitsfähigkeit herzustellen. Insofern ist ein mittleres Ausmaß des Wohlfühlfaktors (Gruppenklima) in einem Team das optimale Niveau bezüglich einer höchstmöglichen Leistungserbringung. Sie müssen die richtige Balance zwischen Spannung und Entspannung, zwischen Zufriedenheit und Ansporn finden.

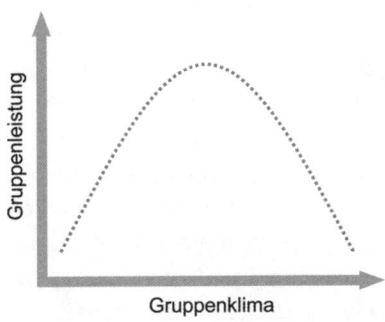

Abb. 71: Verhältnis zwischen Gruppenklima und Gruppenleistung

11.2 Vorteile und Chancen der Arbeit in Gruppen

Ob eine Gruppe zur Erfüllung einer Arbeitsaufgabe tatsächlich immer geeigneter ist als das Einzelindividuum, ist eine interessante Frage. Zumindest bei bestimmen Aufgabentypen, z. B. bei der Urteilsbildung, ist nachgewiesen, dass die Gruppe in der Lage ist, fehlerhafte Einzelurteile auszugleichen und damit erfolgreicher als der einzelne zu sein.

Poffenbergers Schätzaufgaben (1925) zum Leistungsvorteil von Gruppen

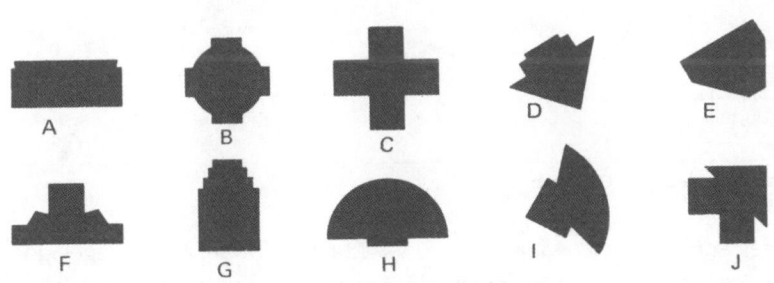

Abb. 72: Vergleichsfiguren zum Abgeben von Schätzurteilen (aus Hofstätter 1957/71)

Dieses Phänomen wurde bereits Anfang des 20. Jahrhunderts von Albert T. Poffenberger, US-amerikanischer Wissenschaftler an der Columbia University, untersucht, der seine Versuchspersonen bat, Figuren unterschiedlichen Flächeninhalts nach der Größe zu ordnen (Nerdinger 2011). Die obige Abbildung ist nur ein Ausschnitt der tatsächlich verwendeten Figuren, die jeweils lediglich um 5% in Ihren Flächeninhalten variieren. Da die Aufgabe relativ diffizil ist, gelang es natürlich kaum einer Versuchsperson die richtige Rangreihe herzustellen. Jedoch ergab eine reine mathematische Durchschnittsbildung aller Einzelurteile in der Regel eine höhere Trefferquote als die des besten Einzelmitglieds. D. h., die Gruppe, die an sich nur eine künstliche (synthetische) war, erzielte das bessere Ergebnis. Zwei Bedingungen müssen dabei eingehalten werden. Zunächst muss jede Person allein und von den anderen unabhängig ihre Rangreihe festlegen, die dann am Schluss zusammengefasst und vorurteilsfrei gemittelt werden. Die andere Bedingung betraf das Niveau der Einzelleistung. Gibt es nämlich zu viele unrichtige Einzelleistungen, ist die „Gruppe" nicht mehr in der Lage, dies zu korrigieren. Abb. 73 veranschaulicht das Prinzip des mathematischen Fehlerausgleichs recht eindrucksvoll. Die jeweiligen Einzelurteile streuen um den zu schätzenden wahren, richtigen Wert. Der Mittelwert aller so zusammengefassten Einzelwerte wird regelmäßig näher am objektiv richtigen Ergebnis liegen als der beste Einzelschätzer. Würden wir allerdings die in der Abbildung hell markieren Urteile mitberücksichtigen, entfernt sich auch die Gesamtverteilung und damit das Gruppenergebnis vom wahren Ergebnis.

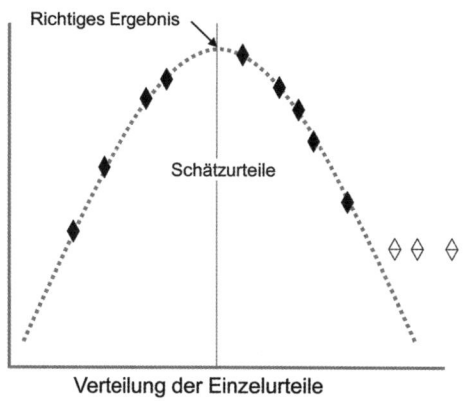

Abb. 73: Phänomen des Fehlerausgleichs in Gruppen

Genau dieses Prinzips bedienen sich alle Jury-Verfahren, wobei in der Regel eine Gruppe von Experten und Fachleuten zu einer gemeinsamen Urteilsbildung berufen ist. Auch die oben geforderten Bedingungen werden dabei eingehalten. So geben z. B. beim Eiskunstlaufen oder Turmspringen die einzelnen Jurymitglieder Ihre Urteile einzeln und unabhängig ab, die erst danach zu einem Gesamtergebnis zusammengefasst werden. Auch die jedermann bekannten Ausschreibungen oder Auszeichnungen, sei es nun der Nobelpreis, der Pulitzer-Preis oder andere Journalisten-, Architektur- oder Literaturpreise folgen genau diesem einzigartigen Prinzip.

Allerdings werden die vorauszusetzenden Bedingungen zumindest in einem Punkt nicht eingehalten. Die Unabhängigkeit der Einzelurteile steht zumindest für die Phase der letztlichen Entscheidungsfindung in Frage, da es vermutlich eine rege teilweise, auch kontroverse Diskussion um das Endergebnis geben dürfte. Das generelle Prinzip jedoch, dass die Gruppe zu einer trefflicheren Entscheidung gelangt als der Einzelne, bleibt erhalten.

Interessant ist auch, was die Folgewirkung derart getroffener Gruppenentscheidungen anbelangt. Das Gruppenurteil wird umso eher von allen Gruppenmitgliedern akzeptiert und vehement nach außen verteidigt, wenn nur jeder Einzelne die Möglichkeit hatte, sein Urteil gleichgewichtet und gleichberechtigt in das gemeinsame Ergebnis einzubringen (s. Tipp 34: Bedingungen erfolgreicher Gruppenarbeit).

Nach Tab. 47 gibt es eine ganze Reihe weitere Vorteile, die das Bearbeiten einer Aufgabe in einer Gruppe nahelegen. In einer Gruppe ist es Ihnen möglich, die einzelnen Arbeiten zu verteilen. Die Gruppe weiß zusammen mehr als der Einzelne, vorausgesetzt das Wissen wird tatsächlich geteilt. Die Gruppe ist ein Lernforum, indem man von anderen Gruppenmitgliedern profitieren kann. Die Gruppe ist kreativer und sorgt für einen gegenseitigen Fehlerausgleich nach dem Prinzip: „Viele Augen sehen mehr als zwei"! Und die Gruppenmitglieder motivieren sich gegenseitig durch eine ganze Reihe von sozialen Gruppenphänomenen. Wie wir bereits in einem anderen Zusammenhang erfahren haben, wirken diese Mechanismen besonders stark, wenn die Gruppe bereits gut entwickelt ist und u.a. einen hohen Gruppenzusammenhalt aufweist.

Tab. 47: Vorteile von Gruppenarbeit (nach Nerdinger 2011)

Kooperationsgewinne

▪ Teilung des Wissens	→ die Gruppe weiß mehr als der Einzelne
▪ Spezialisierung und Arbeitsteilung	→ die Gruppe kann ihre Stärken teilen
▪ Beobachtung und Nachahmung anderer	→ die Gruppe lernt besser
▪ Ideenhäufigkeit	→ die Gruppe ist kreativer
▪ Rigiditätskontrolle	→ die Gruppe ist offener für neue Gedanken
▪ Fehlerausgleich	→ die Gruppe liefert höhere Qualität

Motivationsgewinne

▪ Mere Presence — Motivationsförderung allein durch die Anwesenheit anderer;

    ▪ Social Facilitation (Soziale Erleichterung)

    ▪ Aber: Social Impairment (soziale Beeinträchtigung)

- Social Compensation — Einsatz für eine schwache Gruppe, aufopfern, wenn ...
  - persönlicher Leistungsbeitrag ersichtlich und einflussnehmend,
  - andere Gruppenmitglieder schwächer sind,
  - Gruppenaufgabe eine hohe Bedeutung hat (vgl. Wegge 2004).
- Social Labouring — das Gefühl, für die Gruppe zuarbeiten.
  - Identifikation mit der eigenen und Wettbewerb mit anderen Gruppen.

So führt allein die Anwesenheit anderer Personen zu einer engagierteren Arbeitsweise, indem man sich besonders angespornt und beflügelt fühlt (Social Facilitation), allerdings nur bei Aufgaben, die man bereits einigermaßen beherrscht. Befindet man sich noch auf der Stufe der „Bewussten Kompetenz" (s. Lernstadienmodell) sorgt die Anwesenheit anderer eher zu einer Beeinträchtigung der Leistung (Social Impairment). Darüber hinaus ist bekannt, dass sich leistungsstarke Gruppenmitglieder häufig für eine „schwache" Gruppe einsetzten, besonders dann, wenn die Aufgabe für die Gruppe hochbedeutsam ist und der persönliche Leistungsanteil für den Unterstützer sichtbar und für die Gruppe wirksam ist (Social Compensation). Schließlich sorgt auch die Identifikation mit der eigenen Gruppe für eine erhöhte Motivierung, vor allem, wenn die Gruppe im Wettbewerb mit anderen steht.

Insofern gibt es zahlreiche gute Gründe auf Gruppenarbeit zu setzen. Allerdings sind auch Nachteile und Risiken mit Gruppenarbeit verbunden.

11.3 Nachteile und Risiken der Arbeit in Gruppen

Um auf unser Beispiel der Urteilsbildung in Gruppen zurückzukommen, ist leicht einzusehen, dass das Prinzip unwirksam bleibt, wenn die geforderten Bedingungen nicht eingehalten werden. Wird die Unabhängigkeit der Einzelurteile nicht gewährleistet und nicht beachtet, dass ein Mindestmaß an Können und Fähigkeit zur Teilnahme vorauszusetzen ist, wird die gefällte Gruppenentscheidung nicht die erwartete Qualität haben. Die Gruppe kann ihr „**transaktive Gedächtnis**" (Brauner 2003), also ihr Mehr-Wissen, nur entfalten und nutzen, wenn jedes Gruppenmitglied unabhängig vom Gruppeneinfluss, sein Wissen auch einzubringen vermag. Wird dies z. B. durch Meinungsunterdrückung, Statusunterschiede und eine geringere Durchsetzungskraft des betreffenden Gruppenmitglieds unterbunden, ist jener Wissensanteil für die Gruppe nicht verfügbar. Bei der Gruppenarbeit wird dem zum Beispiel Rechnung getragen durch die Methoden der „Karten- und Punkteabfrage". Bei der **Kartenabfrage** schreiben alle Gruppenmitglieder zunächst für sich, ihre Ideen, Vorschläge oder Kommentare auf Metaplankarten, die im nächsten Schritt an eine gemeinsame Pinnwand angebracht werden. So können keine Meinungen und Information verloren gehen. Bei der **Punkteabfrage** wählt jedes Gruppenmitglied, zunächst wieder für sich allein, z. B. eine Entscheidungsalternative aus einer Reihe von Vorschlägen aus, um dann im zweiten Schritt gemeinsam mit den anderen Gruppenmitglieder ihre Wahl (Anzahl von Punkten) an der für alle sichtbaren Moderationswand kenntlich zu machen. Wie Sie sehen, werden jeweils zwei getrennte Schritte in der Moderationsarbeit notwendig.

Unsere zweite Bedingung kommt z. B. in der Praxis zum tragen bei der Zusammenstellung von Projektgruppen. Die auszuwählenden Kandidaten für die Projektarbeit sollten dabei zumindest über zwei Voraussetzungen verfügen: 1. Sie können zum Thema der Projektgruppe etwas beitragen (Fähigkeitsaspekt) und 2. Sie wollen etwas zum Ergebnis beitragen (Motivationsaspekt). Eine weitere Bedingung führt uns zu noch anderen Risiken der Gruppenarbeit. In der Regel sucht man die Projektmitglieder nämlich zusätzlich nach der Vertretung bestimmter Interessengruppen aus (z. B. Abteilungen, Bereiche, Gremien). Damit ergeben sich aber weitere mögliche Beeinträchtigungen, die sich z. B. bei Statusunterschieden zwischen den Projektgruppenmitgliedern wieder negativ auf die Unabhängigkeit und Unvoreingenommenheit der Meinungsäußerung auswirken kann. Durch den Einsatz der oben geschilderten Methoden der Gruppenarbeit kann man dieser Gefahr relativ gut begegnen.

Ein weiteres, gut bekanntes Phänomen, das sogenannte **Gruppendenken** (Groupthink) oder auch der **Entscheidungsautismus** von Gruppen kennzeichnet im besonderen Maße die Begrenztheit von **Gruppenentscheidungen** (vgl. Janis 1972). Die aus dem Gruppendruck erwachsende Unfähigkeit, Meinungsvielfalt und Pluralität in bestimmten Gruppen zuzulassen, kennzeichnet dabei das eigentliche Problem. Damit sorgen die Gruppe und deren Mitglieder quasi dafür, dass der Gruppenzusammenhalt nicht gefährdet wird. Ein Abweichen einzelner Meinungen muss im Interesse einer einheitlichen Gruppensichtweise verhindert werden. Die Lösung eines Problems steht damit im eigentlichen Sinne bereits vor der Beschäftigung mit einer zu bearbeitenden Thematik fest.

Tab. 48: Nachteile von Gruppenarbeit (nach Nerdinger 2011)

„Groupthink" — Kollektive Kritiklosigkeit und Harmoniestreben

- Selbstüberschätzung der Gruppe

  - Illusion der Unverwundbarkeit | → „Gemeinsamkeit macht stark!"
  - Glaube, hohe moralische Standards zu vertreten | → „Wir sind die Guten!"

- Engstirnigkeit

  - Kollektive Rationalisierungen | → „Aber wir wollen doch nur …!"
  - Stereotypisierung von Außenstehenden | → „Die haben es nicht anders verdient!"

- Uniformitätsdruck

  - Selbstzensur | → „Die Gruppenmeinung darf man nicht sabotieren!"
  - Illusion der Einstimmigkeit | → „Die Kollegen sind sich doch schon einig!"

- Gruppendruck | → „Da werde ich mich lieber anschließen!"

- Gesinnungswächter | → „Das können wir nicht auch noch beachten!"

Motivationsverluste

- sozialer Müßiggang (Social Loafing) | → „Die anderen werden es schon richten!"

- soziale Angst | → „Die anderen Gruppenmitglieder sind sowieso klüger!"

- Trittbrettfahren (Free Riding) | → „Die anderen werden es schon nicht merken!"

- nicht der Dumme sein wollen (Sucker Effect) | → „Ihr tut ja auch nichts!"

- Soldatentum (Soldiering) | → „So etwas macht ihr (Außengruppe) mit uns nicht!"

Störungen der Verantwortungsübernahme

- Verantwortungsisolation | → „Ich bin nur dafür zuständig!"

- Verantwortungskonfusion | → „Ich kümmere mich schon darum!"

- Verantwortungsdiffusion | → „WIR kümmern uns jetzt ALLE darum!"

Koordinationsverluste

- Konzentriertes, logisches Vorgehen wird erschwert

Stellen Sie sich vor, Ihre Gruppe (z. B. Kundenbetreuer) hat darüber zu befinden, ob sie für eine wichtige Kampagne eher allein oder zusammen mit einer Gruppe aus der Vertriebsunterstützung (Marketing usw.) ein gemeinsames Projektteam zur Auftragsbearbeitung bilden soll. Wir setzten noch voraus, dass die durchaus kompetente Gruppe der Vertriebsunterstützung wegen ihres fortgesetzten, aber gutgemeinten Eingreifens in Ihre Kundenaktionen nicht gerade gemocht ist. Es ist leicht einzusehen, dass Ihre Gruppe sich nun einmal beweisen und sich selbst die Lorbeeren verdienen will.

Nach Tab. 48 sind nun alle Phänomene des Gruppendenkens vorstellbar, die ein sachliches, rationales Abwägen aller Vor- und Nachteile in der Entscheidungsfindung behindern können.

Ihre Gruppe wird sich aller Voraussicht nach, hohe Kompetenzen und Befähigungen zuschreiben (**Selbstüberschätzung**) und der Ansicht sein, „das schaffen wir durchaus allein. Außerdem kennen wir unsere Kunden doch am besten, schließlich haben wir die engeren Kontakte und wissen genau, wie unsere Kunden anzusprechen sind. Die Vertriebsunterstützung will uns nur wieder zeigen, wo es langgeht." Obwohl einer Ihrer Kollegen ein sehr gutes Verhältnis zur Vertriebsunterstützung hat und zu bedenken geben könnte, dass die Kollegen ein wirklich vortreffliches Marketing Know-how vorzuweisen haben, hält er sich bewusst zurück (**Selbstzensur**). Außerdem ist er der Ansicht, dass er mit seiner Meinung allein dastehen dürfte (**Illusion der Einstimmigkeit**). Als Sie vorsichtig einwenden, dass Ihnen zu Ohren gekommen sei, dass die Vertriebsunterstützung neuerdings mit einem überaus modernen Marketing-Tool operiert, teilt Ihnen ein Teamkollege (**Gesinnungswächter**) mit, dass dies bei dem vorliegenden Projekt nicht anwendbar sei und sowieso maßlos überschätzt wird.

Wie Sie sehen, entscheidet die Gruppe am Ende vermutlich in der Richtung, die sie bereits vor der Teamsitzung favorisiert hatte. Meinungsunterdrückung und das Durchsetzen derer, die die Gruppenmeinung am ehesten repräsentieren, sind zusätzlichen Mechanismen, die einen erheblichen Einfluss haben können.

Die Gefahr bei diesen und ähnlichen **Gruppenentscheidungssituationen** besteht darin, dass mitnichten das optimale Ergebnis gefunden wird, sondern ein Ergebnis, was der Gruppennorm, dem Gruppenzusammenhalt und dem Aufrechterhalten der Gruppenidentität dienlich ist. Wie wir später sehen werden, stehen Sie dieser Problematik nicht ganz machtlos gegenüber und sollten sich dessen in jedem Falle bewusst sein. Es ist noch einmal hervorzuheben, dass diese Mechanismen umso stärker wirken, je größer der Zusammenhalt (Kohäsion) der Gruppe ausgeprägt ist.

Darüber hinaus existieren noch weitere Faktoren, die eine optimale Gruppenleistung behindern können, von denen wir einige herausgreifen wollen. So treten häufig **Motivationsverluste** in der Gruppensituation auf, die den Einzelnen in seiner Leistung begrenzen (Wegge 2004). Bekannt ist z. B. der **„soziale Müßiggang"**, bei welchem die Gruppenmitglieder, ohne dass es ihnen ausdrücklich bewusst wird, „einen Gang zurückschalten", weil offenbar ein Gefühl des „Sich-auf-den-anderen-verlassen-könnens" eine gewisse Gelassenheit (oder Gleichmut) auslöst. Das sogenannte **„Trittbrettfahren"** ist dem sehr vergleichbar, allerdings nutzen es die betreffenden Mitarbeiter sehr wohl absichtsvoll, besonders dann, wenn es in der Gruppe nicht auffallen kann. Auch der **„Sucker Effect"** bezieht sich auf dieses Phänomen. Hier ist aber der Grund der Leistungsverweigerung die Beobachtung, dass die anderen Kollegen, die eigentlich mehr leisten könnten, sich ja auch nicht richtig anstrengen. „Warum soll ich dann der Dumme sein", heißt die Devise. Nicht zu unterschätzen ist auch das Phänomen der **„sozialen Angst"** gerade schwächerer Kollegen, die der Meinung sind, ohnehin nicht gegen die Leistungsträger antreten zu können, und dann lieber gleich die vergebliche Anstrengung vermeiden.

Neben zusätzlichen Koordinationsverlusten, die vor allem auftreten bei Tätigkeiten, die eine gewisse Konzentration und Sorgfalt verlangen, z. B. bei konzeptionellen Arbeiten — was gleichzeitig die Frage aufwirft, ob alle Arten von Aufgaben gruppentauglich sind - spielen Störungen bei der Verantwortungsübernahme in Gruppen eine wichtige Rolle. Wenn Verantwortung nach getroffenen Entscheidungen oder Vereinbarungen nicht ausdrücklich persönlich übertragen werden, fühlt sich im Zweifel niemand für die Durchführung verantwortlich (**Verantwortungsdiffusion oder -erosion**). Zu beobachten sind auch Phänomene der **„Verantwortungsisolation"**, wobei das betreffende Mitglied sich auf seinen für die Gruppe vermeintlich wichtigsten Verantwortungsbereich zurückzieht (Scheuklappendenken). Bei der **„Verantwortungskonfusion"** sorgt die Unterstützungsbereitschaft einzelner Gruppenmitglieder, die sich in ihrer Wichtigkeit für das Team hervortun wollen, für eine übereilte Verantwortungsübernahme, die in ihrer tatsächlichen Realisation hinter den Anforderungen zurückbleibt. Wir haben es hier mit Erscheinungen zu tun, die die bereits erwähnte Selbstüberschätzung der Gruppe betreffen.

Letztlich ist noch ein wesentlicher Faktor zu ergänzen, der bisher zu kurz gekommen ist. Wir sprechen vom Faktor „Zeit". Die meisten Aufgaben, die in Gruppen bearbeitet werden, brauchen regelmäßig mehr Zeit als wenn das Einzelindividuum den Auftrag ausgeführt hätte. Dies betrifft fast alle vorstellbaren Gruppenprozesse, außer jene die der Informationsverteilung dienen oder arbeitsteilig zu bewältigen sind. Die bei Beachtung aller gruppenförderlicher Arbeitsbedingungen zu erzielende höhere Qualität des Gruppenergebnisses bezahlen Sie demzufolge mit einem größeren Zeitaufwand. Der lässt sich allerdings zusätzlich dadurch rechtfertigen, dass die Gruppe gemeinsam erarbeitete Ergebnisse und Entscheidungen deutlich stärker akzeptiert und vertritt.

11.4 Bedingungen für eine erfolgreiche Teamarbeit

Wenn Sie Gruppenarbeit zum Erfolg also zur Produktivität und zur Zufriedenheit ihrer Mitglieder führen wollen, müssen Sie bestimmte Prinzipien und Regeln beachten (nach Grote 2013; Schaper 2011):

TIPP 34: Bedingungen erfolgreicher Gruppenarbeit

1. Auswahl gruppentauglicher gemeinsamer Aufgaben
   - Wählen Sie zur Bewältigung der Arbeit in Ihrem Team zusätzlich zu individuellen Arbeitsaufgaben gruppengeeignete Tätigkeiten (Problemlösen, Entscheidungsfindung, Kreativprozesse, Abstimmungsmeetings usw.).
   - Die Aufgaben sollten einen Komplexitätsgrad haben, der die individuellen Kompetenzen des Einzelnen übersteigen. „Gruppe muss sich lohnen!"
   - Bilden Sie Arbeitsgruppen für Aufgaben, die eine hohe Kommunikation und Kooperation verlangen (Gegenseitige Abhängigkeit der individuellen Aufgaben und gegenseitige Abhängigkeit bezüglich Feedback und Belohnung).
   - Fördern Sie unterschiedliche Einsatzmöglichkeiten der Gruppenmitglieder nach deren Stärken (Aufgabenvielfalt und Kollektive Entscheidungsspielräume).
   - Nutzen Sie Gruppenarbeit vor allem dann, wenn es Ihnen um die Partizipation (Beteiligung) und die nachfolgende verlässliche Ausführung wichtiger Projekte geht.
   - Fördern Sie die Bedeutsamkeit und die Ganzheitlichkeit der Gruppenaufgabe, in dem Sie Verantwortung und Kompetenzen für den Prozess weitgehend an die Gruppe übertragen.
2. Gemeinsame Zielorientierung
   - Sorgen Sie für transparente Ziele und überprüfbare Ergebnisse. Lassen Sie in diesen Spielräumen die Gruppe selbstständig arbeiten.
   - Geben Sie zeitnahe Rückmeldung über den Stand der Zielerreichung der Gruppe.
3. Angemessene Gruppenzusammensetzung
   - Stellen Sie die Motivation der Mitglieder in Bezug auf die Gruppenarbeit sicher. Kooperation und Gruppenarbeit sollten mit positiven Emotionen in Richtung Effizienz, Erfolg und Spaß verknüpft sein.
   - Sorgen Sie für eine überschaubare Gruppengröße. Gerät die Gruppe zu groß, bilden Sie Untergruppen.
   - Beachten Sie die Heterogenität der Gruppenmitglieder bezüglich der individuellen Fähigkeiten und Einstellungen (Aufgabenflexibilität). In dieser Hinsicht zu homogene Gruppen können sich schlecht arbeitsteilig

---

aufgliedern und unterliegen allen Phänomenen des Gruppendrucks stärker.

- Versuchen Sie verschiedene Perspektiven auf die Aufgabenstellung zu ermöglichen. Um dem Gruppendenken zu entkommen, kann man zum Beispiel erwägen, fachliche Experten oder Außenstehende (Kunden usw.) für die Gruppenarbeit zu gewinnen.

4. Entwicklung von Regeln für die interne Kooperation
- Fördern Sie die Entwicklung von Regeln der Zusammenarbeit (s. u.).
- Fördern Sie den Teamgeist und die gegenseitige Unterstützung in Ihrem Team.
- Machen Sie die geteilte Arbeitsbelastung deutlich und fördern Sie sie.
- Fördern Sie die Prozesse der Gruppenentwicklung (s. „Aufgaben der Führungskraft im Prozess der Gruppenentwicklung" im Meilenstein 8).
- Schaffen Sie Regeln für den expliziten Umgang mit Konflikten zwischen den Gruppenmitgliedern.

5. Sicherstellen der Verantwortungsübernahme
- Gruppen arbeiten am erfolgreichsten, wenn sie das, was sie gemeinsam diskutiert und entschieden haben, auch gemeinsam umsetzen müssen. Übertragen Sie deshalb Ihrer Gruppe im Rahmen der von Ihnen bestimmten Ziele sowohl die Entscheidungs- als auch die Umsetzungsverantwortung.
- Bestimmen Sie die jeweils Aufgabenverantwortlichen oder lassen Sie sie durch die Gruppe selbst festlegen. Auf jeden Fall muss die Verantwortung für die übertragene Aufgabe in der Gruppe personalisiert sein. Verantwortung ist immer individuell.
- Mach Sie deutlich, dass der Erfolg der Gruppenarbeit immer am Ergebnis der Umsetzungsphase konkret gemessen wird.

6. Eigenes Territorium
- Ermöglichen Sie der Gruppe auf dem eigenen „Spielfeld" zu stehen (eigener Gruppenraum, eigene Materialien, Rituale etc.)
- Die Identifikation mit der gewohnten Umgebung konzentriert die Gruppe auf die Aufgabenerfüllung.

7. Faktor Zeit
- Gewähren Sie ausreichend Zeit für Gruppenarbeiten.

11.5 Gruppenarbeitstechniken – Die Wege zum Ziel

Wann immer möglich, organisieren Sie in Ihrem Team dauerhaft oder zeitweilig Gruppenarbeit, bei welcher Zuständigkeiten, Verantwortung und Ziele transparent und eindeutig delegiert werden. Dazu gliedern Sie Ihre Gesamtgruppe in Untergruppen. Dauerhafte Gruppenarbeit entspricht regelmäßig der Organisationsform Ihrer Organisationseinheit mit den arbeitsteilig untergliederten Teilgruppen. Zeitweilige Gruppenarbeit etablieren Sie auf Teamsitzungen, in Projekten oder bei komplexeren Arbeitsaufgaben. Um die Vorteile der Gruppenarbeit optimal zu nutzen und deren Nachteile zu minimieren, empfiehlt es sich nachfolgende Hinweise zu beachten.

11.5.1 Gruppenarbeitstechniken – Gruppenarbeit

Was ist Gruppenarbeit?

Gruppenarbeit ist eine Methode, Problemlösungen oder Entscheidungen durch organisierte und zielgerichtete Zusammenarbeit von mehreren Personen zu erarbeiten. So können Sie z. B. ein Teammeeting interessanter und effizienter gestalten, wenn Sie zu bestimmten Themen Kleingruppen (3–5 Personen) selbstverantwortlich arbeiten lassen.

Ihre Aufgaben in der Vorbereitung der Gruppenarbeit:

- Wählen Sie gruppentaugliche Themen für die Gruppenarbeit aus.
- Entscheiden Sie, ob Sie zwei oder mehr Kleingruppen **themengleich** oder **themendifferenziert** arbeiten lassen. Wenn Sie z. B. eine Verkaufskampagne mit Ihrem Team planen, und Gesprächsaufhänger für die Telefonakquise sammeln wollen, könnten Sie unterschiedliche Kleingruppen beauftragen, dies aus Sicht bestimmter Kundensegmente vorzunehmen (z. B. aus Sicht der Firmenkunden oder der Privatkunden; aus Sicht der vermögenden Privatkunden oder der Standardkunden). Hier würden Sie dann themendifferenziert arbeiten. Wollen Sie themengleich arbeiten, um z. B. die besten Ideen aus Ihrem Team zu gewinnen, bekämen alle Kleingruppen denselben Auftrag. Dennoch sollten Sie darauf achten, möglichst unterschiedliche Sichtweisen zu provozieren, indem Sie z. B. Männer und Frauen in unterschiedliche Gruppen zusammenfassen oder die Kollegen aus dem Back- oder Frontoffice. Selbstverständlich können Sie die Gruppen auch nach den jeweiligen Interessen oder Erfahrungen der Teilnehmer selbstorganisiert zusammenstellen.

- Definieren sie den Arbeitsauftrag für jede Kleingruppe eindeutig und unmissverständlich. Überlegen Sie sich Teilaufgaben, sogenannte „Leitfragen" für die Gruppenarbeit, die gleichzeitig das Vorgehen während der Gruppenarbeit bestimmen.
- So könnte der Auftrag für das obige Thema z. B. lauten: „Sammeln Sie alle möglichen Gesprächsaufhänger für eine Telefonakquise unserer Kunden und entwickeln Sie daraus einen Telefonleitfaden". Die entsprechenden Leitfragen oder Teilaufgaben könnten lauten: (1) „Kategorisieren Sie ihre zugewiesene Kundengruppe nach den Informationen unserer Kundendatenbank in Untergruppen vergleichbarer Kundenmerkmale, wie z. B. Einkommen, Branche, Interessen usw." (2) „Formulieren Sie dann alle für unsere Kunden nützlichen Eigenschaften (Kundennutzen) des in der Kampagne angebotenen Produkts resp. der angebotenen Dienstleistung aus Sicht ihrer Kundengruppe und Untergruppen." (3) Sammeln Sie Smalltalk-Themen, die es uns als Brücke leicht gestatten, unser Verkaufsthema an unsere Kunden zu bringen. (4) „Entwickeln Sie daraus einen Gesprächsleitfaden für die Telefonakquise."
- Bestimmen Sie so konkret, wir irgend möglich, welche Ergebnisse Sie erwarten können. Dies hängt in entscheidendem Maße von der Formulierung Ihrer Arbeitsaufgabe und der Leitfragen ab. Visualisieren Sie womöglich, wie Sie sich das Ergebnis konkret vorstellen.
- Klären Sie, welche konkreten Arbeitsschritte (Ablauf, Vorgehen) notwendig sind, um ein optimales Ergebnis zu erreichen. Sie sollten exakt wissen, auf welchem Wege dies zu erreichen ist, es aber im Detail und in der Umsetzung den Untergruppen überlassen.
- Klären sie, welche Methoden oder Arbeitstechniken (z. B. Brainstorming etc.) für das gewählte Thema einsetzbar sind. Machen Sie in dieser Hinsicht den Gruppen Vorschläge.
- Klären Sie, in welchem zeitlichen Rahmen die Aufgabe erfüllbar ist? Fragen Sie zunächst die Gruppen nach ihren Planungen und lassen Sie einen Zeithorizont durch die Gruppen formulieren. Selbstgesetzte Ziele spornen besser an.
- Organisieren Sie einen oder zwei Gruppensprecher (auch durch die Gruppe selbst), die die Leitung und Moderation übernehmen und das Ergebnis präsentieren.
- Sorgen Sie für eine schriftliche Dokumentation des Vorgehens und der Arbeitsergebnisse. Lassen Sie die Gruppen mit Flipchart und Metaplanwand arbeiten.
- Sorgen Sie dafür, dass über das Ergebnis hinaus nachvollziehbare Aktions- oder Umsetzungspläne (Wer macht Was bis Wann mit Wem Womit?) angefertigt werden.
- Orientieren Sie die Kleingruppen darauf, dass sie die einzelnen Arbeitsergebnisse vor dem gesamten Team ansprechend, d. h. überzeugend präsentieren.
- Orientieren Sie die Kleingruppen darauf, dass sie vom gesamten Team ein qualifiziertes Feedback zu Ihren Ergebnisse und ihrer Präsentation erhalten werden.

Ihre Aufgaben bei der Durchführung der Gruppenarbeit:

- Halten Sie sich so weit wie irgend möglich aus der Kleingruppenarbeit heraus!
- Kontrollieren Sie lediglich die Zeit und den Arbeitsfortschritt und geben Sie wenn notwendig Methodenhilfe.
- Ihre erste Intervention sollte kurz nach Arbeitsbeginn erfolgen (5 Minuten nach der Instruktion) und sicherstellen, dass die Aufgabe verstanden wurde.
- Kurz vor dem anberaumten Ende der Gruppenarbeit kontrollieren Sie erneut den Arbeitsfortschritt, konkretisieren womöglich den Endtermin und stellen sicher, dass das Arbeitsergebnis präsentationsreif ist.

Ihre Aufgaben nach Abschluss der Gruppenarbeit:

- Fordern Sie zu einem qualifizierten Feedback durch die Gesamtgruppe auf.
- Integrieren Sie die Ergebnisse der Kleingruppen in den Teamzusammenhang und verabschieden Sie gemeinsam die nächsten Schritte.

11.5.2 Gruppenarbeitstechniken – Gruppenregeln

Wie wir bereits im Abschnitt 11.4 „Bedingungen für eine erfolgreiche Teamarbeit" deutlich gemacht haben, ist die Formulierung von Gruppenregeln für die Kommunikation und Kooperation in Arbeitsteams außerordentlich hilfreich. Sie sorgen für Effizienz in der Gruppenarbeit und geben den einzelnen Teilnehmern eine Orientierung für ihr Verhalten. Sie etablieren damit gleichzeitig Gruppennormen und -regeln, die den Gruppenzusammenhalt verstärken. Diese von der Gruppe selbst aufgestellten Kommunikationsregeln sollten sichtbar im Gruppenraum präsent sein.

Kommunikationsregeln der themenzentrierten Interaktion

Um Ihnen eine Anregung zu geben, stellen wir Ihnen an dieser Stelle die Kommunikationsregeln der bereits erwähnten themenzentrierten Interaktion vor (siehe Cohn 1975), die wir zum besseren Verständnis sprachlich leicht überarbeitet haben. Sie können auch weniger „bedeutungsschwere" Regeln formulieren lassen, die durchaus nicht ihren Zweck verfehlen, wenn sie nur auf die jeweilige Gruppe und ihre Teilnehmer abgestimmt sind.

Sei Dein eigener Chairman (Chef)!

Übernimm Verantwortung für Dich, die Gruppe und das Arbeitsergebnis Deines Teams. Entscheide selbst, wie weit Du Dich bei der Gruppenarbeit engagierst. Aber sei Dir klar darüber, wie Du Dich auch entscheidest, es ist Deine Verantwortung. Verhalte Dich so, als wenn das Gruppenergebnis nur von Dir abhängen würde.

„Ich" statt „Wir" oder „Man"!

Vertritt Deinen Standpunkt in Deinen Aussagen deutlich und verstecke Dich nicht; sprich per „Ich" und nicht per „Wir" oder per „Man". Sage z. B. nicht: „WIR alle haben die Erfahrung gemacht, dass…" oder „MAN kann doch nicht nach dieser Tagesordnung arbeiten!", sondern sage: „ICH habe die Erfahrung gemacht, dass …" oder „ICH bin der Meinung, der Punkt X sollte zuerst behandelt werden." Nur auf die Weise ist eine effektive Kommunikation möglich.

Sei authentisch und selektiv (respektvoll)!

Sei authentisch und selektiv in Deinen Redebeiträgen. Mache Dir bewusst, was Du denkst und fühlst und entscheide bewusst, was Du sagst und tust. Wenn Du Dich z. B. über einen anderen Teilnehmer ärgerst, sprich aus, was Du empfindest und sage, was Du Dir anders wünschst, aber mache ihm keine Vorwürfe. Nur so wird er bereit sein, auf Deine Wünsche einzugehen.

Eigene Meinungen statt Fragen!

Wenn Du eine Frage stellst, sage, warum Du fragst und was Deine Frage für Dich bedeutet. Echte Fragen machen dem Partner die Beweg- und Hintergründe Deiner Frage deutlich. Nur so ist er bereit, darauf zu antworten. Ist Deinem Partner die Intention Deiner Frage nicht deutlich, wird er verunsichert sein und womöglich nicht auf Deine Frage eingehen. Frage nicht: „Was wirst Du jetzt mit Deinen Mitschriften aus der Gruppenarbeit machen?", sondern frage: „Was hältst Du davon, wenn wir Dir alle unsere Notizen mitgeben und Du vielleicht ein Protokoll unserer Gruppenarbeit erstellst? Ich glaube, dann werden wir auch nichts vergessen haben."

Sprich direkt!

Halte Dich mit Interpretationen und Vermutungen über das Verhalten anderer Teilnehmer zurück. Sprich stattdessen Deine persönlichen emotionalen Reaktionen und Deine berechtigten Wünsche direkt aus. Statt: „Schon wieder hast Du mich unterbrochen. Immer hast Du Angst, zu kurz zu kommen!" ist folgende Formulierung besser: „Bitte lass mich jetzt aussprechen! Es stört mich wirklich, wenn Du mich unterbrichst. Dann verliere ich nämlich immer meinen Faden!"

Sei zurückhaltend mit Verallgemeinerungen!

Verallgemeinerungen unterbrechen den Gruppenprozess. Sie werden häufig als kritische Kommentare geäußert und führen zu Abwehrreaktionen oder Gegenangriffen (z. B.: „Unser Vorgehen geht völlig am Thema vorbei!" oder „Die ganze bisherige Ausarbeitung ist konzeptionslos!"). Besser ist wieder der direkte Vorschlag: „Ich finde es notwendig, dass wir unser Vorgehen noch einmal überdenken!" oder „Ich meine, unseren bisherigen Vorschlägen fehlt noch die notwendige inhaltliche Klammer"!

Persönliche Eindrücke deutlich kennzeichnen!

Wenn Du etwas über das Verhalten oder die Eigenschaften eines anderen Teilnehmers sagen möchtest, sage auch, was es für Dich bedeutet. Also nicht nur: „Du kommst wie immer zu spät!" sondern: „Es ärgert mich, wenn Du wiederholt zu spät kommst, obwohl ich es Dir schon häufiger gesagt habe. Ich habe das Gefühl, Du nimmst das nicht ernst!"

Störungen haben Vorrang!

Störungen jeglicher Art, z. B. Seitengespräche, aber auch sonstige Ablenkungen oder Unterbrechungen haben Vorrang. Sie stören zwar im Augenblick, aber sie sind meist wichtig, da sie entweder erst wieder ein konzentriertes Arbeiten aller ermöglichen, wenn sie behoben sind oder — da inhaltlich relevant — wenn sie als bedeutsame Anregung für die weitere Diskussion aufgenommen wurden.

Es kann immer nur einer sprechen!

Niemand ist in der Lage mehr als einer Äußerung zur gleichen Zeit zuhören. Respekt und Wertschätzung füreinander verlangen einander Zuhören. Wenn mehr als einer gleichzeitig sprechen will, verständigt Euch in Stichworten, worüber ihr zunächst sprechen wollt. So können alle Anliegen kurz beleuchtet werden, bevor die Gruppendiskussion weitergeht.

Wenn Du willst, bitte um ein „Blitzlicht"!

Wenn Du unsicher bist, ob Du der Gruppe noch folgen kannst oder Du glaubst, dass die Gruppendiskussion in eine falsche Richtung führt, bitte darum, dass jeder Teilnehmer kurz seine Haltung bezüglich Deiner Einschätzung der Gruppe mitteilt („Blitzlicht"). Meist bist Du nicht der einzige, der das gleiche empfunden hat. Nur auf diese Weise ist eine Neubestimmung der Vorgehensweise möglich.

Achte auf Deine Körpersignale!

Nimm Deine eigenen und fremde Körpersignale wahr. Sie sind für Dich die ersten Signale, wie Du oder die anderen sich in der Situation fühlen. Anschließend kann man dafür sorgen, dass sich etwas ändert. Langeweile, Desinteresse, Widerspruch oder Unzufriedenheit mit dem Verlauf einer Diskussion merkt man zunächst an den Körpersignalen. Man muss nur darauf achten.

11.5.3 Gruppenarbeitstechniken – Moderation

Eine der wichtigsten Techniken, die Sie als Führungskraft beherrschen sollten, ist das Moderieren von Gruppensitzungen. Dabei stellt sich die Frage, über welche Fähigkeiten, Eigenschaften und Techniken ein guter Moderator verfügen sollte. Sowohl gute als auch schlechte Beispiele dafür erleben Sie äußerst anschaulich in der Beobachtung von Fernsehdiskussionen. Vielleicht ist Ihnen dabei auch schon einmal aufgefallen, was Sie besonders an der Moderatorin oder dem Moderator stört oder aber auch, was außerordentlich wohltuend für die Diskussion empfunden wird. Als besonders lästig erleben Sie wahrscheinlich, wenn der Moderator eine eigentlich ganz lebhafte und interessante Diskussion ständig durch eigene Einwürfe unterbricht, weil ihm womöglich die ganze Richtung des Diskussionsverlaufs nicht passt. Oder aber, Sie nehmen Anstoß daran, dass alle Diskussionsteilnehmer wild durcheinanderreden und eigentlich niemand mehr in der Lage ist, dem Diskussionsverlauf wirklich zu folgen. Teilweise fällt auch die besondere Ahnungslosigkeit der Moderatoren bezüglich des diskutierten Themas auf, die sich dann darin äußert, dass die Fragen unklar formuliert sind oder die zusammenfassenden Resümees des Diskussionsleiters nicht das Wesentliche erfassen. Wie Sie sehen, wird eine ganze Menge von einem Moderator verlangt, und wir können Ihnen versichern, dass eine gute Moderation eine Kunst ist.

Aber was braucht nun ein guter Moderator, der in unserem speziellen Fall gleichzeitig Führungskraft ist? Zunächst einmal benötigt er einen gut überlegten Plan (s. Tab. 49) Alles, was Sie mit Ihrer Gruppe in einer Sitzung besprechen wollen, sollten Sie sich in der Form, wie Sie es bearbeiten wollen, sorgfältig überlegen. Eine wesentliche Vorbedingung dafür und für die Bearbeitung eines Themas in Ihrem Arbeitsteam schlechthin ist, dass Sie die Diskussion „**ergebnisoffen**" gestalten können. Wenn Sie als Führungskraft bereits eine Entscheidung favorisiert haben oder Ihnen gar das Ergebnis bereits vorgegeben ist, können Sie sich die Mühe einer Bearbeitung des Themas in Ihrer Gruppe sparen. Nur dann werden Ihnen einige der oben geschilderten Fehler nicht unterlaufen. Als Moderator sollten Sie sich nämlich, was den inhaltlichen Verlauf der Diskussion anbelangt, so weit wie irgend möglich zurücknehmen. **Als Moderator wirken Sie als Prozessverantwortlicher, nicht als Ergebnisverantwortlicher.** Wenn Sie also bereits zu tief mit dem Thema verwoben sind, empfiehlt es sich, Ihren Stellvertreter oder einen befähigten Mitarbeiter die Diskussion moderieren zu lassen. Dann haben Sie die Möglichkeit, als Teilnehmer auch inhaltlich mitzudiskutieren.

Als Prozessverantwortlicher sind Sie für die Methoden und den Ablauf der Themenbearbeitung zuständig. Sie definieren zunächst das Thema oder das Problem. Sie beschreiben das Ziel oder den Ergebniszustand, der durch die Gruppe herzustellen ist. Sie formulieren inhaltliche Rahmen- oder Vorbedingungen, die zu beachten sind, und Sie stellen natürlich die Ressourcen für die Themenbearbeitung zur Verfügung (z. B. Zeit, Raum, Moderationsmaterialien etc.). Eine der wichtigsten Requisiten für eine gelungene Moderation sind zweifellos alle Mittel, die Sie für eine Visualisierung des Diskussionsverlaufs und der Ergebnissicherung einsetzen können (z. B.: Flipcharts, Metaplanwände, Moderationskarten etc.). Eine gute Visualisierung dient als Konzentrationspunkt der Diskussion. Sie lenkt die Aufmerksamkeit der Teilnehmer auf das aktuell beabsichtigte Geschehen, lässt die Teilnehmer den Diskussionsverlauf plastisch mit- und nacherleben und garantiert eine nachvollziehbare Protokollierung. Wie dies beispielhaft aussehen kann, erfahren Sie in den Praxistipps zu den Moderationstechniken im Internet bei den Arbeitshilfen online.

Tab. 49: Gruppenarbeitstechniken: Ablaufplan für eine Moderation

1) Arbeitsfähigkeit herstellen

- Warm-up, „Ankommen" der Teilnehmer ermöglichen (Stimmungs-, Punkteabfrage)

- Kennenlernen (Gegenseitiges „kreatives" Vorstellen)

2) Thema klären

- Ziele der Gruppenarbeit genau definieren

- Welches Thema soll bearbeitet werden? (Themensammlung)

- Wie soll das Endergebnis aussehen? (Kriterien festlegen)

- Erwartungen der Teilnehmer klären (Erwartungsinventar)

3) Vorgehen und Methoden klären

- Ablauf und methodisches Vorgehen vereinbaren

- Spielregeln zur Entscheidungsfindung festlegen

- Rollen und Funktionen festlegen (z. B. Moderator bestimmen)

4) Fakten und Daten zusammentragen

- Hinführung zum Thema (ggf. Impulsvortrag)

- Wissen aus der Gruppe zum Thema zusammentragen (Kartenabfrage)

- Ideen und Kreativbeiträge sichern (Themenspeicher)

5) Themenbearbeitung

- Diskussion des Themas in der Tiefe

- Themenanalyse, Ursachen

6) Fakten und Daten strukturieren

- Lösungsvorschläge sammeln (Brainstorming)

- Lösungen bewerten (Kriterien bestimmen: Nutzen, Aufwand etc.)

- Lösungen auswählen (Punkteabfrage)

7) Maßnahmen, Aktionen und Verantwortlichkeiten festlegen

- Ergebnissicherung, Dokumentation

- Aktionen planen und Verantwortungen definieren

8) Reflexion und Cool Down

- Feedback zur Einhaltung der Spielregeln

- Feedback zur Prozessgestaltung

- Stimmungs- und Ergebnisabfrage

Als Prozessverantwortlicher sind Sie notwendigerweise auch für die „Diskussionshygiene" verantwortlich. D. h., Sie müssen in der Lage sein, die Diskussion so zu steuern, dass jedes Teammitglied zu Wort kommen kann. Sie müssen u. U. die Vielredner ausbremsen, die eher ruhigen Teilnehmer in die Diskussion einbinden und die Diskussion durch zeitlich und inhaltlich klug gesetzte Interventionen (Nachfragen, Konkretisierungen, Zusammenfassungen, Neuausrichtungen etc.) konzentrieren und in eine ergebnisorientierte Richtung lenken. Diesen Prozess außerordentlich unterstützen können die durch die Gruppe vereinbarten „Spielregeln" der Diskussion, die wir bereits im vorigen Abschnitt behandelt haben. So haben Sie als Diskussionsleiter immer die Möglichkeit auch bei restriktiven Eingriffen auf die selbst vereinbarten Regeln der Gruppe zu verweisen. Nicht zu vergessen ist dabei auch die vorherige Vereinbarung von Entscheidungsregeln, also wie die Gruppe z. B. bei unterschiedlichen Meinungen zu einem letztlich verabschiedeten Ergebnis gelangt. Dies kann zweifellos jeweils durch Mehrheitsbeschluss der Gruppe geschehen (z. B. durch eine Punkteabfrage). Allerdings sind auch Situationen vorstellbar, wo Sie sich als Führungskraft ein Vetorecht zubilligen oder die Gruppe veranlasst wird, bis zur einstimmigen Überzeugung weiter zu diskutieren.

Darüber hinaus sind Sie natürlich für die Einhaltung des vereinbarten Vorgehens und der gewählten Methoden für die Diskussion verantwortlich. Häufig ist das die schwierigste Herausforderung überhaupt. Sie müssen nämlich als Moderator schon im Thema stehen, ansonsten wird es Ihnen außerordentlich schwer fallen, den sogenannten „Roten Faden" in einer lebhaften Gruppenarbeit nicht zu verlieren. Sie müssen ständig den Diskussionsverlauf im Auge haben. Sie müssen nachverfolgen, wo sich die Gruppe gerade in der Diskussion befindet, wo sie sich verliert oder wo sie einer Lösung sehr nahe gekommen ist. Und Sie müssen, manchmal äußerst rasch, neue Fragestellungen formulieren, Ergebnisse der Gruppendiskussion gekonnt zusammenfassen, Ergebnissammlungen kategorisieren und ordnen und die Diskussion in eine neue, vorher nicht zu erwartenden Richtung lenken können. Dazu sollte man hellwach sein und sich gut vorbereiten.

Bei alledem dürfen Sie letztlich nicht den Zeitplan aus dem Auge verlieren. Nichts ist unbefriedigender als wenn die Zeit nicht mehr ausreicht, ein vertretbares Ergebnis zu erzielen, nur weil man sich vielleicht in der Diskussion verzettelt hat. Planen Sie daher für jeden einzelnen Schritt des Ablaufs (s. Tab. 49) Zeiteinheiten und natürlich auch Puffer und Pausen, die allen Teilnehmern bekannt sein sollten.

Ohne auf jeden einzelnen Punkt des oben dargestellten Ablaufplanes detailliert einzugehen, sei auf noch eine weitere Herausforderung hingewiesen. Eine ganz besondere Kunst ist es nämlich, die richtigen Fragestellungen zu formulieren. Leider haben wir vor Jahren als Moderationsanfänger häufig eine leidige Erfahrung machen müssen: Die Fragen, mit denen wir die Teilnehmer in die Arbeit schickten, lieferten wiederholt Ergebnisse, mit denen wir nicht gerechnet hatten oder mit denen wir in der Folge schlicht nichts anfangen konnten. Dabei ging es dann durchaus nicht um eine inhaltlich unerwünschte Richtung, in die die Diskussionsergebnisse hätten weisen können, sondern vielmehr lag der Fehler in der Ungenauigkeit und Unschärfe unserer Fragestellungen. Seien Sie also besonders akribisch bei der Formulierung der Ausgangsfragen oder der Leitfragen für die Diskussion in der Gruppenarbeit. Versuchen Sie aus Sicht der Teilnehmer Ihre vorformulierten Fragen selbst zu beantworten, und schreiben Sie sie auf. Häufig merken Sie bereits an dieser Stelle, dass Ihre eigenen Antworten Sie nicht befriedigen. Dann müssen Sie neu formulieren, u. U. so lange, bis Sie sicher sind, das gewünscht Ergebnis zu erhalten. Und natürlich binden Sie Ihre Teilnehmer ein und versichern Sie sich durch Nachfragen, dass die Arbeits- oder Diskussionsaufgabe eindeutig verstanden wurde.

Am Schluss einer jeden Gruppendiskussion mit einem hoffentlich tragfähigen Ergebnis sollte ein Feedback der Teilnehmer zum Prozess und zur Qualität des Ergebnisses nicht fehlen.

11.5.4   Gruppenarbeitstechniken – Brainstorming

Eine der wirkungsvollsten Gruppenarbeitstechniken zum Finden von Problemlösungen in allen denkbaren Gruppenarbeitssituationen ist das Brainstorming. Diese Methode (auch als CPS: Creative Problem Solving bezeichnet) geht auf den amerikanischen Werbefachmann Alex F. Osborn aus dem Jahre 1939 zurück, der in seinen Arbeitsteams häufig Kreativitätsblockaden bei seinen Mitarbeitern feststellte, zu deren Überwindung er folgende vier Regeln für seine Kreativmeetings aufstellte (Osborn 1957):

- Übe keine Kritik!
- Je mehr Ideen, desto besser!
- Ergänze und verbessere bereits vorhandene Ideen!
- Je ungewöhnlicher die Idee, desto besser!

Osborn ging davon aus, dass in jedem Menschen das Potenzial für kreative Leistungen schlummert, man muss nur die notwendige Atmosphäre schaffen, um dieses zu aktivieren. Dazu gehört ein entspanntes, angst- und restriktionsfreies Klima voller Neugier, Spontanität und Experimentierfreude. Inhaltliche Grenzen und Schranken sind bei der Produktion von kreativen Ideen eher hinderlich: „Alles ist erlaubt!" Und, es ist die Anwesenheit anderer, in der gleichen Weise eingestimmter Personen notwendig, die den kreativen Strom der Ideenproduktion erst in Gang setzen. So geben sich die Teammitglieder gegenseitig Denkanstöße, lösen bei den anderen Teilnehmern vielfältige Assoziationen aus und ermutigen zu unkonventionellen, einzigartigen und ungewöhnlichen Lösungsvorschlägen. Niemand besitzt in diesem Prozess der Ideengenerierung eine besondere Stellung. Die produzierten Ideen gehören niemandem und es ist ausdrücklich gestattet, bereits entworfene Lösungsideen weiterzuentwickeln, zu modifizieren und mit anderen zu kombinieren. Einzig die Kritik und Bewertung der vorgeschlagenen Lösungen ist untersagt. Es kommt in dieser Phase vor allem darauf an, möglichst viele (Quantität vor Qualität) und möglichst unkonventionelle, ja durchaus auch verrückte Ideen zu sammeln. Alles, was den produktiven Fluss der Ideengenerierung stört oder unterbricht, ist zu vermeiden. Diese Kernphase des Brainstormings **(2. Phase: Ideensammlung**; s. Tab. 50) muss natürlich gut vorbereitet sein.

Man kann sich nicht einfach hinsetzen und kreative Lösungen für ein Arbeitsproblem quasi spontan produzieren. Um sich mit einem Problem wirklich kreativ auseinanderzusetzen, muss man sich den Problemraum erst erschließen (**1. Phase: Vorbereitungsphase**). Suchen Sie z. B. eine Lösung für das Problem, dass Ihnen in bestimmten Segmenten die Kunden davonlaufen oder ein bestimmtes Produkt oder eine Dienstleistung nicht so angenommen wird, wie erwartet, müssen Sie erst einmal zusammentragen, was Sie über diese Problemsituationen bereits wissen.

Dazu beschreiben Sie zunächst so konkret wie möglich alle relevanten Merkmale der betreffenden Kunden- oder Produktgruppe, klären mögliche Ursachen ab, tragen die Erfahrungen aus vergleichbaren Situationen zusammen und schaffen sich damit quasi eine inhaltliche und begriffliche Basis für Ihre kreativen Lösungsansätze, die Sie im folgenden Brainstorming zusammentragen wollen. Bevor es dann letztlich an die Kreativproduktion geht, sollten Sie das Problem noch in eine für das Brainstorming taugliche Frageform kleiden: „Was können wir in unserer Gruppe konkret tun, um unsere verlorenen Kunden wieder zurückzugewinnen?" oder „Welche Marketingmittel kann unser Unternehmen nutzen oder neu entwickeln, um die Kundenverluste zu kompensieren?" Wie Sie sehen, unterscheiden sich die Fragen im Detail erheblich. Je nachdem, welche Frage Sie einsetzen, werden Sie ganz unterschiedliche Lösungsansätze für unser oben formuliertes Problem erhalten. Die richtige Fragenformulierung ist hier, wie auch bei der Gruppenarbeit allgemein, immer das entscheidende Element.

Tab. 50: Gruppenarbeitstechniken: Das Brainstorming

Brainstorming ist eine Methode zum Finden vieler kreativer Ideen für die Lösung eines Problems. Die Teilnehmer sammeln Ideen, die ihnen zum Thema einfallen, um daraus neue Denkanstöße zu gewinnen. Ein Brainstorming besteht aus drei Phasen:

1) Phase: Vorbereitungsphase

- Definieren Sie das Problem so konkret wie möglich.

- Sammeln Sie alle relevanten Informationen, die Sie zu dem Problem finden können.

- Formulieren Sie die Fragestellung so konkret wie möglich.

- Formulieren Sie das Problem um: z. B.: „Was können wir tun, das …" oder „Was können wir einsetzten, um …?"

2) Phase = Ideensammlung:

- Sammeln Sie möglichst viele Ideen. (Quantität geht vor Qualität)

- Sammeln Sie möglichst außergewöhnliche, verrückte Ideen. (Kreativität/Phantasie)

- Vermeiden Sie jegliche Kritik oder Bewertung der gefundenen Ideen.

- Lassen Sie sich von den Ideen der anderen anstecken. (Assoziationen)

- Formulieren Sie bereits gefundene Ideen neu/um oder verändern Sie sie.

- Bleiben Sie gut gelaunt, spritzig und in Bewegung. (geistig und körperlich)

3) Phase = Ideenauswertung:

- Ordnen Sie die gefundenen Ideen nach bestimmten inhaltlichen Kriterien.

- Kombinieren Sie die gefunden Ideen zu neuen Ideen. Nehmen Sie die Ideen auseinander, zerlegen Sie sie und setzten Sie sie neu zusammen.

- Bewerten Sie die Ideen im Hinblick auf das zu lösende Problem. Bilden Sie eine Rangreihe nach Gebrauchs- oder Praktikabilitätskriterien.

- Bearbeiten Sie die drei besten Ideen weiter und vereinbaren Sie die folgenden Schritte.

Erst in der letzten Phase (**3. Phase: Ideenauswertung**) können Sie mit Ihrer Gruppe die gesammelten Ideen ordnen, umformulieren, auch völlig neu kombinieren und letztlich nach bestimmten Kriterien bewerten, gewichten und Ihre Favoriten auswählen. In der folgenden Tabelle ist beispielhaft eine Entscheidungsmatrix dargestellt. Hier listen Sie alle bearbeiteten Lösungsvorschläge auf und lassen Sie durch die Gruppe bewerten. Dies kann z. B. durch eine Punkteabfrage in der Moderation erfolgen (s. Moderationsbeispiele bei den Arbeitshilfen online). Die in der Tabelle dargestellten Bewertungskriterien stellen lediglich einen Vorschlag dar, obwohl sie tatsächlich am gebräuchlichsten sind. Nutzen und Aufwand gilt es in jedem Fall bewerten zu lassen. Auch die schnelle Umsetzbarkeit oder die Reichweite sind tragfähige Bewertungskriterien. Natürlich können Sie anstatt Zahlenwerte auch Prioritäten (A, B, C) oder Rangreihen erstellen, allerdings haben die durch die Punkteabfrage ohnehin zählbaren Bewertungen durch Ihre Gruppe auch noch den Vorteil einen Gesamtwert für jeden Lösungsvorschlag zu ermitteln (letzte Spalte in der Tabelle). In unserem Beispiel der Tabelle wäre die Idee (Lösungsvorschlag) Nr. 002 offenbar der Favorit.

Idee, Lösung	Nutzen Hebel	Aufwand Kosten (-)	Umsetzbarkeit (Zeit)	Reichweite	Gesamt
Idee (001)	3	1	1	3	8
Idee (002)	3	3	3	2	11
Idee (003)	2	3	2	2	9
...	1	3	1	1	5

Bewertung zwischen 3 und 1 möglich. Je höher der Wert, umso besser die Kriteriumsbewertung!

Abb. 74: Gruppenarbeitstechniken: Entscheidungsmatrix

Darüber hinaus besteht die Möglichkeit, das Brainstorming auch schriftlich durchzuführen. Diese als „Brainwriting" oder „6-3-5-Methode" bekanntgewordene Variante wurde 1969 von dem Unternehmensberater Bernd Rohrbach entwickelt (Rohrbach 1969). 6 Teilnehmer entwickeln jeweils 3 Ideen und geben danach ihr Arbeitsblatt in der nächsten Runde (insgesamt 5 Runden) an ihren Nachbarn weiter, der seinerseits 3 weitere Ideen, angeregt durch die bereits auf dem Arbeitsblatt befindlichen, hinzufügt. Pro Teilnehmer (im Beispiel 6) existiert also ein Arbeitsblatt, auf dem im Idealfall 18 Lösungsvorschläge entwickelt werden. Insgesamt erhält man so in relativ kurzer Zeit (pro Teilnehmer und Runde ca. 5 Minuten Arbeitszeit) über 100 Lösungsideen. Die Vorbereitungs- und Auswertungsphasen unterscheiden sich selbstverständlich nicht vom herkömmlichen Brainstorming.

Problem:	Was können wir in unserer Gruppe konkret tun, um unsere verlorenen Kunden wieder zurückzugewinnen?		
Teilnehmer	Idee Nr. 1	Idee-Nr. 2	Idee-Nr. 3
Nr. 1			
Nr. 2			
Nr. 3			
Nr. 4			
Nr. 5			
Nr. 6			

Abb. 75: Brainwriting (6-3-5-Methode): Arbeitsblatt

11.5.5 Gruppenarbeitstechniken – Problemlösen in Gruppen

Natürlich wird das Brainstorming oder das Brainwriting niemals allein und unverbunden als Gruppenarbeitstechnik eingesetzt, sondern nimmt während einer Gruppenarbeit oder einer Teamsitzung immer nur einen bestimmten, jedoch herausragenden Teil in der Moderationsvielfalt ein. Anschaulicher wird es, wenn man sich den Gesamtablauf zu einer Problemlösungssitzung und einer Vertriebssitzung im Detail ansieht. Dazu finden Sie in den folgenden Übersichten (s. Tab. 51 und Tab. 52) einige Anregungen.

Tab. 51: Gruppenarbeitstechniken: Ablaufplan Problemlösen in Gruppen

1) Problemdefinition

- Ausgangszustand definieren und Beschreibung des Ist-Zustand

- Problem ausführlich diskutieren, Lösungsvorschläge zurückstellen

- Eventuell unterschiedliche Expertenmeinungen zur Problemdefinition erfragen

2) Zieldefinition und Beschreibung des Soll-Zustandes

- Welcher Zustand soll erreicht werden?

- Welche Erfüllungs- oder Zielkriterien müssen definiert werden?

3) Konsequenzen, wenn das Problem nicht gelöst wird

- Welche Konsequenzen sind zu erwarten, wenn das Problem nicht gelöst wird?

  - für das Unternehmen, für die Kunden, für die Mitarbeiter

  - finanzielle, wirtschaftliche und personelle Folgen

4) Ursachen für das Problem

- Welche Ursachen haben zu dem Problem geführt?

- Welche Ursachen sind dafür verantwortlich, dass das Problem noch nicht gelöst ist?

- Wer gewinnt an dem gegenwärtigen Zustand?

- Wert ist an einer Änderung interessiert? Wer nicht?

5) Lösungsvorschläge sammeln (**Brainstorming**)

- Für die gefundenen Ursachenkomplexe kreative Lösungen entwickeln.

6) Lösungen bewerten und auswählen

- Bewertungskriterien festlegen (Nutzen, Praktikabilität, Aufwand und Kosten).

- Lösungen nach Kriterien gewichten und die drei erfolgversprechendsten auswählen.

- Ausgewählte Lösungen mit den Zielkriterien vergleichen und konkretisieren.

7) Aktionsplanung und Umsetzung

- Wer, ist für Was bis Wann mit Wem und mit Welchen Ressourcen verantwortlich?

- Etappen definieren und Zeitplanung (vom Fertigstellungstermin beginnend).

8) Kontrolle und Auswertung (z. B. Pilotphase)

- Meilensteine zur Zwischenkontrolle definieren.

- Eventuell Pilotphase erwägen.

- Verantwortlichkeiten definieren.

9) Materialien: Pinnwand, Flipchart etc.

Tab. 52: Gruppenarbeitstechniken: Ablaufplan: Vertriebssitzung -Teamsitzung

1) Versenden der Tagesordnung rechtzeitig vor dem gesetzten Termin

- Ergänzungen der Mitarbeiter in Tagesordnung einarbeiten
- Moderations- oder Präsentationsaufträge vergeben

2) Begrüßung und Vorstellung der Tagesordnung (Ergänzungen möglich)

- Weitergabe von Informationen aus Sitzungen der übergeordneten Abteilungen und Bereiche

3) Vorstellung des IST-Standes der Organisationseinheit

- Gegenwärtigen Stand der Organisationseinheit vorstellen (Zahlen, Daten, Fakten)
- Ist-Soll-Vergleich nach Zielvorgaben
- Trends und Entwicklungen deutlich machen

4) Herausarbeiten der Stärken und Schwächen der Organisationseinheit

- Einzelne Sparten, Produkte oder Dienstleistungen bewerten
- Vergleich einzelner Mitarbeiter (Erfolge und Probleme)
- Besondere Erfolge und Hindernisse deutlich machen

5) Analyse der Stärken und Schwächen der Organisationseinheit

- Hintergründe und Ursachen ausfindig machen
- Erfahrungsaustausch zwischen den Mitarbeitern (Erfolge und Lösungen)

6) Sammeln von Lösungen und Entwickeln von Maßnahmen

- Lösungen sammeln (Brainstorming)
- Maßnahmen vereinbaren und Aktionen im Detail planen

7) Ziele und Teilzeile der nächsten Periode

- Ableitung von Zielen (Zahlen, Daten, Fakten) für den nächsten Zeitraum

8) Zusammenfassung und Schwerpunkte

- Feedback und Einverständnis der Mitarbeiter sichern

11.6 Teamentwicklung – Klima und Zusammenhalt gestalten

Wenn wir wieder an die beiden bekannten Dimensionen des Führungsverhaltens anknüpfen wollen („Aufgaben-" und „Beziehungsorientierung"), so haben wir uns bisher in diesem Meilenstein eher mit der sachlichen Aufgabenseite der Steuerung von Teams im Arbeitsprozess befasst. Nach dem „Teamdreieck" (s. oben) von Ruth Cohn beträfe dies das „Thema" oder die „Aufgabe". Wie wir aber bereits im Meilenstein 8 („Teamanalyse") erfahren haben, ist dies nur eine Seite der Medaille. Solange Sie Ablauf- und Organisationpläne für die Gestaltung der Arbeitsprozesse in Ihrem Team zur Verfügung haben, lassen sich Ihre Zielvorstellungen und Erwartungen relativ übersichtlich und strukturiert bewältigen. Schwieriger wird es, wenn Sie sich dem Teamklima und der Teamdynamik, also dem Beziehungsaspekt zuwenden und diese Prozesse in Ihrem Sinne steuern wollen.

11.6.1 Teamdiagnose

Dazu ist es zunächst notwendig, sich einen Überblick über die Situation in Ihrem Team zu verschaffen. Einige Werkzeuge zur Teamanalyse haben wir Ihnen bereits im Meilenstein 8 vorgestellt. Wenn Sie die Teamdiagnose systematischer angehen wollen, kann der **Fragebogen zur Arbeit im Team** (FAT) von Simone Kauffeld (Professorin für Arbeits-, Organisations- und Sozialpsychologie an der TU Braunschweig) als gutes Beispiel dienen (Kauffeld 2001). Wir wollen Ihnen hier lediglich die Grundgedanken vorstellen, da alle empfehlenswerten Verfahren vergleichbare Vorgehensweisen praktizieren. Für einen Überblick über weitere teamdiagnostische Verfahren eignet sich das Buch „Teamdiagnose" von Simone Kauffeld (s.o.).

Ziel einer Teamdiagnose ist natürlich immer die Optimierung der Teamleistung. Durch eine systematische Teamanalyse ist es Ihnen möglich festzustellen, welche wesentliche Elemente in der Zusammenarbeit Ihrer Teammitglieder gut funktionieren und welche nicht. Sie erfahren also als Führungskraft an welchen Stellschrauben Sie drehen müssen, um den Output Ihrer Organisationseinheit zu optimieren.

Kauffelds Fragebogen zur Arbeit im Team (FAT)

Ähnlich wie im „Teamdreieck" ist auch im Modell von Simone Kauffeld das „Thema" oder die „Aufgabe" das entscheidende Element. In der Kasseler Teampyramide wird dies mit „Zielorientierung" benannt. Zusammen mit der Dimension „Aufgabenbewältigung" konstituieren diese beiden Skalen den Anteil des Aufgaben- oder Strukturaspekts in der Teamarbeit (s. Abb. 76, hell unterlegt). Die Dimensionen „Zusammenhalt" und „Verantwortungsübernahme" reflektieren den Beziehungs- oder Personenaspekt (oder das „Wir" im Teamdreieck).

Abb. 76: Kasseler Teampyramide (nach Kauffeld 2001)

Als zentrales Element bildet die Dimension der „Zielorientierung" die Klarheit, Erreichbarkeit und Wichtigkeit der Teamziele ab (Wo wollen wir gemeinsam hin?). Sind den einzelnen Teammitgliedern die Ziele unklar oder identifizieren sie sich nicht damit, wird der Output der Teamarbeit Schaden nehmen. Die Dimension „Aufgabenbewältigung" reflektiert alle organisatorischen Elemente (Prioritäten, Aufgabenkoordination, Informationsaustausch), die zur Erfüllung der Teamziele notwendig sind (Auf welchem Weg erreichen wir das gemeinsame Ziel?). Der „Zusammenhalt" spiegelt die Kohäsion im Team, den vertrauensvollen und offenen Umgang miteinander, die gegenseitige soziale Unterstützung und das Wir-Gefühl im Team wider. In der Dimension „Verantwortungsübernahme" geht es um die Bereitschaft jedes einzelnen Teammitglieds, sich für das Gesamtziel einzusetzen und für das Team Aufgabenverantwortung zu übernehmen (Wie und auf welcher Grundlage müssen wir miteinander arbeiten, um unser gemeinsames Ziel zu erreichen?).

Tab. 53: Beispielfragen aus dem F-A-T (vgl. Kauffeld 2001)

I. Zielorientierung				
Uns sind die Ziele des Teams unklar.				Die Ziele unseres Teams sind uns klar.
Ich identifiziere mich nicht mit den Zielen des Teams.				Ich identifiziere mich mit den Zielen des Teams.
II. Aufgabenbewältigung				
Wir koordinieren unsere Anstrengungen schlecht.				Wir koordinieren unsere Anstrengungen gut.
Die Teammitglieder wissen nicht genau, was sie zu tun haben.				Die Teammitglieder kennen ihre Aufgaben.
III. Zusammenhalt				
Einige denken zu viel an sich selbst.				Das Team steht im Mittelpunkt und nicht der Einzelne.
Wir reden nicht offen und frei miteinander.				Wir reden offen und frei miteinander.
IV. Verantwortungsübernahme				
Die Teammitglieder vermeiden es, Verantwortung zu übernehmen.				Die Mitglieder übernehmen Verantwortung.
Einige lassen sich von den anderen Teammitgliedern durchziehen.				Alle bringen sich in gleichem Maße in das Team ein.

Im Ergebnis eines Teamchecks erhalten Sie die zusammengefassten Ausprägungen auf den beschriebenen vier Dimensionen (s. Abb. 77). In unserem Beispiel sind dem Team die Ziele offenbar klar, allerdings scheint es erhebliche Probleme in der Organisation und der Aufgabenkoordinierung zu geben, die sich letztlich negativ im Gruppenzusammenhalt und in der Verantwortungsübernahme auswirken. Was Sie als Führungskraft nun zu tun haben, betrifft also offenbar die bessere Abstimmung und Koordination der einzelnen Arbeits- und Zuständigkeitsbereiche Ihrer Mitarbeiter.

Auch wenn das Klima und der Gruppenzusammenhalt (nach unserem Beispiel) bereits unter dem gegenwärtigen Zustand gelitten haben, ist es immer ratsam, zunächst die „hard facts", also die Aufgaben- bzw. Strukturseite neu zu überdenken. Bevor Sie sich also daran machen, die Gruppendynamik und die sozialen Beziehungen Ihrer Mitarbeiter untereinander zu klären, bearbeiten und klären Sie erst die sachlichen Aspekte der Zusammenarbeit. Häufig verbergen sich hinter einem schlechten sozialen Teamklima relativ leicht zu identifizierende sachliche Aufgabenunstimmigkeiten, die naturgemäß leichter zu beheben sind. Zeigen sich nach erfolgreicher Klärung des Ziel- und Aufgabenaspekts immer noch Probleme im Wir-Gefühl und im Gruppenzusammenhalt, müssen Sie sich mit der Beziehungsseite und der Gruppendynamik in Ihrem Team beschäftigen. Dann ist es offenbar an der Zeit, eine Teamentwicklungsmaßnahme zu planen.

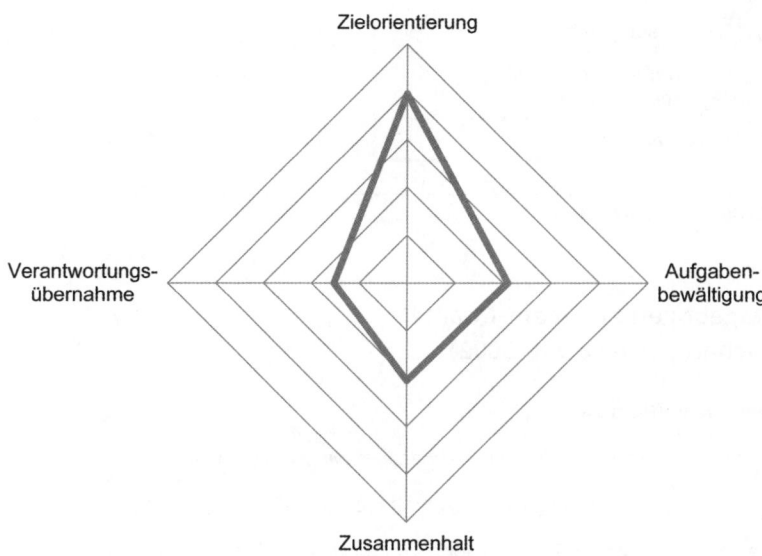

Abb. 77: Ergebnis eines Teamchecks nach dem FAT (Beispiel)

Kenneth H. Blanchards PERFORM-Modell der Teamanalyse

Ein etwas anderes Modell, welches von dem bereits erwähnten Kenneth H. Blanchard (s. „Reifegrade von Mitarbeitern", „Mitarbeiterpersönlichkeit und Mitarbeiterhandeln" in Meilenstein 1) in seiner Reihe „Der Minuten Manager" publiziert wurde, ist das PERFORM-Modell. Es ermöglicht Ihnen mit einem einfachen Fragebogen die Teamdiagnose direkt durchzuführen (Blanchard, Carew u.a. 2002). Blanchard identifiziert dazu sieben entscheidende Qualitätsdimensionen der Teamarbeit:

Purpose	Sinnzusammenhang
Empowerment	Bevollmächtigung
Relationship	Beziehung und Kommunikation
Flexibility	Flexibilität
Optimal Performance	Leistungserbringung
Recognition	Wertschätzung und Anerkennung
Morale	Teamgeist

Abb. 78: Kategorien des PERFORM-Modell-Models

Tab. 54: Fragebogen zur Team-Qualität (nach Blanchard, Carew u.a. 2002)

Sinnzusammenhang (Purpose)

- Wir können eine gemeinsame Vision benennen, der wir uns verpflichtet fühlen!
- Die Ziele sind klar definiert, anspruchsvoll und haben einen klaren Sinnbezug!
- Die Strategien und Wege der Zielerreichung sind für uns alle überschaubar!
- Die Rollen- bzw. Funktionsverteilung unter den Teammitgliedern ist klar!

Bevollmächtigung (Empowerment)

- Wir haben Zugang zu den notwendigen fachlichen und materiellen Ressourcen!
- Wir arbeiten in dem Bewusstsein, persönlich und als Team etwas bewegen zu können!
- Arbeitsstil und Vorgehensweise unterstützen uns bei der Zielerfüllung!
- Wir begegnen uns mit Hilfsbereitschaft und unterstützen uns gegenseitig!

Beziehung und Kommunikation (Relationship)

- Die Teammitglieder äußern sich offen und ehrlich!
- Wir haben keine Angst, Emotionen, gegenseitiges Verständnis und Akzeptanz zu zeigen!
- Wir hören einander verständnisvoll und aktiv zu!
- Unterschiedliche Sichtweise und Meinungen werden im Team ausdrücklich begrüßt!

Flexibilität (Flexibility)

- Wir können uns gut auf wechselnde Anforderungen einstellen!

- Bei Bedarf übernehmen wir auch andere Rollen, Funktionen und Aufgaben im Team!

- Wir übernehmen die Verantwortung für die Weiterentwicklung der Gruppe gemeinsam!

- Unterschiedliche Standpunkte und Sichtweisen werden berücksichtigt und integriert!

Leistungserbringung (Optimal performance)

- Der Arbeitsertrag unserer Gruppe ist hoch!

- Es werden qualitativ hervorragende Ergebnisse erzielt!

- Die Entscheidungsfindung verläuft zügig und effektiv!

- Die Problemlösungsprozesse sind für jeden von uns durchschaubar.

Wertschätzung und Anerkennung (Recognition)

- Wir fühlen uns gegenseitig respektiert und geschätzt!

- Wir überbewerten unseren persönlichen Beitrag nicht auf Kosten des Teams!

- Die Beiträge der Einzelnen werden von den anderen Mitgliedern anerkannt!

- Die Leistung unserer Gruppe wird innerhalb der Gesamtorganisation anerkannt!

Teamgeist (Morale)

- Wir arbeiten gerne in unserer Gruppe!

- Wir sind optimistisch, motiviert und finden konstruktive Lösungen bei Problemen!

- Die gemeinsame Arbeit erfüllt jeden von uns mit Stolz und Befriedigung!

- Die Gruppe fühlt sich zusammengehörig! Teamgeist ist vorhanden!

0 = stimme gar nicht zu; 1 = stimme eher nicht zu; 2 = stimme eher zu; 3 = stimme voll zu

Wenn Sie diesen von uns leicht modifizierten Fragebogen einsetzen wollen, verteilen Sie ihn an Ihre Mitarbeiter und lassen Sie diesen anonym, eventuell ergänzt durch eine Erwartungsabfrage, ausfüllen. Summieren Sie die Antworten jedes Teammitglieds pro Dimension und bilden Sie den Gesamtsummenwert Ihrer Gruppe. Pro Dimension (je vier Fragen) können 12 Punkte erreicht werden, so dass bei sieben Dimensionen insgesamt 84 Punkte erreicht werden können (=100%). Da wir in unserem Beispiel eine Gruppengröße von sieben Teilnehmern gewählt haben, ergeben sich für die Gruppe gleichermaßen 84 Punkte pro Dimension.

Auswertungsbeispiel PERFORME-Modell (n=7 Teilnehmer)									
Dimensionen / Teilnehmer	P1	P2	P3	P4	P5	P6	P7	Σ	%
Sinnzusammenhang	9	8	10	12	11	12	11	73	87%
Bevollmächtigung	8	6	9	11	8	8	7	57	68%
Beziehung und Kommunikation	9	6	10	10	9	8	9	61	73%
Flexibilität	4	2	5	5	4	2	3	25	30%
Leistungserbringung	7	7	8	7	8	9	8	54	64%
Wertschätzung und Anerkennung	9	8	10	12	11	10	9	69	82%
Teamgeist	6	4	4	5	6	6	4	35	42%
Gruppe / Gesamt:	52	41	56	62	57	55	51	374	64%
Gruppenmitglieder:	62%	49%	67%	74%	68%	65%	61%		

Abb. 79: Auswertungsmatrix zum PERFORM-Modell

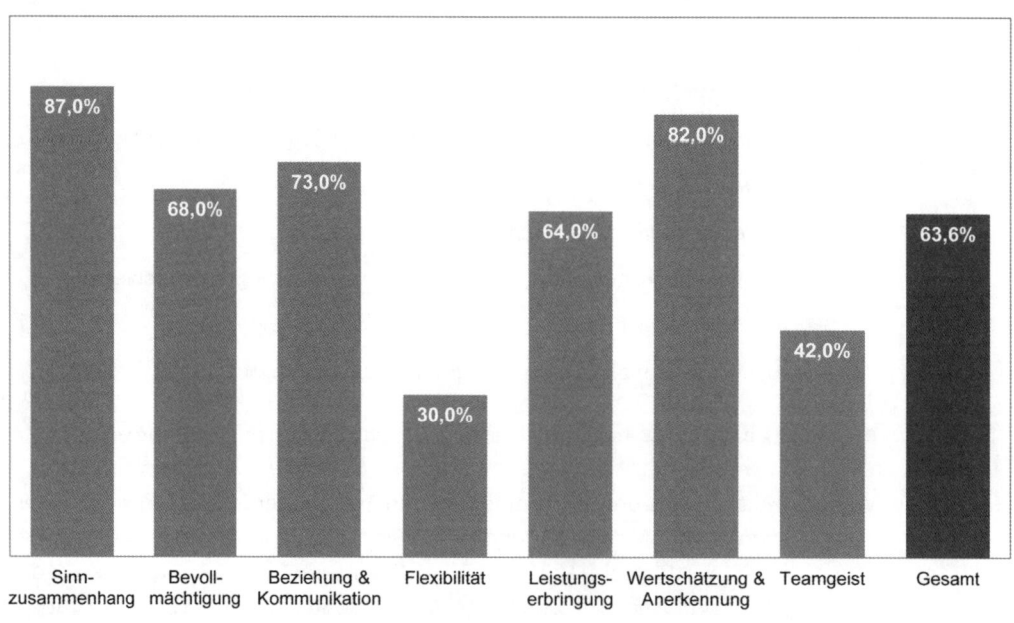

Abb. 80: Auswertungsdiagramm zum PERFORM-Modell

Bis ca. 25% der erreichbaren Punktzahl ist noch nicht von einem wirklichen Team auszugehen. Hier sprechen die Autoren eher von einem „Pseudo-Team". Es sind große Anstrengungen notwendig, um aus dieser Gruppe ein leistungsfähiges Team

zu formen. Zwischen 25% und 50% ist von einem „potentiellen Team" auszugehen. Bei gezielter Optimierung der Schwachstellen sind gute Entwicklungschancen
auszumachen. Zwischen 50% und 75% der möglichen Punkte ist bereits ein „echtes Team" vorhanden. Eine Teamentwicklungsmaßnahme hätte gute Chancen, das
Team weiter voranzubringen. Ab 75% spricht man von einem „Hochleistungsteam".
Hier sind alle Facetten erfolgreicher Teamarbeit sehr gut ausgebildet. In unserem
Beispiel (s. oben) handelt es sich nach der Selbsteinschätzung der sieben Gruppenmitglieder (ohne Führungskraft) bereits um ein „echtes Team" (64%). Obwohl
die Ausprägungen in den Dimensionen „Sinnzusammenhang", „Beziehung & Kommunikation" und „Wertschätzung & Anerkennung" bereits eine sehr gute Qualität
erkennen lassen, sind die Sachwachstellen des Teams offenbar in der Arbeitsorganisation und der gegenseitigen Unterstützungsbereitschaft (Flexibilität = 30%)
auszumachen. Dies hat offenbar Auswirkungen auf den Gruppenzusammenhalt
(Teamgeist = 42%) und die Leistungserbringung des Teams (64%). Eine gezielte
Bearbeitung dieser Themen in einem Teamentwicklungstraining könnte die Gruppe
deutlich in der Qualität der Zusammenarbeit voranbringen.

11.6.2 Teamentwicklung

Teambuilding oder Teamentwicklung (auch Teamtraining) sind Maßnahmen, die die
Voraussetzungen für eine optimale Teamarbeit schaffen sollen. Zusammenfassend
zum vorigen Abschnitt können diese Voraussetzungen wie folgt zusammengefasst werden:

- Klarheit über ein gemeinsames Ziel,
- Definition u. Vereinbarungen über den gemeinsam zu gehenden Weg zur Erreichung des Ziels,
- eindeutige Rollenverteilungen und Klärung der Verantwortlichkeiten,
- Spielregeln, die ein effizientes Miteinander erst möglich machen und
- Wissen über Unterschiedlichkeiten, Gemeinsamkeiten, Stärken u. Schwächen
  des Einzelnen in der Gruppe und der Gruppen im Unternehmen untereinander.

Teamentwicklung am Beginn der Gruppenbildung

Teamentwicklungsmaßnahmen werden gewöhnlich zu Beginn von neu geschaffenen Arbeitsgruppen, beim Wechsel der Führungspositionen oder auch bei der
Übernahme von neuen Aufgabenschwerpunkten durch ein Team eingesetzt. Hier
dienen sie in erster Linie der Gruppenfindung oder der Neuorientierung eines
existierenden Arbeitsteams. Gruppenkonflikte oder Probleme in der Beziehungs-

konstellation der Gruppen müssen also hierbei nicht die auslösende Rolle spielen. Vielmehr soll durch das Teamtraining die Gruppe als Team zusammengeschweißt und auf ein gemeinsames Ziel ausgerichtet werden. Teamentwicklungsmaßnahmen sind in diesem Sinne als Katalysatoren einer normalen Gruppenentwicklung zu verstehen.

Untersucht man die unterschiedlichen Teamentwicklungsdesigns etwas genauer, stellt man fest, dass sie in der Regel immer aus zwei Schwerpunkten zusammengesetzt sind. Wie uns nach der bisherigen Lektüre nicht schwer fallen dürfte einzusehen, handelt es sich dabei einmal um die Organisationsaufgabe oder das Organisationsziel (Aufgabenaspekt) und zum anderen um die Gruppendynamik (Beziehungsaspekt). Mit anderen Worten: „Auf ein Ziel einschwören und den Teamzusammenhalt verstärken."

Gerade bezüglich des zuletzt genannten Aspekts haben Führungskräfte und ihre Teams dabei nicht selten ziemlich ungewohnte Herausforderungen zu bestehen: Sie haben mit ihrem Team Berge zu erklimmen, Flöße zusammenzubauen, über Stahlseile zu balancieren, müssen gemeinsam Brücken und Türme konstruieren und andere knifflige Teamaufgaben bewältigen. Sinn und Zweck dieser recht vielfältigen Teamaufgaben besteht darin, die Gruppe, gemeinsam mit ihrer Führungskraft in einem bewusst ungewohnten Setting eine gemeinsame, herausfordernde Übung meistern zu lassen, die nur als Team erfolgreich zu bewältigen ist. Dabei sollen bewusst andere Fähigkeiten und Emotionen als im Büroalltag angesprochen werden. Nicht selten gilt es, die eigene Angst zu überwinden und der Stärke des Teams zu vertrauen. Darüber hinaus wird es möglich, seine Kollegen und auch die Führungskraft auf eine kreative Art und Weise näher kennenzulernen und sonst kaum gebrauchte Fähigkeiten und Verhaltensweisen schätzen zu lernen. Die Gruppe kann dabei aus der Qualität der Aufgabenbewältigung eine Menge für den dienstlichen Alltag und für das Funktionieren ihrer Gruppe insgesamt lernen (siehe auch Bonkowski 2009). Insofern ist gerade die richtige Wahl des Settings oder der Örtlichkeit für ein Teamtraining äußerst wichtig. Auch wenn es dabei unzählige Möglichkeiten gibt, sollten Sie zweierlei berücksichtigen: Wählen Sie ein Setting, dass in jedem Fall außerhalb Ihres Büroalltags liegt und gewährleisten Sie gleichzeitig ein ungestörtes und effizientes Lernen und Arbeiten in einer geeigneten Seminarumgebung.

Der zweite Schwerpunkt betrifft regelmäßig die Teamziele und das Aufgabenspektrum bzw. die Organisation der Teams. Dabei kommen dann häufig die bereits behandelten Analyseinstrumente, wie z. B. die SWOT-Analyse zum Einsatz (s. Meilenstein 4). Ziel dabei ist es, sich über eine Stärken-Schwächen-Analyse die Herausforderungen der Zielerreichung bewusst zu machen und gemeinsam Maßnahmen und Aktionen zu planen, um als Team erfolgreicher zu werden. Dabei sollen Verantwortungen und Zuständigkeiten geklärt, Kommunikations- und Konfliktregeln erarbeitet und gegenseitige Unterstützung organisiert werden.

All diese Bestandteile eines Teamtrainings oder einer Teamentwicklungsmaßnahme lassen sich durchaus in eigener Regie durchführen, ohne dass ein externer Berater einzubeziehen ist. Allerdings empfehlen wir, wenn Sie dies zum ersten Mal organisieren, durchaus den Einsatz eines erfahrenen Trainers. Teilweise werden Sie auch durch die Personalabteilung Ihres Unternehmens am Start Ihrer Führungskarriere dabei unterstützt.

Teamentwicklung bei Gruppenproblemen

Teamentwicklungsmaßnahmen werden allerdings auch eingeleitet, wenn sich erste Symptome einer Schieflage in der Gruppendynamik zeigen. Häufig machen sich diese in offenen, teils auch versteckten Konflikten, in sozialen Ausgrenzungen einzelner Mitarbeiter (Isolation) und in unterschiedlichen Kommunikations- und Kooperationsproblemen deutlich. In der Regel verbergen sich unterschiedliche Konfliktkonstellationen hinter diesen Erscheinungen:

Konflikte mit der Arbeitsaufgabe

- unterschiedliches Informationsniveau
- unterschiedlicher Kenntnisstand
- unterschiedliche Zielauffassungen
- unterschiedliche Identifikation mit der Aufgabe

Konflikte in der Gruppe

- ungeklärte Macht- und Kompetenzstrukturen
- Missverständliche Kommunikation
- nicht kommunizierte Bedürfnisse
- Revierkämpfe

Konflikte mit der Teamleitung

- ungeklärte Rollenverteilung
- Nicht-Wahrnehmung der Leitungsfunktion
- Ignorieren der Teaminteressen und -bedürfnisse
- fehlende Autorisierung durch das Team

Teamentwicklungsmaßnahmen, die aus diesen Gründen veranlasst wurden, haben die Aufgabe, versteckte Konflikte und Beziehungsstörungen transparent zu machen und sie mithilfe des Teams gemeinsam zu bearbeiten bzw. zu klären. Wie bereits bei der Erläuterung der Soziogrammtechnik betont (s. „Das Partnerwahl-verfahren nach Moreno" im Meilenstein 8), verlangen derartige Maßnahmen in der Regel eine professionelle externe Begleitung. Zu unberechenbar sind häufig die Konsequenzen, die sich aus einer mehr oder weniger offenen Beziehungs- oder Konfliktklärung in einem Team ergeben können. Sind Sie als Führungskraft sogar Teil eines Konflikts im Team (s.o.), ist in jedem Fall die Hinzuziehung eines externen Moderators anzuraten. Mitunter sind dann zusätzliche Methoden oder Maßnahmen in Erwägung zu ziehen, wie etwa eine **Konfliktmoderation** oder eine **Mediation** (vgl. dazu Seifert 2011).

Ziele der Teamentwicklungsmaßnahme

Die Ziele der Teamentwicklung lassen sich grundsätzlich in drei Aufgabenbereiche unterteilen (vgl. auch Varney 1977; Comelli 1995):

(1) Zum einen geht es um die Klärung und das bewusst machen der gruppendynamischen Strukturen und Beziehung der Teammitglieder untereinander und des Teams in der Gesamtorganisation. Wie wir bereits ausgeführt haben, sind viele dieser eher unterschwellig ablaufenden Prozesse den Teammitgliedern gar nicht bewusst. Demzufolge besteht der erste Schritt während eines Teamtrainings in der Bewusstmachung dieser Phänomene (Teamrollen und —strukturen). Durch ein Soziogramm z. B. werden die Beziehungs- und Zusammenarbeitsstrukturen veranschaulicht und damit in der Gruppe diskutier- und bearbeitbar gemacht.

(2) Zum zweiten geht es um die Förderung von sozialen Lernprozessen im Team. Die Teammitglieder sollen z. B. befähigt werden, Konflikte im Team rechtzeitig wahrzunehmen und sozial angemessen zu bearbeiten. Sie sollen lernen, Unterstützungsnotwendigkeiten im Team zu erkennen. Sie sollten befähigt werden, die Zusammenarbeit und Kommunikation untereinander und mit anderen Gruppen der Organisation zielorientiert und beeinträchtigungsfrei zu gestalten. Und, sie sollen schließlich erfassen, dass die Erfüllung der Team- und Organisationsziele nur auf der Basis von effizient und sozial förderlichen Gruppenprozessen möglich ist.

(3) Schließlich sollen Teamentwicklungsmaßnahmen in einem durch die Gruppe selbst geschaffenen Commitment bezüglich ihres Verhaltens im Team, ihrer Ziele und Visionen und ihrer organisatorischen Aufgaben- und Verantwortungsteilung münden. Damit wird ermöglicht, dass die Gruppe das im Training erreichte selbst-

ständig evaluiert und für die Qualität ihrer Zusammenarbeit zukünftig Verantwortung übernimmt.

Tab. 55: Ziele der Teamentwicklung

1) Bewusst machen, Verstehen und Klärung ...
- der einzelnen Rollen und Funktionen der Teammitglieder.
- der Aufgabe und Rolle des Teams innerhalb der Organisation.
- der Kommunikations- und Beziehungsstrukturen im Team.
- der unterschwellig ablaufenden Gruppenprozesse im Team.

2) Entwicklung, Optimierung und Stabilisierung ...
- der Fähigkeit, Konflikte rechtzeitig wahrzunehmen und zu lösen.
- der Unterstützungsbereitschaft zwischen den Teammitgliedern.
- der Fähigkeit zur sozial angemessenen Kommunikation im Team.
- der Fähigkeit zur Gestaltung von förderlichen Kooperationsbeziehungen im Team und als Gruppe im Zusammenhang der Gesamtorganisation.
- des Bewusstseins des gegenseitigen „Aufeinander-Angewiesen-Seins" innerhalb des Teams und des Unternehmens.

3) Vereinbarungen, Commitment und Identifikation bezüglich ...
- des Verhaltens der Teammitglieder untereinander (Kommunikations- und Kooperationsregeln = Gruppenregeln).
- der Teamziele und der Bedeutung dieser für die Gesamtorganisation.
- der organisatorischen Abläufe und der Arbeits- und Verantwortungsteilung im Team.

Wie Sie sehen, sind die Herausforderungen einer Teamentwicklung beträchtlich. Der Nutzen, der jedoch durch eine gut vorbereitete und durchgeführte Maßnahme erreicht werden kann, nicht weniger. Wenn Sie als Führungskraft mit Ihrem Team neu starten, sollten Sie in jedem Fall mit einem Teamevent Ihre Gruppe zusammenführen.

Planung und Durchführung einer Teamentwicklungsmaßnahme

Wenn Sie eine Teamentwicklungsmaßnahme in Betracht ziehen, und sich dabei der Unterstützung externer Berater bedienen wollen, sind bestimmte Vorgehensweisen zu beachten (vgl. Comelli 2003).

Selbstverständlich werden Sie zunächst mit Ihrem Team über Ihr Vorhaben sprechen und Ihre Mitarbeiter dafür begeistern. Verdeutlichen Sie Ihre Ziele und Absichten und sammeln Sie gemeinsam mit Ihrem Team weitere zu bearbeitenden Inhalte und Themen (z. B. „Erwartungen und Wünsche an die neue Führungskraft"). Da die Moderation eines Teamtrainings von Ihnen an die externen Berater delegiert wurde, sollten Sie klären, welche Rolle Sie als Führungskraft im Prozess und während des Trainings übernehmen werden. Sie müssen während des Trainings nicht in jeder Phase als Führungskraft agieren. Bei den z.T. sportiven Gruppenaufgaben z. B. empfiehlt es sich durchaus, in der Teilnehmerposition zu verbleiben, um Ihren Mitarbeitern die Chance zu eröffnen, die Gruppe zu führen. Es ist dabei äußerst interessant zu erleben, welche Mitarbeiter welche Verantwortungen und Rollen übernehmen. Darüber hinaus sollten Sie in Vorbereitung der Maßnahmen u. U. auch inhaltliche Aufträge an einzelne Mitarbeiter verteilen (z. B. „Statusberichte aus den einzelnen Arbeitsfeldern der Gruppe"). Letztlich sind einige Spielregeln für das Teamtrainings zu vereinbaren. Freiwilligkeit ist dabei eine wichtige Regel, die Sie Ihrem Team zusichern sollten.

Wenn Sie Ihr Team für Ihr Vorhaben gewonnen haben, werden Sie ein geeignetes Trainerteam auswählen und kontaktieren. Achten Sie dabei vor allem auf Referenzprojekte der Berater und lassen Sie sich ausführlich deren Methoden, Vorgehensweisen und Prinzipien erläutern. Denken Sie bei dem abzuschließenden Vertrag an die Zusicherung der Anonymität und der Vertraulichkeit bezüglich der Teamdiagnose und erläutern Sie ausführlich, welche Absichten und Ziele Sie mit der Teamentwicklungsmaßnahme verfolgen.

In der Folge werden Sie wahrscheinlich einige Teamdiagnoseinstrumente auswählen und durchführen. In jedem Fall ist zu empfehlen, eine schriftliche, individuelle und anonyme Erwartungsabfrage im Vorfeld der Maßnahme in Ihrem Team durchzuführen. Darüber hinaus können Sie die bereits besprochenen Team-Diagnoseinstrumente (z. B. den FAT; s.o.), teilweise auch während des Teamtrainings in Betracht ziehen. So z. B. das DISG-Persönlichkeitsprofil (siehe Gay 2005) oder das Hirn-Dominanz-Instrument (H.D.I.) (siehe Herrmann 1991). Für einen Überblick dazu empfiehlt sich das bereits erwähnte Buch „Teamdiagnose" (Kauffeld 2001). Achten Sie bei der schriftlichen Durchführung aller dieser Instrumente auf die Gewährleistung der Anonymität.

Bei der Detailplanung des Teamtrainings werden Sie vor allem die zu bearbeitende Themen, die Sie nach der Teamdiagnose nun genauer eingrenzen können, in der konkreten Durchführung ausarbeiten. Berücksichtigen Sie vor allem einen Wechsel in der Abfolge der Methoden (Gruppenarbeit, Plenum, Gruppenübungen etc.). Ferner sollten sie beharrlich darauf achten, dass der größte Nutzen für Ihre Mitarbeiter immer dann gewährleistet ist, wenn diese selbst aktiv sein können. Lange Präsentationen oder Vorträge sind selten anzuraten, obwohl kurze, sogenannte Impulsvorträge (Themeneinleitung) durchaus ihre Funktion haben.

Tab. 56: Vorgehensweise bei einer Teamentwicklungsmaßnahme

1) Information und Kontrakt
- Vereinbarung mit dem Team zur Durchführung eines Teamtrainings.
- Klärung des Ziels und der prototypischen Vorgehensweise bei einem Teamtraining.
- Klärung der Rolle des Vorgesetzten im Prozess.
- Festlegung von Spielregeln (Freiwilligkeit etc.).

2) Auswahl und Kontakt
- Auswahl und Erstkontakt mit dem externen Berater (Trainer oder Trainerteam).
- Vorstellung der Konzeption, Prinzipien und der Methoden des Trainerteams.
- Vorbesprechung zur Klärung des Anliegens und der Erwartungen, die mit der Maßnahme verbunden sind.
- Darstellung des IST-Zustand und des erwünschten Ergebnisses.
- Vertrag mit dem Beraterteam: Autorisierung zur anonymen Diagnose der Teamsituation. Vereinbarung zum Umgang mit vertraulichen Informationen aus der Gruppe.

3) Informationssammlung und Teamdiagnose
- Auswahl der geeigneten Teamdiagnoseinstrumente (Fragebögen, Soziogramme etc.).
- Durchführung und Auswertung der Teamdiagnose im Vorfeld des Trainings.
- Ableiten von Themen und Auswertungsschwerpunkten für das Training.

4) Detailplanung des Teamtrainings
- Planung des Teamtrainings im Detail.
- Methodenabfolge, Inhalte, Vereinbarungen.

5) Durchführung des Teamtrainings
- Zwei- bis dreitägige Teamentwicklungsmaßnahem.
- Moderation durch externe Berater.
- Konkrete Vereinbarungen und Fixierung von Erfolgskriterien.

6) Folgemaßnahmen
- Gegebenenfalls Planung von Folgeaktivitäten (Einzelgespräche, Konfliktbearbeitung, Mediation usw.).
- Weitere Ausarbeitung und Konkretisierung auf der Inhaltsebene (Ziele, Organisation, Maßnahmen).

7) Evaluation
- Gegebenenfalls Planung einer Nachfolgeveranstaltung nach ca. drei Monaten.
- Kontrolle der Vereinbarungen und Erfolgskriterien (ggf. auch Zwischenkontrollen).
- Gegebenenfalls erneute bzw. wiederholte Durchführung einer Teamdiagnose.

Nach der Durchführung des Teamtrainings, in welchem Sie vor allem auf die Formulierung von gemeinsamen Vereinbarungen und Regeln bezüglich der künftigen Zusammenarbeit und der Teamziele achten sollten, ergibt sich häufig die Notwendigkeit von Folgemaßnahmen, die die nicht vollständig bearbeiteten Themen betreffen und möglichst bald abschließend zu behandeln sind.

Eine Evaluation bezüglich des Erfolges der Teamentwicklungsmaßnahme ist natürlich selbstverständlich und sollte kontinuierlich anhand der vereinbarten Erfolgskriterien erfolgen. Gegebenenfalls kann man auch eine Nachfolgeveranstaltung (drei bis vier Stunden) dazu einplanen. In jedem Fall sollten die Mitarbeiter selbst den Erfolg der Teamentwicklungsmaßnahem einschätzen. Haben Ihre Mitarbeiter dadurch einen Mehrwert erlebt, können Sie schon fast von einem Erfolg ausgehen.

11.7 Zusammenfassung

- Wie bei den Führungsstilen sind in der Steuerung von Gruppen zwei Verhaltensausrichtungen der Führungskraft zielführend. Eine ausgewogene Beachtung der Aufgaben- und Beziehungsorientierung führt dazu, dass eine Gruppe sowohl engagiert und kooperativ als auch konstruktiv und zielorientiert handelt. Das Ergebnis ist eine hohe Produktivität der Gruppe.
  - Wird die Beziehungsorientierung in der Teamarbeit vernachlässigt, leidet das Engagement und die Begeisterung. Ergebnis ist eine rigide arbeitende Gruppe, die „Dienst nach Vorschrift" macht. Wird die Aufgabenorientierung unterschätzt, gehen Zielorientierung und Struktur in der Gruppenarbeit verloren. Ergebnis ist ein unverbindlicher Aktionismus.
- Nach dem Modell der themenzentrierten Interaktion sind drei Elemente bei der Steuerung von Gruppen wesentlich. Dazu gehören das „Wir", das „Thema" und das „Ich". Alle drei Elemente sind von der Gruppenleitung in Balance zu halten.
  - Das „Thema" betrifft das Gruppenziel und die Gruppenaufgabe. Ohne ein erreichbares und herausforderndes Aufgabenziel, eingebettet in eine sinngebende Vision für die Gruppe, wird die Gruppe auseinanderfallen.
  - Das „Wir" beinhaltet das Wir-Gefühl, das Gruppenklima und den Gruppenzusammenhalt. Haben sich noch keine Normen und Umgangsregeln entwickelt, ist der Gruppenzusammenhalt und das Wir-Gefühl noch unterentwickelt oder fehlt es an Strukturen und Rollen, ist eine effektive Gruppenarbeit nicht möglich.
  - Das „Ich" bezieht sich auf die unterschiedlichen Mitglieder der Gruppe mit deren Fähigkeiten, deren Bedürfnissen nach Sicherheit, nach Wertschätzung und Akzeptanz. Bietet die Gruppe dem Einzelnen nicht die Möglichkeit, seine persönlichen Ziele und Bedürfnisse zu befriedigen, seine Fähigkeiten und Talente in die Gruppe einzubringen und damit einen geachteten Platz im Gruppenverband einzunehmen, ist dieses Gruppenmitglied für die Gruppe verloren. Es zieht sich zurück, geht in die „innere Immigration" oder aber es begehrt auf und versucht sich auf Kosten der anderen Gruppenmitglieder mit seinen Interessen durchzusetzen.

- Die Arbeit in Gruppen beinhaltet eine Vielzahl von Vorteilen, die positive Auswirkungen auf die Quantität und Qualität des Gruppenergebnisses haben. Um diese Vorteile voll zur Geltung zu bringen, müssen allerdings die mit der Gruppenarbeit verbundenen Risiken berücksichtigt und minimiert werden.
  - Zu den Vorteilen der Gruppenarbeit zählen zum einen Kooperationsgewinne, wie z. B. Arbeitsteilung, Teilung des Wissens, Ideenhäufigkeit, Fehlerausgleich und Rigiditätskontrolle. Zum anderen werden in der Gruppenarbeit zahlreiche Motivationsgewinne beobachtet. Dazu zählen z. B. die Motivationsförderung durch die Anwesenheit anderer Personen und die soziale Unterstützung.
  - Zu den Nachteilen der Gruppenarbeit gehören zahlreiche sozialpsychologische Phänomene, wie z. B. die Selbstüberschätzung der Gruppe, der Uniformitätsdruck, sozialer Müßiggang und Störungen der Verantwortungsübernahme.
- Nicht alle Aufgabentypen eigenen sich zur Bearbeitung in Gruppen. Gruppenarbeit ist Einzelarbeit vorzuziehen, wenn die Aufgabe eine Arbeitsteilung zulässt, unterschiedliche Fähigkeiten und eine breites Wissensspektrum erforderlich und Kreativität bzw. Ideenvielfalt verlangt sind. Einzelarbeit ist empfehlenswert, bei Aufgaben, die ein sachlich-logisches Vorgehen und hohe Konzentration erfordern.
- Gruppenarbeit ist besonders dann effektiv, wenn gruppentaugliche Aufgaben zur Bearbeitung ausgewählt werden, die Gruppe in ihrer Zusammensetzung hinreichend heterogen ist, interne Regeln der Kooperation und Konfliktbehandlung entwickelt sind, die Gruppe selbstständig arbeiten kann und die Verantwortungsübernahme sichergestellt wurde.
- Zu den Arbeitstechniken in Gruppen gehören z. B. die Gruppenarbeit, die Entwicklung von Gruppenregeln, die Moderation, das Brainstorming und das Problemlösen in Gruppen.
- Die Entwicklung und gezielte Beeinflussung des Teamklimas und der Teamdynamik gehören zu den besonderen Herausforderungen bei der Führung eines Teams. Anders als bei den aufgabenbezogenen Aspekten der Teamarbeit („Thema") ist die Steuerung der beziehungsorientierten Perspektive weit weniger strukturiert und verlässlich möglich.
  - Die Teamentwicklung erfordert zunächst eine sorgfältige Analyse des Entwicklungsstandes der Gruppe anhand unterschiedlicher Reifegrad-Kriterien. Sind die Stärken und Schwächen der Gruppe identifiziert, kann die Teamentwicklung gezielter durchgeführt werden.
  - Nach dem F.A.T.-Modell sind die wesentlichen zu beurteilenden Elemente die Zielklarheit der Gruppe, der Entwicklungsstand der Aufgabenbewältigung, der Gruppenzusammenhalt und die Qualität der Verantwortungsübernahme.

- Nach dem PERFORM-Model ist das Vorhandensein einer gemeinsamen Vision, funktionierende Arbeitsformen, das Kommunikationsklima, die Flexibilität der Gruppe, das Leistungs- bzw. Erfolgsbewusstsein, die gegenseitige Wertschätzung und der Teamgeist maßgeblich für den Gruppenerfolg.

- Teamentwicklungsmaßnahmen können zu Beginn der Bildung einer Arbeitsgruppe oder bei Vorhandensein von Entwicklungsstörungen durchgeführt werden. Sie verfolgen das Ziel, die Voraussetzungen für eine erfolgreiche Teamarbeit herzustellen, zu festigen oder weiterzuentwickeln.

- Teamentwicklungsmaßnahme sorgen für Klarheit der gemeinsamen Gruppenziele, definieren und vereinbaren die Spielregeln der Zusammenarbeit, klären die Rollenverteilungen und Verantwortlichkeiten in der Gruppe und unterstützen die gegenseitige Akzeptanz und Wertschätzung der Gruppenmitglieder untereinander. Sie sind sorgfältig zu planen und zu evaluieren.

Meilenstein 12: Situationen beherrschen

Kapitelübersicht

- Situatives Führen: Reifegrade von Mitarbeitern

- Situatives Führen: Aufgabenkomplexität, Positionsmacht und Klima

- Herausfordernde Situation bewältigen

- Arbeitsinhalte und Arbeitsumwelt gestalten

- Humankriterien menschengerechter Arbeit

- Vereinbarkeit von Beruf und Familie unterstützen

- Gesund Führen

Wie wir Ihnen im Meilenstein 9 („Persönlichkeit führt") nahe gebracht haben, gibt es trotz aller Komplexität und Vielfalt im Führungsalltag sehr wohl zu empfehlende generelle Führungsqualitäten, die Ihnen mit hoher Wahrscheinlichkeit Ihren Erfolg sichern können. Besonders die Merkmale der „Transformationalen Führung" haben wir Ihnen in diesem Zusammenhang ans Herz gelegt.

Erfolgreiche Führung ist variabel und vielfältig

Dennoch wird es manchmal Situationen geben, in denen Ihnen Ihre Vorbildfunktion und Glaubwürdigkeit, Ihr Bemühen um Motivation, Begeisterung und kreatives Mitdenken, Ihr Bestreben, Mitarbeiter als erwachsene und reife Menschen zu fördern und zu entwickeln, einfach nicht weiterhelfen. All dies sind zwar zeitgemäße Einstellungen und Verhaltensweisen von Führungskräften, aber sie gehen von Voraussetzungen aus, die leider nicht immer gegeben sind. Sie setzen nämlich voraus, dass unsere Grundannahme eines selbständig denkenden, eigenverantwortlichen und flexiblen Mitarbeiters, der jederzeit veränderungs- und lernbereit ist und selbstbestimmt den Erfolg will, immer zutrifft. Dies ist aber nicht immer der Fall. Mitarbeiter besitzen eben nicht immer die von uns gewünschte Reife.

Selbst wenn wir an unsere eigene Person denken, werden wir eingestehen müssen, dass wir uns durchaus nicht immer so erwachsen und verantwortungsbewusst verhalten. Manchmal lassen auch wir uns gehen oder geben unseren Schwächen nach. Da ist es zeitweise äußerst hilfreich, wenn uns eine andere Person ein wenig behilflich ist, wieder auf den rechten Weg zurückzugelangen. Ein deutlicher Denkanstoß zur rechten Zeit, ein freundschaftlich, aber dennoch ernstgemeinter Hinweis, manchmal auch das Aufzeigen der Konsequenzen, die unser gedankenloses Verhalten nach sich ziehen, können bereits Wunder wirken. In unseren Seminaren sprechen wir dann davon, dass unserer Mitarbeiter manchmal auf ein wenig „geborgter Energie" von uns angewiesen sind.

Mit anderen Worten, Sie müssen auch in der Lage sein, Druck aufzubauen, Leistung einzufordern, sich zu distanzieren und konsequent zu sein. Teilweise müssen Sie auch Konsequenzen ankündigen und im Ernstfall dann auch umsetzen, wenn sich das gewünschte Verhalten nicht einstellt. Wie gesagt, ist das kein Grundprinzip guter Führung, aber Sie müssen auch diese Seite im Führungsalltag beherrschen. Die Situationsvielfalt, in der Sie als Führungskraft bestehen müssen, ist äußerst groß. Erst wenn Sie gelernt haben, der Vielfalt der Situationen und Menschen die gleiche Variabilität und Vielfalt in Ihrem Führungsverhalten entgegenzustellen, haben Sie Erfolg.

12.1 Situatives Führen – Entwicklungsstand der Mitarbeiter

Genau dieser Idee folgten auch die bereits eingeführten Führungsforscher Paul Hersey und Ken Blanchard (s. Meilenstein 1, „Mitarbeiterpersönlichkeit und Mitarbeiterhandeln") in Ihrem Modell des „Situativen Führens" (Hersey & Blanchard 1969a). Danach sind die zwei grundlegenden Verhaltensstile von Führungskräften (directive, anweisend und supportive, unterstützend) gleichzusetzten mit den uns bereits bekannten beiden Führungsausrichtungen, der **Aufgabenorientierung** und der **Mitarbeiterorientierung**

- **Mitarbeiterorientierung**: Wertschätzung, Fürsorge, Unterstützung, Ermutigung, Befähigung, Zugänglichkeit (**Zwei-Wege-Kommunikation**);
- **Aufgabenorientierung**: Kontrolle, Aufsicht, Zielvorgabe, Anweisung, Sanktionierung, Aktivierung (**Ein-Weg-Kommunikation**);

Aus diesen beiden unabhängigen Grundausrichtungen lassen sind vier Führungsstile (S1 bis S4) kombinieren, die gemäß dem jeweiligen Reifegrad (readiness = Reife oder Bereitschaft) der Mitarbeiter angewandt werden sollen (s. folgende Abbildung).

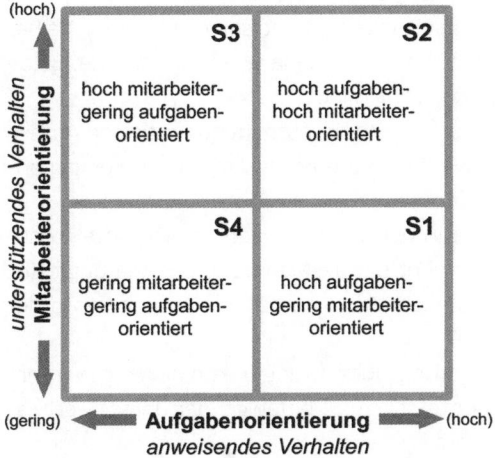

Abb. 81: Vier Basis-Führungsstile nach Hersey und Blanchard

12.1.1 Grundaussagen des Reifegradmodells

1. Es gibt keinen generell besten Führungsstil, sondern die vier dargestellten Stile können sowohl effektiv als auch ineffektiv sein, je nachdem in welcher Situation sie angewendet werden.
2. Situatives Führen ist das Zusammenspiel zwischen dem Ausmaß an Aufgabenorientierung bzw. Mitarbeiterorientierung der Führungskraft und der „Reife", welche die geführten Mitarbeiter bei einer spezifische Aufgabe, Tätigkeit oder Zielverfolgung zeigen.
3. Die „Reife" eines Mitarbeiters bei einer bestimmten Aufgabe wird konstituiert durch seine Fähigkeiten und seine motivationale Bereitschaft zur Ausführung derselben. Es gibt keine generelle „Reife" eines bestimmten Mitarbeiters, sondern diese variiert von Aufgabe zur Aufgabe.
4. Die „Reife" eines Mitarbeiters entwickelt sich in der Regel im Laufe seiner beruflichen Laufbahn und kann gezielt gefördert werden. Die Aufgabe der Führungskraft besteht in der kontinuierlichen Entwicklung und Förderung der Mitarbeiter.

5. Eine wesentliche Herausforderung der Führungskraft ist es, die jeweils vorhandene Reife eines Mitarbeiters (R1 bis R4) bei einer Aufgabenstellung zutreffend einzuschätzen und das korrespondierende Führungsverhalten (S1 bis S4) auszuwählen und einzusetzen, wobei z. B. einer Reife „R1" einem Führungsstil „S1" entspricht usw.

6. Bei der Einschätzung der aufgabenspezifischen Reife eines Mitarbeiters spielen seine Fähigkeiten (Wissen, Erfahrung, Fähigkeiten) und seine motivationale Bereitschaft (Zutrauen, Identifikation, Motivation) eine wesentliche Rolle. Beide Charakteristika sind nicht unabhängig voneinander.

7. Mit wachsender Reife der Mitarbeiter können die aufgabenorientierten Anteile des Führungsverhaltens reduziert werden. Die Führungskraft muss weniger anleiten und kontrollieren.

8. Bei hoher und bei geringer Reife kann der beziehungsorientierte Anteil reduziert werden. Der „reife" Mitarbeiter benötigt die Mitarbeiterorientierung nicht mehr, der unreife Mitarbeiter hat zunächst die Priorität, die Aufgabe anforderungsgemäß zu erfüllen.

9. Bei mittlerer Reife müssen beide Führungsausrichtungen kombinieren werden. Der motiviert Unfähige (R2) wird unterstützend befähigt; der unmotiviert Fähige (R3) wird verpflichtend motiviert.

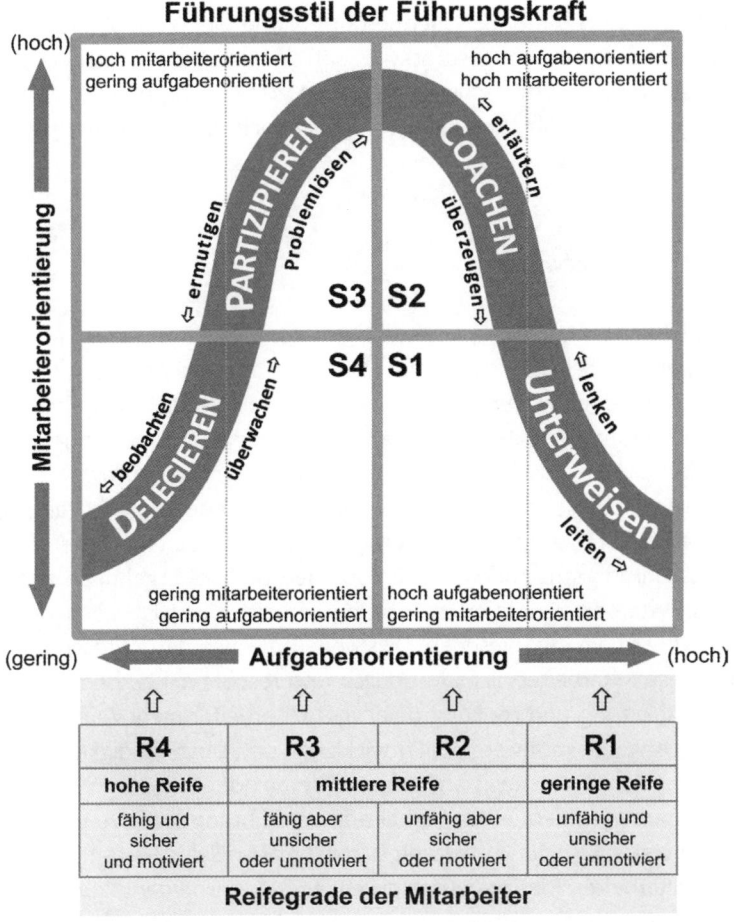

Führungsstil der Führungskraft

Abb. 82: Situatives Führen (verändert nach Hersey & Blanchard 1969a)

12.1.2 Führungsstile nach dem Reifegradmodell

Führungsstil (S4) — Delegieren

In unserem gerade beschriebenen Sinne „reife" Mitarbeiter benötigen im Grunde genommen überhaupt keine Führung mehr („delegieren"). Sie sind nach dem Modell fachlich kompetent, hoch leistungsmotiviert oder sicher (selbstbewusst bzw. selbstständig). Diese Mitarbeiter sollte man viel Autonomie zugestehen und sie durch besonders anspruchsvolle Aufgabenstellungen anspornen (**S4**). Dies wäre in jedem Fall natürlich der anzustrebende Idealzustand. Nach dem Modell ist also hier weder Mitarbeiter- noch Aufgabenorientierung notwendig. Diese Mitarbeiter wissen, *was* zu tun ist und *wie* es umgesetzt wird, und sie besitzen zudem den Ehrgeiz und die Fähigkeiten, die notwendigen Aufgaben erfolgreich zu bewältigen. Sie sind bei der Aufgabenbewältigung lediglich zu beobachten und die erzielten Ergebnisse zu überwachen.

Führungsstil (S1) — Unterweisen

Mitarbeiter, die über wenig fachliche Kompetenz verfügen, über eine geringe Motiviertheit oder ein geringes Selbstvertrauen oder Selbstständigkeit, weisen eine geringe Reife auf und sind direktiv („unterweisen") zu führen (**S1**). Diese Mitarbeiter sehen sich z. B. einer Aufgabenstellung zum ersten Mal gegenüber oder sind gar verunsichert, weil ihnen die Ausführung unklar ist. Sie haben demzufolge noch nicht die notwendigen Fähigkeiten und nicht das dazugehörende Selbstvertrauen. Hier sollen Sie in erster Linie aufgabenorientiert führen, die Arbeitsaufgaben erläutern, deren Ausführung strukturieren und vorgeben und die Ergebnisse zeitnah kontrollieren. Mitarbeiterorientiertes Führungsverhalten ist also nach dem Reifegrad-Ansatz (noch) nicht vorgesehen. Dies bedeutet nach den Autoren nun aber nicht, dass diese Mitarbeiter nicht freundlich und respektvoll zu behandeln sind. Nur wird die Anleitung und Lenkung derartiger Mitarbeiter mehr Zeit in Anspruch nehmen, als etwa die motivierende Entwicklung von Selbstständigkeit. Erst wenn die Mitarbeiter ein Mindestmaß an Aufgabenbefähigung erworben haben, sollte der Anteil mitarbeiterorientierten Verhaltens der Führungskraft vergrößert werden. Mit diesen ersten Erfolgen entwickelt sich dann auch Selbstvertrauen und Motiviertheit der Mitarbeiter. Dies bedeutet gleichzeitig den Übergang zum Führungsverhalten „S2" (Coachen).

Führungsstil (S2) — Coachen

Ist Motivation oder Selbstständigkeit bereits ausgebildet, aber die Leistungsfähigkeit noch nicht ausreichend entwickelt, werden die Mitarbeiter gecoacht („coachen" / **S2**). Hier haben Sie als Führungskraft die Arbeitsaufgaben zu „erläutern", deren Ausführung mit dem Mitarbeiter gemeinsam zu klären, gegebenenfalls motivierende Unterstützung anzubieten und die Mitarbeiter von der Sinnhaftigkeit der Aufgabenstellung zu „überzeugen". Beide Führungsdimensionen (Aufgaben- und Mitarbeiterorientierung) kommen hier gleichermaßen zum Einsatz.

Führungsstil (S3) — Partizipieren

Sind die Fähigkeiten der Mitarbeiter noch weiterentwickelt, aber Motivation oder Selbstvertrauen behindert, werden sie „partizipierend" geführt (**S3**). Dies kann z. B. immer dann der Fall sein, wenn eigentlich befähigte Mitarbeiter bei der Aufgabenerfüllung auf Probleme und Schwierigkeiten stoßen oder die Aufgaben wenig lohnend erscheinen. Da die Fähigkeiten also bereits ausgebildet sind, wird nicht mehr aufgabenorientiert geführt, sondern in erster Linie mitarbeiterorientiert. Sie haben Ihre Mitarbeiter zur Leistungserbringung zu ermutigen, an Entscheidungen zu beteiligen und sie zu überzeugen bzw. auf ein Ziel zu verpflichten.

Wenn man den Ansatz der Autoren konsequent weiterdenkt, wie sie es selbst in Ihrem Aufsatz „Life cycle theory of leadership" getan haben (Hersey & Blanchard 1969b), sollte eine Aufgabe der Führungskraft darin bestehen, den Reifegrad ihrer Mitarbeiter kontinuierlich weiter zu entwickeln. Reife Mitarbeiter bedürfen einer Führung im Sinne einer Anleitung und Motivierung nicht mehr. Entwickeln Sie Ihre Mitarbeiter beständig in diese Richtung, machen Sie sich selbst als Führungskraft weitgehend entbehrlich. Wie wir bereits an anderer Stelle betont haben, besteht genau darin Ihre Aufgabe. Sie sollen Ihre Mitarbeiter zum Erfolg, zur Reife führen. Insofern ist es für Sie als Führungskraft wichtig, den jeweiligen Reifegrad Ihrer Mitarbeiter genau beurteilen zu können, um geeignete Entwicklungsmaßnahmen einzuleiten.

Alle wissenschaftlichen Modelle stellen im Grunde immer eine Vereinfachung der komplexen Wirklichkeit dar. Auch das Reifegradmodell von Hersey und Blanchard ist in dieser Hinsicht keine Ausnahme und wurde wegen seiner mangelnden empirischen Basis heftig kritisiert (s. Neuberger 1980). Dennoch richtet es seinen Blick auf wesentliche Situationsvariablen — hier den Entwicklungsstand des Mitarbeiters —, die zweifelsohne im Führungsalltag zu beachten sind.

Ein generelles Führungsprinzip, was sich aus diesem Modell ableiten lässt, lautet: „Erfolgreiche Führung ist immer individuell", also auf den einzelnen Mitarbeiter und seine Persönlichkeit abzustimmen. Was den einen Mitarbeiter zur Höchstleistung befähigt, kann für einen anderen Mitarbeiter wenig ermutigend sein.

12.2 Situatives Führen – Aufgabe, Macht, Klima

Ein anderes Modell, welches Situationsvariablen in die Führungsstilforschung einführte, stammt von Fred Edward Fiedler, einem der bedeutendsten Organisationspsychologen des 20. Jahrhundert, der in Wien geboren, 1938 in die Vereinigten Staaten emigrierte. Diese auch als „Kontingenztheorie der Führung" bezeichnete Modellvorstellung geht auf das Jahr 1967 zurück (Fiedler 1967) und wurde in der Folge diversen Veränderungen unterzogen („Leader-Match-Concept").

12.2.1 Grundaussagen des Kontingenzmodells

1. Fiedler geht in seinem Konzept ebenfalls von den zwei aus den „Ohio-Studien" abgeleiteten Führungsstilen aus: Mitarbeiterorientierung („Relationship-Oriented Leadership Style") und Aufgabenorientierung („Task-Oriented Leadership Style").

2. Der Führungsstil eines Vorgesetzten bestimmt sich dabei nach Fiedler maßgeblich aus der Einstellung der Führungskraft oder der Art und Weise, wie sie ihre Mitarbeiter wahrnimmt.

3. Zur Ermittlung dieses Wahrnehmungs- bzw. Führungsstils schätzen die Führungskräfte ihren jeweils am wenigsten geschätzten Mitarbeiter („**L**ast **P**referred **C**oworker") ein. Ein hoher LPC-Wert spricht dabei für Mitarbeiterorientierung, ein niedriger entsprechend für Aufgabenorientierung des Vorgesetzten. D. h., eine Führungskraft, die ihren schwächsten Mitarbeiter noch positiv bewertet, muss in der Tat beziehungs- bzw. mitarbeiterorientiert agieren.

4. Generell geht Fiedler davon aus, dass es in entscheidendem Maße von der Charakterisierung der Führungssituation abhängt, welcher der beiden Führungsstile erfolgreich ist. Dabei bestimmen drei zweifach gestufte Situationsvariablen, welcher Führungsstil tatsächlich zum Erfolg — gemessen an der Leistung der geführten Gruppe — führt:

   - **Führer-Mitarbeiter-Beziehung**: Qualität der Beziehung (Beliebtheit) der Führungskraft zu den geführten Mitarbeitern (Vertrauen, Loyalität, Klima etc.).

   - **Aufgabenstrukturiertheit**: (1) die Aufgabe ist klar und verständlich formuliert (2) das „Wie" der Aufgabenausführung ist unmissverständlich und die Anzahl möglicher Lösungsalternativen ist begrenzt, und (3) die Erfolgskriterien sind bekannt und konkret messbar.

   - **Positionsmacht der Führungskraft**: Ausmaß der Einflussmöglichkeiten der Führungskraft (Legitimierte Macht, Sanktionsmacht, Informationsmacht, Expertenmacht).

5. Aus der Kombination dieser drei zweigestuften Situationsvariablen ergeben sich 2^3 (insgesamt acht) Situationstypen oder auch **Oktanten**. Dabei ist zu berücksichtigen, dass sich die Führer-Mitarbeiter-Beziehung am stärksten auf die Günstigkeit der Führungssituation auswirkt und die Positionsmacht am geringsten.

6. In der Summe konstituiert die Ausprägung dieser Umgebungsvariablen die **Günstigkeit** oder **Ungünstigkeit** einer Führungssituation. Außerordentlich günstig wäre demnach eine Situation, in welcher eine gute Führer-Mitarbeiter-Beziehung (hohe Beliebtheit der Führungskraft) besteht, die Aufgaben klar und eindeutig strukturiert sind und die Führungskraft mit einer hohen Positionsmacht ausgestattet ist. Vorstellbar wäre hier beispielsweise ein beliebter und kompetenter Abteilungsleiter (hohe Führer-Mitarbeiter-Beziehung und hohe Positionsmacht) in der Fließbandfertigung (strukturierte Aufgabe). Ungünstig für eine Führungssituation wäre ein unbeliebter, wenig erfahrener Gruppenleiter eines Forschungs- und Entwicklungsteams.

7. **Ergebnisse**: Führungskräfte mit einem mitarbeiterorientierten Führungsstil sind am erfolgreichsten in mittelmäßig günstigen Situationen, aufgabenorientierte Führer in sehr günstigen oder sehr ungünstigen Führungssituationen.

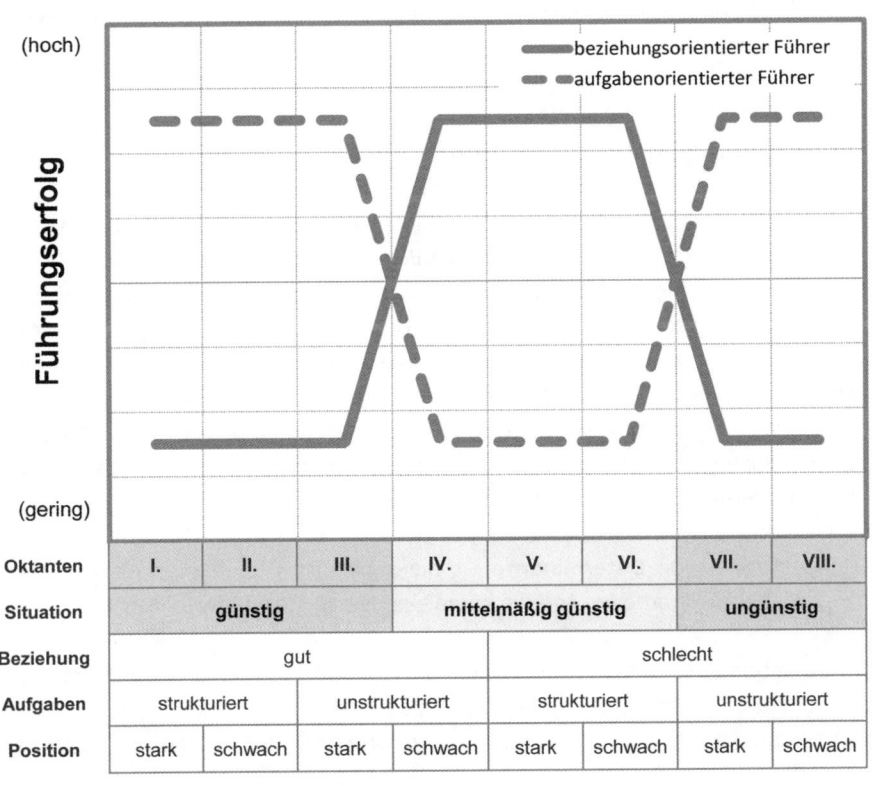

Oktanten	I.	II.	III.	IV.	V.	VI.	VII.	VIII.
Situation	günstig			mittelmäßig günstig			ungünstig	
Beziehung	gut				schlecht			
Aufgaben	strukturiert		unstrukturiert		strukturiert		unstrukturiert	
Position	stark	schwach	stark	schwach	stark	schwach	stark	schwach

Abb. 83: Kontingenzmodell der Führung (nach Fiedler 1967)

12.2.2   Führungsleitlinien nach dem Kontingenzmodells

Führung in günstigen Situationen

Nach Fiedler sind also in besonders günstigen Situationen (Oktanten I bis III) aufgabenorientierte Führer am erfolgreichsten. Die Beziehungsqualität zwischen Führungskraft und Mitarbeiter ist hoch, die Aufgabe gut strukturiert und die Positionsmacht hoch (Oktant I: z. B. kompetenter Abteilungsleiter in der Fließbandfertigung). Die Führungskraft braucht sich in diesen Situationen nicht um die Beziehung zu ihren Mitarbeiter zu sorgen, das Klima ist bereits ausgezeichnet. Damit kann sie sich somit voll und ganz auf die Optimierung der Aufgabenerfüllung konzentrieren. Auch wenn die Positionsmacht gering ist (Oktant II), kompensiert die gut strukturierte Aufgabe die fehlende formale Autorität. Jeder Mitarbeiter weiß, was zu tun ist. Ist die Aufgabe bei hoher Positionsmacht unstrukturiert (Oktant III), befindet sich die aufgabenorientierte Führungskraft in ihrem Element. Beziehungsorientierte Führungskräfte haben in diesen Situationen nicht wirklich eine lohnende Aufgabe.

Die vorherrschende **Determinante** ist die gute Beziehung zwischen Führungskraft und Mitarbeiter.

Führung in ungünstigen Situationen

In besonders ungünstigen Situationen (Oktanten VII und VIII) sind ebenfalls die aufgabenorientierten Führer gefragt. Die Beziehung zwischen Führungskraft und Mitarbeiter ist schlecht, die Aufgabe wenig strukturiert und eindeutig, die Positionsmacht schwach ausgeprägt (Oktant VIII: unbeliebter, wenig erfahrener Gruppenleiter eines Forschungs- und Entwicklungsteams). Bei dieser Herausforderung kann die Führungskraft nur punkten, wenn sie sich auf die Aufgabe konzentriert, die Aufgabenausführung strukturiert, Prioritäten setzt und damit den Erfolg des Teams erleichtert. Hat sie darüber hinaus noch eine hohe Positionsmacht (Oktant VII: kompetenter Gruppenleiter) kann sie das erfolgreiche Vorgehen sogar vorgeben.

Die vorherrschende **Determinante** ist die schlechte Beziehung zwischen Führungskraft und Mitarbeiter und die komplexe, wenig strukturierte Aufgabe.

Der beziehungsorientierte Führer würde sich auf das konzentrieren, was er bevorzugt und was er kann: die Verbesserung des Klimas. Die Beherrschung der komplexen anspruchsvollen Aufgabe wird er nicht vordergründig in Angriff nehmen und dabei die Leistung des Teams nicht nachhaltig optimieren.

Führung in mittelmäßig günstigen Situationen

Bei allen anderen, mittelmäßig günstigen Situationen (Oktanten IV bis VI) ist nach dem Modell der beziehungsorientierte Führer am besten aufgehoben. Entweder ist die Beziehung zwischen Führungskraft und Mitarbeiter schlecht, dafür aber die Situation leicht beherrschbar oder genau umgekehrt, der beliebte Führer sieht sich einer anspruchsvollen Aufgabensituation gegenüber. Für den ersten Fall (Oktant V und VI) gilt, dass der beziehungsorientierte Führer, da die Aufgabe klar ist, sich um die Optimierung des Gruppenklimas zu kümmern hat. Es kommt ihm entgegen und entspricht seinen Fähigkeiten. Vertrauen und Loyalität zur Führungsposition sind wiederherzustellen. Dann wird sich der Erfolg einstellen. Der aufgabenorientierte Führer wird hier die falschen Prioritäten setzen. Ist der Führer jedoch bei einer anspruchsvollen Aufgabe beliebt und kann aufgrund seiner schwachen Positionsmacht wenig begründet anweisen und vorgeben, muss die Aufgabe über die Mitarbeiterebene angegangen werden. Der Beziehungsorientierte Führer ist hier besser aufgehoben.

Wenn man das Kontingenzmodell z. B. auf die Situation eines Geschäftsstellenleiters einer Bank angewendet, dessen Einflussmöglichkeiten als Führungskraft begrenzt und die Geschäftsabläufe vorgegeben sind, käme es letztlich auf die Beziehung zwischen Führungskraft und Mitarbeiter an, welcher Führungsstil der erfolgreichere wäre. Um erfolgreich zu sein, sollte der durch ein schlechtes Klima belastete Chef eher beziehungsorientiert führen (Oktant VI), der beliebte Vorgesetzte eher aufgabenorientiert (Oktant II.) — eine durchaus nachzuvollziehende Empfehlung.

Optimierung des Führungsstils

Da nach dem Kontingenzmodel der Führungsstil der Führungskraft quasi feststeht und unveränderlich ist (LPC-Wert) oder nur langfristig modifiziert werden kann, empfiehlt Fiedler die Anpassung der Situationsvariablen. So ist z. B. eine beziehungsorientierte Führungskraft in den ungünstigen Führungssituationen (VII und VII), die eigentlich nur optimal für aufgabenorientierter Führer sind, darauf angewiesen, die Situationsvariablen so zu verändern, dass sie wieder für ihren Führungsstil geeignet sind. So kann sie z. B., wenn mit nur geringer Machtbefugnis ausgestattet, die Situation VIII in die Situation IV überführen, wenn Sie das Klima zwischen ihr und ihren Mitarbeiter verbessert. Oder sie kann den Zustand in die Situation VI überführen, indem sie die Aufgaben derart verändert, dass diese strukturiert und eindeutig geregelt sind. Allerdings werden an diesem Beispiel auch die Schwächen des Modells deutlich. So ist natürlich nicht nachzuvollziehen, dass eine beziehungsorientierte Führungskraft gerade in den günstigsten Führungssituationen weniger erfolgreich ist, wenn man zudem vielleicht noch davon ausgeht, dass sie diese günstige Situation erst durch ihr beziehungsorientiertes Verhalten hergestellt hat.

Auch wenn es am Kontingenzmodell Fiedlers zahlreiche, berechtigt kritische Einwände gibt, ist herauszustellen, dass es die Führungsforschung, ähnlich wie Hersey und Blanchard, stärker in Richtung der Beachtung von Situationseinflüssen entwickelt hat. Es ist in der Führungspraxis eben ein großer Unterschied, ob Sie nun „reife" Mitarbeiter zu führen haben oder „unreife", ob Sie eine Leitungsfunktion in der Produktion inne haben oder in der Marketingabteilung, ob Sie über ausreichende Machtbefugnisse verfügen oder nicht und ob Sie eher dazu tendieren, beziehungsorientiert zu führen oder aufgabenorientiert. Insofern entscheidet die Situation, in der Sie zu führen haben, in erheblichem Ausmaße über den erfolgreichen Einsatz eines bestimmten Führungshandelns.

● TIPP 35: Handlungsanweisungen zum Situativen Führen

- In einer stark vorgegebenen, strukturierten Arbeitssituation braucht weniger angewiesen und gelenkt zu werden. Eher sind die Motivation und Identifikation der Mitarbeiter aufrechtzuerhalten oder herzustellen. Beziehungsorientierung ist hier gleichzeitig Kompensation für die mitunter wenig anregende und autonom gestaltbare Arbeitsumwelt.
- In einer anspruchsvollen, wenig strukturierten Aufgabensituation hat die Führungskraft die Arbeitsaufgabe für die Mitarbeiter erst bearbeitbar zu machen. Dabei hängt es vom Grad der Reife der Mitarbeiter ab, inwieweit sie sie dabei lenken und leiten muss. Ist die Reife hoch ausgeprägt, kann sie die Aufgabenstrukturierung dem Team überlassen. Ist die Reife eher niedrig, muss sie als Führungskraft Vorarbeit leisten und aufgabenorientiert führen.
- Ist die Positionsmacht der Führungskraft schwach (untere Hierarchie oder noch wenig erfahren und kompetent), wird sie eher über die Beziehungsebene Einfluss erlangen können. Anweisen, Anleiten und Anordnen sind hier schwer umsetzbar Allerdings kann sie auch viel über ihre Vorbildrolle erreichen. Dazu muss sie sich allerdings erst in die Aufgaben einarbeiten, um den Mitarbeitern etwas „vormachen" zu können.
- Ist die Positionsmacht stark ausgeprägt (höhere Hierarchieebene oder kompetente Führungskraft) sollte die Führungskraft die Stärke besitzen, sich zurückzunehmen, da sie bei Bedarf immer noch von ihren vorhandenen Befugnissen Gebrauch machen kann. Auch hier hängt es entscheidend von der Reife der Unterstellten ab, ob sie sie zunächst eigenständig arbeiten lässt.
- Ist das Klima zwischen Führungskraft und Mitarbeitern belastet, braucht es mehr Beziehungspflege und damit einen beziehungsorientierten Führungsstil. Ohne Motivation und Identifikation sind Erfolge kaum vorstellbar.
- Ist das Klima zwischen Führungskraft und Mitarbeitern dagegen optimal, braucht es offenbar wenig Beziehungspflege, die Führungskraft kann sich auf die Aufgabenerfüllung konzentrieren.

12.3   Herausfordernde Situationen

Oft genug werden Sie in Ihrer Führungstätigkeit mit Situationen konfrontiert, die Sie eigentlich vermeiden möchten. Dennoch wird es mitunter geschehen, dass der eine oder andere Mitarbeiter sich nicht genauso verhält, wie Sie es von ihm erwarten können.

Bei kritikwürdigem Verhalten sofort reagieren

Dies können durchaus ganz banale Sachverhalte sein, wie z. B. gelegentliches Zuspätkommen oder vereinzelte Terminüberschreitungen, kleinere Unachtsamkeiten oder Fehler in der Sachbearbeitung, das Vermeiden oder Umgehen bestimmter Arbeitsanweisungen, kleinere Reibereien zwischen immer den gleichen Mitarbeitern bis hin zu schwankenden Arbeitsergebnissen. Die Ursachen hierfür können mannigfaltig sein, wobei wir einmal voraussetzen wollen, dass der Wille zur Leistungserbringung grundsätzlich bei den betreffenden Mitarbeitern vorhanden ist. Obwohl ein Eingreifen Ihrerseits offensichtlich noch nicht unbedingt notwendig ist, stellen Sie aber Störungen im Arbeitsverhalten der Mitarbeiter fest. Um einer weiteren negativen Entwicklung vorzubeugen, können Sie zwar sofort reagieren, Sie haben aber auch die Möglichkeit abzuwarten, ob sich die Situation allein bereinigt.

Grundsätzlich sollten Sie in diesen Situationen sofort reagieren. Dies bedeutet nun nicht, dass Sie unbedingt ein Kritikgespräch anberaumen sollten, aber Sie müssen den betreffenden Mitarbeitern sofort ein angemessenes Feedback zu ihrem Fehlverhalten geben.

▶ **BEISPIEL**

Ein neuer Mitarbeiter hat sich in den ersten Wochen seiner Tätigkeit bereits gut eingearbeitet. Seine Führungskraft ist grundsätzlich mit seinen Leistungen und seiner Arbeitshaltung zufrieden. Der neue Mitarbeiter ist hoch motiviert und sagt seiner Führungskraft zu, eine wichtige Projektausarbeitung noch in der laufenden Woche bis zum Freitagmorgen 09:00 Uhr zu erledigen. Naturgemäß gibt es auch noch andere Aufgaben, die von unserem Mitarbeiter zu erfüllen sind. Im Fortgang der Woche stellt sich für unseren Mitarbeiter heraus, dass er seine selbst gesetzte Terminvorgabe nicht halten kann. Allerdings beruhigt er sich damit, dass die Ausarbeitung auch noch am Freitagnachmittag abgegeben werden könne. Der Endtermin für das Projekt ist ohnehin eine Woche später und sein Chef wird sowieso erstaunt sein, dass er die Ausarbeitung so schnell erledigen kann. Der Mitarbeiter macht sich unverzüglich am Freitagmorgen an die Arbeit. Fünf Minuten nach 09:00 Uhr klingelt bei unserem Mitarbeiter das Telefon und sein Chef erkundigt sich freundlich und sachlich nach dem Verbleib des versprochenen Berichts. Am Ende des Gesprächs äußert der Vorgesetzte, dass er doch in Zukunft etwas mehr „Verbindlichkeit" von seinem Mitarbeiter erwarte. Unser Mitarbeiter hat nie wieder einen Termin bei seinem Chef unkommentiert verstreichen lassen.

Bei nachhaltigen Störungen im Verhalten Kritikgespräche führen

Anders sieht es aus, wenn die gleichen Störungen, auch nach Feedback, über längere Zeit fortbestehen, oder Sie gar eine Absicht beim Mitarbeiter erkennen lassen. Dann bleibt Ihnen nichts anderes übrig, als ein formales Kritikgespräch anzusetzen. Sie müssen also grundsätzlicher reagieren.

Generell gibt es immer zwei Prämissen, die Sie zum Eingreifen veranlassen sollten: Die Erbringung der Arbeitsergebnisse in Ihrem Team ist nachhaltig und ernsthaft gefährdet, oder aber das Arbeitsklima im Team droht Schaden zu nehmen. Ausnehmen wollen wir an dieser Stelle einmal gröbere, u. U. auch arbeitsrechtlich relevante Verstöße, wie etwa Alkohol-, Drogenprobleme, Internetsucht, Belästigung am Arbeitsplatz etc., die ohnehin ein umgehendes Handeln von Ihnen verlangen.

In einem **formellen Kritikgespräch** geht es immer darum, dass Sie dem Mitarbeiter die besondere Bedeutung seines Fehlverhaltens klar machen. Deshalb auch der formelle Rahmen. Derartige Gespräche finden also nicht zwischen Tür und Angel statt, sondern in Ihrem Büro oder in einem Besprechungsraum. Terminieren Sie das Gespräch, überlegen Sie sich einen Fahrplan für das Gespräch und nehmen Sie sich genügend Zeit.

Ziele eines Kritikgesprächs

- Fehlverhalten deutlich kennzeichnen
- Ursachen und Hintergründe ermitteln
- Hilfestellung, Unterstützung anbieten
- Vereinbarungen treffen und sichern.

Die Konfrontationsformel

Als erfolgversprechend hat sich die sogenannte „Konfrontationsformel" erwiesen, die durch den Konfliktforscher Marshall B. Rosenberg entwickelt wurde (Rosenberg 2004) und auf die „nicht-direktive Gesprächspsychotherapie" von Carl Rogers zurückgeht (Rogers 2010). Sie kann gleichzeitig als Gesprächsleitfaden dienen.

Kern dieser Vorgehensweise ist das Prinzip der offenen, transparenten Kommunikation, die Ihren Gesprächspartner (hier: Mitarbeiter) nicht unfair unter Druck setzt, sich lediglich auf das konkrete Fehlverhalten, nicht auf die Gesamtpersönlichkeit bezieht und genauso klar und fair Wünsche und Erwartungen an Ihren Mitarbeiter einschließt. Eine unproduktive Konfrontation wird damit weitgehend vermieden.

Stufe 1: Objektive Beschreibung des Sachverhalts (Tatsachen und Vermutungen):

- Was stört Sie genau am Verhalten des Mitarbeiters?
- Was haben Sie selbst beobachtet und wahrgenommen?
- Welche Hintergründe oder Ursachen des Verhaltens vermuten Sie?

Stufe 2: Wahrnehmung und ehrliche Formulierung der eigenen Gefühle:

- Welche Gefühle haben Sie? Sind Sie verärgert, enttäuscht oder gar wütend?
- Wie gehen Sie damit um? Welche Konsequenzen hat es für Sie?
- Wie hat sich Ihre Beziehung durch die gegenwärtige Situation verändert?

Stufe 3: Darstellung der eigenen Bedürfnisse und Interessen:

- Welche Interessen haben Sie?
- Welches Ziel verfolgen Sie?
- Welchen Zustand streben Sie an?

Stufe 4: Konkrete Wünsche:

- Welche konkreten Wünsche oder Erwartungen haben Sie?
- Wie sieht für Sie die optimale Situation aus?

Da wir uns in einer Führungssituation befinden wird das vorgestellte Vier-Stufen-Modell durch eine fünfte Stufe ergänzt:

Stufe 5: Vereinbarung, Konsequenzen, Unterstützung:

- Welche konkreten Vereinbarungen treffen Sie mit Ihrem Mitarbeiter?
- Welche möglichen Konsequenzen müssen Sie ankündigen für den Fall, dass der Mitarbeiter die Vereinbarung verletzt?
- Wie wollen Sie den Mitarbeiter dabei unterstützen?

TIPP 36: Die Konfrontationsformel

1. Einleitung, Gesprächseröffnung
   „Mir ist in unserer Zusammenarbeit etwas aufgefallen, über das ich gerne mit Ihnen sprechen möchte..."
2. Schildern der Wahrnehmung (Tatsachen):
   „Mit ist in letzter Zeit deutlich geworden, dass Sie sich immer häufiger zurückziehen und bereits wiederholt verspätet zu unseren Teamsitzungen erschienen sind. Das letzte Mal sind Sie gar nicht mehr erschienen..."
3. Schildern der Interpretation (vermutete Hintergründe)
   „Ich vermute, Sie sind nicht ganz zufrieden mit den neuen Projektaufgaben, die ich Ihnen übertragen habe. Deshalb lassen Sie Ihre Aufgaben jetzt schleifen ..."
4. Eigene Gefühle und Interessen ansprechen
   „Ich finde das sehr schade, weil ich eigentlich angenommen hatte, dieses neue Aufgabengebiet würde Ihnen entgegenkommen ...".
   „Für mich ist es wichtig, dass Sie sich uneingeschränkt für das Projekt engagieren können!"
5. Einladung zur eigenen Sichtweise (an jeder Stelle möglich)
   „Wie ist Ihre Meinung dazu? Wie sehen Sie die Situation?"
   „Wie würden Sie an meiner Stelle reagieren?"
   „Was wollen sie zukünftig tun? Wie sieht Ihr Vorschlag aus?"
6. Konkreter Wunsch, Appell
   „Ich bitte Sie, ..."
   „Ich wünsche mir ..."
   „Ich erwarte von Ihnen, dass Sie sich uneingeschränkt für das Projekt engagieren und mir zukünftig direkt Feedback zu geben, was sie stört und nicht so lange damit zu warten!"
7. Vereinbarung mit Konsequenzen
   „In Ordnung, ich gebe Ihnen also bis Ende des Monats Zeit, die Angelegenheit für sich zu klären. Dann erwarte ich eine Entscheidung. Anderenfalls muss ich Sie leider von den Aufgaben entbinden!"
8. Unterstützungsangebot
   „Wie kann ich Sie dabei unterstützen?"
   „Wo benötigen Sie meine Hilfe?"
   „Werden Sie allein zurechtkommen?"

Aus der vorgestellten (beispielhaften) Vorgehensweise sollte deutlich geworden sein, dass die Verantwortung beim Mitarbeiter verbleibt. Sie geben als Führungskraft lediglich Anstöße und formulieren aus Ihrer Position berechtigte Wünsche und Erwartungen. Ist der Mitarbeiter nicht fähig oder willens, diese Erwartungen und Vereinbarungen zu erfüllen, müssen Sie im Sinne der Organisation Maßnahmen ergreifen, die die Leistungserbringung und ein förderliches Teamklima sicherstellen.

12.4 Arbeitsinhalte und Arbeitssituationen gestalten

Als Führungskraft sind Sie im gewissen Umfang auch für eine menschengerechte Gestaltung der Arbeitsbedingungen Ihrer Mitarbeiter zuständig. Dabei liegt nicht unbedingt alles in Ihrer Hand. Zunächst sind Ihnen die grundlegenden Arbeitsbedingungen vorgegeben. Doch unabhängig davon, ob Sie als Schichtleiter im Bergbau, ob als Meister in einer Fließfertigung oder als Zweigstellenleiter einer Bank Führungsfunktionen übernommen haben, für humane und persönlichkeitsförderliche Arbeitsbedingungen Ihrer Mitarbeiter tragen auch Sie Verantwortung.

12.4.1 Das Modell „menschengerechte Arbeit"

Ausführbarkeit

Nach dem hierarchisch geordneten Modell „menschengerechte Arbeit" (s. Abb. 84) sollen die Arbeitsbedingungen zunächst so gestaltet sein, dass die Arbeit überhaupt ausführbar ist, D. h. den physische und psychische Bedingungen des Menschen entspricht und nicht schädigend sein darf (vgl. Rohmert 1972; Hacker 1986).

Erträglichkeit

„Erträglich" ist eine Arbeit, wenn sie auch im normalen Arbeitsalltag über die gesamte Arbeitszeit hinweg ohne gesundheitliche Beeinträchtigungen ausgeführt werden kann. Das psychische Befinden darf nur in einem zumutbaren Rahmen eingeschränkt sein und die Arbeitsfähigkeit soll langfristige erhalten bleiben.

Zumutbarkeit

Darüber hinaus soll Arbeit „zumutbar" sein, D. h. innerhalb der gesellschaftlichen Akzeptanzgrenzen das Selbstwertgefühl des Mitarbeiters erhalten und dessen Qualifikations- bzw. Anspruchsniveaus entsprechen.

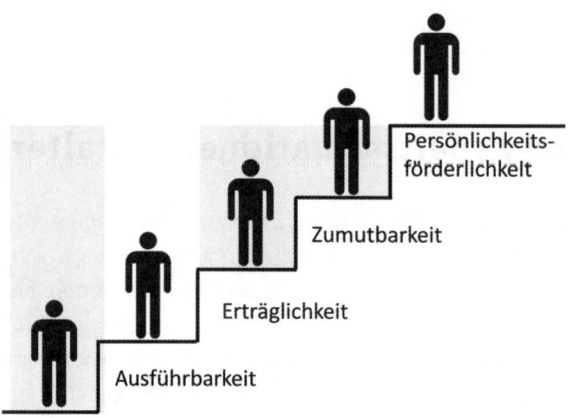

Abb. 84: Modell „menschengerechte Arbeit" (Richenhagen, Hess u.a. 1990)

Persönlichkeitsförderlichkeit der Arbeit

Eine weitere Detaillierung erfährt der Begriff „menschengerecht" durch die sogenannten „Sieben Humankriterien" der Arbeitsgestaltung, die die Persönlichkeitsförderlichkeit der Arbeit betreffen.

Nach (Ulich 2011, S. 154) sind Arbeitstätigkeiten human, wenn sie „die psychophysische Gesundheit der Arbeitenden nicht gefährden, ihr psychosoziales Wohlbefinden nicht – oder allenfalls vorübergehend – beeinträchtigen, ihren Bedürfnissen und Qualifikationen entsprechen, individuelle und/oder kollektive Einflussnahme auf Arbeitsbedingungen und Arbeitssysteme ermöglichen und zur Entwicklung ihrer Persönlichkeit im Sinne der Entfaltung ihrer Potenziale und Förderung ihrer Kompetenzen beizutragen vermögen."

„Persönlichkeitsförderlich" ist eine Arbeit also vor allem dann, wenn sie die Motivation & Entwicklung fördert und Selbstverwirklichung und Zufriedenheit ermöglicht. Insgesamt bedeutet die Einhaltung dieser Prinzipien in jedem Fall auch eine Optimierung der Leistungsfähigkeit Ihrer Organisation. Sie tragen bei der persönlichkeitsförderlichen Gestaltung der Arbeit Ihrer Teammitglieder eine maßgebliche Verantwortung (s. Abb. 85).

Das bedeutet in erster Linie die Vermeidung von Über- oder Unterforderung, unangemessenen Wiederholungen immer gleicher Arbeitsvorgänge, schädlichem Zeitdruck und isoliertem Arbeiten ohne Gelegenheit zu sozialen Kontakten (nach DIN EN ISO 9241-2, 1993).

Schädigungsfreiheit	»	keine physischen und psychophysischen Schädigungen
Beeinträchtigungslosigkeit	»	keine Beeinträchtigung des psychosozialen Wohlbefinden
Zumutbarkeit	»	Übereinstimmung mit Qualifikations- und Anspruchsniveau
Persönlichkeitsförderlichkeit – **Ganzheitlichkeit**	» »	planenden, ausführenden und kontrollierenden Elemente / Ergebniskontrolle und Erfolgsverifikation
Anforderungsvielfalt	»	unterschiedliche inhaltliche Anforderungen Körperfunktionen und Sinnesorgane
Soziale Interaktion	»	Aufgabenbewältigung an Kooperation gebunden
Autonomie	»	Dispositions- und Entscheidungsmöglichkeiten
Entwicklung	» »	Nutzbarkeit vorhandener Qualifikationen / Einsatz und Aneignung neue Qualifikationen
Zeitelastizität	» »	Zeitpuffer für Planung und Ausführung / stressfreie Regulierbarkeit
Sinnhaftigkeit	» »	gesellschaftliche Nutzbarkeit / ökologisch unbedenklich

Abb. 85: Kriterien für menschengerechte Arbeitsaufgaben (nach Ulich 2011)

- **Kriterium der Ganzheitlichkeit**

  Nach den Kriterien der „Persönlichkeitsförderlichkeit" sollen die Arbeitsaufgaben zunächst dem Prinzip der Ganzheitlichkeit bzw. Vollständigkeit genügen. Dies bedeutet, dass Sie Ihren Mitarbeitern Aufgaben übertragen, die diese selbstständig planen, ausführen und auch kontrollieren können. Gerade der Aspekt der eigenen Resultats- oder Fortschrittskontrolle, entweder durch die Arbeit selbst oder durch ein qualifiziertes Feedback der Führungskraft, trägt in erheblichem Maße zur Entwicklung der Mitarbeiter bei. Darüber hinaus fördert der Aspekt der Ganzheitlichkeit das Erkennen der Bedeutung und des Sinns der zu verrichtenden Arbeit.

- **Kriterium der Anforderungsvielfalt**

  Neben der Ganzheitlichkeit spielt die Anforderungsvielfalt eine Rolle. D. h., die übertragenen Aufgaben sollen den Mitarbeiter nicht einseitig beanspruche oder überlasten (z. B. ganztägige Computerarbeit). Ein möglichst unterschiedliche Fähigkeiten und Fertigkeiten verlangender Einsatz hält die Konzentration und Belastbarkeit der Mitarbeiter eher aufrecht als eintönige, kaum wechselnde Arbeitsanforderungen.

- **Kriterium der sozialen Interaktion**

  Der Aspekt der sozialen Interaktion berücksichtigt die Tatsache, dass Menschen soziale Individuen sind, die von sozialem Kontakt und sozialem Austausch leben. Verlangt die Arbeitsaufgabe zu ihrer erfolgreichen Ausführung keine sozialen Kontakte (z. B. alleinige, ganztägige Aktenbearbeitung) oder lässt sie diese erst gar nicht zu (z. B. technische Überwachungs- oder Kontrolltätigkeiten), müssen Kompensationsmöglichkeiten im normalen Arbeitsalltag geschaffen werden (z. B. Teammeetings, Gruppenarbeit etc.). Soziale Interaktionsmöglichkeiten helfen den Mitarbeitern, auftretende Schwierigkeiten und Probleme besser zu bewältigen, ermöglichen gegenseitige Unterstützung und gegenseitiges Lernen und erlauben eine bessere Kompensation von Belastung und Stress.

- **Kriterium der Autonomie**

  Autonomie (Selbstregulation) meint, dass der Mitarbeiter in gewissem Umfang selbstständig über unterschiedliche Vorgehensweisen bei seiner Tätigkeit entscheiden kann. Er sollte bei seiner Arbeit über einen hinreichend großen Handlungs- und Entscheidungsspielraum verfügen. Fehlt dieser, weil alle Abläufe bis ins Detail vorgegeben sind, bleiben das Selbstwertgefühl, die Verantwortungsbereitschaft, die Motivation und Identifikation mit der auszuführenden Tätigkeit auf der Strecke.

- **Kriterium der Entwicklungsmöglichkeiten**

  Darüber hinaus sollten genügend Möglichkeiten des Lernens und der Entwicklung des Mitarbeiters gegeben sein (Entwicklungsmöglichkeiten). Die Aufgabenschwierigkeit muss dabei so bemessen sein, dass der Mitarbeiter zur erfolgreichen Ausführung seiner Arbeitsaufgabe immer etwas dazulernen muss (siehe auch „Zone der nächsten Entwicklung). Dadurch werden Flexibilität, geistige Beweglichkeit, Engagement und berufliche Weiterentwicklung gefördert.

- **Kriterium der Zeitelastizität**
  Um stressfrei arbeiten zu können, muss die übertragene Arbeitsaufgabe genügend Zeitpuffer enthalten (Zeitelastizität). Wenn der Mitarbeiter ständig in Zeitnot gerät (z. B. Lieferanten bei Zustelldiensten) sind kaum planende, kontrollierende oder gar lernende Arbeitsanteile möglich.

- **Kriterium der Sinnhaftigkeit**
  Schließlich ist die Sinnhaftigkeit der Arbeit sicherzustellen. Das bedeutet, dass Ihre Mitarbeiter im Idealfall davon überzeugt sind, dass Ihre Arbeitsaufgabe einen gesellschaftlichen Nutzen hat und z. B. ökologisch oder moralisch unbedenklich ist.

An allen diesen Aspekten können Sie in der Regel als unmittelbare Führungskraft gestaltend eingreifen. Denken Sie daran, dass dies kein Selbstzweck ist, sondern dem langfristigen Erhalt der Arbeitskraft Ihrer Mitarbeiter dient und damit letztlich der Leistungserbringung Ihres Teams.

12.5   Work-Life-Balance ermöglichen

12.5.1   Vereinbarkeit von Beruf und Familie

Auf Dauer können Ihre Mitarbeiter nur zufrieden, engagiert und leistungsfähig sein, wenn es ihnen gelingt, Beruf und Familie so zu vereinbaren, dass keine Seite dabei zu kurz kommt. Ein harmonisches Familienleben ohne beruflichen Erfolg ist genauso schwer vorstellbar wie eine erfüllte berufliche Karriere ohne familiären Rückhalt. Insofern hat sich die Einsicht durchgesetzt, dass die Organisation mit dafür verantwortlich ist, ihre Beschäftigten bei dieser Lebensaufgabe zu unterstützen (vgl. Collatz & Gudat 2011; Franke, Ducki u.a. 2014).

Die positiven Effekte sowohl für die Gesellschaft, die Unternehmen und die Beschäftigten selbst liegen auf der Hand. Dabei geht es nicht nur um die Verbesserung der Arbeitszufriedenheit, der Arbeitsmotivation und der Mitarbeiterbindung, sondern tatsächlich auch um wirtschaftlich relevante Größenordnungen. Die Reduktion von Fehlzeiten, Fluktuationen und natürlich auch die Steigerung der Produktivität der Beschäftigten haben finanziell erhebliche Auswirkungen.

„Work-Life-Balance heißt, den Menschen ganzheitlich zu betrachten (als Rollen- und Funktionsträger) im beruflichen und privaten Bereich (der Lebens- und Arbeitswelt) und ihm dadurch die Möglichkeit zu geben, lebensphasenspezifisch und individuell für beide Bereiche die anfallenden Verpflichtungen und Interessen erfüllen zu können, um so dauerhaft gesund, leistungsfähig und ausgeglichen zu sein" (Michalk & Nieder 2007, S. 22).

Der Psychologe und Buchautor Werner Gross (2010) bringt das Dilemma auf den Punkt „Eine langfristig erfolgreiche berufliche Karriere ist kein Sprint, sondern ein Marathon. Man muss seine Kräfte gut einteilen". Und das vor dem Hintergrund einer beschleunigten Arbeits- und Lebensumwelt, die durch Globalisierung und Mobilität, durch Konkurrenz und Leistungsdruck, durch lebenslanges Lernen und ständiges Umdisponieren müssen zu einem Gefühl des Nie-ganz-richtig-Ankommen führt. Diese Situation wird nach Ansicht des Autors begleitet von einer einseitigen Entgrenzung von Arbeit und Privatleben, in welcher die Arbeit Einzug in alle Lebensbereiche hält, jedoch nicht umgekehrt. Man nimmt die Arbeit mit nach Hause, aber nicht die Familie mit ins Büro. Folgen dieser Entwicklung sind nicht selten Ausgrenzungs- und Isolationsängste, erhöhtes Stresserleben, Burn-out und Mobbing (vgl. Badura, Ducki u.a. 2011).

Das Lebens-Balance-Modell nach Peseschkian

Der aus dem Iran stammende deutsche Neurologe, Psychiater und Psychotherapeut, Nossrat Peseschkian entwickelte im Rahmen seiner „Positiven Psychotherapie" in den 1970er-Jahren ein Balancemodell der psychischen Gesundheit und Konfliktbearbeitung, das er durch vier Lebensqualitäten kennzeichnete (Peseschkian 2005). Zu diesen grundlegenden Lebensbereichen zählt Peseschkian:

- **Körper**: Gesundheit, Ernährung, Erholung, Entspannung, Fitness, Lebenserwartung
- **Arbeit**: Karriere, Beruf, Erfolg, Leistung, Verdienst, Vermögen, Wohlstand
- **Beziehung**: Familie, Partnerschaft, Freunde, Zuwendung, Nähe, soziale Anerkennung, soziale Identität
- **Sinn**: Selbstverwirklichung, Lebensziele, philosophische und religiöse Anschauungen.

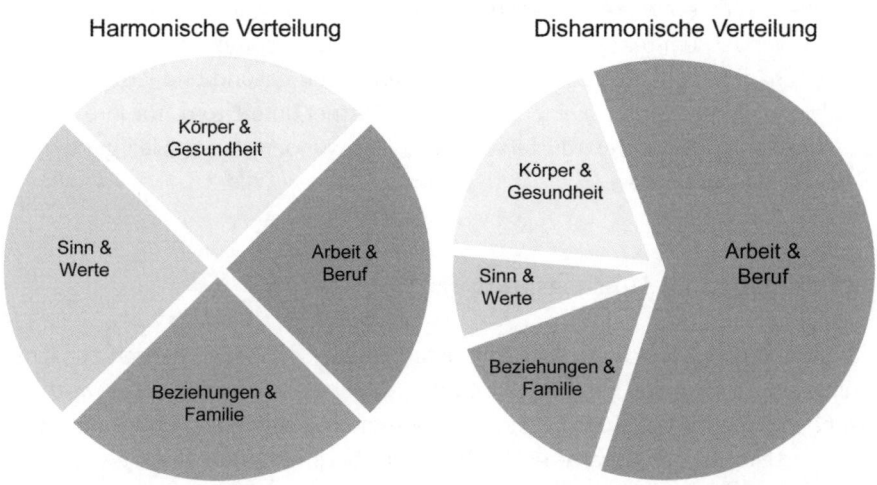

Abb. 86: Lebens-Balance-Modell nach Peseschkian

Dem aufmerksamen Leser wird nicht entgehen, dass diese Einteilung auf die Grundmotive der Persönlichkeit von Maslow zurückgeht (s. Meilenstein 10). Nach dem Balance-Modell ist psychische Gesundheit nur aufrecht zu erhalten, wenn die vier Lebensbereiche in einem harmonischen Gleichgewicht gehalten werden. Das heißt, entsprechend der jeweiligen Lebenslaufposition (vgl. Entwicklungsaufgaben in Meilenstein 2) sollte die Verteilung von Energieaufwand und Zeit bezüglich der vier Lebensbereiche in einem ausgewogenen Verhältnis stehen.

Um sich selbst zu prüfen, können Sie sich Ihr eigenes Verteilungsdiagramm nach dem obigen Kreismodell erstellen. Machen Sie sich einmal die Mühe und listen Sie alle Aktivitäten im Laufe einer durchschnittlichen Arbeitswoche mit den entsprechenden Zeitanteilen auf und verteilen Sie sie auf die vier Lebensbereiche. Wenn wir die Schlafenszeit (1/3 Zeitanteil) einmal abziehen, ist die ungefähre, theoretische Verteilung zwischen privatem und beruflichem Bereich, einschließlich der Wochenenden, tatsächlich in etwa gleich. Vergleichen Sie dann, wie Ihre Zeitanteile tatsächlich prozentual verteilt sind und ziehen Sie daraus die entsprechenden Schlussfolgerungen. Wenn Sie nicht ganz so akribisch vorgehen wollen, reicht es aus, Wunsch und Wirklichkeit bezüglich des gefühlten Energieaufwandes miteinander zu vergleichen. Leiten Sie daraus ab, was in Ihrem Leben zu kurz kommt (vgl. Peseschkian & Peseschkian 2003).

Sie können Ihre zur Verfügung stehende Zeit pro Tag nicht erweitern. Der Tag hat nun einmal 24 Stunden und nicht mehr. Aber Sie können Ihre Zeit ausgewogener verteilen. Dabei sollten Sie sich immer vor Augen führen, dass sich nur die Lebensbereiche positiv entwickeln können, für die Sie auch Zeit investieren. Wer keine Zeit aufwendet, um für seine physische Gesundheit zu sorgen, muss schon über eine begnadete Konstitution verfügen, um langfristig gesund und leistungsfähig zu bleiben. Wenn Sie sich keine Zeit für Ihre Partner, Ihre Eltern, für Ihre Familie und Ihre Kinder reservieren, dürfen Sie sich nicht wundern, wenn Sie irgendwann einmal keine mehr haben.

Ihre Aufgaben als Führungskraft

Das gleiche gilt natürlich auch für Ihre Mitarbeiter. Nur ist jeder Mensch zunächst einmal selbst für seine Lebensgestaltung und seine Gesundheit verantwortlich. Dennoch haben Sie als Führungskraft in diesem Zusammenhang eine Verantwortung und eine Aufgabe. Warten Sie nicht bis sich bei Ihren Mitarbeitern erste Symptome einer Schieflage zeigen.

Als Führungskraft haben Sie in diesem Zusammenhang folgende Verantwortung:

● TIPP 37: Vereinbarkeit von Beruf und Familie: Führungsaufgaben

■ **Wissen**
Zunächst einmal sollten Sie Ihre Mitarbeiter genau kennen. Sie sollten um ihre Leistungsfähigkeit und ihre Leistungsmöglichkeiten wissen. Sie sollten darüber hinaus die wichtigsten Lebensmotive und Lebensziele Ihrer Mitarbeiter kennen und das private, familiäre Umfeld mit allen möglichen Chancen und Belastungsfaktoren.

■ **Wahrnehmen**
Sie sollten sensibel und aufmerksam Ihre Mitarbeiter beobachten und Überlastungs- als auch Unterforderungssymptome rechtzeitig identifizieren. Beide Richtungen beeinflussen die Arbeitszufriedenheit negativ. Darüber hinaus sollten Sie so viel Nähe zu Ihren Mitarbeitern zulassen und herstellen, dass Sie auch um deren private Herausforderungen und Belastungen wissen. Bieten Sie sich als Gesprächspartner an und respektieren Sie andererseits auch private Grenzen. Nicht jeder Mitarbeiter veröffentlicht gern sein Privatleben.

■ **Informieren**
Informieren Sie sich selbst und Ihre Mitarbeiter über alle Möglichkeiten die Ihr Unternehmen anbietet, um Beruf und Familie besser zu vereinbaren. In der unten aufgeführten Tabelle (Handlungsfelder familienbewusster Führung) sehen Sie Beispiele von möglichen Unterstützungsmaßnahmen. Sie sollten sich genauestens darüber in Kenntnis setzten und Ihren Mitarbeitern eine Nutzung dieser Angebote nahe bringen. Darüber hinaus berück-

sichtigen Sie bereits im Vorfeld der Organisation Ihres Bereiches alle Möglichkeiten, um für Ihre Mitarbeiter eine bessere Vereinbarkeit von Beruf und Familie zu ermöglichen.

■ **Verstehen und ermöglichen**

Schließlich sollten Sie für Ihre Mitarbeiter ein verständnisvoller Ansprechpartner sein, wenn sie mit ihren privaten Herausforderungen an Sie herantreten. Ob es nun um die Pflege von älteren Angehörigen geht, um die Herausforderungen, die mit der Betreuung von Kindern zusammenhängen, um kritische private Lebenssituationen aber auch um berufliche Entwicklungs- und Veränderungswünsche, hören Sie Ihren Mitarbeitern aufmerksam zu und haben Sie Verständnis für deren Lebenssituation. Sie können als Führungskraft natürlich nicht alle Wünsche und Ansprüche Ihrer Mitarbeiter erfüllen. Aber Sie können die Belastungen bereits dadurch mildern, indem Sie ein Gespräch darüber zulassen und sich bemühen, den Anliegen Ihrer Mitarbeiter nach Maßgabe Ihrer Möglichkeiten zu entsprechen.

Tab. 57: Handlungsfelder familienbewusster Führung

Handlungsfeld	Beispiele zur Gestaltung
Arbeitszeit	Gleitzeit, Zeitkonten, Teilzeit mit flexiblen Stundenzahlen, abgestuft nach Erziehungszeit
Arbeitsabläufe und Arbeitsinhalte	Job Sharing, Jobrotation, Teamarbeit
Arbeitsort	Mobile Telearbeit, Arbeiten von zu Hause
Information	Information über Maßnahmen der „familienbewusste Führung" im Unternehmen
Führung	Sensibilisierung und Entwicklung von Sozialkompetenz, Gesundheitsmanagement
Personalentwicklung	Teilnahme von Teilzeitbeschäftigten (Erziehungszeit) an Weiterbildungsmaßnahmen
Entgeltbestandteile	soziale Vergütungsbestandteile, Sozialleistungen während der Erziehungsphase
Flankierender Service	Belegplätze in Kindergärten, Betriebseigene Kinderbetreuungseinrichtung,
Personalpolitisches Datenmodell	Erfassung des Bedarfs für familienfördernde Aktivitäten

Alle im obigen Tipp aufgeführten Aufgaben sind Teil Ihrer Führungsverantwortung. Wie wir eingangs betont haben, geht es dabei um die körperliche und psychische Gesundheit Ihrer Mitarbeiter. Allerdings geht es nicht nur um die Vermeidung von krankmachenden Arbeits- und Rahmenbedingungen, sondern um die bewusste Schaffung von Voraussetzungen, die eine Verbesserung von Gesundheit, Lebenszufriedenheit und Lebensqualität erst ermöglichen.

Die Begriffe Work-Life-Balance, familienbewusste Führung oder Vereinbarkeit von Beruf und Familie stehen damit gemeinsam für einen Sachverhalt, den man mit dem israelisch-amerikanischen Medizinsozilogen, Aaron Antonovsky, auch als **Widerstandsressourcen** umschreiben kann. Diese erleichtern die Bewältigung von potenziellen Stressoren in konflikthaltigen Lebenssituationen. Sie dienen nicht vordergründig der Vermeidung von Krankheit, sondern der Aufrechterhaltung und Verbesserung von Gesundheit. Im Gegensatz zur Pathogenese (Entstehung von Krankheit) schuf Antonovski damit den Begriff der Salutogenese (Entstehung von Gesundheit) (Antonovsky 1997).

Insofern ist zu fragen, wie Sie als junge Führungskraft in Ihrem Verantwortungsbereich für Ihre eigene und die Gesundheit Ihrer Mitarbeiter sorgen können. Was heißt es, „gesund zu führen"?

12.5.2 Gesund Führen

Das Gebot lautet: Gesunde Arbeit in gesunden Organisationen. Das National Institute for Occupational Safety and Health (NIOSH) in den USA definiert Unternehmen als gesund, „deren Kultur, Klima und Prozesse Bedingungen schaffen, die die Gesundheit und Sicherheit der Mitarbeiter ebenso fördern wie ihre Effizienz".

Führung ist ein wesentlicher Einflussfaktor für die psychische Gesundheit. Führungskräfte schaffen als Verantwortliche für Arbeitssicherheit und Gesundheit in ihrem Bereich die Voraussetzungen für sichere und gesundheitsförderliche Arbeitsbedingungen. Sie bewerten vorhandene Gefährdungspotenziale und treffen Gegenmaßnahmen. Führungskräfte werden bei ihrer Aufgabe durch Fachkräfte für Arbeitssicherheit und Betriebsärzte beraten und sorgen für die Einhaltung der Richtlinien des Arbeitsschutzgesetzes (ArbSchG). Und sie sorgen durch ihr Verhalten für eine Optimierung der Vereinbarkeit von Beruf und Familie. Nicht alle Bedingungen sind dabei durch die direkten Führungskräfte beeinflussbar, alle Hierarchieebenen der Unternehmen sind bei der Umsetzung gefragt (vgl. Gerardi, Gregersen u.a. 2014).

Die psychologische Forschung konnte bisher nachweisen, dass positive Führungsstile wie z. B. transformationale Führung oder generell mitarbeiterorientiertes Führungsverhalten mit weniger Stresserleben und einer besseren Gesundheit der Mitarbeiter im Zusammenhang stehen. Ebenfalls zeigen verschiedene Studien, dass soziale Unterstützung durch die Führungskraft negative Zusammenhänge mit Irritation, Depression, psychosomatischen Beschwerden, emotionaler Erschöpfung und Burnout aufweist.

Negative Führungsstile wie z. B. destruktive Führung führen zu erhöhtem Stress-erleben und einer schlechteren Gesundheit, so z. B. zu Depressions- und Angst-symptomen, psychosomatischen Beschwerden, emotionaler Erschöpfung und Arbeit-Familie-Konflikten (vgl. Franke, Ducki u.a. 2014; Felfe 2014).

Im Fehlzeiten-Report 2011 mit dem Schwerpunkt „Führung und Gesundheit", der vom Wissenschaftlichen Institut der AOK (WIdO), der Universität Bielefeld und der Beuth Hochschule für Technik Berlin herausgegeben wird, sind u.a. die in der Abbildung referierten Zusammenhänge zwischen gesundheitlichen Beschwerden und dem Führungsverhalten des direkten Vorgesetzten berichtet (Badura, Ducki u.a. 2011). Danach beklagen sich Mitarbeiter, die über gesundheitliche Beschwerden berichten, weit häufiger über unzuträgliches Führungsverhalten. Besonders deutlich sind die Zusammenhänge zu einem unkollegialen, wenig rücksichtsvollen und distanzierten Führungsverhalten.

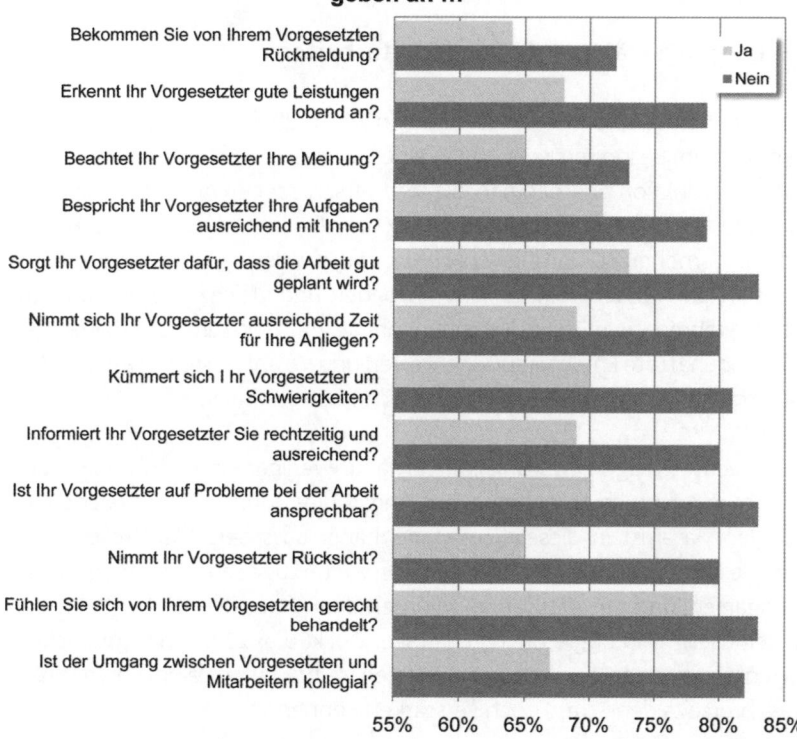

Abb. 87: Führungsverhalten und gesundheitliche Beschwerden (Badura, Ducki u.a. 2011)

Fasst man die Ergebnisse zusammen, fallen regelmäßig folgende Führungsprobleme auf:

- Die Führungskraft verfügt nicht über (hinreichende) Führungsqualifikation.
- Sie konzentriert sich stark auf Sachaufgaben und vernachlässigt dabei die Mitarbeiter.
- MitarbeiterInnen haben zu wenig Möglichkeit, Arbeitsprobleme mit der Führungskraft zu besprechen.
- Der Vorgesetzte erkennt seine MitarbeiterInnen und die von ihnen erbrachte Leistung nicht oder nur zu wenig an.
- Der Führungskraft fehlt die Fähigkeit oder Bereitschaft, Aufgaben und Verantwortung zu delegieren.
- Es fehlen Vertrauen und Klarheit im Umgang miteinander, die MitarbeiterInnen werden nicht genügend an Planung und Entscheidung beteiligt (Gesellschaft für Gesundheitsmanagement mbH Essen 2004, S. 26).

Dies führt auch zu dem Schluss, dass vor allem an folgenden übergreifenden Bereichen des Führungsgeschehen Veränderungen zu initiieren sind (vgl. Ducki & Felfe 2011; Franke & Felfe 2011).

Gesunde Führungskräfte — Gesunde Mitarbeiter

Führungskräfte selbst sind von verschiedenen gesundheitlichen Risiken in ihrer Funktion betroffen. Besonders jene, die in einer unteren und mittleren Hierarchieebene Führungsfunktion übernehmen. Sie sind verschiedenen Anforderungen von mehreren Seiten ausgesetzt und müssen zwischen den Interessen der Beschäftigten und der Unternehmensführung vermitteln, ein Team leiten, ohne direkt ein Teil dessen zu sein, sie müssen soziale Nähe aufbauen und gleichzeitig die notwendiger Distanz wahren, sie müssen Aufgabenkomplexität und Zeitdruck bewältigen und teils risikobehaftete Entscheidungen treffen und verantworten. Diese psychosoziale Mehrfachbelastung stellt einen erheblichen Stressor dar.

Dessen ungeachtet neigen Führungskräfte dazu, weniger Unterstützungs- und Hilfsangebote in Anspruch zu nehmen, aus Angst, dies könnte als Schwäche ausgelegt werden. Fatal ist in diesem Zusammenhang, dass derart gestresste Führungskräfte leichter dazu neigen, ihren Stress weiterzugeben und einerseits als weniger engagiert und unterstützend wahrgenommen werden und andererseits als sogar feindselig und aggressiv (vgl. Franke, Ducki u.a. 2014). Die Unfähigkeit, den eigenen Stress angemessen zu bewältigen, führt zu sozialen Abwehrreaktionen, die ihrerseits den Stress noch verstärken können.

Darüber hinaus ist davon auszugehen, dass eine Führungskraft, die selbst Stress und Überlastung zeigt, kaum in der Lage ist, Überlastung und Beeinträchtigungen anderer Beschäftigter zu erkennen und darauf einzugehen als dies etwa einem ausgeglichenen Vorgesetzten gelingen kann (vgl. Matyssek 2009).

Letztlich stellt diese Dynamik einen Belastungsfaktor für die Mitarbeiter selbst dar. Umgekehrt ist anzunehmen, dass insbesondere die Führungskräfte gesundheitsförderlich führen könne, die selbst über eine gute Stressbewältigung verfügen und dadurch genug Ressourcen haben, um auf die Belange ihrer Mitarbeiter einzugehen (Franke, Ducki u.a. 2014).

Vorbildwirkung der Führungskraft

Führungskräfte wirken als Vorbilder und Rollenmodelle, die in vielerlei Hinsicht von ihren Mitarbeitern kopiert werden. Diese Tatsache bezieht sich allerdings sowohl auf die positiven wie auf die negativen Verhaltensanteile. Neigt eine Führungskraft z. B. dazu, sich selbst zu überfordern, braucht sie noch nicht einmal ihre Mitarbeiter dazu anzuleiten. Allein das Rollenmodell kann ausreichen, dass die Mitarbeiter es ihr nachtun. Es ist damit offenbar zu einem Verhaltensmuster des Organisationsbereiches geworden. Auch die zu beobachtenden Phänomene, wonach diejenigen, die selbst überfordert oder bevormundend geführt werden, es in der gleichen Weise an ihren Mitarbeiter praktizieren, entspricht diesem Multiplikatorengedanken. Allerdings kann man dies auch produktiv und hilfreich für die Gesunderhaltung der Mitarbeiter nutzen. Aus der sozialen Lerntheorie von Albert Bandura wissen wir, dass Führungskräfte immer dann wirkungsvolle Rollenvorbilder und Multiplikatoren sind, wenn sie selbst mit Stress umgehen können und mit diesem Verhalten auch noch erfolgreich sind (Franke, Ducki u.a. 2014).

Drei Einstellungen bzw. Verhaltensweisen der Führungskraft sind besonders hilfreich, um als Multiplikator auf das Gesundheitsverhalten seiner Mitarbeiter positiv Einfluss zu nehmen (vgl. Franke & Felfe 2011; Gerardi, Gregersen u.a. 2014):

- **Gesundheitsvalenz oder Gesundheit als Wert**
  den Stellenwert der eigenen Gesundheit und der Gesundheit der Mitarbeiter im Vergleich zu anderen Werten hoch gewichten;
- **Achtsamkeit**
  sich mit der eigenen Gesundheit und gesundheitlichen Risiken bewusst auseinandersetzen und auf Warnsignale achten;
- **Selbstwirksamkeit und Verhalten**
  gesundheitsförderliche Verhaltensweisen kennen und anwenden.

Arbeitsbedingungen persönlichkeitsförderlich gestalten

Über die aktive Einflussnahme auf die Gestaltung humaner, persönlichkeitsförderlicher Arbeitsbedingungen haben wir bereits im vorigen Abschnitt berichtet. An
dieser Stelle wollen wir die latenten Einflüsse des Führungsstils hervorheben. So
hat der Führungsstil selbst bereits einen erheblichen Einfluss auf die Wahrnehmung persönlichkeitsförderlicher Arbeitsbedingungen. Mitarbeiter, die transformational geführt werden (s. Meilenstein 9), berichten über ein höheres Maß an
Rollenklarheit, größere Entwicklungsmöglichkeiten und höherer Bedeutsamkeit ihrer Aufgaben. Führungskräfte, die ihren Mitarbeitern einen angemessenen Handlungsspielraum gewähren und variierende, ihrem Leistungsniveau angepasste Aufgaben übertragen sowie sie an Entscheidungen beteiligen, berichten über weniger
Irritation, emotionale Erschöpfung und psychosomatischen Beschwerden (Franke,
Ducki u.a. 2014).

12.6   Zusammenfassung

- Sowohl die psychologische Forschung als auch die Praxis bestätigen, dass es
  keinen generell besten Führungsstil gibt, sondern dass sich erfolgreiche Führung immer auf die spezifische Situation einzustellen hat.
- Zu den beeinflussenden Variablen, die den angemessenen Führungsstil in einer Situation bestimmen, gehören u.a. die Charakteristika der geführten Mitarbeiter, die Komplexität bzw. Strukturiertheit der Aufgabensituation und die
  Machtbefugnisse, mit denen eine Führungskraft ausgestattet ist. Die Konzepte
  des „Situativen Führens" gehen auf diese Situationsbedingungen ein.
- Der Reifegrad-Ansatz postuliert in erster Linie eine Abhängigkeit des erfolgreichen Führungsstils vom Entwicklungsstand des Mitarbeiters in einer spezifischen Aufgabensituation. Nach dem Modell besitzen „reife" Mitarbeiter jeweils
  die notwendige Kompetenz und Motiviertheit, um eine spezifische Aufgabe erfolgreich zu bewältigen. „Unreifen" Mitarbeitern fehlen diese Voraussetzungen.
  - Je nachdem, wie weit der Entwicklungsstand eines Mitarbeiters fortge-
    schritten ist, empfehlen die dargestellten Modelle ein unterschiedliches
    Führungsverhalten, welches sich aus einer Kombination aus Aufgaben- und
    Mitarbeiterorientierung ergibt.
  - Mitarbeiter mit hoher Reife bedürfen in diesem Sinne eigentlich keiner
    Führung mehr. Sie sind fachlich kompetent, hoch leistungsmotiviert oder
    selbstbewusst bzw. selbstständig. Diese Mitarbeiter sollte man viel Auto-
    nomie zugestehen und sie durch besonders anspruchsvolle Aufgabenstel-
    lungen anspornen.

- Mitarbeiter mit geringer Reife, die über wenig fachliche Kompetenz verfügen, über eine geringe Motiviertheit oder ein geringes Selbstvertrauen, sind aufgabenorientiert zu führen. Sie sind bei der Aufgabenausführung noch unsicher und wenig routiniert. Sie benötigen fachliche Anleitung, Kontrolle und Feedback.
- Bei Mitarbeitern mittlerer Reife ist der Anteil mitarbeiterorientierter Führungselemente am höchsten. Mit jeweils wachsender Reife kann der Anteil aufgabenorientierten Führungsverhaltens immer mehr zurückgefahren werden. Diese Mitarbeiter benötigen vor allem Motivation, Entscheidungsmöglichkeiten und Sinngehalt für die Aufgabenerfüllung.
- Nach dem Reifegrad-Ansatz ist erfolgreiche Führung dann gegeben, wenn sie den Entwicklungsstand der Mitarbeiter vorantreibt, also Fähigkeit und Selbstständigkeit weiterentwickelt.
- Das Kontingenzmodell geht davon aus, dass Führungssituationen in unterschiedlichem Maße günstig oder ungünstig für den Führenden sein können. Die dafür ausschlaggebenden Situationsvariablen sind die Beliebtheit der Führungskraft, die Aufgabenstrukturiertheit und die Positionsmacht der Führungskraft. Die unterschiedliche Kombination dieser Elemente bestimmt den Grad der Günstigkeit einer Situation.
  - Außerordentlich günstig ist eine Situation, in welcher eine gute Führer-Mitarbeiter-Beziehung besteht, die Aufgaben klar und eindeutig strukturiert sind und die Führungskraft mit einer hohen Positionsmacht ausgestattet ist. In diesen Situationen sind aufgabenorientierte Führungskräfte am erfolgreichsten. Sie könne sich ganz der Aufgabe widmen.
  - In einer sehr ungünstigen Situation mit einem unbeliebten Führer, einer komplexen Aufgabe und geringer Positionsmacht sind aufgabenorientierte Führer ebenfalls am wirksamsten. Hier besteht die einzige Möglichkeit, erfolgreich zu sein, in der Konzentration auf die Aufgabe.
  - Führungskräfte mit einem mitarbeiterorientierten Führungsstil sind am erfolgreichsten in mittelmäßig günstigen Situationen. Hier empfiehlt das Modell über die Beziehungsebene zu führen.
  - Nach dem Kontingenzmodell handelt jede Führungspersönlichkeit nach einem eigenen, kaum veränderbaren Führungsstil. Insofern besteht erfolgreiche Führung darin, die Situation entsprechend dem eigenen Führungsstil zu verändern.
- Besonders herausfordernd sind Situationen, in denen Mitarbeiter kritikwürdiges Verhalten zeigen. In diesen Fällen ist es ratsam, als Führungskraft unmittelbar zu reagieren und den betreffenden Mitarbeitern sofort ein angemessenes Feedback zu ihrem Fehlverhalten zu geben.
- Bei nachhaltigen Störungen im Verhalten sind Kritikgespräche zu führen. Dabei hat sich die Anwendung der sogenannten Konfrontationsformel als nützlich

erwiesen. Charakteristisch dabei sind das Ausdrücken der eigenen Wahrnehmungen und Empfindungen, die Formulierung von Erwartungen und Interessen und das Treffen von Vereinbarungen mit der Ankündigung von Konsequenzen und dem Anbieten von Unterstützung.

- Bei der Gestaltung menschengerechter Arbeitsbedingungen sind die unmittelbaren Führungskräfte insbesondere für eine angemessene, d. h. die Entwicklung fördernde Aufgabengestaltung verantwortlich. Die zu übertragenen Aufgaben sollen ganzheitlich, vielfältig und abwechslungsreich sein, die Autonomie fördern, soziale Interaktion erfordern und für die Mitarbeiter einen hohen Bedeutungsgehalt haben und Sinn stiften.
- Führungskräfte können die Vereinbarkeit von Beruf und Familie erleichtern und unterstützen. Dazu wissen erfolgreiche Führungskräfte, welche familiären und privaten Hintergründe ihre Mitarbeiter haben und welche unmittelbaren privaten Herausforderungen und Belastungen sie gerade bewältigen. Verständnis und Unterstützungsbereitschaft der Führungskraft hilft den betreffenden Mitarbeitern diese Situationen besser zu bewältigen. Die Führungskräfte können darüber hinaus ihre Mitarbeiter über das Angebot von Maßnahmen ihres Unternehmens informieren, die die Vereinbarkeit von Beruf und Familie unterstützten.
- Erfolgreiche Führungskräfte „führen gesund". Sie achten selbst auf ihre Gesundheit, kennen berufsbedingte gesundheitliche Gefährdungen und die Möglichkeiten diesen zu begegnen. Erfolgreiche Führungskräfte sind im Umgang mit Stress und besonderen Arbeitsbelastungen ein konstruktives Vorbild für ihre Mitarbeiter. In ihrem Führungsstil zeichnen sie sich durch Selbstwirksamkeit, Unterstützungsbereitschaft und Wertschätzung für ihre Mitarbeiter aus.

Abbildungsverzeichnis

Abbildungsverzeichnis

Abbildungsverzeichnis

Arbeitshilfen

Literaturverzeichnis

Allen, T., Eby, L., Poteet, M., Lentz, E. & Lima, L. (2004). Career benefits associated with mentoring for protégés: A meta-analysis. *Journal of Applied Psychology, 8,* 127–136.

Antonovsky, A. (1997). *Salutogenese. Zur Entmystifizierung der Gesundheit.* Tübingen: dgvt-Verlag.

Asch, S. (1952). *Social Psychology.* Englewood Cliffs, NJ: Prentice-Hall.

Atkinson, J. W. (1957). Motivational determinants of risk-taking behavior. *Psychological Review, 64,* (2) 359–372.

Atkinson, J. & Feather, N. (1966). Motivational Determinants of Risk-Taking Behavior. In J. Atkinson & N. Feather, *A Theory of Achievement Motivation* (S. 11). New York, London, Sydney: Wiley.

Avolio, B. (2000). *Full leadership development. Building the vital forces in organizations.* Thousand Oaks: Sage Publ.

Axelrod, R. (1984). *Evolution of Cooperation.* New York: Basic Books.

Badura, B., Ducki, A., Schröder, H., Klose, J. & Macco, K. (Hrsg.) (2011). *Fehlzeiten-Report 2011: Führung und Gesundheit.* Berlin, Heidelberg, New York: Springer.

Bales, R. & Slater, P. (1969). Role differentiation in small decision making groups. In C. Gibb (Hrsg.), *Leadership* (S. 255–276). Harmondsworth: Penguin Books.

Baller, G. & Schaller, B. (2013). *In Führung gehen. Praxishandbuch für Ärzte im Krankenhaus.* Stuttgart — New York: Georg Thieme.

Bandura, A. (1977). Self-Efficacy: Toward a Unifying Theory of Behavioral Change. *Psychological Review, 84,* (2) 191–215.

Bandura, A. (1977b). *Social learning theory.* Englewood Cliffs, NJ: Prentice-Hall.

Bandura, A. (1986). *Social foundations of thought and action: a social cognitive theory.* Englewood Cliffs, NJ: Prentice-Hall.

Literaturverzeichnis

Bandura, A. (1991). Social cognitive theory of self-regulation. *Organizational behavior and human decision processes, 50*, 248–287.

Barbuto, J. E. & Scholl, R. W. (1998). Motivation sources inventory: development and validation of new scales to measure an integrative taxonomy of motivation. *Psychological Reports, 82*, (3) 1011–1022.

Bass, B. M. (1985). *Leadership and performance beyond expectations*. New York: The Free Press.

Bass, B. M. & Avolio, B. J. (1998). Improving organizational effectiveness through transformational leadership. In G. R. Hickmann (Hrsg.), *Leading Organisations* (S. 135–140). Thousand Oaks, CA: Sage Publications.

Bavelas, A. (1953). Communication patterns in task oriented groups. In D. Cartwright & A. Zander (Hrsg.), *Group dynamics – research and theory* (S. 669–682). Evanston, IL: Row, Peterson & Co.

Becker, M. (2005). *Personalentwicklung*. (4. Aufl.). Stuttgart: Schäffer-Poeschel.

Belbin, R. M. (1981). *Management Teams: Why they succeed or fail*. Oxford (UK), Waltham, Massachusetts (US): Butterworth-Heinemann.

Blake, R. & Mouton, J. (1964). *The Managerial Grid: The Key to Leadership Excellence*. Houston: Gulf Publishing Co.

Blanchard, K., Carew, D. & Parisi-Carew, E. (2002). *Der Minuten Manager schult Hochleistungs-Teams*. (3. Aufl.). Reinbek: rororo.

Blickle, G. (2004). Einflusskompetenz in Organisationen. *Psychologische Rundschau, 55*, 82–93.

Blickle, G. (2011). Personalentwicklung. In F. W. Nerdinger, G. Blickle & N. Schaper (Hrsg.), *Arbeits- und Organisationspsychologie* (S. 273–298). Berlin, Heidelberg. New York: Springer.

Blickle, G. (2011). Berufswahl und berufliche Entwicklung. In F. W. Nerdinger, G. Blickle & N. Schaper, *Arbeits- und Organisationspsychologie* (S. 173–193). Springer.

Blickle, G., Kramer, J., Zettler, I., Momm, T., Summers, J., Munyon, T. & Ferris, G. (2009). Job Demands as a moderator of the political skill — job performance relationship. *Career Development International, 14*, 333–350.

Blickle, G. & Schneider, P. (2007). Mentoring. In H. Schuler & K. Sonntag (Hrsg.), *Handbuch der Arbeits- und Organisationspsychologie* (S. 395–402). Göttingen: Hogrefe.

Blickle, G. & Schneider, P. (2010). Anpassungs- und Veränderungsbereitschaft angesichts des Wandels der Arbeit. In K. U. & K.-H. Schmidt (Hrsg.), *Arbeitspsychologie, Enzyklopadie der Psychologie, Bd. D/III/1* (2. Aufl., S. 431–470). Göttingen: Hogrefe.

Blickle, G., Witzki, A. & Schneider, P. (2009). Self-initiated mentoring and career success: A predictive field study. *Journal of Vocational Behavior, 74*, 94–101.

Bonkowski, F. (2009). *Team Building: 44 Aktionen, die verbinden*. Neukirchen-Vluyn: Neukirchener Aussaat.

Bono, J. & Judge, T. (2004). Personality and transformational and transactional leadership: A meta-analysis. *Journal of Applied Psychology, 89*, 901–910.

Borkenau, P. & Ostendorf, F. (1993). *NEO-Fünf-Faktoren-Inventar (NEO-FFI) nach Costa und McCrae*. Göttingen: Hogrefe.

Brandstätter, H. (1989). Problemlösen und Entscheiden in Gruppen. In E. Roth (Hrsg.), *Organisationspsychologie. Enzyklopädie der Psychologie D/III/3* (S. 505–528). Göttingen: Hogrefe.

Brauner, E. (2003). Informationsverarbeitung in Gruppen: Transaktive Wissenssysteme. In S. Stumpf & A. Thomas (Hrsg.), *Teamarbeit und Teamentwicklung* (S. 57–83). Göttingen: Hogrefe.

Brown, M. E. & Treviño, L. K. (2006). Ethical leadership: A review and future directions. *The Leadership Quarterly, 17*, 595–616.

Bundesministerium für Umwelt, Naturschutz und Reaktorsicherheit (2008). *Nachhaltigkeit braucht Führung: bewusst – kompetent – praxisnah*. Bonn: BMU — BluePrint AG, Holzkirchen.

Literaturverzeichnis

Bundesministerium für Wirtschaft und Technologie (2001). *Wettbewerbsvorteil Familienbewusste Personalpolitik*. Bonn: Bundesministerium für Wirtschaft und Technologie.

Carter, L. F. (1953). Leadership and small-group behavior. In M. Sherif & M. Wilson (Hrsg.), *Group relations at the crossroads* (S. 257–284). New York: Harper.

Cohn, R. C. (1975). *Von der Psychoanalyse zur themenzentrierten Interaktion. Von der Behandlung einzelner zu einer Pädagogik für alle*. Stuttgart: Klett-Cotta.

Coleman, J. (1988). Social capital in the creation of human capital. *American Journal of Sociology, 94*, 95–120.

Collatz, A. & Gudat, K. (2011). *Work-Life-Balance*. Göttingen: Hogrefe.

Comelli, G. (1995). Qualifikation für Gruppenarbeit: Teamentwicklungstraining. In L. v. Rosenstiel, E. Regnet & M. Domsch (Hrsg.), *Führung von Mitarbeitern. Handbuch für erfolgreiches Personalmanagement* (3. Aufl., S. 387–409). Stuttgart: Schäffer-Poeschel.

Comelli, G. (2003). Anlässe und Ziele von Teamentwicklungsprozessen. In S. Stumpf & A. Thomas (Hrsg.), *Teamarbeit und Teamentwicklung* (S. 169–189). Göttingen: Hogrefe.

Cranach, M. v., Irle, M. & Vetter, M. (1965). Zur Analyse des Bumerang-Effektes, Größe und Richtung der Änderung sozialer Einstellungen als Funktion ihrer Verankerung in Wertsystemen. *Psychologische Forschung, 28*, 535-561.

Csikszentmihalyi, M. (1985). *Das Flow-Erlebnis: Jenseits von Angst und Langeweile: im Tun aufgehn*. Stuttgart: Klett-Cotta.

Csikszentmihalyi, M. (1991). Einführung. In M. Csikszentmihalyi & I. Csikszentmihalyi (Hrsg.), *Die außergewöhnliche Erfahrung im Alltag: die Psychologie des flow-Erlebnisses* (S. 15–27). Stuttgart: Klett-Cotta.

Da Rin, R. (8. 10 2012). *So schaffen Sie den Karrieresprung*, Abgerufen am von Handelsblatt: http://www.handelsblatt.com/7215576.html

Dannenberg, H. & Zupancic, D. (2008). *Spitzenleistungen im Vertrieb*. (1. Aufl.). Wiesbaden: Gabler.

Den Hartog, D. N., House, R. J., Hanges, P., Ruiz-Quintanilla, S. & Dorfman, P. (1999). Culturally specific and cross-culturally generalizable implicit leadership theories: Are attributes of charismatic/transformational leadership universally endorsed? *The Leadership Quarterly, 10*, 219–256.

Diel, A. & Mader, C. (2009). Weit vom Optimum entfernt. Trends im Bankvertrieb. *Bankmagazin, 2*, 40–42.

Dilts, R. B. (1993). *Die Veränderung von Glaubenssystemen: NLP Glaubensarbeit.* Paderborn: Junfermann.

DIN EN ISO 9241-2 (1993). Ergonomische Anforderungen für Bürotätigkeiten mit Bildschirmgeräten. Teil 2: Anforderungen an die Arbeitsaufgaben: Leitsätze. Berlin: Beuth.

Drucker, P. F. (1986). *Management. Tasks, Responsibilities, Practices.* New York: Truman Talley Books.

Drühe-Wienholt, C. (2006). *Endlich frustfrei! Chefs erfolgreich führen. Die besten Tricks für harte Fälle.* Göttingen: Businessvillage.

Dubs, R. (2005). *Die Führung einer Schule. Leadership und Management.* (2. Aufl.). Stuttgart: Franz Steiner.

Ducki, A. & Felfe, F. (2011). Führung und Gesundheit: Überblick. In B. Badura, A. Ducki, H. Schröder, J. Klose & K. Macco (Hrsg.), *Fehlzeiten-Report 2011. Führung und Gesundheit* (S. VII–XII). Berlin, Heidelberg, New York: Springer.

Ellis, A. (1977). *Die Rational-emotive Therapie: Das innere Selbstgespräch bei seelischen Veränderungen.* München: Pfeiffer.

Ellis, A. & Grieger, R. (Hrsg.). (1979). *Praxis der rational-emotiven Therapie.* München: Urban & Schwarzenberg.

Felfe, J. (2005). *Charisma, transformationale Führung und Commitment.* Köln: Kölner Studien Verlag.

Felfe, J. (2006a). Validierung einer deutschen Version des „Multifactor Leadership Questionnaire" (MLQ 5 X Short) von Bass und Avolio (1995). *Zeitschrift für Arbeits- und Organisationspsychologie, 50*, 61–78.

Literaturverzeichnis

Felfe, J. (2006b). Transformationale und charismatische Führung. Stand der Forschung und aktuelle Entwicklungen. *Zeitschrift für Personalpsychologie, 5*, (4) 163–176.

Felfe, J. (2009). *Mitarbeiterführung*. Göttingen: Hogrefe.

Felfe, J. (Hrsg.). (2014). *Trends der psychologischen Führungsforschung – Neue Konzepte, Methoden und Erkenntnisse*. Göttingen: Hogrefe.

Felfe, J. & Gatzka, L. (2013). *Führungsmotivation*. In W. Sarges (Hrsg.), Management-Diagnostik. (S. 308–315). Göttingen: Hogrefe.

Felfe, J. & Schyns, B. (2006). Personality and the perception of transformational leadership: The impact of extraversion, neuroticism, personal need for structure, and occupational self-efficacy. *Journal of Applied Social Psychology, 36*, 708–741.

Felfe, J. & Schyns, B. (2010). Followers' personality and the perception of transformational leadership: Further evidence for the similarity hypothesis. *British Journal of Management, 21*, 393–410.

Fiedler, F. (1967). *A theory of leadership effectiveness*. New York: McGraw-Hill.

Filipp, S.-H. (2010). *Kritische Lebensereignisse*. (3. Aufl.). Weinheim: Beltz Psychologie Verlags Union.

Fleishman, E. (1953). Leadership climate and human relations training. *Personnel Psychology, 6*, 205–222.

Fleishman, E. & Harris, E. (1962). Patterns of leadership behavior related to employee grievances and turnover. *Personnel Psychology, 15*, 43–56.

Forsyth, P. (1998). *Erfolgreiches Zeitmanagement*. Niedernhausen: Falken.

Franke, F., Ducki, A. & Felfe, J. (2014). Gesundheitsförderliche Führung. In J. Felfe (Hrsg.), *Trends der psychologischen Führungsforschung – Neue Konzepte, Methoden und Erkenntnisse*. Göttingen: Hogrefe.

Franke, F. & Felfe, J. (2011). Diagnose gesundheitsförderlicher Führung — Das Instrument Health oriented leadership. In B. Badura, A. Ducki, H. Schröder, J. Klose & K. Macco (Hrsg.), *Fehlzeiten-Report 2011. Führung und Gesundheit* Berlin, Heidelberg, New York: Springer.

French, J. R. & Raven, B. H. (1959). The bases of social power. In D. Cartwright (Hrsg.), *Studies in social power* (S. 150–167). Ann Arbor: University of Michigan.

Gebert, D. & Rosenstiel, L. v. (2002). *Organisationspsychologie: Person und Organisation*. Stuttgart/Berlin/Köln: Kohlhammer.

Gerardi, C., Gregersen, S., Merboth, H., Nordbrock, C. & Pavlovsky, B. (2014). *Fachkonzept: Führung und psychische Gesundheit*. Berlin: Deutsche Gesetzliche Unfallversicherung (DGUV).

Gesellschaft für Gesundheitsmanagement mbH Essen (2004). *Auf dem Weg zum gesunden Unternehmen. Argumente und Tipps für ein modernes betriebliches Gesundheitsmanagement*. Gesellschaft für Gesundheitsmanagement mbH Essen, Team Gesundheit. Essen: Bundesverband der Betriebskrankenkassen. Abteilung Gesundheit, WHO-Collaborating Centre.

Gini, A. & Green, R. M. (2013). *10 virtues of outstanding leaders : leadership and character*. Hoboken, New Jersey: John Wiley & Sons, Inc.

Goleman, D. (1996). *Emotionale Intelligenz*. München: Hanser.

Gross, W. (2010). *... aber nicht um jeden Preis: Karriere und Lebensglück*. Freiburg: Kreuz Verlag.

Grote, G. (2013). *Vorlesungsskript: Job analysis and design FS2013*. Eidgenössische Technische Hochschule Zürich, Departement Management, Technologie und Ökonomie. Zürich: Forschungsgruppe Organisation — Arbeit — Technologie.

Hacker, W. (1986). *Arbeitspsychologie. Psychische Regulation von Arbeitstätigkeiten. Schriften zur Arbeitspsychologie*. (Bd. 41). Bern: Huber.

Hackman, J. & Oldham, G. (1980). *Work redesign*. Reading: Addison-Wesley.

Hattendorf, K. (2013). *Führungskräftebefragung 2013*. Wertekommission — Initiative wertebewusste Führung, Reinhard-Mohn-Institut — Universität Witten/Herdecke. Berlin: PinguinDruck.

Health Canada (2009). *Canadian tobacco use monitoring survey (CTUMS)*, Abgerufen am 04. 08 2009 von http://www.hc-sc.gc.ca/hc-ps/tobac-tabac/research-recherche/stat/index-eng.php

Literaturverzeichnis

Heckt, D. H., Krause, G. & Jürgens, B. (2006). *Kommunizieren, Kooperieren, Konflikte lösen*. Bad Heilbrunn: Julius Klinkhardt.

Herrmann, N. (1991). *Kreativität und Kompetenz. Das einmalige Gehirn. Mit dem Originalfragebogen*. Fulda: Paidia.

Hersey, P. & Blanchard, K. H. (1969a). *Management of Organizational Behavior – Utilizing Human Resources*. New Jersey: Prentice Hall.

Hersey, P. & Blanchard, K. H. (1969b). Life theory of leadership. *Training and Development Journal, 23*, 26–34.

Herzberg, F., Mausner, B. & Snyderman, B. (1959). *The Motivation to Work*. New York: Wiley.

Hinze, A., Schumacher, J., Albani, C., Schmidt, G. & Brähle, E. (2006). Bevölkerungsrepräsentative Normierung der Skala zur Allgemeinen Selbstwirksamkeitserwartung. *Diagnostica, 52*, 26–32.

Hipp, L. & Stuth, S. (2013). Management und Teilzeitarbeit? Eine empirische Analyse zur Verbreitung von Teilzeitarbeit unter Managerinnen und Managern in Europa. *Kölner Zeitschrift für Soziologie und Sozialpsychologie, 65*, 101–128.

Hofbauer, H. & Kauer, A. (2012). *Einstieg in die Führungsrolle*. (4. Aufl.). München: Carl Hanser.

Hofstätter, P. R. (1957/71). *Gruppendynamik*. Hamburg: Rowohlt.

Hofstätter, P. R. (1971). *Differentielle Psychologie*. Stuttgart: Kröner.

Hofstätter, P. R. & Tack, W. H. (1967). *Menschen im Betrieb: Zur Sendung Rädchen Im Getriebe*. Stuttgart: Klett.

Hogan, R., Curphy, G. & Hogan, J. (1994). What we know about personality: Leadership and effectiveness. *American Psychologist, 4*, 439–504.

Holst, E., Busch, A. & Kröger, L. (2012). *Führungskräfte-Monitor 2012*. Deutsches Institut für Wirtschaftsforschung, DIW Berlin: Politikberatung kompakt 65. Berlin: DIW.

infratest|dimap (2013). *BayerTREND Juli 2013*, (Produzent, & Infratest dimap) Abgerufen am 27. September 2013 von http://www.infratest-dimap.de/umfragen-analysen/bundeslaender/bayern/laendertrend/2013/september/

Irle, M. (1975). *Handbuch der Sozialpsychologie*. Göttingen: Hogrefe.

Jäger, U. (2002). Beitrag einer „grundlagenkritischen Führungsethik". *Zeitschrift für Personalforschung, 16*, 62–89.

Janis, I. (1972). *Victims of groupthink*. Boston: Houghton-Mifflin.

Judge, T., Bono, J., Ilies, R. & Gerhardt, M. (2002). Personality and leadership: A qualitativ and quantitative review. *Journal of Applied Psychology, 87*, 765–780.

Judge, T. A., Piccolo, R. F. & Ilies, R. (2004). The forgotten ones? A re-examination of consideration, initiating structure, and leadership effectiveness. *Journal of Applied Psychology, 89*, 36–51.

Kagan, J. (2007). *A History in Psychology in Autobiography*. (9. Aufl.). Washington, DC: Edwards Brothers.

Kammeyer-Mueller, J. & Judge, T. (2008). A quantitative review of mentoring research: Test of a model. *Journal of Vocational Behavior, 72*, 269–283.

Karpman, S. (1975). Fairy Tales and Script Drama Analysis. In E. Berne (Hrsg.), *What Do You Say After You Say Hello?* (S. 198 ff.). London: Corgi.

Katz, D. & Kahn, R. (1978). *The social psychology of organizations*. New York: Wiley.

Kauffeld, S. (2001). *Teamdiagnose*. Göttingen: Hogrefe.

Kelber, M. (1977). *Gesprächsführung*. (1. Aufl.). Opladen: Leske und Budrich.

Kellerman, B. (2004). *Bad Leadership. What it is, How it happens, Why it matters*. Boston: Harvard Business Review Press.

Kennedy, C. (1998). *Management Gurus, 40 Vordenker und ihre Ideen*. Wiesbaden: Dr. Th. Gabler.

Kipnis, D. & Schmidt, S. (1982). *Profiles of organizational influence strategies (POIS). Form S,C,M*. San Diego: University Associates, Inc, 8517 Production Avenue.

Kipnis, D. & Schmidt, S. (1988). Upward-influence styles: Relationship with performance evaluations, salary, and stress. *Administrative Science Quarterly, 33*, 528–542.

Literaturverzeichnis

Kipnis, D., Schmidt, S. & Wilkinson, I. (1980). Intraorganizational influence tactics. Explorations in getting one's way. *Journal of Applied Psychology, 65*, 440–452.

Knippenberg, D. v. (2011). Embodying who we are: Leader group prototypicality and leadership effectiveness. *The Leadership Quarterly, 22*, 1078–1091.

Köhler, O. (1927). Über den Gruppenwirkungsgrad der menschlichen Körperarbeit und die Bedingungen optimaler Kollektivkraftreaktion. *Industrielle Psychotechnik , 4,* 209–226.

Konradt, U. & Kießling, S. (2006). *Das Teamrolleninventar von Belbin: Psycho-metrische Überprüfung einer deutschsprachigen Fassung.* Kiel: Christian-Albrechts-Universität zu Kiel, Lehrstuhls für Arbeits-,Organisations- und Marktpsychologie.

Kopelman, R. E., Prottas, D. J. & Falk, D. W. (2010). Construct validation of a Theory X/Y behavior scale. *Leadership & Organization Development Journal, 31*, 120–135.

Körner, T. & Günther, L. (2011). *Frauen in Führungspositionen: Ansatzpunkte zur Analyse von Führungskräften in Mikrozensus und Arbeitskräfteerhebung.* Wiesbaden: Statistisches Bundesamt.

Körner, T., Puch, K. & Wingerter, C. (2012): *Qualität der Arbeit.* Wiesbaden: Statistisches Bundesamt.

Kouzes, J. & Posner, B. (1987). *The leadership challenge. How to get extraordinary things done in organizations.* San Francisco, CA: Jossey-Bass.

Kouzes, J. M. & Posner, B. (1993). *Credibility: How leaders gain and lose it, why people demand it.* San Francisco, CA: Jossey—Bass.

Kouzes, J. & Posner, B. (2002). *The leadership challenge.* (3. Aufl.). San Francisco: Jossey-Bass Publications.

Ladwig, D. (2009). Team-Diversity — Die Führung gemischter Teams. In L. von Rosenstiel, E. Regnet & M. Domsch (Hrsg.), *Führung von Mitarbeitern* (6. Aufl., S. 388–399). Stuttgart: Schäffer-Poeschel.

Leavitt, H. (1951). Some effects of certain communication patterns on group performance. *Jounal of Abnormal and Social Psychology, 46*, 38–50.

Lewin, K., Lippitt, R. & White, R. (1939). Patterns of Aggressive Behavior in Experimentally Created Social Climates. *Journal of Social Psychology, 10*, 271–299.

Likert, R. (1961). *New Patterns of Management*. New York: McGraw-Hill.

Malik, F. (1995). Wie managt man den Chef?. *m.o.m.®-Letter*, (M. M. AG, Hrsg.) St. Gallen: Schweiz Malik on Management AG.

Malik, F. (2006). *Führen, Leisten, Leben. Wirksames Management für eine neue Zeit.* Frankfurt/New York: Campus.

Maslow, A. (1954). *Motivation and Personality*. New York: Harper.

Matyssek, A. K. (2009). *Führung und Gesundheit: Ein praktischer Ratgeber zur Förderung der psychosozialen Gesundheit im Betrieb.* Norderstedt: Books on Demand Verlag GmbH.

McClelland, D. C. (1987). *Human motivation*. Cambridge: Cambridge University Press.

McClelland, D. C. & Burnham, D. H. (1976). Power ist the Great Motivator. *Harvard Business Review, 54*, 100–110.

McGregor, D. M. (1960). *The huma side of enterprise.* New York: McGraw-Hill.

Mérei, F. (1949). Group leadership and institutionalization. *Human Relations, 2.*

Michalk, S. & Nieder, P. (2007). *Erfolgsfaktor Work-Life-Balance*. Weinheim: WILEY-VCH Verlag.

Moede, W. (1920). *Experimentelle Massenpsychologie*. Leipzig: Hirzel.

Moreno, J. L. (1934). *Who shall survive? A new approach to the problem of human interrelations*. Washington, DC: Nervous and Mental Disease Publishing Company.

Nerdinger, F. W., Blickle, G. & Schaper, N. (Hrsg.). (2011). *Arbeits- und Organisations-psychologie*. (2. Aufl.). Berlin, Heidelberg, New York: Springer.

Nerdinger, F. W. (2011). Teamarbeit. In F. Nerdinger, G. Blickle & N. Schaper (Hrsg.), *Arbeits- und Organisationspsychologie, 2., überarbeitete Auflage* (S. 96–108). Heidelberg: Springer.

Literaturverzeichnis

Nerdinger, F. (2003). Neue Organisationsformen und der psychologische Kontrakt: Folgen für eigenverantwortliches Handeln. In S. Koch, J. Kaschube & R. Fisch (Hrsg.), *Eigenverantwortung im Betrieb – Aspekte einer ambivalenten Thematik* (S. 67–177). Göttingen: Hogrefe.

Neuberger, O. (1980). Führungsforschung: Haben wir die Jäger- und Sammlerzeit schon hinter uns? *Die Betriebswirtschaft, 40*, 603–630.

Neuberger, O. (1995). *Mikropolitik. Der alltägliche Aufbau und Einsatz von Macht in Organisationen.* Stuttgart: Enke.

Neuberger, O. (2002). *Führen und führen lassen: Ansätze, Ergebnisse und Kritik der Führungsforschung.* Stuttgart: UTB.

Ng, T. W., Eby, L., Sorensen, K. & Feldman, D. (2005). Predictors of objective and subjective career success: A meta-analysis. *Personnel Psychology, 58*, 367–408.

Osborn, A. F. (1957). *Applied Imagination: Principles and Procedures of Creative Thinking.* New York: Charles Scribner's Sons.

Peseschkian, N. (2005). *Psychotherapie des Alltagslebens: Konfliktlösung und Selbsthilfe.* Frankfurt: Fischer Taschenbuch Verlag.

Peseschkian, N. & Peseschkian, N. (2003). *Erschöpfung und Überlastung positiv bewältigen.* Stuttgart: Trias.

Peter, L. J. & Hull, R. (1969). *The Peter Principle.* New York: William Morrow & Company, Inc.

Pinchot, G. (1985). *Intrapreneuring. Why You Don't Have to Leave the Corporation to Become an Entrepreneur.* New York: Harper & Row.

Poffenberger, A. T. (1932). *Psychology in Advertising.* Chicago and New York: A. W. Shaw Co.

Pötschke-Langer, M. & Schulze, A. (2005). Warnhinweise auf Zigaretten-schachteln. Eine Übersicht. *Bundesgesundheitsblatt - Gesundheitsforschung - Gesundheitsschutz, 48*, 464–468.

Raab, G., Unger, A. & Unger, F. (2010). *Marktpsycholgie.* (3. Aufl.). Wiesbaden: Gabler.

Ragins, B. & McFarlin, D. (1990). Perceptions of mentor-roles in cross-gender mentoring relationships. *Journal of Vocational Behavior, 37*, 321–339.

Richenhagen, G., Hess, K. D., Beutler, K., Fickert, J., Freyer, C., Gerloff, J. & Grumbach, J. (1990). *Computertechnik für Arbeitnehmervertreter I. Grundwissen zur Technikgestaltung. Ein Referentenleitfaden*. Köln: Bund-Verlag.

Roethlisberger, F. & Dickson, W. (1939). *Management and the worker*. Cambridge: Harvard University Press.

Rogers, C. (2010). *Die nicht-direktive Beratung: Counseling and Psychotherapy*. Frankfurt am Main: Fischer.

Rohmert, W. (1972). Aufgaben und Inhalt der Arbeitswissenschaft. *Die berufsbildende Schule, 24*, 3–14.

Rohrbach, B. (1969). Kreativ nach Regeln — Methode 635, eine neue Technik zum Lösen von Problemen. *Absatzwirtschaft, 12*, 73–76.

Rosenberg, M. B. (2004). *Gewaltfreie Kommunikation. Eine Sprache des Lebens*. Paderborn: Junfermann Verlag.

Rosenstiel, L. v. (1975). *Die motivationalen Grundlagen des Verhaltens in Organisationen - Leistung und Zufriedenheit*. Berlin: Duncker & Humblot.

Rosenstiel, L. v. (1995). Kommunikation und Führung in Arbeitsgruppen. In H. Schuler (Hrsg.), *Lehrbuch Organisationspsychologie* (2. Aufl., S. 321–351). Bern: Huber.

Rosenstiel, L. v. (2003). Grundlagen der Führung. In L. v. Rosenstiel, E. Regnet & M. E. Domsch (Hrsg.), *Führung von Mitarbeitern* (S. 3–25). Stuttgart: Dr. Th. Gabler.

Rosenstiel, L. v. (1999). Motivationale Grundlagen von Anreizsystemen. In W. Bühler & T. Siegert, W. Bühler & T. Siegert (Hrsg.), *Unternehmenssteuerung und Anreizsysteme* (S. 47–77). Stuttgart: Schäffer-Poeschel.

Rosenthal, R. & Jacobson, L. (1971). *Pygmalion im Unterricht*. Weinheim: Belz.

Ryan, R. M. & Deci, E. (2000). Intrinsic and extrinsic motivations: Classic definitions and new directions. *Contemporary Educational Psychology, 25*, 54–67.

Literaturverzeichnis

Schaller, K., Mons, U. & Pötschke-Langer, M. (2009). Ein Bild sagt mehr als tausend Worte: Kombinierte Warnhinweise aus Bild und Text auf Tabakprodukten. Deutsches Krebsforschungszentrum (Hrsg.), *Rote Reihe: Tabakprävention und Tabakkontrolle, 10*, Heidelberg.

Schaper, N. (2011). Gruppenarbeit in der Produktion. In F. W. Nerdinger, G. Blickle & N. Schaper (Hrsg.), *Arbeits- und Organisationspsychologie* (S. 399–424). Berlin, Heidelberg, New York: Springer.

Schein, E. (1995). *Unternehmenskultur Ein Handbuch für Führungskräfte*. Frankfurt: Campus.

Schilit, W. & Locke, B. (1982). A study of upward influence in organizations. *Administrative Science Quarterly, 27*, 304–316.

Gay, F. (2005). Verhaltensstile entdecken mit dem DISG-Persönlichkeitsprofil. In M. Schimmel-Schloo, L. Seiwert & H. Wagner (Hrsg.), *Persönlichkeitsmodelle* (2. Aufl., S. 95–111). Offenbach: Gabal.

Schindler, R. (1957). Grundprinzipien der Psychodynamik in der Gruppe. *Psyche, 11*, 308-314.

Schönhals, M. (2006). Was ist gute Führung? *Personalführung, 8*, 78–81.

Schrader, S. (2008). *Psychologie – Allgemeine Psychologie, Entwicklungspsychologie, Sozialpsychologie*. München: Compact .

Schuler, H. (Hrsg.), (1995). *Lehrbuch Organisationspsychologie*. Bern, Göttingen, Toronto, Seattle: Huber.

Schuler, H. (2007). Spielwiese für Laien? Weshalb das Assessment-Center seinem Ruf nicht mehr gerecht wird. *Wirtschaftspsychologie aktuell 2*, 27–30.

Schuler, H. & Moser, K. (Hrsg.), (2014). *Lehrbuch Organisationspsychologie*. (5. Aufl.). Bern: Hans Huber.

Schwartz, C. E., Kunwar, P. S., Greve, D., Moran, L., Viner, J. C., Covino, J., Kagan, J., Stewart, S., Snidman, N., Vangel, M. & Wallace, S. (2010). Structural Differences in Adult Orbital and Ventromedial Prefrontal Cortex Predicted by Infant Temperament at 4 Months of Age. *Archives of General Psychiatry, 67*, 78–84.

Schwarzer, R. & Jerusalem, M. (1995). Generalized Self-Efficacy scale. In J. Weinman, S. Wright & M. Johnston (Hrsg.), *Measures in health psychology: A user's portfolio. Causal and control beliefs* (S. 35–37). Windsor: NFER-NELSON.

Seifert, J. W. (2011). *Moderation und Konfliktklärung – Leitfaden zur Konfliktmoderation*. (3. Aufl.). Heidelberg: Gabal.

Seiwert, L. J. (1984). *Mehr Zeit für das Wesentliche. So bestimmen Sie Ihre Erfolge selbst durch konsequente Zeitplanung und effektive Arbeitsmethodik*. Landsberg am Lech: Moderne Industrie.

Seiwert, L. (2009). *Noch mehr Zeit für das Wesentliche: Zeitmanagement neu entdecken*. München: Goldmann Verlag.

Shaw, M. (1964). Communication networks. In L. Berkowitz (Hrsg.), *Advances in Experimental Social Psychology* (S. 111–146). New York: Academic Press.

Sherif, M. (1935). A Study of Some Social Factors in Perception. *Archives of Psychology, 187*.

Sherif, M. & Hovland, C. I. (1961). *Social judgement*. New Haven: University Press.

Sherif, C., Sherif, M. & Nebergall, R. (1965). *Attitude and attitude change. The social judgement-involvement approach*. Philadelphia: W. B. Saunders.

Sprenger, R. K. (2011). *30 Minuten für mehr Motivation*. Offenbach: Gabal.

Sprenger, R. K. (2012). *Radikal führen*. Frankfurt/New York: Campus.

Staehle, W. (1999). *Management*. (9. Auflage). München: Vahlen.

Stogdill, R. (1948). Personal factors associated with leadership: A survey of the literature. *Journal of Psychology, 25*, 35–71.

Stogdill, R. (1974). *Handbook of leadership. A survey of theory and research*. New York: Free Press.

Sydow, H. (1997). *Entwicklung und Sozialisation von Jugendlichen vor und nach der Vereinigung Deutschlands*. (Bd. IV/2). Wiesbaden: VS Verlag für Sozialwissenschaften.

Literaturverzeichnis

Tannenbaum, R. & Schmidt, W. H. (1958). How to Choose A Leadership Pattern. *Harvard Business Review, 36,* 95–101.

Thom, N. (1990). Was bedeutet „Verantwortung tragen" in einer Institution? *Verbands-Management, 15,* 6–12.

Thomas, K. (1976). Conflict and conflict management. In M. Dunette (Hrsg.), *Handbook of industrial and organizatIonal psychology* (S. 889–935). Chicago: Rand McNally.

Thom, N. & Ritz, A. (2008). *Public Management.* (4. Auflg.). Wiesbaden: Dr. Th. Gabler.

Thom, N. & Zaugg, R. J. (Hrsg.), (2008). *Moderne Personalentwicklung. Mitarbeiter Potenziale erkennen, entwickeln und fördern.* Wiesbaden: Gabler.

Treviño, L. K., Brown, M. & Hartman, L. P. (2003). A qualitative investigation of perceived executive ethical leadership: Perceptions from inside and outside the executive suite. *Human Relations, 55,* 5–37.

Tuckmann, B. (1965). Development sequence in small groups. *Psychological Bulletin, 63,* 384–399.

Tuckmann, B. (1977). Stages of small group development revisited. *Group and Organisation Studies, 2,* 419–427.

Ulich, E. (2005). *Arbeitspsychologie.* (6. Aufl.). Stuttgart: Schäffer-Poeschel.

Ulich, E. (2011). *Arbeitspsychologie.* (7. Aufl.). Stuttgart: Schäffer-Poeschel.

Usnadse, D. N. (1976). Untersuchungen zur Psychologie der Einstellung. In M. Vorwerg (Hrsg.), *Einstellungspsychologie* (S. 21–50). Berlin: Volk und Wissen.

Valentin, K. (1994). *Sämtliche Werke.* (Bd. 2). (Herausgegeben von H. Bachmaier, S. Henze & M. Faust, Hrsg.) München: Piper.

Varney, G. (1977). *Organization development for managers.* Reading, Mass.: Addison Wesley.

von der Linde, B. & von der Heyde, A. (2011). *Psychologie für Führungskräfte.* (3. Aufl.). Freiburg: Haufe-Lexware.

von Rosenstiel, L. (1999). Motivationale Grundlagen von Anreizsystemen. In: W. Bühler & T. Siegert, (Hrsg.), *Unternehmenssteuerung und Anreizsysteme* (S. 47–77). Stuttgart: Schäffer-Poeschel.

von Sassen, H. (1992). Laufbahn und Lebenslauf als Selbstentwicklungsaufgabe. *Agogik – Zeitschrift für Fragen sozialer Gestaltung*, 3.

Vorwerg, M. (1990). *Psychgologie der individuellen Handlungsfähigkeit*. Berlin: Deutscher Verlag der Wissenschaften.

Vroom, V. (1964). *Work and Motivation*. New York: Wiley.

Weber, M. (1922). *Grundriß der Sozialökonomik. III. Abteilung. Wirtschaft und Gesellschaft*. Tübingen: J.C.B. Mohr (Paul Siebeck).

Wegge, J. (2004). *Führung von Arbeitsgruppen*. Göttingen: Hogrefe.

Wegge, J. & Rosenstiel, L. v. (2004). Führung. In H. Schuler (Hrsg.), *Lehrbuch Organisationspsychologie (S. 475–512)*. Bern: Huber.

Weibler, J. & Kuhn, T. (2012). *Führungsethik in Organisationen*. Stuttgart: Kohlhammer.

Werner, H.-D. (1972). *Motivation und Führungsorganisation. Leitlininien zur Erneuerung betrieblicher Führungspraxis*. Heidelberg: I.H. Sauer.

West, M. (1994). *Effective Teamwork*. Exeter: BPC Wheatons Ltd.

Whitmore, J. (2006). *Coaching für die Praxis. Wesentliches für jede Führungskraft*. Staufen: Allesimfluss.

Witte, E. & Ardelt, E. (1989). Gruppenarten, -strukturen und -prozesse. In E. Roth (Hrsg.), *Organisationspsychologie. Enzyklopädie der Psychologie D/III/3* (S. 463–483). Göttingen: Hogrefe.

Wolff, H. & Moser, K. (2009). Effects of networking on career success: A longitudinal study. *Journal of Applied Psychology, 94*, 196–206.

Wunderer, R. (1997). Führung des Chefs. Führung von unten durch sachliche Begründung und Freundlichkeit. *Personalführung, 2*, 148–157.

Literaturverzeichnis

Wunderer, R. (2000). *Führung und Zusammenarbeit: eine unternehmerische Führungslehre*. Neuwied: Kriftel.

Wunderer, R. & Grunwald, W. (1980). *Führungslehre. Band I: Grundlagen*. Berlin, New York: De Gruyter.

Wunderer, R. & Weibler, J. (1992). Vertikale und laterale Einflußstrategien: Zur Replikation und Kritik des „Profiles of Organizational Influence Strategies (POIS)" und seiner konzeptionellen Weiterführung. *Zeitschrift für Personalforschung. 6*, 515–536.

Wygotski, L. (1932, 2005). Das Problem der Altersstufen. In J. Lompscher (Hrsg.), *Ausgewählte Schriften* (S. 53–90). Berlin: Lehmanns Media.

XING AG (10. 11 2011). *Pressemitteilung: XING-Analyse: Nach dem 30. Lebensjahr sinkt die Chance auf Führungsverantwortung,* (X. AG, Hrsg.) Abgerufen am *15. 10 2013* von https://corporate.xing.com/index.php?id=108&L=0&tx_ttnews[tt_news]=1317

Yerkes, R. & Dodson, J. (1908). The relation of strength of stimulus to rapidity of habit-formation. *Journal of Comparative Neurology and Psychology, 18*, 459–482.

Yukl, G. (1989). Managerial Leadership: a review of theory and research. *Journal of Management, 15*, 251–290.

Yukl, G. A. & Falbe, C. M. (1991). Importance of different power sources in downward and lateral relations. *Journal of Applied Psychology, 76*, 416–43.

Yukl, G. & Tracey, J. (1992). Consequences of influence tactics used with subordinates, peers, and the boss. *Journal of Applied Psychology, 77*, 525–535.

Zack, D. (2010). *Networking for People Who Hate Networking: A Field Guide for Introverts, the Overwhelmed, and the Underconnected*. New York: Mcgraw-Hill Professional.

Tabellenverzeichnis

Tabellenverzeichnis

Tippverzeichnis

Tippverzeichnis

Sach- und Personenverzeichnis